Justus Liebig

Die Naturgesetze des Feldbaues

Justus Liebig

Die Naturgesetze des Feldbaues

ISBN/EAN: 9783742811912

Hergestellt in Europa, USA, Kanada, Australien, Japan

Cover: Foto ©berggeist007 / pixelio.de

Manufactured and distributed by brebook publishing software
(www.brebook.com)

Justus Liebig

Die Naturgesetze des Feldbaues

Die Naturgesetze

des

Feldbaues.

Von

Justus von Liebig,

Vorstand der königl. Akademie der Wissenschaften ꝛc. zu München.

Braunschweig,
Druck und Verlag von Friedrich Vieweg und Sohn.
1 8 6 2.

Inhaltsverzeichniß des zweiten Bandes.

Die

Naturgesetze des Feldbaues.

Die Pflanze.

Um eine klare Einsicht in das landwirthschaftliche Cultur-verfahren zu gewinnen, ist es nöthig, sich an die allgemeinsten chemischen Bedingungen des Pflanzenlebens zu erinnern.

Die Pflanzen enthalten verbrennliche und unverbrennliche Bestandtheile. Die letzteren sind die Bestandtheile der Aschen, welche alle Pflanzentheile nach dem Verbrennen hinterlassen; die für unsere Culturpflanzen wesentlichsten sind: **Phosphor-säure, Schwefelsäure, Kieselsäure, Kali, Natron, Kalk, Bittererde, Eisen, Kochsalz.**

Aus **Kohlensäure, Ammoniak, Schwefelsäure** und **Wasser** entstehen ihre verbrennlichen Bestandtheile.

Aus diesen Stoffen bildet sich im Lebensprocesse der Gewächse der Pflanzenleib, und sie heißen darum Nahrungsmittel; alle Nahrungsmittel der Culturpflanzen gehören dem Mineral-reiche an; die luftförmigen werden von den Blättern, die feuer-beständigen von den Wurzeln aufgenommen, die ersteren sind häufig Bestandtheile des Bodens und sie verhalten sich dann zu den Wurzeln ähnlich wie zu den Blättern, d. h. sie können auch durch die Wurzeln in die Pflanze gelangen.

Die luftförmigen sind Bestandtheile der Atmosphäre und ihrer Natur nach in beständiger Bewegung; die feuerbeständigen sind bei den Landpflanzen Bestandtheile des Bodens und kön-

1*

nen den Ort, wo sie sich befinden, nicht von selbst verlassen. Die cosmischen Bedingungen des Pflanzenlebens sind Wärme und Sonnenlicht.

Durch das Zusammenwirken der cosmischen und chemischen Bedingungen entwickelt sich aus dem Pflanzenkeime oder dem Samen die vollkommene Pflanze. In seiner eigenen Masse enthält der Samen die Elemente zur Bildung der Organe, welche bestimmt sind, Nahrung aus der Atmosphäre und dem Boden aufzunehmen; es sind dies stickstoffhaltige, in ihrer Zusammensetzung dem Käsestoff der Milch oder dem Bluteiweiß ähnliche Stoffe, ferner Stärkmehl, Fett, Gummi oder Zucker und eine gewisse Menge von phosphorsauren Erden und alkalischen Salzen.

Der Mehlkörper des Getreidesamens, die Bestandtheile der Keimblätter der Leguminosen, werden zu Wurzeln und Blättern der entstehenden Pflanze. Läßt man den Samen von Getreide in Wasser keimen und auf einer Glasplatte fortwachsen, welche mit feinen Löchern versehen ist, durch welche die Wurzeln in das Wasser reichen, so wächst das Korn, ohne daß ihm irgend ein unverbrennlicher Nahrungsstoff, oder ein Bodenbestandtheil zugeführt wird, mehrere Wochen lang fort; nach drei bis vier Wochen bemerkt man, daß die Spitze des ersten Blattes anfängt gelb zu werden, und wenn man das Korn jetzt untersucht, so findet man einen leeren Balg, die Stärke ist mit der Cellulose verschwunden (Mitscherlich); die Pflanze stirbt damit nicht ab, sondern es erzeugen sich neue Blätter, häufig ein schwacher Stengel, indem die Bestandtheile der erstgebildeten, abwelkenden Blätter zur Bildung neuer Triebe verwendet werden.

Es gelingt unter günstigen Verhältnissen, Samen mit besonders starken, an Nährsubstanzen reichen Keimblättern, z. B. Bohnen, durch Vegetiren in bloßem Wasser zum Blühen, ja zum

Ansetzen kleiner Samen zu bringen; allein diese Entwickelung ist meistens nicht mit einer merklichen Zunahme an Masse verbunden, sondern beruht auf einem einfachen Wandern der Samenbestandtheile.

Die Ernährung ist ein Aneignungsproceß der Nahrung; eine Pflanze wächst, wenn sie an Masse zunimmt, und ihre Masse vermehrt sich, indem sie von Außen Stoffe aufnimmt, die ihrer Natur nach geeignet sind, zu Bestandtheilen des Pflanzenkörpers zu werden und die Thätigkeiten zu unterhalten, welche ihren Uebergang bedingen.

Die Knospe an einer Kartoffelknolle verhält sich zu den Bestandtheilen der Knolle, wie der Keim an einem Getreide- samen zu dem Mehlkörper; indem sie sich zu der jungen Pflanze entwickelt, wird das Stärkmehl, die stickstoffhaltigen und Mi- neralbestandtheile des Saftes der Knolle zur Bildung der jun- gen Stengel und Blätter verbraucht. An einer Kartoffel, die in dickem Papier eingewickelt in einer Schachtel in dem chemischen Laboratorium zu Gießen an einem vollkommen dunklen trockenen warmen Orte, wo die Luft nur wenig wechselte, lag, hatte sich aus jeder Knospe ein einfacher, weißer, viele Fuß langer Trieb entwickelt ohne Spur von Blättern, an welchem Hunderte von kleinen Kartoffeln saßen, welche ganz dieselbe innere Beschaffen- heit wie die in einem Felde gewachsenen Knollen besaßen, die aus Cellulose bestehenden Zellen waren mit Stärkekörnchen an- gefüllt; es ist gewiß, daß die Stärke der Mutterkartoffel sich nicht fortbewegen konnte, ohne löslich zu werden, aber es kann nicht minder bezweifelt werden, daß in den sich entwickelnden Trieben eine Ursache vorhanden war, welche die in Lösung übergegangenen Bestandtheile der Mutterknolle beim Ausschluß aller äußeren Ursachen, welche das Wachsen bedingen, wieder rückwärts in Cellulose und Stärkekörnchen verwandelt hat.

Die Bedingungen zur Entwickelung eines Samenkeims sind Feuchtigkeit, ein gewisser Wärmegrad und Zutritt der Luft; beim Ausschluß von einer dieser Bedingungen keimt der Same nicht. Durch den Einfluß der Feuchtigkeit, welche der Same einsaugt und durch welche er anschwillt, stellt sich ein chemischer Proceß ein; einer der stickstoffhaltigen Bestandtheile des Samens wirkt auf die anderen und das Stärkmehl und macht sie in Folge einer Umsetzung ihrer Elementartheilchen löslich, aus dem Kleber entsteht Pflanzeneiweiß, aus dem Stärkmehl und Oel entsteht Zucker. Wenn der Sauerstoff der Luft hierbei ausgeschlossen ist, so gehen diese Veränderungen nicht, oder in anderer Weise vor sich; in Wasser untergetaucht oder in einem Boden mit stehendem Wasser, welches den freien Zutritt der Luft abschließt, entwickelt sich der Blattkeim der Landpflanzen nicht. Aus diesem Grunde erhalten sich manche Samen, welche tief in der Erde, oder dem Schlamme von Morästen liegen, viele Jahre, ohne zu keimen, obwohl Feuchtigkeit und Temperatur günstig sind. Häufig bedeckt sich die Erde aus Morästen, an die Luft gebracht oder aus dem tiefen Untergrund aufgepflügt, mit einer Vegetation aus Samen, welche zu ihrer Entwickelung des freien Zutritts der Luft bedurfte. Bei einer niederen Temperatur wird der Antheil, den die Luft an dem Keimungsproceß nimmt, aufgehoben oder verlangsamt, beim Steigen derselben und hinlänglichem Wasserzutritt werden die chemischen Umwandlungen im Samen beschleunigt. Kein Same keimt unter 0°, ein jeder bei einer bestimmten Temperatur, daher in bestimmten Jahreszeiten. Die Samen von Vicia faba, Phaseolus vulgaris und des Mohns verlieren bei 35° getrocknet ihre Keimkraft, die von Gerste, Mais, Linse, Hanf und Lattich behalten sie dabei, und Weizen, Roggen, Wicke und Kohl behalten sie noch bei 70°.

Während des Keimens wird Sauerstoff aus der Luft in

der Umgebung des Samens aufgenommen und ein gleiches
Maß Kohlensäure entwickelt.

Wenn man Samen in Gläsern keimen läßt, auf deren
inneren Seite ein Streifen von Lackmuspapier befestigt ist, so
wird dieses durch ausschwitzende Essigsäure geröthet, oft in ganz
kurzer Zeit; am stärksten und raschesten fand die Entwickelung
von freier Säure statt beim Keimen von Cruziferen, Kohl,
Rüben (Becquerel, Edwards). Sicher ist, daß der flüssige
Zelleninhalt der Wurzeln, sowie der Saft der meisten Pflanzen
sauer reagirt, von einer nicht flüchtigen Säure; der Saft junger
Frühlingstriebe vom Weinstock giebt beim Abdampfen eine
reichliche Krystallisation von saurem weinsaurem Kali.

Die Versuche von Decandolle und Macaire, welche
bis jetzt nicht widerlegt sind, zeigen, daß starke Pflanzen von
Chondrilla muralis sowie von Phaseolus vulgaris, die man,
nachdem sie mit ihren Wurzeln aus der Erde genommen, in
Wasser vegetiren ließ, nach acht Tagen dem Wasser eine gelbliche
Farbe, einen opiumartigen Geruch und herben Geschmack er-
theilten, während die Wurzel an dem Stengel abgeschnitten und
beide in Wasser gestellt an das Wasser keine von den Substanzen abgaben, welche die ganze Pflanze abgegeben hatte.

Lattich und andere Pflanzen, die man, aus der Erde genommen, mit ihren durch Waschen vorher gereinigten Wurzeln
in blauer Lackmustinktur vegetiren läßt, wachsen darin fort und
zwar, wie es scheint, auf Kosten der Bestandtheile der unteren
Blätter, welche abwelken; nach drei bis vier Tagen färbt sich die
Lackmustinktur roth und die Röthung verschwindet beim Kochen,
wonach es scheint, daß die Wurzeln Kohlensäure abgesondert
hatten; bleiben die Pflanzen länger in der Lackmustinktur stehen,
so zersetzt sie sich und wird neutral und farblos, während sich der
Farbstoff, in Flocken abgeschieden, um die Wurzelfasern anlegt.

Von der ersten Bewurzelung einer Pflanze hängt ihre Entwickelung ab und es ist darum die Wahl der geeigneten Samen
für die künftige Pflanze von der größten Wichtigkeit. Unter den
Körnern derselben Weizensorte, welche im nämlichen Jahre und
auf demselben Boden geerntet worden ist, bemerkt man große
und kleine Körner und unter beiden solche, welche beim Zerbre-
chen eine mehlige, während andere eine hornige Beschaffenheit
zeigen; die einen sind vollkommener, die anderen weniger vollkommen ausgebildet. Dies rührt daher, daß auf demselben Felde
nicht alle Halme gleichzeitig Aehren treiben und blühen, und
daß viele derselben Samen ansetzen, die in ihrer Reife anderen
weit voran sind; die Samen der einen bilden sich selbst in ungünstiger Witterung vollkommener aus wie die der anderen Pflanzen. Ein Gemenge von Samen, welche ungleich in ihrer Ausbildung sind, oder welche ungleiche Mengen von Stärkmehl,
Kleber und unorganischen Stoffen enthalten, geben gesäet eine
Vegetation, welche ebenso ungleich wie die frühere, von der sie
stammen, in ihrer Entwickelung ist.

Die Stärke und Anzahl der Wurzeln und Blätter, die sich
beim Keimungsprocesse bilden, steht in Beziehung auf ihre stickstofffreien Bestandtheile im Verhältniß zu dem Reichthum an
Stärkmehl im Samen, aus welchem sie entstehen. Ein an Stärkmehl armer Same keimt in ähnlicher Weise, wie ein daran
reicher, bis aber der erstere eben soviel oder ebenso starke Wurzeln und Blätter in Folge von Nahrungsaufnahme von Außen
gebildet hat, ist die Pflanze, die aus dem stärkmehlreicheren Samen entstand, um ebenso viel voran; ihre Nahrung aufnehmende
Oberfläche ist von Anfang an größer geworden und ihr Wachsthum steht damit im Verhältniß.

Verkrüppelte oder in ihrer Ausbildung verkümmerte Samen

geben verkümmerte Pflanzen und liefern Samen, welche zum großen Theil denselben Charakter an sich tragen.

Dem Gärtner und Blumenzüchter ist die naturgesetzliche Beziehung der Beschaffenheit des Samens zur Hervorbringung einer Pflanze, welche die vollen, oder nur gewisse Eigenschaften ihrer Art an sich trägt, ebenso bekannt wie dem Viehzüchter, welcher zur Fortpflanzung und Vermehrung nur die gesundesten und die zu seinen Zwecken bestausgebildeten Thiere wählt. Der Gärtner weiß, daß die in einer Schote von einer Levkoyenpflanze eingeschlossenen platten und glänzenden Samen hochaufgeschossene Pflanzen mit einfachen, und die runzelichen, wie verkrüppelt aussehenden Körner niedere Pflanzen mit durchweg gefüllten Blumen liefern.

Durch den Einfluß des Bodens und des Klimas entstehen die verschiedenen Abarten, welche gleich Racen gewisse Eigenthümlichkeiten in sich tragen und durch die Samen beim Gleichbleiben der Bedingungen sich fortpflanzen; in einem andern Boden oder in anderen klimatischen Verhältnissen verliert die Abart wieder eine oder die andere ihrer Eigenthümlichkeiten.

Der Einfluß der Bodenbeschaffenheit auf die Erzeugung von Varietäten zeigt sich am häufigsten bei Samen, welche unverdaut durch den Darmcanal der sie fressenden Thiere hindurchgehen und welche eine verschiedenartige Düngung empfangen, je nachdem sie zugleich mit den verschiedenen Excrementen verschiedener Thiere dem Boden zurückgegeben werden, wie z. B. bei Byrsonima verbascifolia (v. Martius).

In der Wahl der Saatfrüchte oder Samen ist die Berücksichtigung des Bodens und Klimas, von dem sie stammen, immer von Wichtigkeit. Für einen reichen Boden hält man in England Weizensamen von einem armen vorzugsweise geeignet, und der Rübsamen aus kälteren Gegenden oder Lagen giebt in wärmeren sichere Ernten. Der Kleesame und Hafer aus Gebirgsländern wird dem aus Ebenen vorgezogen. Der Weizen aus Odessa und aus dem Banat (Ungarn) wird auch in kälteren Gegenden geschätzt. Am Oberrhein beziehen die Landwirthe ihren Hanf= samen aus Bologna und Ferrara.

Ebenso legen viele deutsche Landwirthe, zur Erzielung hoch= aufgeschossener gleich hoher Flachspflanzen auf den Leinsamen aus Kur= oder Livland einen besondern Werth, wo die Boden= und klimatischen Verhältnisse, namentlich ein kurzer warmer Sommer, die Blüthe= und Fruchtperiode mehr zusammendrängt, so daß die Blüthen gleichzeitig und gleichmäßig befruchtet wer= den und reifen und vollkommenen Samen bilden.

Der Einfluß der Witterung zur Zeit der Blüthe auf die Samenbildung ist Jedermann bekannt. Wenn nach dem Be= ginn der Blüthe durch eintretende kalte Witterung oder Regen die Entwickelung des Blüthenstaubes verlängert wird, so setzen die später befruchteten Blüthen keine Samen an, weil die hierzu nöthige Nahrung von den zuerst befruchteten zu ihrer Ausbil= dung verwendet wird und es lohnen manche Pflanzen die Cul= tur überhaupt nicht, wenn die ausreifenden (klimatischen) Ver= hältnisse nur Theile des Blüthenstaubes, nicht aber die ganze Pflanze zum Abschluß bringen.

Auch bei dem Hafer entwickeln sich häufig, von den Blatt= achsen aus, bei warmer und feuchter Witterung Seitenzweige, während am Haupthalm sich schon Aehren bilden, woher es kommt, daß am Ende der Vegetationszeit die Pflanze reife und unreife Samen trägt.

Der Boden übt durch seine Lockerheit und Festigkeit einen Einfluß auf die Bewurzelung aus. Die feinen, oft mit Korksub= stanz bekleideten Wurzelfasern verlängern sich, indem sich an ihrer Spitze neue Zellen bilden, und müssen einen gewissen Druck aus= üben, um sich einen Weg durch die Erdtheilchen zu bahnen; in

allen Fällen verlängert sich die Wurzelfaser in der Richtung hin,
wo sie den schwächsten Widerstand zu überwinden hat, und die
Verlängerung der Wurzelfaser setzt nothwendig voraus, daß der
Druck, mit dem die sich bildenden Zellen die Erdtheile auf die
Seite schieben, um etwas größer ist, als ihr Zusammenhang.
Nicht bei allen Pflanzen ist die Kraft, mit welcher ihre Wur-
zelfasern den Boden durchdringen, gleich stark. Pflanzen, deren
Wurzeln aus sehr feinen Fasern bestehen, entwickeln sich in einem
zähen, schweren Boden nur unvollkommen, in welchem andere,
welche starre und dickere Wurzelfasern zu bilden vermögen, mit
Ueppigkeit gedeihen. Der Widerstand, den der Boden der Ver-
breitung der letzteren entgegensetzt, ist zunächst der Grund ihrer
Verstärkung.

Unter den Getreidearten bildet der Weizen bei einer verhältnißmäßig schwachen Wurzelverzweigung in der Ackerkrume
die stärksten Wurzeln, welche oft mehrere Fuß tief in den Untergrund eindringen; eine gewisse Festigkeit der Bodenoberfläche ist
seiner Wurzelentwickelung günstig. Es sind Fälle bekannt, wo
Stücke eines Weizenfeldes im Winter durch Pferde so sehr zu-
sammengetreten waren (was in den Fuchsjagddistricten Englands
nicht ungewöhnlich ist), daß eine jede Spur von einer Weizenpflanze zerstört war, während die Ernte gerade auf diesem Stücke
im folgenden Jahre die der anderen weit übertraf. Einen solchen Eingriff kann offenbar nur eine Pflanze bestehen, deren
Hauptwurzeln sich in den tieferen Schichten der Ackerkrume abwärts verbreiten. Die Haferpflanze steht in Beziehung auf die
Wurzelentwickelung und deren Fähigkeit, den Boden zu durch-
bringen, der Weizenpflanze am nächsten, sie gedeiht in einem
Boden von einer gewissen Festigkeit, da aber ihre Wurzeln auch
in der obersten Bodenschicht eine Menge ernährende seitliche
feine Verzweigungen bilden, so muß diese eine gewisse Lockerheit

besitzen; ein offener loser Lehmboden, auch wenn er nur eine ge=
ringe Tiefe besitzt, ist vorzugsweise für die Gerste geeignet, welche
ein Wurzelbündel von feinen, verhältnißmäßig kurzen Fasern
bildet. Die Erbsen verlangen einen lockern, wenig zusammen=
hängenden Boden, welcher der Verbreitung ihrer weichen Wur=
zeln auch in tieferen Schichten günstig ist, während die starken
holzigen Wurzeln der Saubohnen auch in einem strengen und
festeren Boden nach allen Richtungen hin sich verzweigen. Klee
und die Samen von Gräsern oder überhaupt solche, welche eine
geringe Masse besitzen, treiben im Anfang schwache Wurzeln von
geringer Ausdehnung und bedürfen um so mehr Sorgfalt in
Beziehung auf die Zubereitung des Bodens, um ihr gesundes
Wachsthum zu sichern. Der Druck einer Erdschicht von $\frac{1}{2}$ bis
1 Zoll Dicke bewirkt schon, daß der ins Land gebrachte Same
sich nicht mehr entwickelt. Die Erde, welche den Samen be=
deckt, muß eben nur hinreichen, um die zum Keimen nöthige
Feuchtigkeit zurückzuhalten. Man findet es darum vortheilhaft,
den Klee gleichzeitig mit einer Kornpflanze einzusäen, welche frü=
her und rascher sich entwickelt und deren Blätter die junge Klee=
pflanze beschatten und sie vor der allzustarken Einwirkung des
Sonnenlichts schützen, wodurch sie mehr Zeit zur Ausbreitung
und Entwickelung ihrer Wurzeln gewinnt. Die Beschaffenheit
der Wurzeln[*]) der Rüben und Knollengewächse deutet schon die
Orte im Boden an, von denen aus sie die Hauptmasse ihrer
Bodennahrung empfangen; die Kartoffeln bilden sich in den
obersten Schichten der Ackerkrume, die Wurzeln der Runkelrübe
und Turnipsarten verzweigen sich tief in den Untergrund, sie
gedeihen am Besten in einem lockeren tiefgrundigen, aber auch
in einem von Natur strengen und zusammenhängenden Boden,

---

[*]) Unter Wurzeln sind hier und in dem Folgenden stets die unterirdischen
Organe der Pflanzen verstanden.

wenn derselbe eine gehörige Vorbereitung empfangen hat; unter den Turnipsarten zeichnet sich die schwedische Varietät vor anderen durch die größere Anzahl von Wurzelfasern aus, die der Wurzelstock in die Erde sendet, und die Mangoldwurzel mit ihren starken, mehr holzigen Wurzelfasern ist noch besser wie die schwedische Turnips für den schweren Lehmboden geeignet.

Ueber die Länge der Wurzeln hat man nur eine geringe Zahl von Beobachtungen gemacht. In einzelnen Fällen zeigte sich, daß die Luzerne bis 30 Fuß, der Raps über 5, der Klee über 6 Fuß, die Lupine über 7 Fuß lange Wurzeln treiben.

Die Bekanntschaft mit der Bewurzelung der Gewächse ist die Grundlage des Feldbaues; alle Arbeiten, welche der Landwirth auf seinem Boden verwendet, müssen genau der Natur und Beschaffenheit der Wurzel der Gewächse angepaßt sein, die er cultiviren will; für die Wurzel vermag er allein Sorge zu tragen, auf das, was sich daraus entwickelt, kann er keinen Einfluß mehr ausüben, und er ist darum nur des Erfolges seiner Bemühungen versichert, wenn er den Boden in der rechten Weise für die Entwickelung und Thätigkeit der Wurzeln zubereitet hat. Die Wurzel ist nicht bloß das Organ, durch welches die wachsende Pflanze die zu ihrer Zunahme nothwendigen unverbrennlichen Elemente aufnimmt, sondern sie ist in einer andern nicht minder wichtigen Function dem Schwungrade an einer Maschine gleich, welches die Arbeit derselben regelt und gleichförmig macht, in ihr speichert sich das Material an, um den Bedürfnissen der Pflanze je nach den äußeren Anforderungen der Wärme und des Lichtes das zu dem Abschluß der Lebensacte nöthige Material zu liefern.

Alle Pflanzen, welche den Landschaften ihren eigenthümlichen Charakter verleihen und die Ebenen und Bergabhänge mit dauerndem Grün bekleiden, besitzen je nach der geologischen oder physikalischen Beschaffenheit des Bodens eine für ihre Dauer und Verbreitung wunderbar angepaßte Wurzelentwickelung.

Während sich die jährigen Gewächse nur durch Samen fortpflanzen und vermehren und immer eine wahre Wurzel haben, die sich an ihrer Einfachheit, Knospenlosigkeit und verhältnißmäßig nicht weit ausstreichenden Befaserung erkennen läßt, verjüngen und verbreiten sich die Rasen- und Wiesenpflanzen durch Wurzelausschläge von einer besonderen Beschaffenheit, und es ist bei vielen die Verbreitung unabhängig von der Samenbildung.

Aehnlich wie die, sehr rasch große Bodenflächen bedeckende Erdbeere über dem Wurzelknoten neben dem Hauptstengel Nebenstengel entwickelt, die als dünne Ranken auf der Erde hinkriechen und an gewissen Stellen Knospen und Wurzeln treiben, die sich zu selbstständigen Individuen entwickeln, verbreiten sich die dauernden Unkrautpflanzen, zu denen die Wiesen- und Rasenpflanzen hier gerechnet sind, durch entsprechende unterirdische Organe. Die Kriechwurzeln der Quecken (Triticum repens), des Sandroggens (Elymus arenarius), des Wiesenklees (Trifolium pratense), des Leinkrauts (Linaria vulgaris) verbreiten durch Wurzelausschläge die Pflanze nach allen Richtungen von der Mutterpflanze. Das Wiesenrispengras (Poa pratensis) pflanzt sich durch einen Mutterstock fort, der aus wahren Wurzeln, aus angewurzelten Rankensprossen und Kriechtrieben besteht; das Raigras (Lolium) bestockt sich auf festem Boden durch Wurzelausschläge, auf lockerem durch Rasentriebe. Das Liefchgras (Phleum) sieht man bald knollig, bald vielköpfig zum Kriechen und zur Mutterstockbildung geneigt. Das Timothygras bestockt sich schon im ersten Jahre und bildet im zweiten bald knollige, bald vielköpfige Mutterstöcke, welche Kriechtriebe nach allen Richtungen aussenden; in gleicher Weise ver-

breitet sich das Wiesenrispengras theils durch knospende Kriechtriebe, theils durch Rankensprossen.

Die Vergleichnung der Lebensacte der einjährigen, zweijährigen und dauernden Pflanze zeigt, daß die organische Arbeit in
der dauernden vorzugsweise auf die Wurzelbildung gerichtet ist.

Der im Herbst in die Erde gebrachte Same der Spargelpflanze entwickelt vom Frühling an bis Ende Juli des nächsten
Jahres, in einem fruchtbaren Boden, eine etwa fußhohe Pflanze,
deren Stengel, Zweige und Blätter von da an keine weitere
Zunahme wahrnehmen lassen. Von eben diesem Zeitpunkte an
bis zum August würde die jährige Tabackspflanze einen mehrere
Fuß hohen, mit zahlreichen breiten Blättern besetzten Stengel,
die Rübenpflanze eine breite Blätterkrone entwickelt haben.

Der in der Spargelpflanze eingetretene Stillstand im Wachsthum ist aber nur scheinbar, denn von dem Augenblicke an, wo
ihre äußeren Organe der Ernährung entwickelt sind, nimmt die
Wurzel an Umfang und Masse in weit größerem Verhältniß zu
den oberirdischen Organen als wie bei der Tabackspflanze zu.
Die Nahrung, welche die Blätter aus der Luft und die Wurzeln
aus dem Boden aufgenommen haben, wandert, nachdem sie sich
zu Bildungsstoffen umgewandelt hat, den Wurzeln zu und es
sammelt sich in ihnen nach und nach ein solcher Vorrath davon,
daß die Wurzel im darauf folgenden Jahre aus sich selbst heraus, und ohne einer Zufuhr von Nahrung aus der Atmosphäre
zu bedürfen, das Material zum Aufbau einer neuen vollkommenen Pflanze mit einem um die Hälfte höheren Stengel und
einer vielmal größeren Anzahl von Zweigen und Blättern liefern kann, deren organische Arbeit während des zweiten Jahres
wieder in der Erzeugung von Producten aufgeht, die sich in der
Wurzel ablagern und, dem größeren Umfange der Ernährungs-

organe entsprechend, in weit größerer Menge anhäufen, als sie
abgegeben hat.

Dieser Vorgang wiederholt sich im dritten und vierten
Jahre und im fünften und sechsten ist das in den Wurzeln
bestehende Magazin ausgiebig genug geworden, um im
Frühling bei warmer Witterung drei, vier und mehr fingerdicke
Stengel zu treiben, die sich in zahlreiche, mit Blättern bedeckte
Aeste verzweigen.

Die vergleichende Untersuchung der grünen Spargelpflanze
und ihrer im Herbst absterbenden Stengel scheint darauf hin-
zudeuten, daß am Ende ihrer Vegetationszeit der Rest der in
den oberirdischen Organen noch vorhandenen löslichen, oder der
Lösung fähigen und für eine künftige Verwendung geeigneten
Stoffe abwärts nach der Wurzel wandert; die grünen Pflanzentheile sind verhältnißmäßig reich an Stickstoff, an Alkalien und
phosphorsauren Salzen, die in den abgestorbenen Stengeln nur
in geringer Menge nachweisbar sind. Nur in den Samen bleiben verhältnißmäßig große Mengen von phosphorsaurer Erde
und Alkalien zurück, offenbar nur der Ueberschuß, den die Wurzeln für das künftige Jahr nicht weiter bedürfen.

Die unterirdischen Organe der dauernden Pflanzen sind die
sparsamen Sammler aller für gewisse Functionen nothwendigen
Lebensbedingungen; wenn es der Boden gestattet, so nehmen sie
immer mehr ein, als sie ausgeben, sie geben niemals alles aus,
was sie eingenommen haben; ihre Blüthe und Samenbildung
tritt dann ein, wenn sich ein gewisser Ueberschuß von phosphorsauren Salzen in der Wurzel angesammelt hat, den sie abgeben
kann, ohne ihr Bestehen zu gefährden; durch eine reichliche Zufuhr von Nahrungsstoffen vermittelst Dünger wird die Entwickelung der Pflanze nach der einen oder andern Richtung hin beschleunigt. Aschendüngung ruft aus der Grasnarbe die kleearti-

gen Gewächse hervor, bei einer Düngung mit saurem phosphorsaurem Kalt entwickelte sich Halm an Halm französisches Raigras.

Bei allen dauernden Pflanzen überwiegen die unterirdischen
Organe an Umfang und Masse in der Regel bei weitem die der
jährigen Gewächse. Die Letzteren verlieren in jedem Jahre ihre
Wurzeln, während die perennirende Pflanze sie behält, bereit in
jeder günstigen Zeit zur Aufnahme und Vermehrung ihrer Nahrung.

Der Umkreis, aus welchem die perennirende Pflanze ihre
Nahrung empfängt, erweitert sich von Jahr zu Jahr; wenn ein
Theil ihrer Wurzeln an irgend einer Stelle nur wenig
Nahrung vorfindet, so ziehen andere ihren Bedarf von anderen
daran reicheren Stellen.

Nur der kleinste Theil der Pflanzen auf einem Rasenstück
einer dicht bestandenen Wiese bildet Halme, die meisten nur
Blätterbüschel; manche ist Jahre lang auf unterirdische Sprossen-
bildung beschränkt.

Für die dauernden Wiesen= und Rasenpflanzen ist die
Bildung unterirdischer Sprossen von der größten Bedeutung, weil
durch sie die Pflanze mit Nahrung versehen wird in einer Zeit,
wo Mangel an Zufuhr das Leben des einjährigen Gewächses
gefährden würde.

Ein guter Boden und die anderen Bedingungen des Pflanzenlebens wirken auf die perennirende Pflanze nicht minder günstig als auf die einjährige ein, allein ihre Entwickelung hängt
nicht in demselben Grade von zufälligen und vorübergehenden
Witterungsverhältnissen ab; in ungünstigen Verhältnissen wird
ihr Wachsthum der Zeit nach zurückgehalten; sie vermag die
günstigen abzuwarten und während in ihrem Wachsthum einfach
ein Stillstand eintritt, hat das einjährige Gewächs die Grenze
seines Lebens erreicht und stirbt ab.

Die Dauer und Sicherheit der Erträge unserer Wiesen

unter abwechselnden Witterungs= und Bodenverhältnissen liegt
in der großen Anzahl von Pflanzen, die sich auf einer niederen
Stufe ihrer Entwickelung zu erhalten vermögen. Während die
eine Pflanzenart sich nach Außen entwickelt, blüht und Samen
trägt, sammelt eine zweite und dritte abwärts die Bedingungen
eines gleichen zukünftigen Gedeihens; die eine scheint zu ver=
schwinden und einer zweiten und dritten Platz zu machen, bis
auch für sie die Bedingungen einer vollkommenen Entwickelung
wiedergekehrt sind.

Die Holzpflanzen wachsen und entwickeln sich in ganz
ähnlicher Weise wie die Spargelpflanze, mit dem Unterschiede
jedoch, daß sie am Ende ihrer Vegetationsperiode ihren Stamm
nicht verlieren. Ein Eichstämmchen von 1½ Fuß Höhe zeigte
eine Wurzel von über 3 Fuß Länge. Der Stamm selbst
dient mit der Wurzel als Magazin für den zur vollen Wieder=
herstellung aller äußeren Organe der Ernährung im künftigen
Jahre aufgespeicherten Bildungsstoff. Abgehauene Stämme von
Linden, Erlen oder Weiden, wenn sie an schattigen und feuchten
Orten liegen, schlagen häufig nach Jahren noch aus und treiben
viele fußlange mit Blättern besetzte Zweige.

In den Pausen, welche im Samentragen der Waldbäume
eintreten, verhalten sie sich ähnlich wie die größte Anzahl der
perennirenden Gewächse, die, auf einem kargen Boden wachsend,
die zur Fruchtbildung nothwendigen Bedingungen nur in mehr=
jährigen Fristen anzusammeln vermögen (Sendtner, Ratze=
burg.)

Der Verlust an unorganischen Nahrungsstoffen, den die
Laubhölzer durch das Abwerfen der Blätter erleiden, ist gering.
Wenn die Blätter ihre volle Ausbildung erreicht haben, so fül=
len sich die Rindenzellen mit einer reichlichen Menge von Stärk=
mehl an, während dieses aus den Zellen des Blattstielwulstes

völlig verschwindet (H. Mohl). Schon geraume Zeit vor dem
Abfallen der Blätter tritt eine beträchtliche Abnahme ihrer Saft-
fülle ein, während die Rinde der Zweige um diese Zeit oft
auffallend von Saft strotzt (H. Mohl). In Uebereinstimmung
hiermit zeigt die Analyse der Asche der Blätter, daß der Alkali-
und Phosphorsäuregehalt unmittelbar vor dem Abfallen abnimmt; die abgefallenen Blätter enthalten, auf die Blättermasse
berechnet, so geringe Mengen davon, daß sich die Schädlichkeit
des Waldstreurechens durch ihre Hinwegnahme kaum erklären
läßt (s. Anhang A).

Eine ähnliche Rückleitung der Assimilationsproducte scheint
bei den Gräsern stattzuhaben; wenn durch die steigende Hitze
des Sommers die Blätter abwelken, so zeigt die chemische Analyse in den gelbgewordenen Blättern kaum noch Spuren von
Stickstoff, von phosphorsauren Salzen und Alkalien an, so wie
dann der Instinkt der Thiere jede Art von abgefallenen Blättern
als Nahrungsmittel verschmäht.

In der ein- und zweijährigen Pflanze geht die organische
Arbeit in der Samen- und Fruchterzeugung auf, mit welcher die
Thätigkeit der Wurzel ihr Ende erreicht; die Samenerzeugung
ist bei den dauernden eine mehr zufällige Bedingung ihres Fortbestehens.

Die zweijährige Pflanze kann mehr Zeit als die einjährige
auf die Ansammlung des nothwendigen Materials für die Sa-
men- und Früchtebildung und damit für den Abschluß ihres Lebens verwenden, aber die Periode, in welcher dies geschieht,
hängt von zufälligen Witterungsverhältnissen und von der Beschaffenheit des Bodens ab.

Das einjährige Gewächs bildet sich in seinen Theilen gleichmäßig aus; die täglich aufgenommene Nahrung wird zur Vergrößerung der ober- und unterirdischen Organe verwendet, die in

2*

eben der Zeit mehr aufnehmen, als ihre auffaugende Oberfläche sich vergrößert hat. Mit ihrem Wachsen vermehren sich die in der Pflanze selbst liegenden Bedingungen zum Wachsen, welche in eben dem Verhältnisse sich wirksam zeigen, als die äußeren Bedingungen günstig sind.

Die Entwickelung des zweijährigen Wurzelgewächses zerfällt deutlich in drei Perioden; in der ersten bilden sich vorzugsweise die Blätter, in der zweiten die Wurzeln aus, in denen sich die zur Entwickelung der Blüthe und Frucht in der dritten Periode dienenden Stoffe anhäufen.

Die Untersuchung der Turnipsrübe von Anderson in ihren verschiedenen Stadien ihrer Entwickelung giebt ein anschauliches Bild der ungleichen Richtungen der Thätigkeit eines zweijährigen Gewächses (Journal of agric. and transactions of the highland soc. No. 68 und No. 69 new series 5).

Diese Versuche erstreckten sich auf die Bestimmung der Pflanzenmasse der auf einem Acre Feld gewachsenen Rüben= pflanzen. Sie wurden in vier Wachsthumszeiten oder Stadien geerntet, die ersten am 7. Juli, dann am 11. August, 1. September und 5. October; die folgende Tabelle enthält das Gewicht der Blätter und Wurzeln in Pfunden, auf 1 Acre be= rechnet, am Ende der verschiedenen Stadien.

			Gewicht der geernteten	
			Blätter.	Wurzeln.
I. Ernte in	32 Tagen	219	7,2 Pfd.
II. „ „	67 „	12793	2762 „
III. „ „	87 „	19200	14400 „
IV. „ „	122 „	11208	36792 „

Diese Verhältnisse der erzeugten Blätter= und Wurzelmasse zeigen, daß in der ersten Hälfte der Vegetationszeit (67 Tage) die organische Arbeit in der Rübenpflanze vorzugsweise auf die Herstellung und Ausbildung der äußeren Organe gerichtet ist.

Vom 7. Juli an bis zum 11. August nehmen die Pflanzen in 35 Tagen um 12574 Pfund Blätter und 2755 Pfund Wurzeln zu, oder tägliche Zunahme:

Blätter.	Wurzeln.
359 Pfund.	78 Pfund.

In diesem Stadium war die Blattbildung in dem Verhältniß vorherrschend, daß von 11 Gewichttheilen der aufgenommenen Nahrung 9 Gewichttheile in die Form von Blättern und nur 2 Gewichttheile in die Form von Wurzeln verwandelt wurden.

Ein ganz anderes Verhältniß zeigt sich in dem dritten Stadium, in welchem das Gewicht der Blätter sich in 20 Tagen um 6507 Pfund, das der Wurzeln um 11638 Pfund vermehrt hatte, oder:

Blätter.	Wurzeln.
Tägliche Zunahme: 325 Pfund.	582 Pfund.

In diesem dritten Stadium nehmen die Pflanzen etwas mehr wie doppelt so viel Nahrung auf, als an einem Tage des vorangegangenen Stadiums, und es muß diese steigende Zunahme im Verhältniß stehen zu der täglich sich vergrößernden Wurzel- und Blattoberfläche, aber die aufgenommene Nahrung vertheilte sich in der Pflanze in ganz anderer Weise. Von 25 Gewichttheilen der aufgenommenen und verarbeiteten Nahrung blieben nur 9 Gewichttheile in den Blättern, die übrigen 16 Gewichttheile dienten zur Vergrößerung der Wurzelmasse.

In eben dem Grade, als die Blätter der Grenze ihrer Entwickelung sich näherten, nahm ihr Vermögen ab, die übergegangene Nahrung zu ihrem weiteren Aufbau zu verwenden, und sie lagerte sich, in Bildungsstoffe verwandelt, in den Wurzeln ab. Die nämlichen Nahrungsstoffe, die, so lange die Blätter= masse zunahm, zu Blättern wurden, wurden jetzt zu Wurzelbe= standtheilen.

Dieses Wandern der Blätterbestandtheile und ihr Uebergang in Wurzelbestandtheile scheint sich in dem vierten Stadium am deutlichsten zu zeigen. Das Totalgewicht der Blätter, welches am 1. September noch 19200 Pfund betrug, verminderte sich um 7992 Pfund oder in 35 Tagen täglich um 228 Pfund, oder von 34 Blättern starben 10 ab, während die Wurzeln im Ganzen um 22392 Pfund oder täglich um 640 Pfund, also mehr noch als an einem Tage der vorhergegangenen Wachs= thumszeit zunahmen.

Mit der Temperatur und dem einwirkenden Sonnenlicht im vorschreitenden Herbste nahm offenbar die organische Thätig= keit der Blätter ab, und etwas mehr als ein Drittel des ganzen Vorrathes des darin angehäuften Bildungsmaterials wanderte in den Wurzelstock und häufte sich darin für eine künftige Ver= wendung an.

Vergleicht man die tägliche Einnahme an Stickstoff, Phos= phorsäure, Kali, Kochsalz und Schwefelsäure in den letzten 90 Tagen der auf 1 Acre Feld wachsenden Rübenpflanzen, so er= giebt sich aus Anderson's Versuchen, daß sie aufgenommen ha= ben an jedem Tag:

Einnahme der ganzen Pflanze an einem Tag

	der IIten,	der IIIten,	der IVten Wachsthumszeit.
Pflanzenmasse	437	907	417 Pfunde
Stickstoff . .	1,15	0,695	1,21 „
Phosphorsäure	0,924	1,10	1,25 „
Kali . . .	1,41	4,04	3,07 „
Schwefelsäure	1,12	1,57	1,52 „
Kochsalz . .	0,84	1,98	1,11 „

Tägliche Zunahme der Wurzeln in der IVten Wachsthumszeit.

	Phosphorsäure.	Kali.	Schwefelsäure.	Kochsalz.
Vom Boden geliefert	1,25	3,07	1,52	1,10
v. d. Blättern	0,41	1,56	0,51	0,53
	1,66	4,63	2,03	1,63.

Diese Zahlen ergeben, daß die Menge Phosphorsäure, welche täglich von den auf einem Acre Feld wachsenden Rüben= pflanzen aufgenommen wird, vom Anfang der zweiten bis zum Ende der vierten Wachsthumszeit, in 90 Tagen von 0,924 auf 1,25 Pfund per Tag steigt, von einem Tag zum andern macht dies den geringen Unterschied von 0,0037 Pfund aus.

Anderson vermuthet, daß seine Stickstoffbestimmung der Blätter in dem dritten Stadium mit einem Fehler behaftet und zu niedrig ausgefallen sei. Nimmt man die Stickstoffmenge in den beiden letzten Stadien zusammen (55 Tage), so kommen auf den Tag 1,02 Pfund Stickstoff oder nahe ebenso viel als auf einen Tag der vorhergehenden Wachsthumszeit.

Die Menge des Kalis stieg vom 11. August bis 1. Septem= ber in etwas größerem Verhältnisse als die erzeugte Pflanzenmasse; vom 1. September bis 5. October war die Zunahme der Wurzeln nahe doppelt so groß als in der vorhergehenden Wachsthumszeit, allein es fand ein Wandern der Kaliverbindungen aus den Blät= tern nach den Wurzeln hin statt. Man bemerkt deutlich, daß die Zunahme an Kali mit der Bildung des Zuckers und der anderen stickstofffreien Bestandtheile der Wurzeln in einer gewissen Bezie= hung steht, ohne aber daß sich ein bestimmtes Verhältniß ergiebt. Die Aufnahme an Schwefelsäure stieg gleichmäßig in den drei letzten Stadien, die des Kochsalzes fand in dem dritten in einem etwas größeren Verhältniß statt, als in der zweiten und vierten Wachsthumszeit.

Ohne die Rolle, welche diese verschiedenen Mineralstoffe, so= wie der Kalk, die Bittererde und das Eisen in dem Vegetations=

proceß spielen, näher bezeichnen zu wollen, bemerkt man deutlich, daß die Aufnahme derselben, das Kali ausgenommen, von Tag zu Tag sehr gleichmäßig war und jeden folgenden Tag etwas mehr als den vorhergehenden betrug, entsprechend der täglich bis zum vierten Stadium sich vergrößernden, Nahrung aufnehmenden Oberfläche. Die schwächste Zunahme zeigt die Phosphorsäure und der Stickstoff, beide sind für die in der Rübenpflanze vor sich gehenden Bildungsprocesse gleich nothwendig gewesen und dienten offenbar zur Vermittelung einer mächtigeren Thätigkeit, deren Wirkung in der Erzeugung und Vermehrung der stickstofffreien Bestandtheile offenbar ist.

Wenn man die Menge der aufgenommenen Mineralsubstanzen als einen Maßstab ihrer Bedeutung für die in der Pflanze vor sich gehende organische Arbeit ansieht, so wird man der Schwefelsäure und dem Kochsalze eine gleiche Wichtigkeit wie den anderen zuerkennen müssen.

Betrachtet man die Mengen der Mineralbestandtheile, welche die verschiedenen Pflanzentheile in verschiedenen Zeiten aufgenommen haben, so ergeben sich die ungleichsten Verhältnisse. In dem zweiten Stadium wurden in 35 Tagen im Ganzen 49,29 Pfund Kali aufgenommen, von welchen 8,02 Pfund oder ein Sechstel in den Wurzeln und 41,27 Pfund in den Blättern sich befanden. Das Gewicht der erzeugten Blättermasse stand zu dem der Wurzelmasse nahe in demselben Verhältnisse, d. h. die erstere betrug beinahe fünfmal mehr als die andere.

In dem dritten Stadium überwog die gebildete Wurzelmasse die der Blätter und es blieben von den 80 Pfunden des aufgenommenen Kalis 34 Pfund oder $^7/_{16}$ in den Wurzeln; in ganz ähnlicher Weise verhielten sich die Phosphorsäure, das Kali und die anderen Mineralbestandtheile, sie vertheilten sich je nach dem Wachsthum und der Zunahme der Masse der ober= und unterirdischen Organe der Rübenpflanze, die in den verschiedenen Perioden ebenfalls ungleich ist.

Betrachtet man die Zunahme der Blätter und Wurzeln an Mineralsubstanzen für sich, ohne Rücksicht auf die Menge derselben, welche die ganze Pflanze empfängt, so erscheint sie sprungweise und höchst ungleichförmig. Jeden Tag empfängt die Pflanze sehr nahe dieselbe Quantität Phosphorsäure, Stickstoff, Kochsalz, Schwefelsäure, die sich in den verschiedenen Theilen der Pflanze, den Blättern oder Wurzeln, in welchen sie ihre Verwendung finden, vertheilen. Der Hauptunterschied in der Aufnahme ist bei dem Kali bemerklich, dessen Menge in dem dritten Stadium außer allem Verhältnisse mehr als die der anderen Mineralbestandtheile zugenommen hat.

In der Pflanze erzeugt der chemische Proceß aus dem Rohmaterial aus der Kohlensäure, dem Wasser, Ammoniak, Phosphorsäure, Schwefelsäure unter Mitwirkung der Alkalien und Erden rc. höchst wahrscheinlich nur eine stickstoff- und schwefelhaltige, der Albumingruppe, und nur eine stickstofffreie, der Gruppe der Kohlenhydrate angehörende Substanz; die erstere behält ihren Charakter während der Dauer der Vegetation, während die stickstofffreie zu einem geschmacklosen gummiartigen Körper, oder zu Cellulose oder zu Zucker, und je nach der vorwiegenden organischen Thätigkeit in den ober- oder unterirdischen Organen zu einem Blatt- oder Wurzelbestandtheile wird.

Wenn die Phosphorsäure in Beziehung steht zu der Erzeugung der stickstoffhaltigen Bestandtheile, so muß der Boden in seinen Theilen an beiden Stoffen bestimmte Verhältnisse enthalten, und es müssen bei der Rübe die oberen Schichten nothwendig weit reicher als die tieferen an Phosphaten sein. Denn in der ersten Hälfte der Vegetationszeit ist die Wurzelverzweigung weit geringer als später, und die Wurzel ist mit einem kleineren Volum Erde in Berührung als später und wenn sie daraus eben soviel Nahrung empfangen soll, als aus dem größeren, so muß das erstere in eben dem Verhältniß mehr davon enthalten, als die auffangende Wurzeloberfläche kleiner ist.

Die Asche aller Pflanzen, in deren Organismus sich große Mengen Stärkmehl, Gummi und Zucker erzeugen, zeichnet sich vor anderen Pflanzenaschen durch einen überwiegenden Gehalt von Kali aus, und wenn das Kali in dem Safte der Rüben=pflanze zur Vermittelung der Bildung des Zuckers und ihrer an=deren stickstofffreien Bestandtheile nothwendig war, so erklärt sich die gleichzeitige Zunahme in der dritten und vierten Wachs=thumszeit, in welcher die Bildung der stickstofffreien Wurzel=bestandtheile in einem größeren Verhältnisse statthatte, als in den früheren Perioden.

Daß die Erzeugung der verbrennlichen Bestandtheile, die Ueberführung der Kohlensäure und des Ammoniaks in stickstoff=freie und stickstoffhaltige Stoffe in einem ganz bestimmten Ver=hältnisse der Abhängigkeit zu den unverbrennlichen Stoffen, welche wir in der Asche finden, stehe, dies ist eine Ansicht, die eines be=sonderen Beweises nicht mehr bedarf, aber diese Abhängigkeit ist gegenseitig; wenn man sagt, daß sich darum mehr stickstoffhaltige oder stickstofffreie Producte bilden, weil die Pflanze mehr Phos=phorsäure oder mehr Kali aufgenommen hat, so ist dies ebenso richtig, als die Behauptung, daß die Pflanze darum mehr Phos=phorsäure oder Kali aufnimmt, weil sich die anderen Bedingungen zur Erzeugung stickstoffhaltiger oder stickstofffreier Stoffe vereinigt in ihrem Organismus vorfinden.

Für ein Maximum der Vergrößerung der Pflanze muß der Boden zu jeder Zeit die ganze Quantität von einem jeden Bo=denbestandtheile in aufnehmbarer Form darbieten, so wie auf der andern Seite die cosmischen Bedingungen, Wärme, Feuchtigkeit

und Sonnenlicht zusammenwirken müssen, um die aufgenomme=
nen Stoffe in Pflanzengebilde umzuwandeln. Wenn die aus
dem Boden in die Pflanze übergegangenen Stoffe keine Ver=
wendung finden, so werden keine mehr von außen aufgenommen
werden, bei ungünstiger Witterung wächst die Pflanze nicht; sie
wächst ebenfalls, wenn die nicht äußeren Bedingungen günstig
sind, während es im Boden an den Stoffen fehlt, die sie wirk=
sam machen.

In der zweiten Hälfte ihrer Entwickelungszeit, in welcher
die Wurzeln der Rübenpflanze durch die Ackerkrume hindurch tief
in den Untergrund gedrungen sind, nehmen diese mehr Kali auf,
als in der vorausgegangenen Zeit, und wenn wir uns denken,
daß die aufsaugenden Wurzelspitzen der Rübe eine Bodenschicht
erreichen, welche ärmer an Kali als die obere, oder nicht reich
genug an Kali ist, um täglich eben so viel abgeben zu können,
als die Pflanze aufzunehmen fähig ist, so wird die Pflanze in
der ersten Zeit üppig zu gedeihen scheinen, aber die Aussicht
auf eine gute Ernte ist dennoch gering, wenn die Zufuhr des
Rohmaterials fortwährend abnimmt, anstatt mit den Werkzeugen
seiner Verarbeitung zu wachsen.

In dem Haushalte der Rübenpflanze nimmt die Wurzel in
dem letzten Monate ihrer Vegetation nahe die Hälfte aller be=
weglichen Bestandtheile der Blätter in sich auf und diese stellt
mit dem Abschlusse ihrer Vegetation im ersten Jahre ein Ma=
gazin von Bildungsstoffen für eine spätere Verwendung dar.

Im Frühling des darauf folgenden Jahres schoßt die Wurzel
und treibt eine schwache Blätterkrone und einen mehrere Fuß
hohen Blüthenstengel, und mit der Entwickelung des Samens
stirbt die Pflanze ab. Die Hauptmasse der in der Wurzel aufge=
speicherten Nahrung wird im zweiten Jahre oder in der dritten
Periode in einer ganz anderen Richtung verbraucht, ohne daß der

Boden außer der Zufuhr von Wasser einen besonderen Theil an diesem neuen Lebensacte zu nehmen scheint.

Bei allen monokarpischen Gewächsen, d. h. solchen, welche nur einmal blühen und Samen tragen, lassen sich, wie bei der Rübenpflanze, bestimmte Lebensabschnitte in der Richtung der organischen Thätigkeit unterscheiden. In der ersten erzeugt die Pflanze die Bildungsstoffe für die darauf folgende, in dieser für die Arbeit im letzten Lebensacte; aber nicht immer häufen sich diese Stoffe, wie bei der Rübe, in der Wurzel an, bei der Sagopalme füllt sich der Stamm, bei der Aloe (Agave) sammeln sie sich in den dicken fleischigen Blättern an.

Die Samenerzeugung ist bei vielen dieser Gewächse weit weniger von einer Zeitperiode als von dem in der vorangegangenen Zeit angesammelten Vorrath von Bildungsstoffen abhängig; durch günstige klimatische oder Witterungsverhältnisse wird sie verkürzt, durch ungünstige hinausgerückt.

Die sogenannten Sommerpflanzen sind monokarpische Gewächse, welche in wenigen Monaten die zur Samenerzeugung nöthigen Bedingungen zu sammeln vermögen; die Haferpflanze entwickelt sich und trägt reifen Samen in 90 Tagen, die Turnipsrübe erst im zweiten Jahre, die Sagopalme in 16 bis 18 Jahren, die Aloe in 30 bis 40, oft erst in 100 Jahren (s. Anhang B).

Bei vielen perennirenden Gewächsen stirbt jährlich die äußere Pflanze ab, während die Wurzel sich erhält, bei den monokarpischen stirbt mit der Samenerzeugung die Wurzel ab; bei diesen ist die Samenerzeugung eine nothwendige, bei den perennirenden mehr eine zufällige Bedingung ihres Fortbestehens.

Die Oekonomie der Pflanzen wird geregelt durch Gesetze, die sich in den eigenthümlichen Fähigkeiten gewisser Organe äußern, Nahrungsstoffe für eine künftige Verwendung anzuhäufen, so daß alle die äußeren Ursachen, welche ihre Entwickelung zu hindern scheinen, am Ende dazu beitragen, um ihr Fortbestehen, d. h. ihre Fortpflanzung, zu sichern.

Der Wurzelinhalt der perennirenden Gräser und der Spargelpflanze verhält sich in den verschiedenen Perioden des Lebens dieser Pflanzen wie der Mehlkörper des Getreidesamens, mit dem Unterschiede jedoch, daß der Balg nicht wie bei der Keimung desselben leer wird, sondern sich immer wieder füllt und an Umfang zunimmt. Die perennirende Pflanze empfängt im Ganzen immer mehr als sie ausgiebt, die monokarpische Pflanze giebt bei der Fruchtbildung ihren ganzen Vorrath aus.

Aus dem Verhalten der Rübenpflanze im Herbste, in welchem sich die Wurzel auf Kosten der Blätterbestandtheile vergrößert, läßt sich leicht der Einfluß des Blattens verstehen; wenn der Pflanze im August einige Blätter genommen werden, hat dies nur einen geringen Einfluß auf den Ertrag an Wurzeln, während das Blatten am Ende September die Wurzelernte auf das Stärkste beeinträchtigt. Metzler, der hierüber genaue vergleichende Versuche angestellt hat, fand, daß durch ein frühes Blatten der Rübenertrag um 7 Procent, durch ein spätes oder ein zweimaliges Blatten um 36 Procent sich verminderte.

Wenn man im ersten Jahre, anstatt die Rübenpflanzen zur Erntezeit von dem Felde zu entfernen, nur die Blattkrone abgeschnitten und die Wurzeln in dem Felde gelassen und untergepflügt hätte, so würde das Feld im Ganzen an Bodenbestandtheilen verloren haben, aber der größte Theil derselben würde dennoch durch die Wurzel dem Boden erhalten worden sein. Ein anderes Verhältniß würde sich hingegen herausstellen, wenn man am Ende des zweiten Vegetationsjahres den Kopf der Rübe abgeschnitten und den Stengel mit dem Samen hinweggenommen hätte; während am Ende des ersten Jahres die Wurzel den überwiegend größeren Theil der stickstoffhaltigen sowie der unverbrennlichen Bestandtheile noch enthalten hatte, die in dem Boden blieben, waren eben diese Stoffe im zweiten Jahre in den oberirdischen Theil der Pflanze gewandert und zur Bildung des Stengels und des Samens verbraucht worden, und es mußte durch ihre Hinwegnahme der Boden ärmer werden, auch wenn man demselben die noch vorhandene Wurzel gelassen hätte. Vor dem Schoßen und der Blüthe war die Wurzel reich an Bodenbestandtheilen, nach der Samenbildung ist sie daran erschöpft; bleibt die Wurzel vor der Blüthe in der Erde, so behält der Boden den überwiegend größten Theil von den Nährstoffen, die er an die Pflanze abgegeben hat; nach der Blüthe und Samenbildung hingegen bleibt in dem Wurzelstocke nur ein kleiner Rest zurück, der Boden erscheint erschöpft.

In dem eben angedeuteten Verhalten der Rübenpflanze spiegelt sich das der Halmgewächse ab; wenn sie vor der Blüthe abgeschnitten werden, so bleibt in der Wurzel ein großer Theil der angesammelten Nährstoffe zurück, die der Boden natürlich verliert, wenn die oberirdische Pflanze nach der Samenreife geerntet worden.

Die über den Tabacksbau vorliegenden Erfahrungen geben über die Vorgänge in der Entwickelung einer jährigen Blattpflanze Aufschluß.

Die Tabackspflanze entwickelt sich in ihren ober- und unterirdischen Theilen äußerst gleichmäßig; die Wurzel gewinnt in eben dem Maße an Ausdehnung, als der Stengel sich verlängert und die Blätter in ihrer Anzahl und Umfang sich vermehren; man bemerkt keine sprungweise Aenderung in der Richtung der organischen Thätigkeit kein Schoßen, sondern eine stetig fortschreitende Aufeinanderfolge ihrer Lebenserscheinungen. Während die Spitze des Stengels schon reife Samen trägt und die unteren Blätter abgestorben sind, entwickeln die Seitenäste der Pflanze oft noch Blüthenknospen, deren Samen weit später reift.

Die Tabackspflanze ist dadurch bemerkenswerth, daß in ihrem Organismus zwei Stickstoffverbindungen erzeugt werden, von denen die eine, das Nicotin, schwefel- und sauerstofffrei, die andere, das Albumin, identisch mit den schwefel- und sauerstoffhaltigen Bestandtheilen der Nährpflanzen ist.

Der Handelswerth der Blätter steht im umgekehrten Verhältniß zu ihrem Gehalte an Albumin und es wird diejenige Tabacksforte von den Rauchern am meisten geschätzt, welche die kleinste Menge Albumin enthält; das Albumin verbreitet nämlich beim Brennen der trockenen Blätter, indem es sich verkohlt, einen höchst unangenehmen Horngeruch. Die an Albumin reichen Blätter enthalten in der Regel mehr Nicotin, als die an Albumin armen, sie geben die stärksten Tabacke, so daß manche derselben ungemischt nicht geraucht werden können.

Die in Frankreich und Deutschland gebauten Tabacksblätter werden entweder zu Rauchtaback oder Schnupftaback verarbeitet, für die Fabrikation der Schnupftabacke zieht man die an Albumin (und Nicotin) reichen den daran ärmeren vor. Man unterwirft sie zu diesem Zwecke entweder schon in der Form von Blättern oder gemahlen einer Art von Gährung, welche ziemlich rasch und unter Erhitzung eintritt, wenn sie mit Wasser feucht erhalten werden. Durch die Fäulniß des Albumins entsteht eine beträchtliche Menge Ammoniak, welches ein Hauptbestandtheil des deutschen Schnupftabacks ist, den die deutschen Fabrikanten, dem Geschmack der Consumenten entsprechend, durch Befeuchtung mit kohlensaurem oder Aetzammoniak noch vermehren.

Auch die Rauchtabacke gewinnen an Qualität durch einen schwachen Gährungsproceß der Blätter, wodurch der Albumingehalt vermindert wird.

Nach diesen Vorbemerkungen wird man die verschiedenen Methoden des Tabacksbaues verständlich finden.

Die Größe des Blattes in Länge und Breite, die lichte oder dunkle Farbe, die Höhe des Stengels, der reiche Ertrag und der Reichthum an Albumin und Nicotin hängt sehr wesentlich von der Düngung ab.

Die Pflanze gedeiht auf einem milden, sandigen, humosen Lehm= oder Mergelboden in Europa am besten; der auf Neubruch, auf schwerem Thonboden gebaute, mit Knochenmehl, Horn und Klauenabfällen, Blut, Borsten, Menschenexcrementen, Oelkuchenmehl und Jauche gedüngte Boden erzeugt die stärksten (albumin= und nicotinreichsten) Tabacke.

In Havanna wird der Taback auf Neubrüchen, auf abgeholzten Waldflächen, welche häufig, wie in Virginien, vorher gebrannt werden, gebaut; die besten Qualitäten (an Albumin ärmsten) liefert das dritte Jahr des Anbaues.

Hieraus scheint hervorzugehen, daß thierischer oder stickstoffreicher (ammoniakreicher) Dünger die Erzeugung der stickstoffhaltigen Bestandtheile befördert, der Boden hingegen, welcher arm an Ammoniak ist und wahrscheinlich den Stickstoff in der Form von Salpetersäure enthält, liefert Blätter von geringem Albumin= und Nicotingehalt. Der an Alkali reiche Kuhdünger liefert einen milden, der Pferdedünger einen starken Taback.

Die Wirkung des Umsetzens der im Mistbeete gezogenen Pflanzen auf das Feld ist bei der Tabackspflanze in die Augen fallend. Die Pflanze verhält sich beim Anwurzeln in dem neuen Boden wie der Same beim Keimungsproceß, dessen erste Aeußerung in der Entwickelung von Wurzelfasern besteht; die bereits gebildeten Blätter sterben beim Umsetzen ab und ihre beweglichen Bestandtheile sowie der in den Wurzeln vorhandene Vorrath an Bildungsmaterial wird zur Erzeugung von zahlreichen Seiten-

wurzelchen verwendet; ein zweites Umsetzen wirkt in Beziehung
auf die Vermehrung der unterirdischen Auffaugungsorgane noch
günstiger ein.

Da die ganze Richtung der organischen Arbeit bei den
Sommerpflanzen der Samenbildung zugewendet ist und diese die
Stoffe verzehrt, welche die Wurzeln und Blätter arbeitsfähig
machen, so bricht der Tabackspflanzer, nachdem die Pflanze
6 bis 10 Blätter getrieben hat, das Herz des Mittelstengels aus,
an welchem sich die Blüthen und Samenköpfe ansetzen. Der
Krone beraubt, wendet sich jetzt die organische Arbeit den zwischen Blättern und Stengel sich entwickelnden Knospen zu, welche
Seitenzweige, sogenannte Geizen bilden; mit diesen verfährt man,
wie mit dem Hauptstamme, sie werden ausgebrochen oder einfach
geknickt, indem man sie einigemal umdreht. Die fortdauernd nach-
erzeugten Bildungsstoffe werden dadurch in den Blättern zurückgehalten, die an Umfang und Masse zu- und an Wassergehalt abnehmen.
Gegen die Mitte Septembers verlieren die Blätter ihre grüne
Farbe, sie bekommen gelbliche Flecken, was ihnen ein marmo-
rirtes Aussehen giebt, und werden pergamentartig; sie fühlen
sich trocken an, werden schlaff, neigen sich mit den Spitzen zur
Erde, bei völliger Reife sind sie klebrig und zähe und lösen sich
leicht vom Stengel ab.

Diese Behandlung ändert sich je nach den Tabacksvarietäten
und Ländern auf die mannichfaltigste Weise. Den sogenannten
common english tabacco, Brasilientaback, Bauerntaback, welcher besonders reich an Nicotin ist, lassen die Pflanzer häufig
in Samen schießen, wodurch eine Theilung der stickstoffhaltigen
Stoffe eintritt, von welchen das Albumin die Blätter verläßt und
sich in den Samen ablagert.

In den jungen Trieben, Knospen, überhaupt in allen Orten, in welchen die Zellenbildung in der Pflanze am lebhafte-

ften ift, häufen fich die fchwefel= und ftickftoffhaltigen Beftandtheile
(Albumin) an, und fo find benn die jüngeren Blätter immer
reicher, die älteren immer ärmer an diefen Stoffen; die dem
Boden zunächft ftehenden älteften Blätter (Sandblätter) geben
einen milderen, die höheren einen ftärkeren Taback. Bei Varie=
täten, die an fich nicht befonders reich an Nicotin und Albumin
find, haben die Sandblätter einen viel geringeren Werth, als die
oberen. Unter einem milden Taback verfteht man immer einen
an narkotifchen Beftandtheilen armen Taback.

Das Verfahren des europäifchen Pflanzers, der feine Fel=
der mit thierifchem Dünger überreichlich düngt, ift dem des
amerikanifchen Pflanzers, der feine Pflanzen auf einem nie
gedüngten Felde zieht, geradezu entgegengefetzt; der eine fucht
die narkotifchen und fchwefel= und ftickftoffhaltigen Beftandtheile
der Blätter zu vermindern oder zu verdünnen, der andere zu
concentriren; darum bricht der amerikanifche Pflanzer die unteren
Blätter im Zuftande ihrer vollften Thätigkeit, fobald die Pflanze
ihr halbes Wachsthum erreicht hat, der europäifche legt auf die
vollen und ausgebildeten oberen den höchften Werth.

Da die Tabackspflanzen, wie alle jährigen Gewächfe, ihren
ganzen Vorrath an Bildungsftoffen erft in der Samenreife ab=
geben, fo ftirbt der Stengel nach dem Verluft der Blätter noch
nicht ab, fondern die in ihm und in den Wurzeln noch vorhan=
denen Stoffe bewirken, daß derfelbe neue Sproffen und häufig
noch, wiewohl kleine Blätter treibt. In Weft=Indien, Mary=
land, Virginien werden die Stöcke vor dem Brechen der Blätter
unmittelbar über dem Boden eingehauen, fo daß fie fich, ohne
von dem Wurzelftamm getrennt zu fein, umlehnen. Bei war=
mer Witterung verdunftet das Waffer in den Blättern und es
findet eine Bewegung des Saftes aus den Stengeln und Wur=
zeln nach den Blättern hin ftatt, in denen er fich beim Abwel=

ken concentrirt. In der Rheinpfalz haben die Tabackspflanzer wahrgenommen, daß man einen edleren, an Albumin und Nicotin ärmeren Taback erzielt, wenn der Stengel, anstatt die Blätter auf dem Felde zu brechen, mitsammt den Blättern über dem Boden abgehauen und die Spitze desselben abwärts gerichtet zum Trocknen aufgehängt wird; der Stengel vegetirt alsdann noch einige Zeit fort, es entwickeln sich kleine Zweige, die sich all= mälig nach aufwärts richten und Blüthenknospen treiben, in denen sich die schwefel= und stickstoffhaltigen Bestandtheile aus den Blättern anhäufen, die in eben dem Verhältniß daran är= mer und darum veredelt werden.

Unter den Pflanzen, die ihres Samens wegen cultivirt werden, nimmt der Weizen die vorzüglichste Stelle ein.

Das Winterkorn ist in seiner Entwickelung den zweijähri= gen Gewächsen außerordentlich ähnlich. Bei der zweijährigen Rübenpflanze nimmt man wahr, daß sich mit den ersten Blät= tern eine entsprechende Anzahl von Wurzelfasern erzeugt und nach der Ausbildung der Blattkrone eine mächtige Vermehrung und Vergrößerung der Wurzelmasse beginnt, auf welche sodann das Schoßen eines Blüthen= und Samenstengels folgt.

Nach der Einsaat des Wintergetreides entwickelt die junge Pflanze sehr bald die ersten Blätter, die sich während des Win= ters und der ersten Frühlingsmonate zu einem Blätterbüschel vermehren; scheinbar scheint ihre Vegetation Wochen oder Monate lang still zu stehen. Mit dem Eintreten der warmen Witterung treibt die Pflanze einen mehrere Fuß hohen, weichen, mit Blät= tern besetzten Stengel, der an seiner Spitze eine mit Blüthen= knospen besetzte Aehre trägt, in der sich nach ·Vollendung der Blüthe die Samen ausbilden; mit der Entwickelung der Samen werden die Blätter von unten nach oben hin gelb und sterben mit dem Stengel während der Samenreife ab.

Man kann wohl nicht daran zweifeln, daß während des schein-
baren Stillstandes des Wachsthums der Pflanze vor dem Schoßen
die oberen und unterirdischen Organe unausgesetzt sich in Thätigkeit befinden; es wird fortwährend Nahrung aufgenommen,
die aber nur zum Theil zur Vermehrung der Blättermasse und
nicht zur Stengelbildung verwendet wurde. Wir haben darum
allen Grund zu glauben, daß der bei weitem größte Theil der
in dieser Zeit in den Blättern erzeugten Bildungsstoffe in die
Wurzel überging, und daß dieser Vorrath später zur Bildung
des Halms verwendet wurde; beim Eintreten der höhern Temperatur erhöhen sich alle Thätigkeiten der Getreidepflanzen, die
Menge der täglich aufgenommenen und verarbeiteten Nahrung
wächst mit dem Umfang der Apparate zur Aufnahme und
Verarbeitung; im Frühling sterben von den älteren Blättern
und von den Wurzelfasern manche in den durch sie erschöpften
Bodentheilen ab, an den Wurzelköpfen bilden sich neue Knospen
und mit jeder Knospe neue Würzelchen, bis die Stengelglieder
eine gewisse Länge erreicht haben. Von da an bis zum Abschluß der Vegetation wird der aufgenommene sowohl wie der
in den Blättern, Stengeln und der Wurzel bewegliche Theil der
gebildeten Stoffe zur Blüthe und Samenbildung verbraucht.

Die Beobachtungen Schubart's zeigen, daß die Wurzeln der
Halmgewächse in der ersten Entwickelungszeit weit mehr an
Masse gewinnen als die Blätter; bei Roggenpflanzen, welche
sechs Wochen nach der Aussaat Blätter von 5 Zoll Länge getrieben
hatten, fand er Wurzeln von 2 Fuß Länge.

Der Wurzelentwickelung entspricht die Halmbildung und
das Bestockungsvermögen; an Roggenpflanzen mit 3 bis 4 Fuß
langen Wurzeln fand Schubart elf Seitensprößlinge, an andern mit $1^3/_4$ bis $2^1/_4$ Fuß langen Wurzeln nur 1 bis 2 und

an Pflanzen, deren Wurzeln nicht länger als $1\frac{1}{2}$ Fuß waren, gar keine Seitensprößlinge.

Zu einem kräftigen Gedeihen des Wintergetreides gehört wesentlich, daß durch den Einfluß der Temperatur während der kalten und kühlen Monate der Thätigkeit der äußeren Organe eine gewisse Grenze gesetzt wird, ohne sie zu unterdrücken; am günstigsten für die spätere Entwickelungszeit ist, wenn die Temperatur der Luft niedrig und zwar etwas niedriger wie die des Bodens ist; die äußere Pflanze muß eine Anzahl von Monaten in ihrer Entwickelung zurückgehalten werden.

Ein sehr milder Herbst oder Winter wirkt deshalb auf die künftige Ernte schädlich ein; die höhere Temperatur begünstigt alsdann die Entwickelung des Haupthalmes, welcher dünn aufschießt und die Nahrung verbraucht, die zur Bildung von Knospen und neuen Wurzeln oder zur Vermehrung des Wurzelvorrathes gedient haben würde. Die schwächer entwickelte Wurzel führt alsdann im Frühling der Pflanze weniger Nahrung zu, indem sie im Verhältniß zu ihrer aufsaugenden Oberfläche und zu ihrem geringeren Vorrathe weniger aufnimmt und ausgiebt, und sie behauptet in den darauf folgenden Wachsthumsperioden ihren schwachen Charakter. Durch das Abweiden oder Abschneiden dieser schwachbestockten und bewurzelten Pflanzen sucht der Landwirth diesem Nachtheile zu begegnen; es beginnt alsdann die Knospen= und Wurzelbildung aufs Neue, und wenn die äußeren Bedingungen günstig sind und die Pflanze Zeit hat, das Wurzelmagazin wieder zu füllen, so wird hierdurch das im landwirthschaftlichen Sinne normale Wachsthumsverhältniß wiederhergestellt. Das Sommergetreide behauptet in den verschiedenen Perioden seiner Entwickelung den Charakter des Winterkorns, nur sind diese der Zeit nach viel kürzer.

Die Untersuchung der Haferpflanze in ihren verschiedenen

Perioden des Lebens von Ahrends ist in dieser Beziehung lehr-
reich; er bestimmte die Zunahme an verbrennlichen und unverbrennlichen Bestandtheilen, vom Keimen an bis zum Beginne
des Schoßens (Ende dieser I. Periode am 18. Juni), sodann
kurz vor dem Ende des Schoßens (II. Periode am 30. Juni),
unmittelbar nach der Blüthe (III. Periode am 10. Juli), bei
beginnender Reife (IV. Periode am 21. Juli) und zuletzt bei
völliger Reife (V. Periode am 31. Juli). Am 18. Juni hatten
die Pflanzen durchschnittlich eine Höhe von 31 Centimeter, die
drei unteren Blätter waren ziemlich entfaltet, die beiden oberen
noch geschlossen. Von den Stengelgliedern hatten nur die drei
unteren eine merkliche Länge (1, 2 und 3 Centimeter), die
drei oberen waren nur andeutungsweise vorhanden. Am 30.
Juni (12 Tage darauf) hatte die Pflanze die doppelte Höhe
(63 Centimeter), am 10. Juli (nach zehn weiteren Tagen der
Blüthe) die Höhe von 84 Centimetern.

1000 Pflanzen nehmen auf resp. erzeugen Grammen:

Bestandtheile.	18. Juni. I. Periode. In 49 Tagen, vor dem Schoßen.	30. Juni. II. Periode. In 12 Tagen, Ende des Schoßens.	19. Juli. III. Periode. In 10 Tagen, Blüthe.	21. Juli. IV. Periode. In 11 Tagen, Samen- bildung.	31. Juli. V. Periode. In 10 Tagen. Zeit der Reife.
Untersucht am:						
Verbrennliche	419	873	475	435	128 Grm.
Unverbrennliche	36,6	33,48	30,33	20,34	7,18 „
An einem Tage.					
Verbrennliche	8,551	72,75	47,50	39,45	12,8 Grm.
Verhältniß	1 :	8,5	5,5	4,6	1,5
Unverbrennliche	0,747	2,79	3,03	1,849	0,318 Grm.
Verhältniß	1 :	3,73	4,06	2,47	0,96

Bei der näheren Betrachtung dieser Zahlen muß beachtet
werden, daß Ahrends nur bestimmen konnte, was die oberir-

bische Pflanze von der Wurzel und nicht, wie Anderson bei
der Rübe, was die ganze Pflanze vom Boden empfing. Die
große Ungleichförmigkeit in der Zunahme an verbrennlichen und
unverbrennlichen Substanzen beruht offenbar mehr in der un=
gleichförmigen Vertheilung der aufgenommenen Stoffe, als in
der ungleichen Menge, welche aus dem Boden aufgenommen
wurde. Die ganze Entwickelungszeit umfaßte circa 92 Tage, und
wir sehen, daß während der ganzen Hälfte derselben (49 Tage)
die Pflanze auf einer scheinbar niederen Stufe stehen bleibt, nur
der Blattbüschel ist bis dahin, wiewohl nicht vollkommen, ent=
wickelt. Von dem 30. Juni an nimmt die Pflanze in 12 Tagen
doppelt soviel an Gewicht an verbrennlichen Bestandtheilen zu
und wird doppelt so hoch, als in 49 Tagen vorher und die
oberirdischen Theile nehmen an unverbrennlichen Stoffen in dieser
kurzen Zeit nahe um ebensoviel zu, als sie bereits aufgenommen
haben, an verbrennlichen $8\frac{1}{2}$ mal, an Aschenbestandtheilen $3\frac{3}{4}$
mal mehr an einem Tage des Schoßens, als an einem der 49
vorhergehenden Tage.

Es ist nicht wohl möglich, sich zu denken, daß die äußeren
Bedingungen der Ernährung, die Zufuhr von Nahrung durch die
Atmosphäre und den Boden, oder das Aufnahmevermögen der
Pflanze von einem Tage zum andern gleichsam sprungweise sich
ändere und vermehre, sondern wir müssen annehmen, daß die
Haferpflanze in ihrer Entwickelung demselben Gesetz unterliegt,
was wir bei der Rübe wahrgenommen haben, daß demnach in
der zweiten Hälfte der ersten Wachsthumsperiode die Thätigkeit
der Blätter vorzugsweise auf die Erzeugung von Bildungsstoffen
gerichtet war, die in der Wurzel angehäuft zur Schoßzeit an
die äußere Pflanze abgegeben wurden. Mit der Steigerung des
Assimilations= oder Arbeitsvermögens der Pflanze in Folge der
höheren Temperatur und Lichteinwirkung des Sommers steigerte

sich in einem gewissen Verhältnisse die Menge der sich darbie-
tenden Nahrung, allein das relative Verhältniß der Bodenbestandtheile blieb sich eben so gleich wie bei der Rübenpflanze.

Wenn wir die Menge des Kalis, der Phosphorsäure und des
Stickstoffs mit einander vergleichen, welche die oberirdischen Theile
der Haferpflanze in der ersten und zweiten Periode, d. h. bis
zum Anfang der Blüthe, von da an bis zur beginnenden Reife
und zuletzt während der Reife von der Wurzel und dem Boden
empfangen hat, so ergiebt sich für tausend Pflanzen:

	In der I. und II. Periode. 61 Tage.	In der III. und IV. Periode. 21 Tage.	In der V. Periode. 10 Tage.
Kali	34,11 Grm.	13,2 Grm.	0,0 Grm.
Stickstoff	25,00 „	24,9 „	5,4 „
Phosphorsäure	5,99 „	6,94 „	1,33 „

Diese Verhältnisse geben zu erkennen, daß die Haferpflanze
in ihren oberirdischen Theilen an jedem der 21 Tage der III.
und IV. Periode um nahe ebensoviel an Kali zunahm, als an
einem der 61 Tage der vorhergehenden, aber für die Phosphorsäure und den Stickstoff stellt sich ein ganz anderes Verhältniß
heraus; denn die Menge beider, die in den Halm, die Aehre und
die Blätter überging, betrug in diesen 21 Tagen ebensoviel als in
61 Tagen der I. und II. Periode, d. h. an jedem Tag von der
Blüthe an und der Zeit der Reife nahmen die oberirdischen
Theile der Pflanze um dreimal soviel an diesen Stoffen als
vorher zu.

Bei der Rübe wissen wir mit ziemlicher Gewißheit, daß
von dem Zeitpunkte an, wo sie einen Blüthenstengel treibt, die
Bestandtheile desselben sowie die der Blüthe und des Samens
in der Wurzel bereits zum größten Theile vorhanden sind und

von dieser geliefert werden, und es ist äußerst wahrscheinlich, daß
die Kornpflanze sich ebenso verhält und daß sie von der Blüthe
an bis zum Abschluß ihres Lebens, wenn auch nicht ausschließlich, von der Wurzel ernährt wird, die von diesem Zeitpunkte
an ausgiebt, was sie in der vorangegangenen Periode gesammelt hat.

Knop hat beobachtet, daß blühende aus der Erde gegrabene
Maispflanzen, blos im Wasser stehend, Kolben mit reifen Sa-
men liefern, was beweist, daß die zur Samenbildung dienenden
Stoffe zur Blüthezeit bereits in der Pflanze vorhanden sind.

Thatsache ist, daß das Korngewächs, wenn es vor der Blüthe
abgeschnitten wird, in den niederen Zustand eines perennirenden
Gewächses zurückversetzt wird, in welchem die Wurzel an Bildungsstoffen mehr einnimmt als sie ausgiebt*).

Der Unterschied in dem Bedarf der Hafer- und Rübenpflanze an unverbrennlichen Bestandtheilen und Stickstoff ist im
Ganzen und in den verschiedenen Perioden ihres Wachsthums
ganz außerordentlich verschieden. Die von Anderson für die
Rübe und von Ahrends für die Halmpflanze ermittelten Thatsachen sind freilich nicht zahlreich genug, um ein bestimmtes
Gesetz des Wachsthums für beide daraus zu folgern, sie können
aber immerhin als Anhaltspunkt für einige Schlüsse dienen
Die Mengen der Phosphorsäure und des Stickstoffs in der Rübenpflanze verhalten sich am Ende des ersten Vegetationsjahres
ziemlich genau wie 1 : 1; bei der Haferpflanze hingegen wie
1 : 4. Auf dieselbe Phosphorsäuremenge bedarf die Hafer-

*) Buckmann (Journ. of the Royal Agric. Soc.) säete im Herbste
1849 auf einem Stück Feld Weizen, welcher im Jahre 1850 beständig abgeschnitten wurde, so daß die Pflanzen nicht zur Blüthe kamen;
sie standen den Winter 1850/61 und lieferten eine ganz gute Ernte
im Jahre 1851.

pflanze viermal soviel Stickstoff als die Rübenpflanze, die letztere
auf dieselbe Menge Stickstoff viermal soviel Phosphorsäure.

Wenn die Entwickelung der Haferpflanze einen ähnlichen
Verlauf wie die der Rübenpflanze hat, so muß vor dem Schoßen
die erstere in ihren unterirdischen Organen einen ähnlichen Vorrath von Bildungsstoffen wie die Rübenpflanze am Ende ihrer
Vegetationszeit im ersten Jahre angesammelt haben. Die Masse
der organischen Stoffe, welche sich in diesen Pflanzen vor der
Entwickelung des Blüthenstengels anhäufen, ist offenbar bei der
Rübe weit größer als bei der Haferpflanze; die erstere empfängt
vom Boden weit mehr Nährstoffe, allein die Rübenpflanze hatte
122 Tage, die Haferpflanze nur etwa 50 Tage Zeit, um diese
Nahrungsstoffe vor dem Schoßen dem Boden zu entziehen, und
wenn die auf einem Hectar Feld wachsenden Rüben und Hafer-
pflanzen täglich gleich viel davon empfangen hätten, so wird
sich unter sonst gleichen Verhältnissen die Menge der aufgenommenen Nahrungsstoffe wie die Aufnahmszeit verhalten. Die
Beschaffenheit der Wurzel macht je nach dem Umfang der aufsaugenden Wurzeloberfläche in dieser Beziehung einen großen
Unterschied; die größere Wurzeloberfläche ist mit mehr Erdtheilen
in Berührung und kann in derselben Zeit mehr Nahrungsstoffe
daraus aufnehmen als die kleinere. Die erzeugte Masse von
vegetabilischer Substanz und im Besonderen die Masse der erzeugten stickstofffreien und stickstoffhaltigen Materien hängt von der
Natur der Pflanzen ab. Wäre die aufsaugende Wurzeloberfläche
der Haferpflanze um 2,45 mal größer als die der Rübenpflanze,
so würde in gleichen Verhältnissen die Haferpflanze täglich 2,45
mal, oder in 50 Tagen ebensoviel Nahrung aufnehmen als die
Rübe in 122 Tagen, d. h. in gleichen Zeiten steht bei zwei
Pflanzen das Aufnahmsvermögen derselben im Verhältniß zu
ihrer Wurzeloberfläche.

Die Vegetationszeit der Rübenpflanze umfaßt im ersten Jahre 120 bis 122 Tage und schließt am Ende Juli des nächsten Jahres mit der Samenbildung ab; nimmt man 244 Vegetationstage an und denkt man sich die Vegetationszeit der Haferpflanze von 93 bis 95 Tagen auf 244 Tage verlängert, so gewinnt man in dieser Zeit $2\frac{1}{2}$ Haferernten und die Untersuchung dürfte vielleicht ergeben, daß die Quantität der in der Haferpflanze erzeugten schwefel- und stickstoffhaltigen Bestandtheile nicht kleiner ist als die, welche in den Rübenpflanzen von einer gleichen Bodenfläche geerntet wird.

In dem Getreidesamen verhält sich die Menge der schwefel- und stickstoffhaltigen zu den stickstofffreien, oder die blutbildenden Stoffe zu dem Stärkemehl wie 1 : 4 bis 5, in den Wurzeln der Rüben oder Knollen der Kartoffeln wie 1 : 8 bis 10; in den letzteren ist demnach die Menge der stickstofffreien Materien im Verhältniß zu den anderen weit größer.

Wenn in einem Weizenkorn bei einem gewissen Wärmegrad der organische Proceß beginnt, so sendet die Keimknospe zuerst eine Anzahl von Wurzelchen abwärts, während der Keim sich zu einem kurzen Stengelglied mit zwei oder drei vollständigen Blättern entwickelt. Gleichzeitig mit den Veränderungen, die in den Knospen vor sich gehen, werden die Bestandtheile des Mehlkörpers flüssig, das Stärkemehl verwandelt sich erst in eine dem Gummi ähnliche Substanz, dann in Zucker, der Kleber in Albumin, beide zusammen bilden das Protoplastem (Naegeli's organische Nahrungsstoffe) oder die Nahrung der Zelle, ihr Zustand gestattet, sich nach den Orten der Zellenbildung hinzubegeben; das Stärkemehl liefert die Elemente zur Bildung ihrer äußeren Wand, die stickstoffhaltige Materie macht einen Hauptbestandtheil des Zelleninhaltes aus. Mit den Wurzeln und

Blättern entstehen gleichzeitig aufwärts am Stengelgliede kleine Blattknospen, an der Basis der Wurzeln kleine Wurzelknospen.

In dem Protoplastem der Weizenpflanze macht die stickstoff= freie Substanz die fünffache Menge der stickstoffhaltigen aus.

An diesen Vorgängen nimmt außer Wasser und Sauer= stoff kein Stoff von Außen Antheil. Was der Samen an Koh= lenstoff durch die Bildung von Kohlensäure beim Keimen ver= liert, nimmt die junge Pflanze später beinahe vollständig wie= der auf.

Die unter diesen Umständen entwickelte Pflanze nimmt, auch wenn sie Wochen lang vegetirt, an Masse kaum merklich zu; die aus dem Weizensamen entwickelten Organe wiegen, ge= trocknet, im Ganzen nicht mehr als der Same, ihr relatives Ver= hältniß an stickstofffreien und stickstoffhaltigen Stoffen ist beinahe unverändert wie im Mehlkörper, dessen Bestandtheile im eigentlichen Sinne nur andere Formen angenommen haben. Zusammenge= nommen repräsentiren die Blätter, Wurzeln, Stengel, Blatt= und Wurzelknospen die in Werkzeuge und Apparate umgeformten Samenbestandtheile, denen jetzt das Vermögen zukommt, gewisse Arbeiten zu verrichten, welche darin bestehen, daß sie einen chemi= schen Proceß unterhalten, durch welchen, aus unorganischen Stoffen von Außen, unter Mitwirkung des Sonnenlichtes, Producte er= zeugt werden, die in allen Eigenschaften denen gleichen, aus welchen sie selbst entstanden sind.

Der organische Vorgang der Zellenbildung setzt das Vor= handensein des Protoplastems voraus und ist unabhängig von dem chemischen Proceß, der dieses selbst erzeugt; der letztere be= dingt die Fortdauer der Zellenbildung.

In der jungen Pflanze, die sich in reinem Wasser entwickelt hat, schließt der Mangel an den äußeren Bedingungen zur Unter= haltung des chemischen Processes diesen selbst aus. Die Blätter

und Wurzeln derselben verrichten als Werkzeuge keine Arbeit; sie
erzeugen beim Ausschluß von Nahrung keine Producte, welche
ihr Fortbestehen ermöglichen. Bis zu einem gewissen Umfange
entwickelt, hört in ihnen selbst die Zellenbildung auf; aber der
Zellenbildungsproceß setzt sich in den neu entstandenen Wurzel-
und Blattknospen fort, die sich jetzt zu dem beweglichen Inhalte
der bereits vorhandenen Blätter und Wurzeln verhalten, wie die
Keimknospe des Weizensamens zu dem Mehlkörper; die stickstofffreien
und stickstoffhaltigen Bestandtheile derselben, welche das Arbeits-
capital der bereits gebildeten Blätter und Wurzeln darstellen,
werden, indem diese absterben, in neue Werkzeuge umgeformt,
es entwickeln sich neue Blätter auf Kosten der Bestandtheile der
alten. Aber diese Vorgänge haben nur eine geringe Dauer,
nach einer Reihe von Tagen stirbt die junge Pflanze völlig ab.
Der äußere Grund ihres kurzen Bestehens ist zunächst der Mangel
an Nahrung, einer der inneren ist der Uebergang der löslichen
stickstofffreien Substanz in Cellulose oder Holzzelle, durch welche
sie ihre Beweglichkeit verliert; mit ihrer Abnahme vermindert
sich die nothwendigste Bedingung zur Zellenbildung, die mit
ihrem Verbrauche völlig aufhört. Die abgestorbenen Blätter
hinterlassen beim Verbrennen eine gewisse Menge Asche und behalten demnach eine gewisse Menge von Mineralsubstanzen zurück,
und ebenso bleibt darin eine kleine Menge stickstoffhaltiger Substanz.

Das Bemerkenswertheste in dieser Entwickelung ist das
Verhalten des stickstoffhaltigen Stoffes des Samens, er wurde zu
einem Bestandtheil der Wurzelfasern, Stengel und Blätter, und
vermittelte an diesen Orten die Zellenbildung; nach dem Absterben der ersten Blätter wurde er zu einem Bestandtheil der
folgenden und spielte in diesen, so lange noch Material zur
Zellenbildung vorhanden war, zum zweiten und wiederholten

Male dieselbe Rolle; ein eigentlicher Verbrauch desselben in der Pflanze findet in der That nicht statt, er macht keinen geformten Bestandtheil der Zelle aus.

Die Versuche von Boussingault über das Wachsthum der Pflanzen bei Ausschluß aller Stickstoffnahrung (Annal. de chim. et de phys. Ser. III, XLIII, p. 149) sind, obwohl anderer Gesichtspunkte wegen angestellt, ganz geeignet, jeden Zweifel über das oben angedeutete überaus wichtige Vermögen der stickstoffhaltigen Materie, den Lebensproceß in der Pflanze zu unterhalten, ohne daß sie selbst an Masse zunimmt, zu beseitigen.

Zu diesen Versuchen wurden Lupinen, Bohnen, Kresse in reinen gewaschenen und geglühten Bimsstein gesäet, welchem eine gewisse Menge Asche von Stalldünger und von ähnlichen Samenkörnern, wie die ausgesäeten, beigemischt war. Die Pflanzen wuchsen theilweise unter Glasglocken, in welcher kohlensäurehaltige Luft stets erneuert wurde. Die Luft sowie das zum Begießen dienende Wasser waren von Ammoniak auf das Sorgfältigste befreit.

Die Resultate dieser Versuche waren folgende: Von einer Aussaat von 4,780 Grm. Samen (Lupinen, Bohnen, Kresse), worin 0,227 Grm. Stickstoff, wurden im geschlossenen Raume 16,6 Grm. getrocknete Pflanzen geerntet, der Stickstoffgehalt des Bodens hinzugerechnet wurden 0,224 Grm. Stickstoff wiedererhalten. In einem anderen Versuche, in welchem die Pflanzen, unter Abhaltung des Thaues und Regens, in freier atmosphärischer Luft wuchsen, wurden von 4,995 Grm. Samen (Lupinen Bohnen, Hafer, Weizen und Kresse) 18,73 Grm. getrocknete Pflanzen geerntet. Der Same enthielt 0,2307 Grm. Stickstoff, die Pflanzen und die Erde 0,2499 Grm.; in der ersten Versuchsreihe waren alle Nahrungsstoffe der Pflanze bis auf den Stickstoff gegeben, die Hauptbedingungen zur Bildung stickstofffreier Substanz waren vorhanden, aber die der stickstoffhaltigen völlig ausgeschlossen.

Beim Wachsen einer Weizenpflanze in reinem Wasser und in freier Luft nimmt ihr Gewicht nicht zu, das normale Samenkorn enthält eine gewisse Menge Kali, Bittererde und Kalk, welche zum inneren organischen Bildungsproceß erforderlich sind, aber keinen Ueberschuß an diesen Mineralsubstanzen, welcher zur Vermittelung des chemischen Processes der Neuerzeugung von Protoplasma dienen konnte. Beim Ausschluß der Mineralsubstanzen wird Wasser, aber weder Kohlensäure noch Ammoniak von den Organen aufgenommen, jedenfalls sind die beiden letzteren, auch wenn sie durch das Wasser in die Pflanze übergeführt werden, ohne irgend einen Einfluß auf den im Innern vor sich gehenden Proceß, sie werden nicht zersetzt und keine Pflanzensubstanz aus ihren Elementen gebildet.

In Boussingault's Versuchen ist die Wirkung der zugeführten Mineralsubstanzen unverkennbar. Das Gewicht der erzeugten Pflanzenmasse war nahe 3½ mal größer als das des Samens, die Menge der stickstoffhaltigen Substanz war aber die nämliche wie im Samen; es waren also an stickstofffreier Substanz 2½ mal mehr als das Samengewicht betrug, erzeugt worden; die Rechnung ergiebt, daß der Stickstoff im Samen unter diesen Umständen die Erzeugung seines 56fachen Gewichtes an stickstofffreier Substanz, oder, was das Nämliche ist (den Kohlenstoffgehalt der letzteren nur zu 44 Procent angenommen), die Zersetzung seines 90fachen Gewichts an Kohlensäure vermittelt hat.

Der Verlauf der Vegetation dieser Pflanzen giebt hinlänglichen Aufschluß über die Vorgänge in ihrem Organismus; sie entwickelten sich in den ersten Tagen kräftig, später gedrückt. Die zuerst entwickelten Blätter welkten nach einiger Zeit und fielen theilweise ab, dafür entwickelten sich andere, die sich ebenso verhielten, und die Vegetation scheint einen Punkt zu erreichen, wo das sich neu Entwickelnde auf Kosten des Absterbenden lebt. Eine Zwergbohne (welche 0,755 Grm. wog) hatte vom 10. Mai an, an welchem Tage sie gesetzt wurde, bis zum 30. Juli 17 Blät= ter vollkommen entwickelt, von denen die 11 ersten am 30. Juli abgestorben waren; die Pflanze kam zum Blühen und lieferte am 22. August, an welchem Tage die Blätter beinahe ganz abgefallen waren, eine einzige kleine Bohne, welche 4 Centigrm. ($^1/_{19}$ von dem Gewicht der Samenbohne) wog; die ganze Ernte wog 2,24 Grm., sehr nahe dreimal mehr als der Same. Bei einer Roggenpflanze wurde deutlich wahrgenommen, wie mit der Entwickelung eines jeden jungen Blattes ein altes abstarb.

Jn der zweiten Versuchsreihe hatten die Pflanzen 1,92 Milligrm. Stickstoff (aus der Luft) aufgenommen und ein Mehr= gewicht von 0,830 Grm. an Pflanzensubstanz erzeugt, für 1 Milligrm. Stickstoff 43 Milligrm. stickstofffreie Substanz.

Der Unterschied in der Entwickelung einer Pflanze in rei= nem Wasser und, wie in Boussingault's Versuchen, in einem Boden, welcher die unverbrennlichen Nahrungsstoffe zu liefern vermochte, ist klar und unzweideutig. Die erstgebildeten Organe empfingen in beiden Fällen ihre Elemente vom Samen, in bei= den wurde zur Bildung der Cellulose in den Blättern, Wurzeln und Stengeln eine gewisse Menge von Mineralsubstanzen, sowie von löslicher stickstofffreier Substanz verbraucht und das Verhält= niß derselben zur stickstoffhaltigen geändert; bei der im Wasser wachsenden war die Abnahme derselben dauernd, bei der anderen hingegen wurde eine gewisse Menge stickstofffreier Substanz neu erzeugt. Nichts kann gewisser sein, als daß in Boussingault's Versuchen durch die Zufuhr von Mineralsubstanzen die erstge= bildeten Blätter die Fähigkeit empfingen, Kohlensäure aufzu= nehmen und zu zersetzen, ein Vermögen, welches die im reinen

Wasser entwickelte Pflanze nicht besaß, so zwar, daß ebenso viel lösliche stickstofffreie Substanz wiedererzeugt wurde, als in der Blatt- und Wurzelbildung durch den Uebergang der ursprünglich vorhandenen in Cellulose verbraucht worden war.

In den beweglichen Bestandtheilen der Pflanze war das relative Verhältniß der stickstofffreien und stickstoffhaltigen Samen=bestandtheile nahe in gleicher Menge wie im Samen offenbar wiederhergestellt, beide wanderten durch den Stengel in jede neu entstehende Blätterknospe und nahmen Theil an der Entwickelung neuer Blätter, durch deren Arbeit bis zu einer gewissen Grenze der Abgang an stickstofffreier Substanz immer wieder gedeckt wurde, so daß derselbe Proceß sich Monate lang wiederholen konnte; in jedem der abgestorbenen Blätter (und Wurzelfasern) blieb von der stickstoffhaltigen Substanz eine gewisse Menge zu=rück und in der letzten Periode sammelte sich der bewegliche Rest derselben in der Samenschote und in dem Samenkorn an.

Die Zufuhr der Mineralsubstanzen hatte die Fortdauer des chemischen Processes in der Pflanze bewirkt und die Erzeugung stickstofffreier Substanzen vermittelt, durch ihre Gegenwart und durch die Mitwirkung der stickstoffhaltigen Materien wurde aus Kohlensäure neues Material zur Bildung von Zellenwänden er=zeugt und die Lebensdauer bis zur normalen Grenze verlängert. Was hier ganz besonders in die Augen fällt, ist, daß eine ver=hältnißmäßig so kleine Menge der vom Samen stammenden stickstoffhaltigen Substanz so lange Zeit hindurch die ihr zukom=menden Functionen verrichten kann, ohne, wie es scheint, eine Veränderung zu erleiden, so daß ihr in dem lebenden Pflanzen=leibe, der sie zu erzeugen und zu sammeln eingerichtet ist, eine gewisse Unzerstörlichkeit zukommen muß.

Berücksichtigt man, daß in dem erwähnten Versuche mit der Zwergbohne ein großer Theil des Mehrgewichtes der erzeugten stickstofffreien Substanzen in den absterbenden Blättern von dem Pflanzenkörper wieder abfiel, so sieht man ein, daß die Zufuhr der Mineralsubstanzen beim Ausschluß der Stickstoffnahrung der Bohnenpflanze keinen Nutzen brachte.

Man versteht zuletzt, daß die in einer Bohne vorhandene Menge stickstoffhaltiger Substanz vielleicht genügend gewesen wäre, die Vegetation einer Nadelholzpflanze, welche ihre Blätter nicht verliert, auf Jahre hinaus zu erhalten und viele hundert, vielleicht tausend Mal ihr Gewicht an Holzsubstanz hätte erzeugen können, und wie eine solche Pflanze auf einem dürren, für andere Pflanzen so gut wie unfruchtbaren Boden bei spärlichster Zufuhr von Stickstoffnahrung gedeihen kann, wenn der Boden diejenigen Mineralsubstanzen zu liefern vermag, die zur Erzeugung stickstoff= freier Materie unentbehrlich sind.

Der Zuwachs einer Pflanze ist im Wesentlichen eine Ver= größerung und Vermehrung der Werkzeuge der Ernährung, der Blätter und Wurzeln. Zur Vergrößerung eines Blattes und einer Wurzelfaser oder zur Hervorbringung eines zweiten Blattes und einer zweiten Wurzelfaser gehören die nämlichen Bedingun= gen, wie zur Erzeugung des ersten Blattes und der ersten Wur= zelfaser. Diese Bedingungen lehrt uns die Analyse der Samen mit genügender Sicherheit kennen; die ersten Wurzeln und Blät= ter, deren Elemente der Samen geliefert hat, erzeugen in den normalen Verhältnissen der Ernährung aus gewissen Mineral= substanzen organische Verbindungen, welche zu Theilen und Be= standtheilen ihrer selbst oder zu Bestandtheilen zweier oder meh= rerer Blätter und Wurzeln werden, welche die nämlichen Ele= mente und identische Eigenschaften wie die ersten, d. h. das nämliche Vermögen besitzen, unorganische Nahrungsstoffe in or= ganische Bildungsstoffe umzuwandeln. Es ist klar, daß zur Ver= größerung der ersten und zur Bildung neuer Blätter und Wur=

zeln stickstofffreie und stickstoffhaltige Stoffe in dem nämlichen
Verhältnisse wie im Samen gedient haben müssen, und es wird
hieraus wahrscheinlich, daß die organische Arbeit der Pflanze
unter der Herrschaft des Sonnenlichtes in allen Perioden ihres
Wachsthums gleichförmig das nämliche Material und zwar ihre
Samenbestandtheile erzeugt, welche, zu ihrem Aufbau verwendet,
sich zu Blättern, Stengel und Wurzelfasern oder zuletzt zu Samen gestalten; die löslichen oder der Lösung fähigen Bestandtheile einer Knospe, Knolle oder der Wurzel eines perennirenden
Gewächses sind identisch mit den Samenbestandtheilen. Die
Halmpflanze erzeugt stickstoffhaltige und stickstofffreie Stoffe im
nämlichen Verhältnisse wie im Mehlkörper, die Kartoffelpflanze
erzeugt die Bestandtheile der Knolle, die zu Blättern und Stengel oder Wurzeln werden oder sich im unterirdischen Stengel zu
Knollen wieder anhäufen, wenn die äußeren Bedingungen der
Blatt- und Wurzelbildung nicht ferner günstig sind*).

Während der Dauer des Wachsthums der Pflanze behaupten, bei normaler Ernährung, die ersten wie die letzten
Blätter und Wurzeln ihre Existenz, weil sie ihre identischen
Bestandtheile, aus denen sie selbst entstanden sind, aus der zugeführten Nahrung wieder erzeugen, deren Ueberschuß, den sie
selbst zu ihrer eigenen Vergrößerung nicht bedürfen, den Orten
der überwiegenden Bewegung oder Zellenbildung, dem Wurzel-

---

*) Boussingault hat beobachtet, daß selbst Samen von 2 bis 3
Milligrm. Gewicht in absolut sterilem Boden Pflanzen erzeugen, bei
denen alle Organe sich ausbilden, deren Gewicht aber nach Monaten,
wenn sie in freier Luft und noch entschiedener in einer begrenzten
Atmosphäre vegetiren, nicht viel mehr beträgt, als die des Samens;
die Pflanzen bleiben zart, sie erscheinen in allen Dimensionen verjüngt
und können wachsen, selbst blühen und Samen tragen, der nichts
weiter als einen fruchtbaren Boden bedarf, um wieder eine normale
Pflanze zu erzeugen (Compt. rend. T. XLIV, p. 940).

4*

körper und den Blattknospen oder den äußersten Spitzen der
Wurzeln und Triebe, zuletzt, wie bei den Sommerpflanzen, den
Organen der Samenbildung zuwandert, die mit der Samenreife
den größten Theil der in der ganzen Pflanze vorhandenen be=
weglichen Samenbestandtheile in sich aufnehmen.

Die Zufuhr der unverbrennlichen Nahrungsstoffe bewirkte
die Bildung von stickstofffreier Substanz, von der ein Theil zur
Bildung der Holzzelle verbraucht, ein anderer zu demselben Zwecke
verwendbar blieb; die Zufuhr der Stickstoffnahrung bedingte die
entsprechende Erzeugung von stickstoffhaltiger Materie, so daß das
Protoplastem stets wieder hergestellt und so lange der chemische
Proceß dauerte, vermehrt wurde.

Damit eine Pflanze blühe und Samen trage, scheint es bei
vielen nothwendig zu sein, daß die Thätigkeit der Blätter und
Wurzeln einen Ruhepunkt erreicht; erst von da an scheint der
Zellenbildungsproceß nach einer neuen Richtung die Oberhand zu
gewinnen und das vorhandene Bildungsmaterial, wenn es nicht
weiter zur Ausbildung neuer Blätter und Wurzeln in Anspruch
genommen wird, dient jetzt zur Bildung der Blüthe und des
Samens. Mangel an Regen und damit an Zufuhr von un=
verbrennlichen Nahrungsstoffen beschränkt die Blattbildung und
beschleunigt die Blüthezeit bei vielen Pflanzen. Trockene und
kühle Witterung befördert die Samenbildung. In warmen und
feuchten Klimaten tragen die Cerealien im Sommer gesäet
wenig oder keinen Samen, und auf einem an Ammoniak armen
Boden kommen die Wurzelgewächse weit leichter zum Blühen
und Samentragen, als auf einem daran reichen.

Wenn zu dem normalen Verlauf der Vorgänge während
des Wachsthums der Pflanze ein ganz bestimmtes Verhältniß
von stickstofffreien und stickstoffhaltigen Stoffen in dem Protoplas=
tem gehört, welches in der Pflanze gebildet wird, so sieht man

ein, daß der Mangel oder Ueberschuß der zu ihrer Erzeugung
unentbehrlichen Mineralsubstanzen auf das Wachsthum der Pflanze,
auf die Blätter-, Wurzel- und Samenbildung einen ganz ent-
scheidenden Einfluß ausüben muß. Beim Mangel an stickstoffhaltigen und Ueberfluß an firen Nahrungsstoffen würden stickstofffreie Stoffe in überwiegender Menge gebildet werden, welche,
wenn sie die Form von Blättern und Wurzeln angenommen haben, von der stickstoffhaltigen Substanz eine gewisse Menge zurückhalten, so daß die Samenbildung, deren Hauptbedingung ein
Ueberschuß von Protoplasten ist, beeinträchtigt wird. Ein Ueberschuß an Stickstoffnahrung bei einem Mangel an firen Nahrungsstoffen wird der Pflanze selbst keinen Nutzen bringen, weil sie
für ihre organische Arbeit stickstoffhaltige Substanzen nur im
Verhältniß wie im Protoplasten verwenden kann und der Inhalt der Zelle ohne Stoff zur Bildung ihrer Wände bedeutungslos für die Pflanze ist.

In dem Lebensproceß des Thieres bilden sich seine Organe
aus den Elementen des Eies, seine geformten Bestandtheile sind
stickstoffhaltig. Im Gegensatze zu dem Thiere sind die geformten Bestandtheile der Pflanze stickstofffrei, alle vegetativen Vorgänge sind Processe der Erzeugung ihrer Samenbestandtheile;
die Pflanze lebt nur, insofern sie ihre Eibestandtheile und ihr
Ei erzeugt, das Thier lebt nur, insofern es eben diese Eibestandtheile zerstört.

Auf einem und demselben für die Rüben- und Weizenpflanze gleich geeigneten Boden erzeugt die erstere auf die nämliche Menge stickstoffhaltiger Substanz doppelt soviel stickstofffreie,
als die Weizenpflanze; es ist klar, daß wenn zwei Pflanzen in
derselben Zeit ungleiche Mengen von Kohlenhydraten (Holz,
Zucker, Stärkemehl) erzeugen, so müssen die Werkzeuge der Zersetzung die Einrichtung haben, nicht nur der zu zersetzenden Kohlen-

säure, welche den Kohlenstoff, und dem Wasser, welches den Wasserstoff lieferte, einen entsprechenden Raum und dem einwirkenden Lichte eine entsprechende Oberfläche darzubieten, sondern sie müssen auch dem Sauerstoff gestatten, ebenso rasch zu entweichen, als er frei geworden ist. Wenn man in dieser Beziehung die Blätter einer Weizenpflanze mit denen einer Turnipsrübe vergleicht, so ist der Unterschied im Umfang und Wasserreichthum in die Augen fallend; noch größere Unterschiede giebt die mikroskopische Untersuchung zu erkennen. Die Weizenpflanze hat aufrecht stehende Blätter, die dem Lichte eine weit kleinere Oberfläche darbieten, als die Blätter des Rübengewächses, welche den Boden beschatten und die Austrocknung desselben und damit die Verdunstung der Kohlensäure aus dem Boden hindern. Die Spaltöffnungen sind auf dem Weizenblatte gleich dicht auf beiden Seiten, auf dem Rübenblatte sind sie weit zahlreicher, obwohl kleiner als auf dem Weizenblatte, und es befindet sich eine bei weitem größere Anzahl derselben auf der dem Boden zugekehrten Seite, als auf der oberen.

Alle Thatsachen, die wir über die Ernährung der Gewächse kennen, beweisen, daß der Vorgang der Aufnahme ihrer Nahrungsstoffe kein einfacher osmotischer Proceß ist, sondern daß ihre Wurzeln in Beziehung auf die Menge und Natur der durch sie in die Pflanze übergehenden Stoffe eine ganz bestimmte thätige Rolle übernehmen.

Am augenscheinlichsten zeigt sich der Einfluß der Wurzeln in der Vegetation der Seegewächse und Süßwasserpflanzen, deren Wurzeln mit dem Boden nicht in Berührung sind.

Diese Pflanzen empfangen ihre unverbrennlichen Nahrungsstoffe aus einer Lösung, in welcher sie auf das Gleichförmigste verbreitet und gemischt sind; die vergleichende Analyse des Wassers und der Aschenbestandtheile dieser Pflanzen zeigt, daß eine jede Pflanze ein anderes Verhältniß Kali, Kalk, Kieselsäure, Phosphorsäure aus der nämlichen Lösung aufnimmt.

In der Asche der Wasserlinse waren unter anderen enthalten auf:

Kochsalz . . . . 10 Theile,

Kali . . . . . 22 „

Das Wasser, in dem sie wuchs, enthielt auf 10 Theile nur 4 Theile Kali. In der Pflanze war das relative Verhältniß der Schwefelsäure zur Phosphorsäure wie 10 : 14, in dem Wasser wie 10 : 3.

Ganz ähnliche Verhältnisse bieten die Seegewächse dar; das Seewasser enthält auf 25 bis 26 Theile Chlornatrium 1,21 bis 1,35 Theile Chlorkalium, aber die in diesem Wasser wachsenden Pflanzen enthalten mehr Kali als Natron; der Kelp der Orkney-Inseln, welcher aus der Asche mancher Fucus-Arten*) besteht, enthält auf 26 Procent Chlorkalium nur 19 Procent Chlornatrium.

Das Seewasser enthält Mangan, aber in so außerordentlich kleiner Menge, daß es der Analyse sicherlich entgangen wäre, wenn es sich nicht als constanter Bestandtheil in der Asche vieler Seegewächse vorfände: die Asche der Padina pavonia (eine Tangart) sogar über 8 Procent von dem Gewicht der trocknen Pflanze**). Durch gleiche Ursachen häufen sich in den Laminarien die im Seewasser in so außerordentlich geringen Men-

---

*) Siehe die Analyse der Asche von Fucus-Arten von Gödechens. (Annal. d. Chem. u. Pharm. LIV, 351.)

**) Um einen Begriff zu geben von der außerordentlich großen Kraft, womit diese Pflanze das Mangan aus dem Seewasser anzieht, will ich anführen, daß dessen Menge so gering ist, daß ich nur im Stande war, es mit Bestimmtheit nachzuweisen, als ich das von 20 Pfund Seewasser gewonnene Eisenoxyd einer genauen Untersuchung unterzog (Forchhammer und Poggendorff XCV, S. 84.)

gen vorkommenden Jodverbindungen an; Chlorkalium und Chlornatrium besitzen dieselbe Krystallgestalt und haben so viele Eigenschaften mit einander gemein, daß sie ohne Hinzuziehung
chemischer Hülfsmittel nicht mit Bestimmtheit von einander unterschieden werden können; die Pflanze unterscheidet hingegen beide
vollkommen, denn sie scheidet sie von einander und läßt für
1 Aequivalent Kalium, das sie aufnimmt, über 30 Aequivalent
Natrium im Wasser zurück. Mangan und Eisen, Jod und Chlor
sind ebenfalls isomorph, aber die Jodpflanze scheidet einen Gewichtstheil Jod von mehreren Tausend Gewichtstheilen Chlor
im Seewasser ab.

Die bekannten Gesetze der Osmose und der Diffusion oder des
Austausches von Wasser und Salzen durch eine todte Membran
oder einen porösen Mineralkörper geben nicht den geringsten
Aufschluß über die Wirkung, welche die lebende Membran auf
die in einer Flüssigkeit gelösten Salze und auf ihren Durchgang
und ihre Aufnahme in die Pflanze ausübt. Die Beobachtungen
von Graham (Phil. Mag. 4 Ser. Aug. 1850) zeigen, daß
Materien, welche eine chemische Action auf die thierische Membran auszuüben vermögen, wie kohlensaures Kali, Aetzkali, die
sie zum Schwellen bringen und nach und nach zersetzen, den
Durchgang des Wassers ganz außerordentlich befördern *), und er

---

*) Das Wasser in den Röhren seines Osmometers stieg bei einem Ge-
halte von $1/_{10}$ Procent kohlensaures Kali auf 167 Millimeter, bei
1 Procent auf 863 Millimeter (38 englische Zoll). In einem andern
Versuche stieg das Wasser bei einem Gehalte von 1 Procent schwefelsaures Kali auf 12 Millimeter, beim Zusatz von $1/_{10}$ Procent
kohlensauren Kalis zu dieser Lösung auf 254 bis 264 Millimeter,
dieselbe Kalilösung für sich nur auf 92 Millimeter. Von einem
osmotischen Aequivalente kann, wenn die Membran chemisch verändert
wird, keine Rede sein.
   Die neuesten Untersuchungen Graham's über den Durchgang
krystallinischer und der Krystallisation unfähiger Substanzen sind be-

bemerkt, daß in allen Theilen des Pflanzengebäudes in den Membranen und den Zellen, aus welchen sie bestehen, vor sich gehende unaufhörliche Veränderungen, Zersetzungen und Neubildungen, Vorgänge, für welche wir kein Maß besitzen, den osmotischen Proceß gänzlich ändern müssen, so daß also der Durchgang der Mineralsubstanzen durch die lebende Pflanzenmembran nach sehr zusammengesetzten Gesetzen erfolgt.

Die Landpflanzen verhalten sich zu dem Boden, in welchem sie wachsen, in ähnlicher Weise, wie die Seegewächse zum Seewasser. Ein und dasselbe Feld bietet den Pflanzen die Alkalien, alkalischen Erden, die Phosphorsäure und das Ammoniak in vollkommen gleicher Form und Beschaffenheit dar, aber keine Pflanzenasche ist in den relativen Verhältnissen ihrer Bestandtheile der Asche einer andern Pflanze gleich; selbst die Schmarotzerpflanzen, die ihre mineralischen Bestandtheile, in einer gewissen Weise zubereitet, von andern Pflanzen empfangen, verhalten sich, wie z. B. Viscum album, nicht wie ein aufgepfropfter Zweig zum Baum, sondern sie nehmen aus dem rohen Nahrungssafte ganz andere Verhältnisse davon auf (Annal. d. Chem. u. Pharm. L, 363). Da der Boden in Beziehung auf die Zufuhr dieser Stoffe vollkommen passiv sich verhält, so müssen Ursachen in der Pflanze selbst wirksam sein, die je nach ihrem Bedürfniß ihre Aufnahme regelt.

Die Beobachtungen von Hales (siehe Anhang C) zeigen, daß die Verdunstung an der Oberfläche der Blätter und Zweige einen mächtigen Einfluß auf die Bewegung der Säfte und die Aufnahme von Wasser aus dem Boden ausübt, und wenn die Pflanze ihre mineralischen Nahrungsmittel aus einer Lösung

---

sonders merkwürdig und versprechen über die Vorgänge im thierischen Organismus ein helleres Licht zu verbreiten.

empfängt, die sich im Boden bewegt und unmittelbar in die Wurzel übergeht, so müßte diese Ursache zwei Pflanzen verschiedener Gattung oder Art, die in gleichen Verhältnissen wachsen, die nämlichen Mineralsubstanzen in denselben relativen Verhältnissen zuführen, aber, wie bemerkt, zwei solcher Pflanzen enthalten diese Stoffe in den allerungleichsten Verhältnissen.

Thatsache ist, daß in Beziehung auf die Aufnahme der Nahrung durch die Wurzeln eine Auswahl statt hat. Bei den Wasserpflanzen, die unter Wasser wachsen, ist die Verdunstung als eine möglicherweise wirkende Ursache des Uebergangs völlig ausgeschlossen, und es muß bei diesen die aufnehmende Oberfläche eine sehr ungleiche Anziehung auf die verschiedenen Stoffe äußern, welche die Lösung in gleicher Form und Beweglichkeit darbietet, oder, was das Nämliche ist, es müssen ihrem Durchgang durch die äußersten Zellenschichten ungleiche Widerstände entgegenstehen. Bei den Wurzeln der Landpflanzen kann, nach dem ungleichen Verhältnisse der übergegangenen Stoffe zu schließen, dies nicht anders sein.

Das Vermögen der Wurzeln, den Uebergang gewisser Stoffe aus dem Boden in die Pflanze auszuschließen, ist nicht absolut; in dem Holz der Buche, Birke, Föhre hat Forchhammer (Poggend. Annal. XCV, 90) Blei, Zink, Kupfer, in dem der Eiche Zinn, Blei, Zink, Kobalt in äußerst kleinen Spuren nachgewiesen, und der Umstand, daß namentlich die äußerste Rinde oder Borke Metalle dieser Art in bemerklich größerer Menge als das Holz enthält, deutet schon darauf hin, daß ihre Gegenwart zufällig ist, und daß sie in dem Pflanzenleben keine Rolle spielen.

Wie klein die Mengen dieser Metalle sein müssen, welche die Wurzeln dieser Bäume aufnehmen, wird man danach beurtheilen können, daß die chemische Analyse bis jetzt nicht im

Staube gewesen ist, außer Mangan und Eisen Spuren von
einem der andern Metalle im Waffer der Brunnen, Bäche oder
Quellen nachzuweisen, und ihr Vorkommen in diesen Holzpflan=
zen, welche während eines halbhundertjährigen Wachsthumes
und länger, ungeheure Mengen von Waffer aufgenommen und
verdunstet haben, ist der einzige Beweis, den wir besitzen, daß
dieses Waffer wirklich diese Metalle in irgend einer Form ent=
halten haben muß.

Die Beobachtungen von de Sauffure, Schloßberger
und Herth zeigen, daß die Wurzeln von Land= und Wafferpflanzen
aus sehr verdünnten Salzlösungen Waffer und Salz in ganz
anderen Verhältniffen in sich aufnehmen, als die Flüfigkeit ent=
hält, in allen Fällen ein größeres Verhältniß von Waffer und
eine kleinere Menge von Salz. In Pflanzen, die mit verdünnten
Lösungen von Barytsalzen begoffen wurden, fand Daubeny kei=
nen Baryt, den Knop in ähnlichen Versuchen bei anderen
nachwies. Das allgemeine Ergebniß aller dieser Versuche ist,
daß die Pflanzen für sich das Vermögen nicht besitzen, der chemi=
schen Wirkung von Salzen und anderen unorganischen Verbin=
dungen auf die unendlich feine Wurzelmembran einen dauernden
Widerstand entgegenzusetzen.

Die große Mehrzahl aller Landpflanzen vertragen in ihrem
natürlichen Zustande im Boden keine Salzlösungen von der Con=
centration, wie sie in diesen Experimenten angewendet wurden,
ohne zu kränkeln und abzusterben, und es wirken sogar kohlen=
saures Kali und Ammoniak, Stoffe, von denen wir mit Be=
stimmtheit wissen, daß sie Nahrstoffe sind, auf viele Pflanzen als
Gifte ein, wenn sie im Waffer, welches sich im Boden bewegt,
nur in so geringer Menge vorhanden sind, daß dieses rothe
Lackmuspapier deutlich bläut. Es wäre andererseits sehr wun=
derbar, wenn die Wurzeln einer Pflanze außerhalb des Bodens

und in Verhältnissen, die ihrer Natur nicht entsprechen, unter dem Einfluß der Verdunstung für Salzlösungen undurchdringlich wären *).

Von einem ganz andern Gesichtspunkte, als wie die Me=talle, welche Forchhammer in Holzpflanzen fand, müssen die=jenigen Mineralsubstanzen angesehen werden, welche, wie das Eisen, constant, wenn auch in sehr kleinen Mengen, in allen Pflanzen vorkommen.

Wir kennen die Rolle, welche das Eisen im thierischen Organismus spielt, in dem es verhältnißmäßig in nicht größerer Menge vorkommt, als im Getreidesamen, und sind vollkommen überzeugt, daß ohne einen gewissen Eisengehalt in der Nahrung der Thiere die Bildung der Blutkörperchen, welche eine Haupt=function des Blutes vermitteln, unmöglich ist, und wir sind ge=zwungen, dem Abhängigkeitsgesetz gemäß, welches das Leben der Thiere und Pflanzen verkettet, auch dem Eisen in der Pflanze einen thätigen Antheil an ihren Lebensfunctionen zuzuschreiben, so zwar, daß mit dessen Ausschluß ihr Bestehen gefährdet wird.

Bis jetzt hat die Chemie nur denjenigen unverbrennlichen

---

*) Wenn der eine lange Schenkel einer heberförmig gebogenen, mit Wasser gefüllten, mit dicker Schweins= oder Ochsenblase verschlossenen Röhre in Salzwasser oder Oel gestellt und der andere Schenkel der Luft ausgesetzt wird, so verdunstet das Wasser in den Poren der Blase, womit der kurze Schenkel verschlossen ist; durch die capillare Wirkung der Blase wird das in Gasform ausgeflossene Wasser auf der anderen Seite der Blase wieder angenommen, und es entsteht in dieser Weise in dem Innern der Röhre ein leerer Raum und in Folge desselben ein vermehrter Druck auf die beiden Blasenoberflächen, wodurch das Salzwasser oder das Oel durch die Blase in die Röhre eingetrieben wird. (Untersuchungen über einige Ursachen der Säfte=bewegung von J. v. Liebig, Braunschweig bei Fr. Vieweg und Sohn 1848, S. 67.) Eine Pflanze kann sich in gleichen Verhält=nissen nicht anders verhalten, als eine mit durchdringlichen porösen Membranen geschlossene Röhre.

Stoffen einen bestimmten Antheil an dem Lebensproceß der Pflanzen zugeschrieben, welche allen gemein sind, und die nur in ihren relativen Verhältnissen in den Pflanzen abweichen; wenn aber die Vermuthung sich bestätigt, daß das Eisen ein constanter Bestandtheil des Blattgrüns und mancher Blumenblätter ist, so kann man sich denken, daß andere in den Pflanzenvarietäten constant vorkommende Metalle, wie Mangan in der Pavonia und Zostera, der Trapa natans, vielen Holzpflanzen und manchen Getreidearten und der Theestaude, Antheil an den vitalen Functionen nehmen und gewisse Eigenthümlichkeiten davon abhängig sind. Die Viola calaminaria, welche so charakteristisch für die Zinklager bei Aachen ist, daß man neue Fundorte der Zinkerze nach dem Standorte der Pflanze aufgesucht hat, enthält in ihrer Asche Zinkoryd (Aler. Braun).

So wie das Chlornatrium (Kochsalz) und Chlorkalium für manche Pflanze eine Bedingung ihres Gedeihens ist, so spielt offenbar das Jodkalium in anderen eine ähnliche Rolle, und wenn man die eine als eine Chlorpflanze bezeichnet, so wird man mit gleichem Rechte andere als Jodpflanzen oder Manganpflanzen*) (Fürst Salm-Horstmar) bezeichnen können. Die Ungleichheit in dem Gehalte an Jod in verschiedenen Varietäten von Fucus (Goedechens) oder von Thonerde in Lycopobium-Arten (Graf Laubach) ist freilich unerklärt, allein das Vermögen der Pflanzen, Stoffe, wie das Jod, dem Seewasser, in dem sie wachsen, auch in der kleinsten Menge zu entziehen und in ihrem Organismus anzuhäufen und festzuhalten, kann nur dadurch erklärt werden,

---

*) Die Untersuchungen der folgenden Wasserpflanzen ergaben in ihrer Asche beträchtliche Mengen von Mangan und Eisen; von Mangan enthielt das Wasser keine Spuren: Victoria regia (im Blattstiele vorzüglich Mangan, im Blatte Eisen), Nymphaea coerulea, dentata, lutea, Hydrocharis Humboldti, Nelumbium asperifolium (Dr. Zöller).

daß sie in der Pflanze selbst mit gewissen Theilen derselben eine Verbindung eingegangen sind, wodurch ihre Rückkehr in das Medium, dem sie entzogen worden sind, so lange die Pflanze lebt, verhindert wird *).

Man könnte sich denken, daß in einer Pflanze in Beziehung auf die aus der Luft und dem Boden aufgenommenen Stoffe ein Zustand der Sättigung besteht, und daß alle Stoffe ohne Unterschied, welche die Lösung im Boden darbietet, oder unter Mitwirkung der Wurzeln löslich gemacht wurden, aufgenommen werden. Unter diesen Verhältnissen könnte natürlich nur derjenige Stoff in der Pflanze von Außen übergehen oder angezogen werden, welcher aus der Lösung innerhalb zu einem Bildungszweck derselben ent= zogen wird; die Nymphaea alba und Arundo phragmites nehmen nach den Untersuchungen von Schulz-Fleeth aus dem= selben Boden und Wasser die erstere nahe 13 Procent, die andere 4,7 Procent Aschenbestandtheile und darin Kieselsäure in der ungleichsten Menge auf. Die Asche der Nymphaea ent= hält noch nicht $1/2$, die des Rohrs über 71 Procent. Nach der eben angedeuteten Ansicht wird den Wurzeln beider Pflanzen gleichviel Kieselsäure dargeboten und sie nehmen, dem Volum des Saftes entsprechend, gleichviel davon auf. In der Rohr=

---

*) In Beziehung auf den Kupfergehalt des Weizen= und Roggensamens, welchen Meier in Kopenhagen als constanten Bestandtheil in beiden nachgewiesen hat, sagt Forchhammer (Poggendorff's Annal. XC, 92): „Es ist ein durch lange Praxis bewährtes Mittel, die Weizen= körner, welche zur Saat bestimmt sind, in einer Auflösung von schwefelsaurem Kupfer einzuweichen. Die gewöhnliche Erklärung die= ser Erfahrung ist, daß der Kupfervitriol die Keime der Schwämme vernichte, welche den Weizen angreifen, eine Erklärung, von der ich auf keine Weise behaupten will, daß sie unrichtig sei; man könnte sich aber auch denken, wenn das Kupfer für den Weizen nothwendig ist, daß man durch dieses Mittel dem Mangel an dem zum kräftigen Wachsthum des Weizens nothwendigen Kupfer abhilft."

pflanze wird die aufgenommene Kieselsäure dem Safte unaus=
gesetzt entzogen und in den Blättern, Blatträndern, Blattschei=
ben u. s. w. in festem Zustande abgelagert. Der Saft inner=
halb enthält weniger wie die Lösung außerhalb, und es würde
in Folge davon neue Kieselsäure von Außen aufgenommen, bei
der Nymphaea aber nicht, weil die übergegangene in dieser nicht
verbraucht wird.

Nimmt man für den Uebergang der Kohlensäure und Phos=
phorsäure denselben Grund an, so besitzt die Pflanze kein eigent=
liches Wahlvermögen, sondern der Uebergang der Nahrungs=
stoffe wird durch osmotische Verhältnisse bedingt.

Es kann zwar nicht geleugnet werden, daß das Wachsen
selbst oder die Zunahme an Masse eine Bedingung der Auf=
nahme der Nahrungsstoffe ist; denn so wie es sicher ist, daß
eine Pflanze nicht wächst, wenn ihr keine Nahrung dargeboten
wird, so ist es eben so gewiß, daß sie keine Nahrung aufnimmt,
wenn die äußeren Bedingungen dem Wachsthume nicht günstig
sind; allein die oben angedeutete Ansicht zwingt zu Voraussetzun=
gen, die sich in der Natur nicht begründen lassen; die eine z. B.
ist, daß sich außerhalb der Wurzeln wirklich eine Lösung befinde,
die alle Aschenbestandtheile der Gewächse enthält, die andere,
daß die Wurzeln der Pflanzen insgesammt eine ähnliche Struc=
tur und der Saft derselben die nämliche Beschaffenheit besitzen.

Was die Wurzeln betrifft, so scheinen die gewöhnlichsten
Beobachtungen zu beweisen, daß sie ein verschiedenes Aneig=
nungsvermögen für mineralische Nahrung besitzen, was sich in
einer ungleichen Anziehung äußert; nicht alle gedeihen gleich
gut in jedem Boden, die eine Pflanze in weichem, die andere
in hartem oder kalkreichem Wasser, andere nur in Sümpfen,
manche auf kohlenstoff= und säurereichen Feldern, wie die Torf=
pflanzen, andere wieder nur auf solchen, welche reichliche Men=

gen von alkalischen Erden enthalten. Viele Moose und Flechten wachsen nur auf Steinen, deren Oberfläche sie merklich verändern, andere, wie die Köleria, vermögen dem Kieselsande die spärlich beigemengte Phosphorsäure und das Kali zu entziehen; die Graswurzeln greifen die feldspathigen Gesteine an, deren Verwitterung dadurch beschleunigt wird. Die Rüben, Esparsette und Luzerne, sowie die Eiche und Buche empfangen die Hauptmasse ihrer Nahrung aus dem an Humus armen Untergrund, während die Halm- und Knollengewächse vorzugsweise in der Ackerkrume und im humusreichen Boden gedeihen; die Wurzeln vieler Schmarotzerpflanzen sind vollkommen unfähig, der Erde die ihnen nöthige Nahrung zu entziehen, und es sind die Wurzeln anderer Pflanzen, die sie ihnen zubereiten; wieder andere, wie die Pilze, entwickeln sich nur auf Pflanzen- und Thierüberresten, deren stickstoffhaltige und stickstofffreie Bestandtheile sie zu ihrem Aufbau verwenden.

Diese Thatsachen in ihrer richtigen Bedeutung erkannt, scheinen jeden Zweifel über die ungleiche Wirkung der Wurzeln der Pflanzen auf den Boden zu beseitigen, sowie wir denn wissen, daß das gemeine Lycopodium und Farnkraut Thonerde aufnehmen, die wir aber in der Form, in welcher sie in jeder fruchtbaren Erde vorkommt, nicht als löslich in reinem und kohlensaurem Wasser kennen und welche in keiner andern Pflanze nachgewiesen werden kann, die neben dem Lycopodium auf dem nämlichen Boden wächst; in gleicher Weise hat Schulz-Fleeth in dem Wasser, in welchem sich Arundo phragmites, eine der an Kieselsäure reichsten Pflanze, entwickelt, in 1000 Theilen keine durch das Gewicht bestimmbare Menge Kieselsäure vorgefunden.

Der Boden.

Aus dem Boden empfangen die Gewächse die zu ihrer Entwickelung nöthige Nahrung, und es ist die Bekanntschaft mit
seinen chemischen und physikalischen Eigenschaften für das Verständniß des Ernährungsprocesses der Gewächse und der Operationen des Feldbaues von Wichtigkeit. Es ist selbstverständlich,
daß ein Boden, um fruchtbar für die Culturgewächse zu sein,
als erste Bedingung die Nahrungsmittel derselben in genügender Menge enthalten muß; allein die chemische Analyse, welche
dieses Verhältniß bestimmt, giebt nur selten einen richtigen Maßstab zur Beurtheilung der Fruchtbarkeit verschiedener Bodenarten
ab, weil die darin enthaltenen Pflanzennahrungsmittel, um wirksam oder aufnahmfähig zu sein, eine gewisse Form und Beschaffenheit besitzen müssen, welche die Analyse nur unvollkommen
anzeigt.

Der rohe Boden, sowie die Erde, welche aus dem Staub
und getrocknetem Schlamm der Landstraßen entsteht, bedeckt sich
nach kurzer Zeit mit Unkrautpflanzen, und während er für die Cultur
von Halm- und Küchengewächsen oft noch ungeeignet ist, ist er
darum nicht unfruchtbar für andere Pflanzen, welche, wie Klee,
Esparsette und Luzerne, einer großen Menge Nahrung bedürfen, und die wir häufig auf den Abhängen von Eisenbahn-
dämmen, die aus nie cultivirter Erde aufgeschüttet sind, mit
Ueppigkeit gedeihen sehen. Ein ähnliches Verhältniß zeigt der
Untergrund vieler Felder; bei manchen verbessert die Erde aus
tieferen Schichten die Ackerkume und macht sie fruchtbarer, bei

anderen wirkt der Untergrund, der Ackerkrume beigemischt, geradezu als Gift.

Der rohe, für Halm= und Küchengewächse unfruchtbare Boden bietet die bemerkenswerthe Erscheinung dar, daß er all= mälig durch fleißige, mehrjährige Bearbeitung und durch den Einfluß der Witterung fruchtbar für Pflanzen wird, die er sonst nicht trägt; und es kann der Unterschied zwischen fruchtbarer Ackerkrume und unfruchtbarem rohen Boden nicht auf einer Un= gleichheit in ihrem Gehalte an Nahrungsstoffen beruhen, weil in der Cultur im Großen bei Ueberführung des rohen Bodens in fruchtbare Ackererde der erstere nichts empfängt, sondern durch den Bebau mit anderen Pflanzen eher ärmer gemacht als bereichert wird.

Der Unterschied zwischen dem Untergrund und der Acker= krume oder dem rohen und cultivirten Boden kann bei gleichem Gehalt an Nahrungsstoffen nur darin begründet sein, daß der cultivirte Boden die Nahrungsstoffe der Gewächse nicht nur in einer gleichförmigeren Mischung, sondern auch in einer andern Form enthält.

Da nun durch die erwähnten Ursachen der rohe Boden das Vermögen empfängt, die in ihm vorhandenen Nahrungs= stoffe in eben der Menge und der nämlichen Zeit wie der cul= tivirte Boden abzugeben, Eigenschaften, die ihm für gewisse Pflanzen früher abgingen, so kann nicht geleugnet werden, daß in der Art und Weise, wie diese Stoffe ursprünglich darin vor= handen waren, eine Aenderung vor sich gegangen ist.

Wenn wir uns eine Erde denken, die aus den Trümmern von Gebirgsarten entstanden ist, so sind in den kleinsten Theilen derselben die Nahrungsstoffe der Pflanzen, das Kali z. B., in einem Silicate, durch die chemische Anziehung der Kieselsäure, der Thonerde u. s. w., festgehalten, welche durch eine mächtigere

Anziehung überwunden werden muß, wenn das Kali frei und übergangsfähig in die Pflanze werden soll, und wenn gewisse Pflanzen in einer solchen Erde sich vollständig entwickeln können, während sie für andere unfruchtbar ist, so muß vorausgesetzt werden, daß die ersteren die chemischen Widerstände zu überwinden vermögen, die anderen nicht, und wenn der nämliche Boden nach und nach fruchtbar auch für diese anderen wird, so kann der Grund nur darin gesucht werden, daß durch die vereinigten Wirkungen der Atmosphäre, des Wassers und der Kohlensäure, sowie durch die mechanische Bearbeitung die chemischen Widerstände überwunden und die Nährstoffe in eine Form gebracht worden sind, in der sie übergangsfähig durch die Wirkung schwacher Anziehungen, oder wie man häufig sagt, aufnehmbar durch Pflanzen mit der schwächsten Vegetationskraft werden.

Ein Boden ist nur dann vollkommen fruchtbar für eine Pflanzenart, für Weizen z. B., wenn jeder Theil seines Querschnittes, der mit Pflanzenwurzeln in Berührung ist, die für den Bedarf der Weizenpflanze erforderliche Menge Nahrung in einer Form enthält, welche den Wurzeln gestattet, sie in jeder Periode der Entwickelung der Pflanze in der richtigen Zeit und in richtigem Verhältnisse aufzunehmen.

Die Eigenschaft der Ackerkrume, die den Gewächsen wichtigsten Nahrungsmittel, wenn sie in reinem oder kohlensaurem Wasser gelöst damit in Berührung kommen, diesen Lösungen zu entziehen, ist allgemein bekannt (siehe Liebig, Ueber einige Eigenschaften der Ackerkrume, Annal. d. Chem. u. Pharm. Bd. 105. 109); dieses Vermögen verbreitet Licht über die Form und Beschaffenheit, in welcher diese Stoffe im Boden enthalten oder gebunden sind.

Um diese Eigenschaft in ihrer Bedeutung für das Pflanzenleben richtig zu würdigen, ist es nothwendig, sich an die Kohle zu erinnern, welche, wie die Ackerkrume, Farbstoffe, Salze und Gase vielen Flüssigkeiten entzieht.

Dieses Vermögen der Kohle beruht auf einer Anziehung, die von ihrer Oberfläche ausgeht, und es haften die der Flüssigkeit entzogenen Stoffe an der Kohle in ganz ähnlicher Weise, wie der Farbstoff an der Faser gefärbter Zeuge, welche damit überzogen ist.

Die Eigenschaft, gefärbte Flüssigkeiten zu entfärben, welche die thierische Wolle und Pflanzenfaser mit der Kohle theilen, wird bei der letzteren nur dann bemerkbar, wenn sie eine gewisse poröse Beschaffenheit besitzt.

Die gepulverte Steinkohle, die glänzende, glatte, blasige Zuckerkohle oder Blutkohle haben kaum eine entfärbende Wirkung, während die poröse Blutkohle oder die feinporige Knochenkohle in dieser Eigenschaft alle anderen übertreffen.

Auch bei der Holzkohle steht die großporige Pappel- oder Fichtenkohle der Buchen- oder Buchsbaumholzkohle nach; alle diese Kohlensorten entfärben im Verhältniß zu ihrer den Farbstoff anziehenden Oberfläche. Die Kraft, mit welcher die Kohle die Farbstoffe anzieht, ist in ihrer Stärke der schwachen Verwandtschaft des Wassers zu den Salzen vergleichbar, die darin gelöst werden, deren chemischer Charakter dadurch nicht verändert wird. In der Lösung eines Salzes im Wasser ist das Salz flüssig, seine Theile sind beweglich geworden, in allem Uebrigen behält es seine Eigenthümlichkeiten, die bekanntlich bei Einwirkung einer stärkeren Verwandtschaft, als die des Wassers, vollkommen vernichtet werden.

In dieser Beziehung ist die Anziehung der Kohle der des Wassers ähnlich; das Wasser und die Kohle ziehen beide den gelösten Stoff an; ist die Anziehung der Kohle um etwas größer als die des Wassers, so wird er demselben vollständig entzogen,

ift fie bei beiden gleich, fo theilen fie fich hinein und die Ent=
ziehung ift nur partiell.

Die von der Kohle angezogenen Stoffe behalten alle ihre
chemifchen Eigenfchaften, fie bleiben was fie find; fie haben
nur ihre Löslichkeit im Waffer verloren, und fehr fchwache,
die Anziehung des Waffers im geringften Grade verftärkende
Eigenfchaften reichen hin, um der Kohle die aufgenommenen
ihre Oberfläche überziehenden Stoffe wieder zu entziehen. Durch
einen fchwachen Zufatz von Alkali zum Waffer kann man der
Kohle, die zum Entfärben gedient hat, den Farbftoff, durch
Behandlung mit Weingeift das aus einer Flüffigkeit aufge=
nommene Chinin oder Strychnin entziehen.

In allen diefen Eigenfchaften verhält fich die Ackerkrume
der Kohle gleich; eine verdünnte, braungefärbte, ftark=
riechende Miftjauche durch Ackererde filtrirt, fließt farb= und
geruchlos hindurch, fie verliert aber nicht nur ihren Geruch
und ihre Farbe, fondern auch das darin gelöfte Ammoniak,
das Kali und die Phosphorfäure werden der Flüffigkeit von
der Ackererde je nach ihrer Quantität mehr oder weniger voll=
ftändig und noch in weit größerem Maße wie von der Kohle
entzogen. Das Geftein, aus welchem die Ackerkrume durch
Verwitterung entftanden ift, befitzt in fein gepulvertem Zuftande
diefes Vermögen fo wenig wie die gepulverte Steinkohle; ganz
im Gegentheil werden manchen Silicaten durch Berührung
mit reinem oder kohlenfäurehaltigem Waffer Kali, Natron
und andere Beftandtheile entzogen, und fie felbft können fie
demnach dem Waffer nicht entziehen. Das Abforptionsver=
mögen der Ackererde für Kali, Ammoniak und Phosphorfäure
fteht in keinem bemerklichen Zufammenhang mit ihrer Zufam=
menfetzung; eine thonreiche Erde mit wenigen Procenten Kalk
befitzt es in gleichem Grade wie ein Kalkboden mit geringen

Beimiſchungen von Thon; ihr Gehalt an humoſen Stoffen
ändert das Abſorptionsverhältniß.

Die nähere Betrachtung giebt zu erkennen, daß das Ab=
ſorptionsvermögen der Ackerkrume in eben dem Grade wie ihre
Poroſität oder Lockerheit abweicht, der dichte ſchwere Lehm und
der am wenigſten poröſe Sandboden beſitzen ſie im geringſten
Grade.

Man kann nicht daran zweifeln, daß alle Gemengtheile
der Ackererde an dieſen Eigenſchaften Theil haben, aber nur
dann, wenn ſie eine gewiſſe mechaniſche Beſchaffenheit, ähnlich
der Holz= oder Thierkohle, beſitzen, und daß ſie bei der Acker=
erde wie bei der Kohle auf einer Flächenanziehung beruht,
die man darum als eine phyſikaliſche Anziehung bezeichnet,
weil die angezogenen Theile keine eigentliche chemiſche Ver=
bindung eingehen, ſondern ihre chemiſchen Eigenſchaften be=
haupten *).

Die Ackerkrume iſt aus Geſteinen und Gebirgsarten durch
die Wirkung mächtiger mechaniſcher und chemiſcher Urſachen
entſtanden, die ihre Zertrümmerung, Zerſetzung und Auf=
ſchließung bewirkt haben. Mit einem vielleicht nicht ganz
zutreffenden Bilde verglichen, verhält ſich das Geſtein zu dem
Product ſeiner Verwitterung, der Ackerkrume, wie das Holz
oder die Pflanzenfaſer zum Humus, der aus ihrer Verweſung
entſteht.

Die nämlichen Urſachen, welche das Holz in wenigen
Jahren in Humus verwandeln, wirken auch auf die Felsarten
ein, aber es gehörte vielleicht ein Jahrtauſend der vereinigten

---

*) Unter phyſikaliſcher Anziehung wird hier nicht eine beſondere anzie=
hende Kraft, ſondern die gewöhnliche chemiſche Affinität gemeint, die
dem Grade nach in ihren Aeußerungen verſchieden erſcheint.

Wirkungen des Wassers, Sauerstoffs, der Kohlensäure dazu, um aus Basalt, Trachit, Feldspath, Porphyr eine linienhohe Schicht Ackerkrume, so wie man sie in den Ebenen von Fluß- thälern und Niederungen abgelagert findet, mit allen den chemischen und physikalischen Eigenthümlichkeiten zu bilden, die sie für die Ernährung der Pflanzen geeignet machen; so wenig wie die Sägespähne die Eigenschaft des Humus besitzen, eben so wenig kommen den gepulverten Gesteinen die Eigenschaften der Ackerkrume zu; das Holz kann in Humus, das gepulverte Gestein in Ackererde übergehen, aber für sich betrachtet sind es grundverschiedene Dinge, und keine menschliche Kunst vermag die Wirkungen in den unmeßbaren Zeiträumen nachzuahmen, welche erforderlich waren, um die verschiedenen Gebirgsarten in fruchtbare Ackererde zu verwandeln.

Die Ackererde, als das Residuum der durch Verwitterung veränderten Felsarten, verhält sich in ihrem Absorptionsver- mögen für unorganische gelöste Stoffe ganz wie das Resi- duum der durch den Einfluß der Hitze veränderten Holzfaser zu gelösten organischen Stoffen.

Es ist erwähnt worden, daß die Ackererde aus einer Lö- sung von kohlensaurem Kali, Ammoniak, oder von phosphor- saurem Kalk in kohlensaurem Wasser das Kali, Ammoniak und die Phosphorsäure entzieht, ohne daß ein Austausch mit den Bestandtheilen der Erde statthat. In dieser Beziehung ist die Wirkung der Ackererde der der Kohle vollkommen gleich, sie geht aber noch weiter.

Wenn nämlich das Kali und Ammoniak mit einer Mine- ralsäure verbunden sind, welche die stärkste Verwandtschaft dazu hat, so wird ihre Verbindung damit durch die Ackererde zer- setzt, das Kali wird ebenso absorbirt, wie wenn die Säure nicht damit verbunden gewesen wäre.

In dieser Eigenschaft gleicht die Ackererde der Knochen=
kohle, welche durch ihren Gehalt an phosphorsauren alkalischen
Erden viele Salze zersetzt, die von einer daran freien Kohle
nicht verändert werden, und es haben an diesem Zersetzungs=
vermögen der Ackererde unzweifelhaft die darin stets vorhan=
denen Kalk= und Magnesiaverbindungen Antheil.

Wir müssen uns denken, daß die anziehende Kraft der
Erdtheilchen für sich nicht stark genug wäre, um z. B. das
Kali der Salpetersäure zu entziehen, und daß die Anziehung der
Bittererde oder des Kalks zur Salpetersäure hinzukommen muß,
um den Salpeter zu zersetzen. Von der einen Seite zieht die
Erde das Kali, von der andern der Kalk oder die Bittererde
in der Erde die Salpetersäure an, und so geschieht durch den
Einfluß einer zusammengesetzten Anziehung, wie in unzähligen
Fällen in der Chemie, eine Trennung, welche durch eine ein=
fache nicht erfolgen würde.

Nur darin weicht der Vorgang in der Ackererde von den ge=
wöhnlichen chemischen Processen ab, daß bei den letzteren in der
Regel kein lösliches Kalisalz durch ein unlösliches Kalksalz in
der Art zersetzt wird, daß das Kali unlöslich und der Kalk lös=
lich wird; es ist hierbei offenbar noch eine andere Anziehung
thätig, welche die Wirkung der chemischen Verwandtschaft ändert.
Wenn eine Lösung von phosphorsaurem Kalk in kohlensaurem
Wasser durch einen Trichter voll Erde filtrirt wird, so nimmt
zunächst die oberste Schichte der Erde die Phosphorsäure oder
den phosphorsauren Kalk aus der Lösung auf; einmal damit
gesättigt, hindert sie den Durchgang des gelösten phosphorsauren
Kalkes nicht mehr, die Lösung gelangt mit ihrem vollen Gehalt
an die darunter liegende Schichte, die sich wieder damit sättigt,
und in dieser Weise verbreitet sich der phosphorsaure Kalk nach
und nach vollständig in dem Trichter voll Erde, so daß jedes

Theilchen derselben gleich viel davon an seiner Oberfläche festhält; wäre der phosphorsaure Kalk krapproth und die Erde farblos,
so würde diese das Ansehen eines Krapplacks haben. In ganz
gleicher Weise verbreitet sich das Kali in der Erde, wenn man
eine Lösung von kohlensaurem Kali durchfiltrirt; die unteren
Schichten empfangen, was die oberen nicht zurückhalten.

Es bedarf keiner besonderen Auseinandersetzung, um zu
verstehen, daß der phosphorsaure Kalk in einem Körnchen Knochenmehl sich genau auf dieselbe Weise in der Ackererde verbreitet, mit dem Unterschiede, daß die Lösung des phosphorsauren Kalks in Regenwasser, welches Kohlensäure enthält,
sich an dem Orte selbst bildet, wo das Körnchen liegt, und sich
von da aus abwärts und nach allen Seiten hin verbreitet.

In ganz gleicher Weise verbreiten sich das Kali und die
Kieselsäure, welche durch die Verwitterung oder durch die Wirkung von Wasser und Kohlensäure auf Silicate löslich geworden sind, sowie das Ammoniak, welches durch das Regenwasser zugeführt oder durch die Fäulniß der stickstoffhaltigen
Bestandtheile der abgestorbenen Wurzeln der auf dem Felde
aufeinanderfolgenden Pflanzenvegetationen gebildet worden ist.

Eine jede Erde muß demnach das Kali, die Kieselsäure
und Phosphorsäure in zweierlei Formen, in chemisch und in
physikalisch gebundenem Zustande, enthalten, in der einen
Form unendlich verbreitet an der Oberfläche der porösen Acker-
krumetheilchen haftend, in der anderen in Form von Körnchen
Phosphorit oder Apatit und feldspathigen Gesteinen sehr ungleich vertheilt.

In einer an Silicaten und phosphorsaurem Kalke reichen
Erde, welche Jahrtausende lang der lösenden Kraft des Was-
sers und der Kohlensäure ausgesetzt gewesen ist, werden die
Theile derselben überall physikalisch mit Kali, Ammoniak, Kie-

selſäure und Phosphorſäure geſättigt ſein, und es kann der
Fall vorkommen, wie bei der ſogenannten ruſſiſchen Schwarzerde, daß ſich im Untergrunde der gelöſte aber nicht abſor-
birte phosphorſaure Kalk in Concretionen oder kryſtalliſirt wieder abſetzt.

In dieſem Zuſtande der phyſikaliſchen Bindung beſitzen
die Nahrungsmittel offenbar die für den Pflanzenwuchs aller-
günſtigſte Beſchaffenheit; denn es iſt klar, daß die Wurzeln
der Pflanzen an allen Orten, wo ſie mit der Erde in Berührung ſind, die ihnen nöthigen Nahrungsſtoffe in dieſem Zuſtande ebenſo vertheilt und vorbereitet vorfinden, wie wenn
dieſe Stoffe im Waſſer gelöſt wären, aber für ſich nicht beweglich und mit einer ſo geringen Kraft feſtgehalten, daß die
kleinſte löſende Urſache, welche hinzukommt, hinreicht, um ſie
zu löſen und übergangsfähig in die Pflanze zu machen.

Wenn es wahr iſt, daß die Wurzeln der Culturpflanzen
nicht vermögend ſind, durch eine in ihnen wirkende Urſache
die Kraft zu überwinden, welche das Kali und die Kieſelſäure
in den Silicaten feſthält, ſondern daß nur die phyſikaliſch gebundenen das erforderliche Löſungs- und Ernährungsvermögen
beſitzen, daß dieſe nur den Wurzeln zugänglich und aufnehmbar ſind, ſo erklärt ſich die Verſchiedenheit des cultivirten
von dem rohen Boden oder dem unfruchtbaren Untergrund.

Nichts kann ſicherer ſein, als daß durch die mechaniſche
Bearbeitung des Feldes und durch den Einfluß der Witterung
die Urſachen verſtärkt werden, welche die Verwitterung und
Aufſchließung der Mineralien und die gleichmäßige Verbreitung der darin vorhandenen und löslich werdenden Pflanzen-
nahrungsſtoffe bedingen. Die chemiſch gebundenen treten aus
der Verbindung aus und empfangen in dem nach und nach

in Ackerkrume übergehenden Boden die Form, in welcher sie
für die Pflanze aufnahmsfähig sind. Man versteht, daß der
rohe Boden nur allmälig die Eigenschaften der Ackerkrume
empfangen kann, und daß die Zeit des Uebergangs im Verhältniß steht zu der Menge der vorhandenen Nahrungsstoffe
überhaupt und zu den Hindernissen, die sich ihrer Verbreitung
oder der Verwitterung und Aufschließung entgegensetzen. Die
perennirenden Gewächse, namentlich die sogenannten Unkräuter,
werden, weil sie der Zeit nach weniger brauchen und länger
aufnehmen, auf einem solchen Boden zuerst, jedenfalls früher
gedeihen als ein Sommergewächs, welches in seiner kürzeren
Vegetationszeit weit mehr Nahrungsstoffe für seine volle Entwickelung vorfinden muß.

In eben dem Grade, als der Boden länger bearbeitet und
cultivirt wird, wird er immer mehr für die Cultur der Som-
mergewächse geeignet, weil die Ursachen wiederkehren und
fortwirken, durch welche die Pflanzennahrungsstoffe aus dem
Zustand der chemischen in den der physikalischen Bindung
übergeführt werden. Um im vollsten Sinne ernährungsfähig
zu sein, muß der Boden an allen Stellen, die mit den
Pflanzenwurzeln in Berührung sich befinden, Nahrung an sie
abgeben können, und so wenig auch, der Menge nach, diese
Nahrung betragen mag, so nothwendig ist es doch, daß der
Boden allerorts dieses Minimum enthält.

Das Ernährungsvermögen des Bodens für die
Culturgewächse steht hiernach in geradem Verhält-
nisse zu der Quantität der Nahrungsstoffe, die er im
Zustande der physikalischen Sättigung enthält. Die
Menge der anderen, die sich in chemischer Verbindung in der
Erde verbreitet vorfinden, besitzt insofern eine hohe Wichtig-
keit, als durch sie der Zustand der Sättigung wieder hergestellt

werden kann, wenn die physikalisch gebundenen Nährstoffe dem
Boden in einer Reihe von Culturen entzogen worden sind.

Durch den Anbau tiefwurzelnder Gewächse, welche die
Hauptmasse ihrer Nahrung aus dem Untergrunde empfangen,
wird der Erfahrung gemäß die Fruchtbarkeit der Ackerkrume
für ein nachfolgendes Halmgewächs nicht merklich vermindert,
aber diese können einander nicht folgen, ohne daß der Boden
seine Fähigkeit verliert, nach einer verhältnißmäßig kurzen
Reihe von Jahren lohnende Ernten zu liefern.

Dieser Zustand der Erschöpfung ist bei der Mehrzahl der
Culturfelder nicht dauernd; wenn der Boden ein oder mehrere
Jahre brach liegt, und rascher noch, wenn er in der Brachzeit fleißig bearbeitet wird, so empfängt er wieder das Vermögen, eine lohnende Ernte eines Halmgewächses zu liefern.

Wenn der Grund dieses für die Landwirthschaft überaus
wichtigen und durch tausendjährige Erfahrung festgestellten
Verhaltens, welches die chemische Analyse völlig unerklärt läßt,
darauf beruht, daß die Halmpflanze nur von den physikalisch
in der Ackerkrume gebundenen Nährstoffen lebt, so ist diese
merkwürdige Erscheinung der wiedergewonnenen Ertragsfähigkeit, ohne alle Zufuhr durch Dünger, leicht verständlich. Denn
in dieser Form macht zwar diese Nahrung dem Gewicht nach
nur einen kleinen Theil der Erde aus, ertheilt aber einem
großen Volumen derselben ihr Ernährungsvermögen, und es ist
einleuchtend, daß wenn die Pflanze durch ihre unzähligen unterirdischen Aufsaugungsorgane der Erde diese physikalisch gebundenen Nährstoffe entzogen hat, ein Boden, der nicht sehr
reich daran ist, sehr rasch für die Cultur dieser Pflanzen ungeeignet werden muß.

Wenn nun der cultivirte Boden seiner Hauptmasse nach
aus Gemengtheilen besteht, welche identisch mit den Bestand-

theilen des rohen Bodens sind, so versteht man, da die Ursachen unaufhörlich fortwirken, welche diese Gemengtheile zersetzen und einen Ortswechsel ihrer den Pflanzen dienlichen
Bestandtheile bedingen, wie durch den Einfluß dieser Ursachen
der erschöpfte Boden, der in diesem Falle nichts anderes ist,
als der wieder in den rohen Zustand zurückgeführte Boden,
die verlorenen Eigenschaften wieder erlangen muß. Indem ein
Theil der chemisch gebundenen Nährstoffe in den Zustand der
physikalischen Bindung übergeht, erlangt das Feld wieder
das Vermögen, Nahrung an eine neue Vegetation in solcher
Menge abzugeben, daß die Erträge im landwirthschaftlichen
Sinne wieder lohnend werden.

Ein erschöpftes Feld, welches durch die Brache wieder
ertragsfähig wird, ist demnach ein solches, in welchem es an
der Menge der zu einer vollen Ernte nöthigen Nährstoffe in
physikalisch-gebundenem Zustande fehlt, während es einen
Ueberschuß von chemisch gebundenen Nährstoffen enthält; Brachzeit heißt hiernach die Zeit, in welcher die Umlegung oder der
Uebergang der Nährstoffe aus dem einen in den andern Zustand
statt hat; nicht die Summe der Nährstoffe wird in der Brache
vermehrt, sondern die Anzahl der ernährungsfähigen Theile derselben.

Was hier für alle mineralischen Nährstoffe ohne Unterschied gesagt ist, gilt natürlich für jeden einzelnen Bestandtheil
des Bodens, den die Pflanze bedarf; die Erschöpfung des Feldes kann in vielen Fällen darauf beruhen, daß es für die
darauf folgende Halmfrucht an aufnehmbarer Kieselsäure gefehlt hat, während an den anderen Nährstoffen ein Ueberfluß
vorhanden war.

Es liegt in der Natur des Vorgangs, daß, wenn es im
Boden an verwitterbaren Silicaten oder lösbaren phosphor-

sauren Erden überhaupt fehlt, die Zeit, Bearbeitung und Witterung ohne allen Einfluß auf das Wiederfruchtbarwerden in
der Brache sein muß, und daß die Wirkung der Verwitterungsursachen, der Zeit nach, eben so sehr wie die Zusammensetzung
und der Gehalt der verschiedenen Bodensorten wechselt.

Nach dem Vorhergegangenen erscheint als eins der wichtigsten Erfordernisse des Landwirths, die Ursachen sowohl wie
die Mittel zu kennen, durch welche die in seinem Felde vorhandenen nutzbaren, aber nicht ernährungsfähigen Nährstoffe
verbreitbar und wirkungsfähig gemacht werden.

Die Gegenwart von Feuchtigkeit, ein gewisser Wärmegrad
und der Zutritt der Luft sind die nächsten Bedingungen der
Veränderungen, in deren Folge die chemisch gebundenen Nahrungsstoffe im Boden aufnehmbar durch die Wurzeln werden.
Eine gewisse Wassermenge ist für den Ortswechsel der löslich
gewordenen Bodenbestandtheile nothwendig; das Wasser unter
Mitwirkung der Kohlensäure zersetzt die Silicate, und macht
die unlöslichen Phosphate löslich und im Boden verbreitbar.

Die im Boden verwesenden organischen Ueberreste stellen
schwache, aber lange dauernde Quellen von Kohlensäure dar;
ohne Feuchtigkeit findet aber der Verwesungsproceß nicht statt;
stehendes Wasser, welches den Luftzutritt abschließt, hindert die
Kohlensäurebildung; durch den Verwesungsproceß selbst wird
Wärme erzeugt, durch welche die Temperatur des Bodens merklich erhöht wird.

Durch die Mitwirkung verwesbarer Pflanzen- und Thierüberreste empfängt ein durch die Cultur erschöpftes Feld in
kürzerer Zeit seine verlorene Ertragsfähigkeit wieder, und es
wirkt eine Düngung mit Stallmist während der Brache günstig darauf ein. Eine dichte Beschattung des Bodens durch
eine blattreiche Pflanze, indem unter der Pflanzendecke die

Feuchtigkeit sich länger in der Erde erhält, verstärkt die Wirkung der Verwitterungsursachen in der Brache.

In einem porösen, an Kalk reichem Boden geht der Verwesungsproceß organischer Materien rascher von Statten, als
in einem thonreichen; die Gegenwart der alkalischen Erde bewirkt unter diesen Umständen, daß das im Boden vorhandene
Ammoniak neben den kohlenstoffreichen Stoffen sich ebenfalls
oxydirt und in Salpetersäure übergeführt wird.

Alle Kalkbodensorten geben beim Auslaugen salpetersaure
Salze an das Wasser ab. Die Salpetersäure wird von der porösen Erde nicht wie das Ammoniak zurückgehalten, sondern mit
Kalk oder Bittererde verbunden durch den Regen in die Tiefe
geführt. Während die in der Erde sich einstellende Salpetersäurebildung nützlich ist für Gewächse, welche, wie Klee und
Erbsen, ihre Nahrung, wozu hier der Stickstoff zu rechnen ist,
aus einer größeren Tiefe empfangen, wirkt aus eben diesem
Grunde die Brache auf einen Kalkboden, welcher reich an organischen Ueberresten ist, minder günstig auf Halmgewächse, indem
durch den Uebergang des Ammoniaks in Salpetersäure und ihre
Hinwegführung der Boden an einem der wichtigsten Pflanzennahrungsmittel ärmer wird. Der Fall ist denkbar, daß ein
solches Feld, wenn es jahrelang nicht cultivirt wird, zuletzt
durch den Mangel an Stickstoffnahrung im Boden an seiner
Ertragfähigkeit verliert.

Der Grund der Erschöpfung eines Feldes durch die Cultur irgend einer Pflanze beruht stets und unter allen Umständen auf dem Mangel an einem einzelnen oder an mehreren
Nahrungsmitteln in den Theilen des Bodens, die mit den
Wurzeln derselben in Berührung kommen. Das Feld wird
für das gedeihliche Wachsthum einer nachfolgenden Frucht ungeeignet sein, wenn es an diesen Stellen an Phosphorsäure

im Zustande der physikalischen Bindung fehlt, ein Ueberfluß
von Kali und Kieselsäure in eben diesem Zustande wird dadurch wirkungslos; denselben Einfluß wird ein Mangel an Kali
bei einem Ueberschuß von Phosphorsäure und Kieselsäure, oder ein
Mangel an Kieselsäure, Kalk, Bittererde oder Eisen bei einem
Ueberfluß von Kali und Phosphorsäure haben.

Für solche Felder, deren Erschöpfung nicht auf einem absoluten Mangel beruht, welche alle nothwendigen Nahrungsmittel weit hinaus in genügender Menge, aber nicht in der
richtigen Form enthalten, welche also durch die Brache wieder
lohnende Ernten gegeben haben würden, besitzt der Landwirth
Mittel, die Wirkungen der natürlichen Ursachen zu verstärken,
welche den Uebergang in den Zustand der physikalischen Bindung derselben bedingen, und die Brachzeit zu verkürzen, so
zwar, daß sie in vielen Fällen überflüssig gemacht wird.

In Beziehung auf die phosphorsauren Erdsalze ist bereits erwähnt worden, daß deren Verbreitung in der Erde ausschließlich
durch das Wasser bewirkt wird, welches, wenn es eine gewisse Menge
Kohlensäure enthält, die genannten Erdsalze auflöst.

Es giebt nun eine Anzahl von Salzen, wozu Kochsalz,
Chilisalpeter und Ammoniaksalze gehören, von denen man die
Erfahrung gemacht hat, daß sie unter gewissen Umständen eine
günstige Wirkung auf die Erträge äußern.

Die Salze besitzen merkwürdigerweise, wie die Kohlensäure,
auch in ihren verdünntesten Lösungen das Vermögen, phosphorsauren Kalk und phosphorsaure Bittererde aufzulösen, und verhalten sich, wenn man solche Lösungen durch Ackererde filtriren
läßt, ganz wie die genannten Phosphate in kohlensaurem Wasser.
Die Erde entzieht diesen Salzlösungen die aufgelöste phosphorsaure Erde und verbindet sich damit.

Gegen Ackererde, der man einen Ueberschuß von phosphor=
sauren Erden beigemischt hat, verhalten sich diese Salzlösungen
wie gegen die ungemischte phosphorsaure Erde, d. h. sie lösen eine
gewisse Menge dieser Phosphate auf.

Das salpetersaure Natron und Kochsalz erleiden durch die
Ackererde eine ähnliche Zersetzung wie die Kalisalze: es wird Na=
tron von der Erde absorbirt, an dessen Stelle Kalk oder Bitter=
erde in Verbindung mit der Säure in die Lösung tritt.

Bei der Vergleichung der Wirkung der Ackererde auf Kali=
und Natronsalze zeigt sich, daß die Erde für das Natron eine
weit geringere Anziehung besitzt wie für Kali, so daß ein Volumen
Erde, welches einer Kalilösung alles Kali entzieht, in einer Lö=
sung von Chlornatrium oder salpetersaurem Natron von gleichem
Alkaligehalt ³/₄ des gelösten Kochsalzes und die Hälfte des
Chilisalpeters unzersetzt in der Flüssigkeit zurückläßt.

Wenn demnach ein durch die Cultur erschöpftes Feld, wel=
ches an einzelnen Orten zerstreut, phosphorsaure Erdsalze enthält,
mit salpetersaurem Natron oder Kochsalz gedüngt wird, und sich
durch das Regenwasser eine verdünnte Lösung dieser Salze ge=
bildet hat, so bleibt ein Ueberschuß derselben in unzersetztem Zu=
stande im Boden und dieser muß jetzt im feuchten Erdreich eine
an sich schwache, aber in der Dauer merkliche Wirkung aus=
üben.

Aehnlich wie die durch Verwesung von Pflanzen= und
Thierüberresten entstehende und im Wasser sich lösende Kohlen=
säure müssen diese Salzlösungen sich mit phosphorsauren Erd=
salzen an allen den Stellen, wo diese sich vorfinden, beladen,
und wenn diese Phosphate, in der Flüssigkeit verbreitet, mit
Theilchen der Ackererde in Berührung kommen, welche nicht da=
mit gesättigt sind, so entziehen diese die Phosphate der Lösung
und das darin bleibende salpetersaure Natron oder Kochsalz be=

hält zum zweiten oder fortgesetzten Male das Vermögen, die
nämliche auflösende und verbreitende Wirkung auf Phosphate
auszuüben, die nicht durch eine physikalische Anziehung bereits
im Boden gebunden sind, bis sie zuletzt durch das Regenwasser
tieferen Erdschichten zugeführt oder gänzlich zersetzt sind.

Von dem Kochsalz ist bekannt, daß es im Blut aller Thiere
enthalten ist und in den Processen der Reserption und Abson=
derung eine Rolle spielt, und darum als nothwendig für diese
Functionen angesehen wird, und wir finden in der Natur die
Einrichtung getroffen, daß die Futterkräuter, Knollen= und Wurzel=
gewächse, welche vor anderen zur Nahrung der Thiere dienen,
das Vermögen, Kochsalz aus dem Boden aufzunehmen, in höhe=
rem Grade als andere Gewächse besitzen, und die landwirthschaft=
lichen Erfahrungen zeigen, daß ein schwacher Kochsalzgehalt im
Boden dem üppigen Wachsthum dieser Pflanzen günstig ist.

Von der Salpetersäure nimmt man allgemein an, daß sie
gleich dem Ammoniak in dem Pflanzenleibe verwendet werden
könne, und es kommen demnach dem Kochsalz und den salpeter=
sauren Salzen zweierlei Wirkungen zu, eine directe, wenn sie
als Nahrungsmittel für die Pflanze dienen, und eine indirecte,
insofern sie die Phosphate für die Ernährung geschickt machen.

Die Ammoniaksalze verhalten sich gegen die phosphorsauren
Erden ähnlich wie die genannten Salze, mit dem Unterschiede,
daß ihr Lösungsvermögen für die Phosphate weit größer ist; bei
gleichen Mengen Salz nimmt eine Lösung von schwefelsaurem
Ammoniak doppelt so viel Knochenerde auf, als eine Kochsalz=
lösung.

In Beziehung auf die Phosphate im Innern des Bodens
kann aber die Wirkung der Ammoniaksalze kaum stärker sein,
wie die von Kochsalz oder Chilisalpeter, weil die Ammoniaksalze
weit rascher, oft augenblicklich von der Erde zersetzt werden, so

daß von einer Lösung eines solchen Salzes, die sich im Boden bewegt, in der Regel nicht die Rede sein kann; da aber immer ein gewisses, wenn auch kleines Volumen Erde nöthig ist, um eine gegebene Quantität Ammoniaksalz zu zersetzen, so muß die Wirkung des Ammoniaksalzes auf dieses kleine Volumen um so mächtiger sein; während also ihre Wirkung in gewissen Tiefen der Ackerkrume kaum bemerklich ist, ist die, welche sie auf die obersten Schichten derselben ausüben, um so stärker; nach den Beobachtungen von Feichtinger zersetzen die Lösungen der Ammoniaksalze viele Silicate, selbst den Feldspath, und nehmen aus dem letzteren Kali auf; bei ihrer Berührung mit der Ackerkrume bereichern sie nicht nur diese an Ammoniak, sondern sie bringen auch in den kleinsten Theilchen derselben einen eingreifenden Ortswechsel der den Pflanzen dienlichen Bestandtheile zu Wege.

Auf die Verbreitung der Kieselsäure im Boden scheinen die darin vorhandenen Pflanzen- und Thierüberreste einen bemerkens- werthen Einfluß auszuüben, die hierüber angestellten Versuche zei- gen, daß das Absorptionsvermögen einer Ackerkrume für Kiesel- säure im umgekehrten Verhältnisse zu ihrem Gehalt an organi- schen Ueberresten steht, so zwar, daß eine Erde, die reich an letzteren ist, wenn sie mit einer Auflösung von kieselsaurem Kali zusammengebracht wird, eine gewisse Quantität Kieselsäure darin zurückläßt, die von einem gleichen Volumen einer anderen, an or- ganischen Stoffen armen Erde vollständig daraus aufgenommen wird. Durch die Einverleibung von vermodernden Pflanzen- und Thierüberresten wird demnach in einem Boden, welcher verwitter- bare Silicate enthält, zunächst durch die in ihrer Verwesung entstehende Kohlensäure die Zersetzung der Silicate beschleunigt, und da eben diese Stoffe das Absorptionsvermögen des Bodens für Kieselsäure vermindern, so muß diese, wenn sie in Lösung übergegangen ist, in einem weiteren Umkreise in der Erde ver-

breitet werden, als sie sich bei Abwesenheit dieser Stoffe im
Boden verbreitet haben würde.

Auf manchen thonarmen Feldern wirkt eine mehrjährige
Berasung in Folge der im Boden sich ansammelnden organischen
Stoffe, durch welche die Verbreitung der Kieselsäure befördert
wird, günstiger auf eine nachfolgende Halmfrucht ein, und auf
anderen, namentlich kalkreichen Feldern, denen es nicht an Kiesel=
säure im Ganzen, wohl aber in den einzelnen Theilen oder an
ihrer Verbreitung fehlt, hat eine Ueberführung mit Torfklein
häufig für eine nachfolgende Halmfrucht eine eben so günstige
Wirkung, als eine starke Düngung mit Stallmist, dessen organi=
sche oder verwesbare Bestandtheile, ganz abgesehen von dem
kieselsauren Kali im Stroh, auf die Verbreitung der Kieselsäure
des Bodens stets in Wirksamkeit treten.

Der Mangel oder Ueberfluß an löslicher Kieselsäure im
Boden ist dem Gedeihen der Halmgewächse gleich nachtheilig.
Ein Boden, welcher der Entwickelung des kieselreichen Schachtel=
halms und Schilfs (arundo phragmites) günstig ist, ist darum
nicht gleich geeignet für die besseren Wiesengräser oder für die
Kornpflanzen, obwohl für diese eine reichliche Zufuhr von Kie=
selsäure eine Bedingung ihres Gedeihens ist. Durch Entwässerung
eines solchen Feldes, welche bewirkt, daß durch den Eintritt der
Luft die im Boden im Uebermaß vorhandenen organischen Stoffe
in Verwesung übergehen und zerstört werden, oder durch Zu=
fuhr von Mergel oder zu Pulver gelöschten oder an feuchter
Luft zerfallenen gebrannten Kalk verbessert der Landwirth in
vielen Fällen ein solches Feld.

Das Kieselsäurehydrat verliert beim einfachen Austrocknen
seine Löslichkeit im Wasser, und es kommt häufig vor, daß das
Trockenlegen eines versumpften Feldes bewirkt, daß die Kiesel=
pflanzen (Schilf und Schachtelhalm) darauf verschwinden. Die

Wirkung von Kalkhydrat, oder gelöschtem und an der Luft zer=
fallenem Kalk auf den Boden ist von zweierlei Art. Auf einem
an humosen Bestandtheilen reichen Boden verbindet sich der Kalk
zunächst mit den darin vorhandenen organischen Verbindungen,
welche eine saure Reaction besitzen; er neutralisirt die Säure des
Bodens und es verschwinden von diesem Augenblick viele in
einem solchen sauren Boden gedeihende Unkräuter, die Torfmoose
(sphagnum) und Riedgräser; während die einfache Berührung
mit Säuren die Oxydation der Metalle (Kupfer, Blei, Eisen)
in hohem Grade steigert und die Berührung mit einem Alkali
dieselbe hindert (Eisen mit verdünnter kohlensaurer Natronlösung
überstrichen rostet nicht), wirken Säuren und Alkalien auf orga=
nische Stoffe in umgekehrter Weise ein, die Säuren verhindern,
die Alkalien befördern die Oxydation oder Verwesung; bei über=
schüssigem Kalk tritt die oben erwähnte Zerstörung der humosen
Bestandtheile ein.

In eben dem Grade, als durch den Kalk der saure Humus
in der Erde verschwindet, vermehrt sich das Absorptionsvermögen
derselben für Kieselsäurehydrat, das im Ueberfluß vorhandene
verliert seine Beweglichkeit im Boden *).

Der Kalk hat, wie man sieht, eine so zusammengesetzte Wir=
kung, daß man von dem günstigen Einfluß, den er auf ein Feld
hat, beinahe niemals auf seine Wirkung auf ein anderes von
unbekannter Beschaffenheit schließen kann; dies ist nur möglich,

---

*) Ein besonders zu diesem Zwecke angestellter Versuch lehrte, daß ein
Liter Walderde, welche 30 Procent humose Bestandtheile enthielt, aus
einer Lösung von Wasserglas (kieselsaurem Kali) nur 15 Milli=
gramme Kieselsäure, die nämliche Erde mit 10 Procent geschlämmter
Kreide (kohlensaurem Kalk) vermischt 1140 Milligramme Kieselsäure
absorbirte; wurde anstatt des kohlensauren Kalkes gelöschter Kalk zu=
gesetzt, so stieg ihr Absorptionsvermögen in dem Grade, daß ein Liter
jetzt 3169 Milligramme Kieselsäure absorbirte.

wenn man sich die Ursache derselben in dem ersten Falle klar gemacht hat.

Auf einem Felde, dessen Beschaffenheit der Kalk einfach dadurch verbessert hat, daß die saure Beschaffenheit des Bodens dadurch beseitigt und der schädliche Ueberschuß an vegetabilischen Ueberresten zerstört worden ist, wird der Landwirth durch die Anwendung des Kalkes in darauf folgenden Jahren vergeblich eine Wirkung erwarten, wenn die Ursachen nicht wiederkehren, welche dem Felde die ursprünglich ungeeignete Beschaffenheit gegeben haben.

In einem Boden, in welchem sich faulende und verwesende Stoffe befinden, gedeiht mit Ausnahme der Pilze keine einzige Pflanze, und es scheint, daß ein jeder chemische Proceß in der Nähe der Wurzeln den ihnen eigenen stört; selbst verwesende Materien im Uebermaß schaden durch allzureichliche Kohlensäurebildung solchen Pflanzen, die in humosem Boden von mäßigem Gehalt an Humus vorzüglich gedeihen *).

Auf die tiefwurzelnden Gewächse, die Rüben, den Klee, die Esparsette, die Erbsen und Bohnen wirken organische Materien, wenn sie sich im Untergrunde in bemerklicher Menge anhäufen,

---

*) In einen Topf mit gewaschener Erde vom Vesuv säete Gasparini einige Körner Spelz, welche Pflanzen erzeugten, die fortfuhren, in gesundem Zustande zu wachsen. In einen andern Topf von derselben Erde brachte er ein Stück Brod; in diesem starben alle Wurzeln in der nächsten Nähe des vermodernden Brodes ab, und die anderen schienen sich umgebogen und den Seiten des Topfes zugewendet zu haben; Spelz würde offenbar nicht wachsen in einem reichlich mit Brod gemischten Boden, und wenn die verwesenden Wurzeln, welche eine Spelzernte hinterläßt, dieselbe Wirkung haben, so läßt sich versuchen, wie die verwesenden Rückstände, die eine Pflanze im Boden läßt, wenn diese nicht vorher zerstört worden sind, ihrem eigenen Wachsthum oder dem einer anderen schädlich sein können (Russell).

besonders feindlich, namentlich im Thonboden, in welchem sie weit langsamer verwesen als im Kalkboden; der Vermoderungs- proceß pflanzt sich auf die krankwerdenden Wurzeln fort, in denen die Sporen von Pilzen den geeigneten Boden für ihre Entwicke- lung finden. Wenn die Turnipsrübe diesem Zustande verfällt, so wird sie die Beute gewisser Insekten, die ihre Eier in die Wurzeln legen, deren Entwickelungsproceß jetzt eine auffallende Aenderung und Störung des vegetativen Processes hervorbringt; an den angestochenen Stellen entsteht ein schwammartiger Wulst, dessen innere Masse weich und übelriechend wird und in diesem Zustande zur Ernährung der Larve der kleinen Fliege dient.

Alle diese Vorgänge, so wenig klar sie an sich sind, werden in einem solchen Felde durch Kalken aufgehoben; man erreicht immer seinen Zweck durch gehörige Düngung mit Kalk. Fel- der, welche besonders reich an organischen Ueberresten sind, be- dürfen einer verhältnißmäßig weit größeren Zufuhr von Kalk als andere, um in den für die Pflanzen gesunden Zustand über- geführt zu werden.

Es ist sicher, daß der Kalk in den obenbezeichneten Fällen nicht darum wirkt, weil es dem Boden an Kalk für die Pflan- zen gefehlt hat, denn bei seiner raschen Verbreitbarkeit im Bo- den müßte sich in diesem Fall seine Wirkung sehr bald und schon im ersten Jahre zeigen, aber es dauert mehrere Jahre, ehe die für die Pflanze günstige Beschaffenheit des Bodens hervor- gebracht ist, zum Beweise, daß der Kalk nicht als Kalk, sondern deshalb wirkt, weil er eine Aenderung in dem Boden hervor- bringt, welche Zeit, d. h. eine Aufeinanderfolge von Actionen erfordert.

Auf einem trocken gelegten Sumpfboden, in welchem der Kalk das Uebermaß von Kieselsäurehydrat vermindert hat, bringt er zum zweiten Male nicht dieselbe Wirkung hervor, weil die Schädlichkeiten, einmal entfernt, sich nicht wieder erneuern, während ein günstiger Erfolg von seiner Anwendung auf dich= tem, zähem Thon= oder Lettboden häufig wiederkehrt; diese Bodenarten werden mürber und an assimilirbarem Kali reicher (siehe Seite 188 bis 189 u. f.). Das Wesen der vorgegangenen Veränderung sieht man am augenfälligsten an dem hydrauli= schen Kalk, der aus natürlichen Cementsteinen (einem harten Mergel) durch Brennen erhalten wird. Diese Cementsteine be= stehen aus einem Gemenge von Kalk und Thon, den ersteren übrigens in größerem Verhältniß als im kalkhaltigen Thon= boden. Nach dem Brennen mit vielem Wasser angerührt, nimmt dieses durch das ausgeschiedene Kali ganz die Beschaffenheit einer schwachen Lauge an; der Thon, welcher sich vor dem Brennen mit Kalk nicht in Säuren löst, wird nach dem Bren= nen mit seinem ganzen Kieselsäuregehalt löslich in Säuren.

Der gebrannte, kalkhaltige Thonboden nimmt einer Lösung von kieselsaurem Kali viel weniger Kali wie vor dem Brennen, aber eine weit größere Menge Kieselsäure auf *).

Außer den bezeichneten chemischen Hülfsmitteln, welche dem Landwirth zu Gebote stehen, um die in seinem Felde vorräthigen Pflanzennahrungsstoffe, die phosphorsauren Erd= salze, das Kali und die Kieselsäure verbreitbar und den Pflan= zenwurzeln zugängig zu machen, verbessert er sein Feld durch die mechanische Bearbeitung und durch Entfernung aller, der Verbreitung der Wurzeln entgegenstehenden Hindernisse, sowie

---

*) Bogenhauser Lehmboden wurde an der Luft geglüht und mit einer Kali= wasserglaslösung in Berührung gebracht; vor dem Brennen absor= birte ein Liter dieser Erde 1148 Milligramme Kali und 2007 Milli= gramme Kieselsäure, nach dem Brennen hingegen kein Kali und 3230 Milligramme Kieselsäure.

der Schädlichkeiten im Boden, die ihre normale Thätigkeit oder ihren gesunden Zustand gefährden.

Der Einfluß der Bearbeitung des Bodens durch Pflug, Spaten, Hacke, durch die Egge und Walze beruht auf dem Gesetz, daß die Wurzeln der Pflanzen der Nahrung nachgehen, daß die Nahrungsstoffe für sich nicht beweglich sind und den Ort, wo sie sich befinden, nicht von selbst verlassen; die Wurzel geht der Nahrung nach, wie wenn sie Augen hätte, sie biegt sich und streckt sich und die Anzahl, Stärke und Richtungen ihrer Fasern zeigen genau die Orte an, von denen sie Nahrung empfangen hat*).

Die junge Wurzel erzwingt sich einen Durchgang nicht gleich einem Nagel, der mit einer gewissen Kraft in ein Brett eingetrieben wird, sondern durch die Uebereinanderlagerung von Schichten, die von Innen nach Außen die Masse derselben vergrößern.

Die neue Substanz, welche die Wurzelspitze vergrößert, ist mit der Erde in directer Berührung. Je jünger die Zellen sind, die sich daraus bilden, desto dünner ist ihre Wand, die Zellenwände der älteren verdicken sich und ihre äußere mehr holzig gewordene Oberfläche überzieht sich bei vielen mit einer Schicht von Korksubstanz, welche undurchbringlich für Wasser

---

*) Man findet zuweilen Knochenstücke, welche vollkommen eingeschlossen durch ein Gewebe von Turnipswurzeln sind. Es ist schwer zu begreifen, wie dies statthaben kann, wenn nicht durch eine Anziehung zwischen den Spongiolen und der Substanz der Knochen. Die Zellen oder der Zelleninhalt ist unaufhörlich angezogen von einer frischen Oberfläche einer Substanz, zu welcher der Zelleninhalt selbst eine chemische Anziehung hat.

Dies bedingt die Richtung der Verlängerung oder das Winden der Wurzeln um das Knochenstück herum, sie bilden einen Wurzelball, nicht gerollt von Außen, sondern von Innen, durch die neuen Zellen, die sich unaufhörlich bei Berührung mit einer Substanz bilden, für welche sie eine chemische Anziehung besitzen (Russell).

ten innerhalb abgelagerten löslichen Materien einen gewissen
Schuh gegen osmotische Einwirkungen gewährt.

Die Aufnahme der Nahrung aus dem Boden wird durch
die Wurzelspitze vermittelt, deren flüssiger Inhalt von den Erdtheilen nur durch eine unendlich dünne Membran getrennt ist,
und es ist die Berührung beider um so inniger, da die Wurzelfaser bei ihrer Bildung selbst, einen Druck auf die Erdtheile
ausübt, groß genug, um diese unter Umständen auf die Seite
zu schieben; durch die Verdunstung von Wasser von den Blättern aus entsteht im Innern der Pflanze ein leerer Raum, und
in Folge dessen ein Zug, welcher die Berührung der feuchten
Erdtheilchen mit der Zellenwand mächtig unterstützt. Die Zelle
und die Erde werden beide aneinandergepreßt. Zwischen dem
flüssigen Zelleninhalt und den in den Erdtheilen im Zustande
der physikalischen Bindung vorhandenen Nahrungsstoffen besteht
offenbar eine starke chemische Anziehung, welche unter der Mitwirkung der Kohlensäure und des Wassers den Uebergang der
unverbrennlichen Nahrungsstoffe bewirkt.

Unter einer starken chemischen Anziehung eines Körpers
versteht man sein Eingehen in eine chemische Verbindung, in
welcher er die Eigenschaften, die er besaß, verliert, um neue
anzunehmen. Für das Kali, den Kalk, die Phosphorsäure
muß sogleich beim Uebergang in die Zelle eine solche Verbindung statthaben, denn, wie früher schon bemerkt, ist der Saft
der Wurzeln immer schwach sauer; man kann in dem Safte
der Wurzeltriebe der Rebe saures weinsaures Kali, in anderen
oralsaures oder citronsaures Kali, weinsauren Kalk, aber niemals diese Basen mit Kohlensäure verbunden und eben so
wenig phosphorsauren Kalk oder Bittererde nachweisen; der
frische Saft der Kartoffelknollen giebt mit Ammoniak versetzt
keinen Niederschlag von phosphorsaurem Bittererdeammoniak,

der sich aber, wenn durch die Gährung desselben die (stickstoff=
haltige) Substanz, mit welcher die phosphorsaure Bittererde
verbunden ist, zerstört ist, sogleich bildet.

Die sorgfältige Mischung und Verbreitung der im Boden
vorhandenen Nahrungsstoffe sind die wichtigsten Bedingungen,
um sie wirksam zu machen.

Ein Knochenstück von einem Loth in einem Kubikfuß
Erde ist ohne irgend einen bemerklichen Einfluß auf die Frucht=
barkeit dieser Erde, während es in physikalischer Bindung gleich=
förmig in allen, auch den kleinsten Theilchen derselben verbrei=
tet, ein Maximum von Wirksamkeit gewinnt.

Der Einfluß der mechanischen Bearbeitung des Bodens
auf dessen Fruchtbarkeit, so unvollkommen auch die Mischung
der Erdtheile ist, welche dadurch hervorgebracht wird, ist augen=
fällig und gränzt in manchen Fällen an das Wunderbare. So
macht der Spaten, welcher das Erdreich bricht, wendet und
mischt, das Feld weit fruchtbarer als der Pflug, der die Erde
bricht, wendet und verschiebt, ohne zu mischen. Die Wirkung
beider wird verstärkt durch die Egge und Walze, sie machen,
daß an den nämlichen Orten, wo im vorhergehenden Jahre
eine Pflanze sich entwickelt hat, eine darauf folgende Pflanze
wieder Nahrungstheile, d. h. eine noch nicht erschöpfte Erde
vorfindet.

Die Wirkung der chemischen Mittel auf die Verbreitung
der Pflanzennahrungsstoffe ist noch mächtiger wie die der mechani=
schen; durch die Anwendung des Chilisalpeters, der Ammoniak=
salze, des Kochsalzes in richtiger Menge bereichert der Land=
wirth nicht nur sein Feld mit Materien, die in der Pflanze
selbst an dem Ernährungsproceß theilzunehmen vermögen, son=
dern er bewirkt auch eine Verbreitung des Ammoniaks und

Kalis und er ersetzt und unterstützt damit die mechanische Arbeit des Pfluges und die Wirkung der Atmosphäre in der Brache.

Wir sind gewöhnt alle Stoffe als Düngstoffe zu bezeichnen, welche, auf das Feld gebracht, dessen Erträge an Pflanzenmasse steigern, allein diese Wirkung hat auch der Pflug; es ist klar, daß die einfache Thatsache des günstigen Einflusses des Kochsalzes, Chilisalpeters, der Ammoniaksalze, des Kalks und der organischen Materien noch kein Beweis für die Meinung ist, daß sie als Nahrungsstoffe gewirkt haben; wir vergleichen die Arbeit, welche der Pflug verrichtet, mit dem Zerkleinern der Speisen, wofür die Natur den Thieren eigene Werkzeuge gegeben hat, und nichts kann sicherer sein, als daß die mechanische Bearbeitung das Feld nicht an Pflanzennahrungsstoffen bereichert, sondern daß sie dadurch nützlich wirkt, weil sie die vorhandene Nahrung zur Ernährung einer künftigen Ernte vorbereitet. Mit eben der Sicherheit wissen wir, daß dem Kochsalz, dem Chilisalpeter, den Ammoniaksalzen, dem Humus und Kalk neben den Wirkungen, die ihren Elementen zukommen, eine besondere dem verdauenden Magen zu vergleichende Rolle zukommt, in welcher sie sich theilweise vertreten können; diese Stoffe wirken darum nur auf Bodenarten günstig ein, in welchen es nicht an der Menge, sondern an der richtigen Form und Beschaffenheit der Nahrungsstoffe fehlt, und sie können deshalb in ihrer dauernden Wirkung durch eine sehr weit getriebene mechanische Zertheilung oder Pulverisirung vertreten werden.

Darin liegt die wahre Kunst des Landwirths, daß er die Mittel richtig beurtheilt, welche zur Anwendung kommen müssen, um die Nahrungselemente seiner Felder wirksam zu machen, und daß er sie zu unterscheiden weiß von anderen, durch welche er seine Felder dauernd fruchtbar erhält. Er

muß die größte Sorgfalt darauf verwenden, daß die physikalische Beschaffenheit seines Bodens auch den feinsten Wurzeln
gestattet, an die Orte zu gelangen, wo sich die Nahrung befindet. Der Boden darf durch seinen Zusammenhang ihre
Ausbreitung nicht hindern.

In einem zähen und schweren Boden gedeihen Pflanzen mit
feinen dünnen Wurzeln nur unvollkommen, auch wenn er reich
an ihren Nahrungsstoffen ist, und der nützliche Einfluß der
Gründüngung, des frischen Stallmistes ist in dieser Beziehung
unverkennbar. Die mechanische Beschaffenheit des Feldes wird
in der That durch das Unterpflügen von Pflanzen und Pflanzentheilen auf eine bemerkenswerthe Weise verändert; ein zäher
Boden verliert hierdurch seinen Zusammenhang, er wird mürbe
und leicht zerdrückbar, mehr wie durch das fleißigste Pflügen.
In einem Sandboden wird dadurch eine gewisse Bindung hergestellt. Jedes Hälmchen und Blättchen der untergepflügten
Gründüngungspflanze öffnet, indem es verwest, den feinen
Wurzeln der Getreidepflanzen eine Thür und einen Weg, durch
welchen sie sich nach vielerlei Richtungen im Boden verbreiten
und ihre Nahrung holen können. Auch hier muß man stets im
Auge behalten, daß nur ein gewisses Maß die beabsichtigte
Wirkung nach sich zieht; für manche Felder genügen schon
die Wurzelrückstände einer schön stehenden Grünfutterernte, um
das bessere Gedeihen einer nachfolgenden Halmfrucht zu befördern, und es kann ein Feld, von dem man die Lupinen abge-
erntet, möglicherweise eine ebenso gute nachfolgende Halmfrucht
liefern, als ein gleich großer Fleck Feld, auf welchem man die
Lupinenpflanzen untergepflügt hat.

Alle diese Erscheinungen weisen darauf hin, wie wichtig
die mechanischen Bedingungen sind, welche einem Boden, der
an sich nicht arm an den Nahrungsmitteln der Pflanzen ist,

seine Ertragsfähigkeit verleihen und wie ein im Verhältniß ärmerer, aber wohl cultivirter Boden bessere Ernten liefern kann, als ein reicher, wenn die physikalische Beschaffenheit der Wurzelthätigkeit und Entwickelung günstiger ist. In gleicher Weise wird häufig durch eine Hackfrucht das Feld für eine nachfolgende Halmfrucht geeigneter gemacht, und nach einer Grünfutterpflanze fällt oft die nachfolgende Winterfrucht um so besser aus, je reicher die vorangegangene Grünfutterernte, d. h. ihre Wurzelrückstände, war.

Gleich nützlich wirken auf eine nachfolgende Winterfrucht Klee und Rüben ein, die mit ihren langen und starken Wurzeln den Untergrund für die Weizenwurzeln auflockern und gewisser= maßen bearbeiten, den der Pflug nicht mehr berührt. In die= sem Falle überwiegt für die Weizenpflanze der günstige Einfluß der physikalischen Beschaffenheit des Bodens bei weitem den schäd= lichen der Abnahme in der Menge der chemischen Bedingungen durch die vorhergegangenen Rüben= und Klee-Ernten. Thatsachen dieser Art haben nur allzu oft praktische Landwirthe zu der Ansicht verführt, daß auf die physikalische Beschaffenheit alles ankomme, und daß eine sehr weit getriebene Bearbeitung und Pulverisirung des Bodens genügend zur Erzielung guter Ernten sei; diese Ansichten haben aber immer durch die Zeit ihre Widerlegung gefunden, und nur das kann als richtig an= genommen werden, daß für eine Reihe von Jahren die Her= stellung einer günstigen physikalischen Beschaffenheit eben so wichtig, oft wichtiger für die Erträge mancher Felder ist, als die Düngung.

Es giebt kaum überzeugendere Thatsachen über den Ein= fluß der richtigen physikalischen Beschaffenheit auf die Erträge der Felder, als wie die, welche die Landwirthschaft durch die sogenannte Drainirung der Felder, worunter man das Tiefer=

legen des Grundwassers und den rascheren Abzug des in der Erde sich bewegenden Wassers versteht, gewonnen hat; eine Menge Felder, welche durch stehende Nässe für die Cultur der Halmgewächse und den Bau der besseren Futtergräser unge- eignet waren, sind für die Erzeugung von Nahrung für Men- schen und Vieh dadurch gewonnen worden, und indem der Landwirth durch die Drainirung den Wasserstand in seinen Feldern auf ein bestimmtes Maß begränzt, beherrscht er den schädlichen Einfluß desselben in allen Jahreszeiten, und durch die schnellere Beseitigung des nässenden, die Porosität der Erde aufhebenden Wassers wird der Luft ein Weg in die tieferen Erdschichten geöffnet, wodurch sie auch auf diese die günstige Wirkung ausübt, die sie auf die Ackerkrume äußert.

Im Winter ist die Erde in einer Tiefe von 3 bis 4 Fuß wärmer als die äußere Luft und die von den Drainröhren auf- wärts sich bewegende Luft kann dazu beitragen, die Temperatur der Ackerkrume höher zu erhalten, als sie ohne diesen Luftwechsel sein würde; die Luft in den Drains ist in der Regel reicher an Kohlensäure als die atmosphärische Luft.

Die Wirkung, welche die Drainirung auf die Fruchtbar- keit der Felder ausübt, kann an sich schon als ein Beweis für die Ansicht angesehen werden, daß die Pflanzen aus dem im Boden sich bewegenden Wasser ihre Nahrung nicht empfangen können. Diese Ansicht wird durch die Untersuchung der Brun- nen=, Drain= und Quellwasser mächtig unterstützt (siehe An- hang D.).

Die Drainwasser enthalten alle Stoffe, welche das Regen- wasser beim Durchsickern aus der Ackerkrume aufzulösen ver- mag; sie enthalten verschiedene Salze in geringer Menge und unter diesen nur Spuren von Kali; Ammoniak und Phosphor- säure fehlen in der Regel darin. In besonders zu diesen

Zwecken angestellten Analysen fand Thomas Way, daß in vier Wassern die Menge von Kali in 10 Pfund Wasser nicht bestimmbar war, drei andere Wasser enthielten in 7 Millionen Pfund Wasser 2 bis 5 Pfund Kali; von Phosphorsäure in drei Wassern keine bestimmbaren Mengen, in vier anderen in 7 Millionen Pfund Wasser 6 bis 12 Pfund Phosphorsäure, von Ammoniak in eben dieser Menge 0,6 bis 1,8 Pfund. — In ähnlichen Analysen von sechs Drainwassern fand Krocker, daß in keinem derselben Phosphorsäure und Ammoniak nachweisbar oder bestimmbar war; in einem Milliontheil Wasser in vier anderen Drainwassern nicht über 2, in zwei anderen 4 und 6 Theile Kali.

An diese hierüber vorliegenden Thatsachen reihen sich directe und in dieser Beziehung besonders lehrreiche Versuche von Dr. Fraas über die Stoffe, welche das auf die Oberfläche fallende Regenwasser in den sechs Sommermonaten aus der Ackerkrume aufnimmt und in die Tiefe führt.

In besonders zu diesem Zwecke eingerichteten unterirdischen Regenmessern, Lysimetern, wurde die Wassermenge aufgefangen, welche durch eine Erdschicht von 6 Zoll Tiefe und einen Quadratfuß horizontalen Querschnitt vom 6. April bis 7. October durchsickerte. Während dieser Zeit waren auf der nahen Sternwarte bis zum 1. October 480,7 Millimeter Regen gefallen *).

---

*) Die Lysimeter bestanden aus einem viereckigen, oben offenen, unten geschlossenen Kasten; 6 Zoll von dem offenen Rande abwärts war ein Siebboden angebracht; von diesem Boden aufwärts war der Kasten mit Erde gefüllt; unter demselben sammelte sich das auf einen Quadratfuß Fläche gefallene und 6 Zoll tief durchgegangene Regenwasser. Der Kasten war in freiem Felde bis zum Rande eingegraben, so daß die eingefüllte Erde und die des Feldes in einer Ebene lagen; zwei Lysimeter waren mit Kalkböden von den Isarauen angefüllt,

Vier Lysimeter waren mit derselben Erde aus dem Untergrunde des strengen Lehmbodens in Bogenhausen angefüllt; in zweien war die Erde mit 2 Pfund Rindermist gedüngt (III. und IV.), die beiden anderen blieben ungedüngt. Nro. II. und IV. waren mit Gerste besäet.

Auf ein Quadratmeter Land berechnet sickerten durch die Erden die folgenden Wassermengen, deren Gehalt an löslichen Stoffen durch Dr. Zoeller genau ermittelt wurde; in diesem Wasser konnten die Mengen Phosphorsäure und Ammoniak ihrer Kleinheit wegen nicht bestimmt werden.

	Lysimeter			
	I. Ungedüngt und ohne Vegetation.	II. Ungedüngt mit Gerste besäet.	III. Gedüngt ohne Vegetation.	IV. Gedüngt mit Vegetation.
Durchgegangenes Wasser	218	213	304	144 Liter
enthielt Kali ..	0,516	0,434	1,265	0,552 Grm.
auf die Hectare .	5,16	4,34	12,65	5,52 Kilogr.

In den beiden Lysimetern I. und II. sind nahe dieselben Wassermengen durch die Erde filtrirt, was mit den beiden anderen nicht statthatte, und es sind darum nur die ersteren in Hinsicht auf das Lösungsvermögen des Wassers vergleichbar mit einander.

Aus diesen Versuchen ergiebt sich, daß in den gegebenen Verhältnissen von dem auf das Feld gefallenen Wasser weni-

von denen einer zerbrach, so daß das Wasser nicht gesammelt werden konnte, wodurch das Ergebniß des andern wegen mangelnder Vergleichung seine Bedeutung verliert.

ger wie die Hälfte eine Tiefe von 6 Zoll erreichte, und daß auf eine Million Theile Wasser berechnet die ungedüngten Erden I. 2,37, II. 2,03 Pfund, die gedüngten Erden III. 5,46 und IV. 3,82 Pfund Kali abgaben. Diese Kalimengen betragen im gedüngten Boden durchschnittlich nicht mehr als was das Drainwasser (Krocker) enthält.

Die in der Erde des Lysimeters II. gewachsenen Gersten-pflanzen liefern auf den Quadratmeter berechnet 137,3 Gramme Körner und 147,9 Gramme Stroh, welche in ihrer Asche ent-halten (Korn zu 2,47 Procent, Stroh zu 4,95 Procent Asche).

Im Korn . . . . 0,823 Gramme Kali
„ Stroh . . . . . . 1,410 „ „
zusammen 2,233 Gramme Kali.

Die Kalimenge, welche das Wasser aus der Erde des ersten Lysimeters aufnahm, die nicht mit Gerste bestellt war, betrug im Ganzen 0,516 Gramme, die des zweiten 0,432 Gramme. Der Unterschied ist 0,082 Gramme. Wenn man sich berechtigt glaubt, hieraus schließen zu dürfen, daß die Verminderung der Kalimenge in dem Wasser des zweiten Lysimeters auf dessen Uebergang in die Gerstenpflanze beruht habe, so würde hieraus gefolgert werden müssen, daß die Pflanzen empfangen haben:

durch Vermittelung des durchsickernden Wassers 0,082 Grm.
direct aus der Erde . . . . 2,151 „
2,233 Grm.

mithin 96,4 Procent direct aus dem Boden und 3,6 Procent aus dem Wasser, also aus ersterem 27 mal mehr wie aus dem Wasser.

Nehmen wir nach dem Ergebniß der Auslaugung der stark mit Kuhmiſt gedüngten Erde im dritten Lyſimeter an, daß das auf einer Fläche von einer Hectare fallende Waſſer aus einer 6 Zoll hohen Schichte Ackerkrume 12,65 Kilogramme Kali auflöſe, und vergleichen wir damit die Kalimenge, welche eine Kartoffel= oder Rübenernte einer Hectare Feld entzieht, ſo weiß man, daß eine mittlere Kartoffelernte in den Knollen 204 Kilogramm Aſche und darin 100 Kilogramm Kali, und eine mittlere Rübenernte 572 Kilogramm Aſche und darin 248 Kilogramm Kali enthält, und man ſieht leicht ein, daß, wenn auch die ganze überhaupt im Regen lös= lich gewordene Kalimenge als Nahrung in die Pflanze über= gegangen wäre, daß dieſe doch nur hinreichen würde, um den achten Theil der geernteten Kartoffelknollen und den zwan= zigſten Theil der geernteten Rüben mit dem ihnen nothwendi= gen Kali zu verſehen. Der Kaligehalt des durch die Erde ſickernden Waſſers drückt die Menge Kali aus, welche mög= licherweiſe abſorbirt werden konnte, und da verhältnißmäßig nur ein kleiner Theil dieſes Waſſers mit Pflanzenwurzeln in Berührung kommt und an dieſe Kali abgeben kann, ſo ſieht man ein, daß die im Boden ſich bewegende Löſung durch ihre Beſtandtheile an dem Ernährungsproceß nur einen ſehr geringen Antheil hat, wie denn die Abweſenheit des Ammoniaks und der Phosphorſäure in derſelben an ſich ſchon beweiſt, daß dieſe Materien im Boden ihren Ort nicht wechſeln können. Der Boden muß eine gewiſſe Menge Feuchtigkeit enthalten, um Nahrung an die Pflanzen abgeben zu können, aber es iſt für ihr Wachsthum nicht erforderlich, daß dieſes Waſſer beweglich ſei. Man weiß, daß ſtehendes Waſſer im Boden für die mei= ſten Culturgewächſe ſchädlich iſt, und der günſtige Erfolg der Röhrenentwäſſerung (ſogenannte Drainirung) auf das beſſer

Gedeihen der Gewächse beruht eben darauf, daß dem durch
seinen eigenen Druck sich bewegenden Wasser ein Abzug gestattet wird, so daß nur das durch Capillarität zurückgehaltene
Wasser die Erde näßt.

Wenn wir uns die poröse Erde als ein System von
Capillarröhren denken, so ist ihre für den Pflanzenwuchs geeignete Beschaffenheit unstreitig die, daß die engen capillaren
Räume mit Wasser, die weiten mit Luft angefüllt sind und
der Luft der Zugang zu allen gestattet ist. Mit diesem feuchten für die Atmosphäre durchdringlichen Boden befinden sich
die aufsaugenden Wurzelfasern in der innigsten Berührung;
man kann sich denken, daß ihre äußere Fläche die eine, die
porösen Erdtheilchen die andere Wand eines Capillargefäßes
bilden, deren Zusammenhang durch eine unendlich dünne Wasserschicht vermittelt wird. Diese Beschaffenheit ist gleich günstig
für die Aufnahme der firen und gasförmigen Nahrungsmittel.
Wenn man an einem trockenen Tage eine Weizen- oder Gerstenpflanze vorsichtig aus dem lockeren Erdreich zieht, so sieht
man, daß an jeder Wurzelfaser ein Cylinder von Erdtheilchen,
wie eine Hose, haften bleibt; aus diesen Erdtheilchen empfängt
die Pflanze die Phosphorsäure, das Kali, die Kieselsäure ꝛc.
sowie das Ammoniak, deren Uebergang vermittelt wird durch
die dünne Wasserschicht, deren Theile sich nur insofern bewegen,
als die Wurzel einen Zug auf sie ausübte.

Die Zusammensetzung des Quellwassers, des Wassers der
Bäche und Flüsse, von welchen jeder einzelne Tropfen mit Gesteinen oder mit Wald und Feldboden in Berührung war,
zeigt, wie außerordentlich gering die Mengen sind, welche das
Wasser an Phosphorsäure, Ammoniak und Kali aus der Erde
auflöst. Bei der Untersuchung von sechs verschiedenen Quellwäs-
sern fanden Graham, Miller und Hofmann keine bestimm-

baren Mengen Ammoniak und Phosphorsäure. In dem Wasser von Whitley waren in 37,000 Gallons (370,000 Pfund englisch), 1 Pfund Kali oder 1 Kilogramm in 135 Kubikmeter; eben so viel in 38,000 Gallons des Wassers der Crushmere-Quellen, in 32,000 Gallons der Bellwoolquelle, in 145,000 Gallons der Hindheadquelle, in 55,000 Gallons der Hasford-Mühlbachs- und 17,700 der Quelle bei Cosfordhouse. Das Wasser der Brunnthaler-Quelle bei München, welches in einem großen Theile der Stadt als Trinkwasser dient, enthält kein Ammoniak und keine Phosphorsäure und in 87,000 Pfund 1 Pfund Kali.

Aus diesen und anderen Analysen über die Zusammensetzung von Quell-, Brunnen- und Drainwassern läßt sich nicht schließen, daß das Kali, Ammoniak und die Phosphorsäure in dem Wasser aller Quellen, Bäche und Flüsse fehle; es ist im Gegentheil völlig sicher, daß das Wasser mancher Sümpfe beide Stoffe in bemerklicher Menge enthalte *).

Der Gehalt eines solchen Wassers an Kali, Phosphorsäure, Eisen, Schwefelsäure erklärt sich ohne Schwierigkeit.

---

*) So hinterließ das Wasser aus einem künstlichen Sumpfe des Münchener botanischen Gartens von einem Liter 0,425 Gramme Satzrückstand, der in 100 Theilen enthielt:

Kalk	35,000
Bittererde	12,264
Kochsalz	10,100
Kali	3,970
Natron	0,471
Eisenoxyd mit Thonerde	0,721
Phosphorsäure	2,619
Schwefelsäure	8,271
Kieselsäure	3,240
Verbrennliche Substanzen . . .	76,656
Wasser in Verlust	23,344

In einem Sumpfe sammeln sich nach und nach die Ueber-reste von absterbenden Pflanzengenerationen an, deren Wur-zeln aus einer gewissen Tiefe des Bodens eine Menge von Mineralbestandtheilen empfangen haben; diese Pflanzenreste gehen auf dem Boden des Sumpfes in Verwesung über, d. h. sie verbrennen und ihre unorganischen Elemente oder ihre Aschenbestandtheile lösen sich unter Mitwirkung von Kohlen-säure und vielleicht von organischen Säuren im Wasser und bleiben darin gelöst, wenn der umgebende Schlamm und die Erde, die mit dieser Lösung in Berührung ist, sich damit gesät-tigt haben.

Scherer fand in den drei Quellen zu Brückenau alle die in dem obigen Sumpfwasser vorhandenen Stoffe nebst Essig-säure, Ameisensäure, Buttersäure und Propionsäure. Bei der Beschaffenheit des die ganze Umgebung von Brückenau con-stituirenden Gebirges, dem bunten Sandstein und bei der üppigen, fast an die Urwaldungen erinnernden Vegetation der ganzen Umgegend, bei dem Reichthum an Eichen und Buchen-holzwaldungen mit fast tausendjährigen Bäumen beider Holz-gattungen bezeichnet Scherer als eine der Bedingungen des Zustandekommens der Beschaffenheit des Brückenauer Quell-wassers die Auslaugung des an verwesenden Vegetabilien reichen Humusbodens durch atmosphärische Niederschläge. (Annal. der Chem. und Pharm. IC, 285.)

Es ist klar, daß überall, wo ähnliche Verhältnisse zusam-menwirkten, wie die, unter denen sich das Sumpfwasser in dem botanischen Garten zu München und die Brückenauer-Quellen gebildet haben, das auf der Oberfläche der Erde in der Form von Sumpf-, Quell- und Bachwasser vorkom-mende Wasser gewisse den Pflanzen nützliche Nahrungsstoffe, wie Phosphorsäure und Kali, in den verschiedensten Verhält-

niffen enthalten wird, die in anderen Waffern fehlen, und eben=
fo wird eine an vegetabilifchen Ueberreften reiche Ackererde, in
welcher fortdauernd Verwefungsproceffe ftatthaben, durch welche
Producte von faurem Charakter erzeugt werden, an durchfickern=
des Regenwaffer Phosphorfäuren und Alkalien abzugeben ver=
mögen, welche in größere Tiefen dringen und im Drainwaffer er=
fcheinen. Die Menge diefer im Waffer gelöften Stoffe wird ab=
hängig fein von der Befchaffenheit des Bodens, auf welchem
die Pflanzen wachfen, deren Afchenbeftandtheile aus ihren ver=
wefenden Ueberreften durch das Regenwaffer fortgeführt wer=
den. Ift der Boden felfig, mit einer dünnen Schicht Erde
und einer dicken Laubdecke bekleidet, fo wird das abfließende
Waffer um fo mehr an firen Pflanzennahrungsftoffen tiefer
liegenden Gegenden zuführen, je weniger die Erdfchicht felbft
davon zurückhält. Die durch ftarke Regenfälle aufgefchlemmten
feineren Erdtheile eines folchen Bodens, welche durch den Lauf
des Waffers den Thälern und Niederungen zufließen, werden
je nach ihrer chemifchen Befchaffenheit, von welcher ihr Ab=
forptionsvermögen für die aufgelöften Pflanzennahrungsftoffe
abhängig ift, einen Boden von allen Graden der Fruchtbarkeit
darftellen; immer aber werden diefe aus dem zugeführten
Schlamme fich bildenden Erdfchichten mit den Pflanzennah=
rungsftoffen, welche das Waffer enthält, aus dem fie fich ab=
fetzen, entweder gefättigt fein oder nach und nach fich fättigen.
Hieraus erklärt fich vielleicht der ungleiche Werth des zum
Bewäffern der Wiefen dienenden Waffers, der jedenfalls nach
dem Urfprung des Waffers fehr verfchieden fein muß; das, was
auf Höhen fich fammelt, welche mit einer reichen Vegetation
bedeckt find, oder das Waffer aus anfchwellenden Sümpfen
wird thatfächlich den Wiefengründen Düngerbeftandtheile zu=
führen, während das von vegetationsfreien Gebirgen in diefer

besondern Beziehung keine Wirkung auf die Steigerung des Graswuchses ausüben kann, welche dann, wenn sie statthat, in anderen Ursachen gesucht werden muß.

An vielen Orten wird die Moorerde und der Schlamm aus Teichen, stehenden Wassern und Sümpfen als ein trefflliches Mittel hochgeschätzt, um die Felder zu verbessern, und es kann dessen Wirksamkeit im Wesentlichen daraus erklärt werden, daß die kleinsten Theilchen desselben mit Düngstoffen oder Pflanzennahrungsmitteln gesättigt sind; in gleicher Weise versteht man die Fruchtbarkeit von manchen abgeholzten Waldflächen, deren Boden aus der darauf verwesenden Decke von Laub und Pflanzenresten 40, 80 Jahre oder noch länger jedes Jahr eine gewisse Menge von Aschenbestandtheilen empfangen hat, die aus einer großen Tiefe stammen und von den oberen Schichten der porösen Erde zurückgehalten werden und diese bereichern.

Die Schädlichkeit des Streurechens für die Laubholzwaldungen kann übrigens allein durch die Verarmung des Bodens an Aschenbestandtheilen, welche mit der Laubdecke hinweggenommen werden, nicht erklärt werden, denn die abgefallenen Blätter und Zweige sind an sich arm an Pflanzennährstoffen, namentlich an Kali und Phosphorsäure, und diese erreichen nicht mehr die tiefen Schichten der Erde, wo sie von den Wurzeln wieder aufgenommen werden könnten; sie beruht vielleicht mehr noch darauf, daß die Laub- und Pflanzenreste eine dauernde Quelle von Kohlensäure bilden, welche, durch das Regenwasser in die tieferen Erdschichten geführt, mächtig dazu beitragen muß, um die Erdtheile aufzuschließen und zur Verwitterung zu bringen; in einem dicht bestandenen Walde, in welchem die Luft sich seltener erneuert als in der Ebene, ist diese Zufuhr von Kohlensäure von Bedeutung; zuletzt schützt die dichte Pflanzendecke den Boden vor dem Austrocknen durch die Luft, und erhält darin einen dauernden Feuchtigkeitszustand, welcher den Laubholzpflanzen besonders nützlich ist, die durch die Blätter größere Mengen von Wasser als die Nadelholzpflanzen ausdünsten.

Um die Operationen des Feldbaues zu verstehen, ist es unumgänglich nöthig, daß der Landwirth die vollkommenste Klarheit über die Art und Weise gewinnt, wie die Pflanzen ihre Nahrung aus dem Boden empfangen.

Die Ansicht, daß die Wurzeln der Gewächse ihre Nahrung unmittelbar der Erdschicht entziehen, die sich in ihrer nächsten Nähe befindet, d. h. welche mit der Nahrung aufnehmenden in Berührung ist, sagt nicht, daß das Kali, der Kalk, der phosphorsaure Kalk im festen Zustande, nämlich ohne vorher gelöst worden zu sein, die Zellenmembran durchdringen können *); sie setzt nicht voraus, daß die Nahrungsstoffe, welche in dem im Boden sich bewegenden Wasser gelöst sind, nicht

---

*) Wenn man ein Becherglas mit Wasser füllt, dem man ein paar Tropfen Salzsäure zugesetzt hat, und dasselbe mit einer Blase überbindet, so daß zwischen der Blase und dem Wasser keine Luft sich befindet und das Wasser die Blase benetzt, die Blase außerhalb aber sorgfältig abtrocknet, so läßt sich zeigen, wie ein fester Körper, ohne daß eine Flüssigkeit von Außen mitwirkt, durch die Blase hindurch zu dem Wasser übergehen kann. Streut man nämlich auf die abgetrocknete Blase etwas Kreide oder feingepulverten phosphorsauren Kalk, so verschwindet diese in ein paar Stunden und die gewöhnlichen Reactionen zeigen alsdann den Kalk und den phosphorsauren Kalk in der Flüssigkeit im Innern des Becherglases an.

Der Uebergang des kohlensauren und phosphorsauren Kalkes in festem Zustande durch die Blase zum Wasser ist natürlich nur scheinbar. Beide lösen sich an den Stellen, wo sie mit dem sauren Wasser in den Poren der Membran in Berührung kommen, und da durch die Verdunstung des Wassers aus der Blase der innere Druck um etwas geringer als der äußere ist, so wird durch den äußeren stärkeren Druck, unterstützt von dem Lösungsvermögen des Wassers, die gebildete Lösung einwärts gepreßt.

unter Umständen aufnehmbar von den Pflanzenwurzeln find,
sondern sie nimmt als Thatsache an, daß die Pflanzenwurzeln
die Nahrung von der dünnen Wasserschicht empfangen, welche,
durch Capillaranziehung festgehalten, mit der Erde und Wurzeloberfläche in inniger Berührung ist, und nicht aus entfernteren
Wasserschichten; daß zwischen der Wurzeloberfläche, der Wasserschicht und den Erdtheilchen eine Wechselwirkung statthat, die
nicht besteht zwischen dem Wasser und den Erdtheilchen allein;
sie setzt als wahrscheinlich voraus, daß die in unendlich feiner
Vertheilung in der äußeren Oberfläche der Erdtheilchen haften-
den Nahrungsstoffe mit der Flüssigkeit der porösen, aufnch-
menden Zellenwände vermittelst einer sehr dünnen Wasserschicht in directer Berührung sind, und daß in ihren Poren
selbst, ihre Lösung und von da aus ihre unmittelbare Ueberführung statthat.

Die Beweise für diese Ansicht sind kurz wiederholt folgende Thatsachen: Die Wurzeln aller Land- und der meisten
Sumpfpflanzen befinden sich in unmittelbarer Berührung mit
den Erdtheilen. Diese Erdtheile besitzen das Vermögen, die in
wässeriger Lösung zugeführten wichtigsten Nahrungsstoffe: Kali,
Phosphorsäure, Kieselsäure, Ammoniak anzuziehen und in ähnlicher Weise festzuhalten, wie die Kohle die Farbstoffe festhält.
Das im Boden sich bewegende Wasser nimmt in der Mehrzahl der untersuchten Fälle aus dem Boden kaum merkliche
Mengen Ammoniak und keine Phosphorsäure auf, und Kali
in so kleinen Mengen, daß diese zusammen bei weitem nicht
ausreichen, um die auf dem Felde gewachsenen Pflanzen mit
diesen Nahrungsstoffen zu versehen.

Das im Boden stehende Wasser befördert nicht die Aufnahme der Nahrung der Landpflanzen, sondern ist ihrem Gedeihen schädlich.

Wenn die Pflanzen ihre Nahrungsstoffe aus einer Lösung im Boden empfingen, die ihren Ort wechseln konnte, so müßten alle Drainwasser, Quell-, Fluß- und Bachwasser die Hauptnahrungsstoffe aller Pflanzen enthalten und es müßte gelingen, allen Ackererden ohne Unterschied durch fortgesetztes Auslaugen alle Nahrungsstoffe vollständig oder mindestens in einem dem Verhältniß der in einer Ernte enthaltenen gleichen Menge zu entziehen. Thatsache ist, daß dies nicht gelingt; das Feld verliert durch den Einfluß des Wassers keine von den Hauptbedingungen seiner Fruchtbarkeit in solcher Menge, daß das Gedeihen der darauf cultivirten Pflanze in irgend bemerkbarer Weise dadurch beeinträchtigt würde.

Seit Jahrtausenden sind alle Felder der auslaugenden Kraft des darauffallenden Regenwassers ausgesetzt, ohne daß sie dadurch aufhörten fruchtbar für Gewächse zu sein. In allen Ländern und Gegenden der Erde, wo der Mensch zum erstenmal mit dem Pflug Furchen zieht, findet er die Ackerkrume oder die obersten Schichten des Feldes reicher und fruchtbarer als den Untergrund; die Fruchtbarkeit des Bodens nimmt nicht ab, wenn Pflanzen darauf wachsen; sie verliert sich allmälig erst dann, wenn die auf dem Felde gewachsenen Pflanzen dem Boden genommen werden.

Gegen die Ansicht, daß eine Ursache in der Pflanze selbst mitwirkt, um gewisse Nahrungsstoffe außerhalb löslich und übergangsfähig zu machen, ist es kein Widerspruch, wenn man, wie Knop, Sachs und Stohmann dargethan haben, manche Landpflanzen ohne alle Erde in Wasser, dem man die mineralischen Nahrungsmittel derselben zugesetzt hat, zum Blühen und Samentragen brachte; diese Versuche, welche über die physiologische Bedeutung der einzelnen Nährstoffe großes Licht verbreiten (siehe Anhang E.), beweisen nur, wie wunderbar der Boden für die

Bedürfnisse der Gewächse eingerichtet ist, und welcher Aufwand von menschlichem Scharfsinn, Kenntnissen und peinlicher Sorge dazu gehört, um in Verhältnissen, die so sehr von den natürlichen abweichen, gewisse Eigenschaften der Ackererde zu ersetzen, welche das gesunde Wachsthum der Pflanze sichern.

Wenn die äußere Zufuhr der Nahrungsstoffe in gelöstem Zustande wirklich der Natur der Pflanze und der Function der Wurzeln entspräche, so müßte man denken, daß in einer solchen mit allen Nahrungsstoffen in reichlichster Menge und in der beweglichsten Form versehenen Lösung die Pflanzen um so üppiger gedeihen müßten, je weniger Hindernisse der Aufnahme ihrer Nahrungsstoffe entgegenstehen.

Eine junge Roggenpflanze in einen fruchtbaren Boden versetzt entwickelt darin oftmals einen Busch von 30 bis 40 Halmen, jeden mit einer Aehre, und liefert den tausend- und mehrfältigen Ertrag von Körnern und sie empfängt ihre mineralische Nahrung aus einem Erdvolum, welches beim andauerndsten Auslaugen mit reinem oder kohlensäurehaltigem Wasser noch nicht den hundertsten Theil der Phosphorsäure und Stickstoffmenge und noch nicht den fünfzigsten Theil des Kalks und der Kieselsäure abgiebt, welchen die Pflanze aus der Erde aufgenommen hat. Wie läßt sich unter solchen Verhältnissen annehmen, daß das Wasser ausreichend gewesen wäre, um durch sein Auflösungsvermögen allein alle die Stoffe übergangsfähig in die Pflanze zu machen, die wir darin vorfinden?

Alle in wässerigen Lösungen ihrer mineralischen Nahrungsstoffe gezogenen Pflanzen sind auch bei üppigem Wachsthum in Beziehung auf die erzeugte Pflanzenmasse nicht entfernt mit einer in fruchtbarem Erdreich wachsenden Pflanze zu vergleichen, und ihr ganzer Entwickelungsproceß ist ein Beweis, daß die

Bedingungen ihres gedeihlichen Wachsthums in der Erde ganz anderer Art sind.

Das höchste Erntegewicht, welches Stohmann bei einer im Wasser gezogenen Maispflanze erzielte, betrug 84 Grm., während das Gewicht einer gleichzeitig im Lande gewachsenen Maispflanze von demselben Samen 346 Grm. betrug. In Knop's Versuchen verhielt sich das Trockengewicht zweier Maispflanzen, von denen die eine im Wasser, die andere im Boden gewachsen war, wie 1 : 7.

Das in der Erde sich bewegende Wasser enthält Kochsalz, Kalk und Bittererde, die beiden letzteren theils an Kohlensäure, theils an Mineralsäuren gebunden, und es kann wohl kaum bezweifelt werden, daß die Pflanze von diesen Stoffen aus der Lösung aufnimmt; das Gleiche muß von dem Kali, dem Ammoniak und den gelösten Phosphaten gelten; allein das Wasser, welches im natürlichen Zustande des Bodens darin circulirt, enthält die drei letztgenannten Stoffe entweder gar nicht oder bei weitem nicht in der Menge gelöst, wie sie das Bedürfniß der Pflanze erheischt.

Nach den gewöhnlichsten Regeln der Naturforschung hat man in der Erklärung einer Naturerscheinung nicht die Fälle zu beachten, in welchen die Bedingungen der Hervorbringung der Erscheinung bekannt sind und klar vor Augen liegen, und wenn man z. B. in dem Sumpfwasser alle Aschenbestandtheile der Wasserlinse wiederfindet, so ist man über die Form nicht im Zweifel, in welcher sie übergegangen sind, sie sind im Wasser gelöst und im löslichen Zustande aufgenommen worden; zu erklären ist in einem solchen Falle nur, welcher Grund bewirkt hat, daß sie bei einer vollkommen gleichen Form in ungleichen Verhältnissen übergegangen sind.

Wenn man in einem andern Falle findet, daß das Regen=
wasser, welches auf ein gegebenes Feld fällt, vielmal mehr Kali
aus der Erde auflöst als eine Ernte Rüben enthielt, die in einem
solchen Boden gewachsen ist, so hat man allen Grund, anzunehmen,
daß die Rübe, ähnlich wie die Wasserlinse, das ihr noth=
wendige Kali aus einer Lösung empfangen hat; wenn man
aber in der ganzen Wassermenge, welche auf das Feld während
der Vegetationszeit fällt, gerade nur so viel Kali und nicht
mehr auffindet als die Rübenernte bedarf, so muß man schon,
um den Kaligehalt von der Lösung abzuleiten, die unmögliche
Annahme machen, daß alle Wassertheilchen, welche Kali ent=
halten, mit allen Rübenwurzeln in Berührung gekommen sind,
weil sonst die Rübe nicht so viel Kali aufnehmen konnte als
sie wirklich enthält. Diese Annahme ist deshalb unmöglich,
weil in der Regel in der Vegetationszeit der Rübe in dem
Boden kein bewegliches, z. B. durch Drainröhren ableitbares
Wasser zugegen ist.

Findet man durch die Untersuchung des Wassers im Boden
halb so viel Kali als eine Rübenernte bedarf, so handelt es
sich nicht darum, zu erklären, wie die in Lösung befindliche
Hälfte des Kalis in die Rübenpflanze hineingekommen ist,
sondern in welcher Form und Weise sie die im Wasser fehlende
andere Hälfte sich angeeignet hat.

Wenn man ferner durch die Untersuchung des Wassers in
anderen Feldern findet, daß dieses nur $^1/_4$ der Kalimenge von
einer Rübenernte oder nur $^1/_8$ bis $^1/_{20}$ bis $^1/_{60}$ derselben enthält,
wenn man also ermittelt hat, daß in einem Boden, in wel=
chem Rüben gedeihen, die Rübe immer dieselbe Kalimenge
vom Boden empfängt, ganz gleichgültig, wie viel oder wie
wenig davon das im Boden bewegliche Wasser aus der Erde
auflöst, so folgt daraus, da nur Wasser, Boden und Pflanze

in Betracht kommen können, daß das directe Auflösungsvermögen des Wassers für Kali bedeutungslos für die Pflanze
ist, und daß die Pflanze selbst, unter Mitwirkung des Wassers,
das ihr nothwendige Kali auflöslich gemacht haben muß.

Was hier für einen Bestandtheil gesagt ist, gilt für alle.
Wenn man also findet, daß man durch Behandlung einer Erde
mit Regenwasser Kali, Phosphorsäure und Ammoniak oder
Salpetersäure daraus löslich machen kann, in solcher Menge,
daß diese genügende Rechenschaft über den Gehalt einer Halmfrucht an diesen Stoffen giebt, die auf einem solchen Boden
gewachsen ist, während sich herausstellt, daß die Pflanze über
hundertmal mehr Kieselsäure enthält als das Wasser möglicherweise zuführen konnte, so wird man wieder den Grund ihrer
Aufnahme, da er im Wasser nicht liegt, in der Pflanze suchen
müssen, und wenn andere Fälle ergeben, daß man eine gleich
reiche Getreideernte auf Feldern erzielt, denen man durch
Wasser keine Phosphorsäure oder kein Ammoniak entziehen
kann, so gelangt man wieder zu dem Schluß, daß die im
Wasser löslichen Nährstoffe für die untersuchten Pflanzen keine
besondere Wichtigkeit haben, und daß es nur darauf ankommt,
daß sie die geeignete Form besitzen, um der Wirkung der Wurzel,
welcher Art sie auch sein mag, zu folgen.

Die schönen, gemeinschaftlich von dem Herrn Professor
Nägeli und Dr. Zoeller in dem botanischen Garten in München ausgeführten Vegetationsversuche beweisen auf die schla-
gendste Weise die Richtigkeit der Schlüsse, zu welchen die Untersuchung der Drain- und anderer Wässer geführt haben. Anstatt,
wie dies bei allen bis jetzt angestellten Versuchen geschah, eine
Pflanze in den Lösungen ihrer mineralischen Nährstoffe zu erziehen, schlugen sie den ganz entgegengesetzten Weg ein, indem

sie die Samen der Pflanzen in einem Boden wachsen ließen, der alle ihre Nahrungsstoffe im unlöslichen Zustande enthielt.

Es ist nicht leicht eine Materie aufzufinden, welche für solche Versuche die Ackerkrume in allen ihren Eigenschaften ersetzen kann, und man erkennt die Schwierigkeit sogleich daran, daß keine von Boussingault und Anderen in einer künstlichen, mit allen Nährstoffen reichlich versehenen Erde gezogene Pflanze auch nur entfernt einer anderen vergleichbar war, die in fruchtbarem Ackerboden gewachsen ist; gepulverte Kohle oder Bimsstein vermögen manche Pflanzennährstoffe ihre Lösungen zu entziehen und physikalisch zu binden, sie besitzen aber in feuchtem Zustande nicht die weiche, schmiegsame, nachgebende Beschaffenheit des Thons in der Ackererde, welche die innige Berührung der Wurzel mit den Erdtheilen voraussetzt; am besten eignet sich dazu gröblich gepulverter Torf, der in feuchtem Zustande eine dem Thon entfernt vergleichbare, bildsame Masse darstellt, und welcher, wie die Ackererde, alle Pflanzenstoffe aus ihren Lösungen absorbirt. In den Versuchen der Herren Nägeli und Zoeller wurde darum Torfklein (Torfabfälle in Pulverform) zum Vehikel der Nährstoffe gewählt, dessen Absorptionsvermögen für die verschiedenen Nährstoffe vorher ermittelt wurde.

Ein Liter Torf, dessen Gewicht 324 Grm. betrug, absorbirte bei Berührung mit Lösungen von kohlensaurem Kali — Ammoniak — Natron, saurem phosphorsauren Kalk, 1,45 Grm. Kali, 1,227 Grm. Ammoniak, 0,205 Natron und 0,890 Grm. phosphorsauren Kalk ($=$ 0,410 Phosphorsäure).

Die eben angeführten Kali- und Ammoniakmengen drücken nicht die ganzen Quantitäten dieser Stoffe aus, welche der Torf bei völliger Sättigung aufnimmt, sondern nur diejenigen, die derselbe beim einfachen Zumischen der Lösungen und einer Berührung von einigen Stunden absorbirt; setzt man dem Torfpulver mehr von diesen Lösungen zu, so zeigt die Flüssigkeit eine alkalische Reaction, die nach einem oder mehreren Tagen wieder verschwindet, und nach acht Tagen ist die Reaction erst bleibend, wenn das Liter Torf 7,892 Grm. Kali und 4,169 Ammoniak aufgenommen hat; was wir in dem Folgenden mit gesättigtem Torf bezeichnen, enthält nur ⅓ des Kalis und ⅓ des Ammoniaks, welche er vollkommen gesättigt aufnehmen würde.

Zur Herstellung von Bodensorten von ungleichem Gehalte an Nährstoffen wurden drei Mischungen von gesättigtem mit rohem Torfpulver gemacht.

1. Mischung enthielt 1 Vol. gesättigtes Torfpulver.
2.   „   „   1   „   „   „ u. 1 Vol. rohes Torfpulver.
3.   „   „   1   „   „   „ u. 3   „   „   „

Diese Mischungen stellten Erdsorten dar, in welchen die dritte ein viertel, die zweite ein halb von der Quantität der zugesetzten Nährstoffe der ersten enthielt.

Der rohe Torf enthielt 2,5 Proc. Stickstoff, und 100 Grm. hinterließen 4,4 Grm. Asche, worin die Analyse 0,115 Grm. Kali, 0,0576 Grm. Phosphorsäure (ferner Kalk, Eisenoxyd, Kieselsäure, Bittererde, Schwefelsäure, Natron, siehe ausführlicher im Anhang F.) nachwies.

Von jeder dieser Mischungen wurde ein Topf angefüllt, welcher 8½ Liter (2592 Grm.) faßte; ein vierter Topf von gleichem Inhalt enthielt rohes Torfpulver.

Mit Berücksichtigung des Aschengehaltes des rohen Torfes, enthielt jeder Topf die folgenden Quantitäten an Nährstoffen:

	1. Topf mit rohem Torf.	2. Topf ¼ gesättigter Torf.	3. Topf ½ gesättigter Torf.	4. Topf ¼ gesättigter Torf.
Stickstoff . . .	71 Grm.	2,60 Grm.	4,32 Grm.	8,65 Grm.
Kali	3,18 „	3,075 „	6,15 „	12,30 „
Phosphorsäure .	1,586 „	0,83 „	1,75 „	3,49 „

Die Zahlen für Stickstoff, Kali und Phosphorsäure drücken beim rohen Torf (1. Topf) dessen Stickstoffmenge und die Menge von Kali und Phosphorsäure in der Asche desselben aus, bei den anderen Töpfen die Menge der Nährstoffe, welche zugesetzt worden waren.

In jeden dieser Töpfe wurden fünf Zwergbohnen gepflanzt, deren Gewicht bestimmt wurde und die man vorher in reinem Wasser hatte keimen lassen.

Die Pflanzen in den drei gedüngten Töpfen entwickelten sich sehr gleichmäßig und die Ueppigkeit ihres Wachsthums erregte das Erstaunen Aller, die sie sahen.

In dem halb- und viertelgesättigten Torf hatten die Pflanzen im ersten Monat ein schöneres Aussehen, aber die im gesättigten Torf überholten sie bald, und in der Größe und dem Umfang der Blätter war der Unterschied im Verhältniß zu dem reicheren Boden in die Augen fallend.

Bemerkenswerth war ferner der Einfluß des Bodens auf den Abschluß der Vegetationszeit. Eine jede der fünf Pflanzen in reinem Torf brachte eine kleine Schote hervor, die fünf Schoten enthielten 14 Samen. Während der Samenreife derselben starben die Blätter von unten nach oben ab, so daß noch ehe die Schoten gelb wurden, alle Blätter abgefallen waren; die Pflanzen im gesättigten Torf blieben am längsten grün, und die Samenreife trat bei diesen am spätesten ein. Die letzte Schote wurde von diesen Pflanzen am 29. Juli, die letzte Schote von den Pflanzen im reinen Torf schon am 16. Juli geerntet.

Die folgende Uebersicht giebt die Ernteerträge von allen vier Töpfen, und zwar die Anzahl der Samen und das Gewicht derselben.

Es lieferte Ertrag:

	1. Topf mit rohem Torf.	2. Topf ¼ gesättigter Torf.	3. Topf ½ gesättigter Torf.	4. Topf ¹⁄₁ gesättigter Torf.	
Anzahl	14	79	80	103	Bohnen.
Aussaat . . .	5	5	5	5	„
In Grammen:					
Ertrag	7,9	56,7	74,3	105	Grm.
Aussaat . . .	3,965	3,88	4,087	4,055	„
Mithin Mehr-ertrag über die Aussaat . . .	3,9	52,82	70,213	100,945	„

Es fällt hier sogleich der große Unterschied in der Anzahl und dem Gewichte der geernteten Samen in die Augen; der an Nährstoffen reichere Boden lieferte nicht nur mehr Samen, sondern auch größere und schwerere Samen, und zwar betrug das Gewicht derselben in Milligrammen durchschnittlich:

	1. Topf	2. Topf	3. Topf	4. Topf
Eine Saatbohne wog .	793	776	817	813
Eine geerntete wog . .	564	718	917	1019

Von den Samen der im ersten Topfe (rohem Torf) ge= wachsenen Pflanzen wogen sieben Stück nicht mehr als fünf von der Aussaat, und von denen aus dem gesättigten Torf wog ein Stück ein Fünftel mehr als wie eine Bohne von der Aus= saat.

Vergleicht man die Ernte an Samen mit der Menge der Nährstoffe, welche der Torf in den vier Töpfen enthielt, so be= merkt man sogleich, welchen Einfluß die Form der Nährstoffe und ihre Verbreitung auf ihr Ernährungsvermögen gehabt hat.

In dem ¼ gesättigten Torf betrug die Phosphorsäure um etwas mehr als die Hälfte (um 0,83 Grm.) mehr als die im rohen Torf enthaltene Menge (1,586 Grm.), das Kali war verdoppelt und die Menge des Stickstoffs nur um $^1/_{27}$ vermehrt

worden, die Ernte war aber nicht um $^1/_3$ (entsprechend der zugesetzten Phosphorsäure) höher als wie die im rohen Torf gewachsenen Pflanzen, sondern sie war über dreizehnmal höher.
Die schwache Düngung hatte bewirkt, daß der Torf im zweiten
Topfe für die Samenbildung allein dreizehnmal mehr, für die
ganzen Pflanzen vielleicht aber dreißigmal mehr Nährstoffe, als
der rohe Torf abgegeben hatte.

Offenbar besaß von den Aschenbestandtheilen des rohen
Torfes nur eine sehr kleine Menge die zur Ernährung der
Bohnenpflanze geeignete Form, sie waren nicht aufnahmsfähig,
weil sie in chemischer Verbindung in der Torfsubstanz enthalten
waren. Mit einem rohen Bilde verglichen, kann man sich die
Nährstoffe in dem rohen Torf eingehüllt von Torfsubstanz
denken, welche ihre Berührung mit den Wurzeln hindert, während die Nährstoffe der gesättigten Torftheile die äußere Hülle
der Torfsubstanz bildeten.

Die Ernteerträge der Samen zeigen ferner, daß sie nicht
im Verhältnisse standen zu dem Gehalt des Bodens an Nährstoffen, sondern daß die daran ärmere Mischung weit mehr
Samen lieferte als sie nach dem Gehalte der reicheren hätte
liefern sollen. Bei den verschiedenen Töpfen verhielten sich:

	2. Topf $^1/_4$ gesättigt.	3. Topf $^1/_2$ gesättigt.	4. Topf $^1/_1$ gesättigt.
Die Düngermenge:	1	2	4
Die Ernteerträge hin- gegen wie:	2	2,8	4

Der Grund hiervon ist nicht schwer einzusehen; das Ergebniß, daß der $^1/_4$ gesättigte Torf doppelt soviel an Ertrag
lieferte, als der Düngung entsprach, beweist, daß die aufnehmenden Wurzeloberflächen mit doppelt soviel ernährenden

Torftheilchen in Berührung gekommen waren. Der ¹/₄ gesättigte Torf enthielt dem Gewicht nach in jedem Kubikcentimeter
nur ¹/₄ der Nährstoffe des ganz gesättigten, aber durch die
Mischung von 1 Vol. des gesättigten mit 3 Vol. des unge-
sättigten war der erstere weit mehr vertheilt und sein Volum
oder seine wirksame Oberfläche größer geworden. Wenn man
sich den Fall denkt, daß sich 3 Vol. grobes Torfpulver mit 1
Vol. gesättigtem so candiren ließen, daß jedes Stückchen des
ersteren vollkommen umgeben oder eingeschlossen wäre von den
gesättigten Torftheilchen, so würden die Bohnenpflanzen in
einem so zubereiteten Boden gerade so üppig wachsen, wie wenn
der Torf in allen seinen Theilen mit Nährstoffen gesättigt worden wäre.

Die erhaltenen höheren Erträge in dem verhältnißmäßig
ärmeren Boden beweisen demnach, daß nur die Nährstoffe ent-
haltende Bodenoberfläche wirksam ist, und daß das Ertragsvermögen eines Bodens nicht im Verhältniß zur Quantität
an Nährstoffen steht, welche die chemische Analyse darin nachweist; diese Thatsachen beweisen zuletzt, daß nicht das Wasser
durch sein Lösungsvermögen den Pflanzenwurzeln die aufgenommenen Nährstoffe zugeführt hat.

Aus dem Verhalten einer mit Nährstoffen gesättigten Erde
gegen Wasser ist uns genau bekannt, daß wenn Wasser aus
der gesättigten Erde eine gewisse Menge Ammoniak, Kali ꝛc.
aufgelöst hat, daß die nämliche Menge Wasser aus einer halb
gesättigten Erde (oder aus einer Erde, der man die Hälfte des
absorbirten Kalis und Ammoniaks bereits entzogen hat) nicht
halb soviel als aus der gesättigten Erde weiterhin auflöst, sondern daß die Erde in eben dem Verhältniß, als sie in dieser
Weise ärmer an Nährstoffen geworden ist, den Rest des Aufgenommenen um so fester hält.

In dem halbgesättigten Torf sind die Nährstoffe weit fester gebunden als in dem ganz gesättigten, und in dem vier=telgesättigten weit fester als in dem halbgesättigten.

Wenn demnach auch das Wasser aus dem halbgesättigten ein halbmal soviel als aus dem ganz gesättigten und aus dem viertelgesättigten ein halbmal soviel wie aus dem halbgesät=tigten hätte auflösen und den Wurzeln zuführen können, so hätten die Erträge in keinem Falle größer sein können als dem Gehalte des Bodens an Nährstoffen entsprach, sie waren aber weit größer und die Wurzeln nahmen thatsächlich mehr Nähr=stoffe auf als das Wasser in dem günstigsten Falle möglicher Weise hätte zuführen können.

In diesen Versuchen ist zum erstenmal der directe Beweis geführt, daß die Pflanzen die ihnen nothwendigen Nährstoffe aus einem Boden, der dieselben in physikalischer Bindung, d. h. in einem Zustande enthält, in welchem sie ihre Löslichkeit im Wasser verloren haben, aufzunehmen vermögen, und das Ver=halten der Ackererde und des Culturbodens überhaupt giebt zu erkennen, daß die in diesem enthaltenen Nährstoffe in der=selben Form darin zugegen sein müssen, mit dem Unterschiede jedoch, daß die Erdtheile nicht bloß als Träger derselben die=nen, sondern auch die Quelle derselben sind. In einem Boden, der aus Torfklein besteht, wird eine darauf folgende Pflanze nicht zum zweiten Male gleich vollkommen sich entwickeln können, wenn die entzogenen Nährstoffe demselben nicht wieder zuge=führt werden, er wird nicht wieder ernährungsfähig werden, wie lange man ihn auch brachliegen läßt.

Die Nützlichkeit der mechanischen Bearbeitung des Bodens beruht auf dem Gesetze, daß die in der fruchtbaren Erde vor=handenen Nährstoffe ihren Ort durch das im Boden sich be=wegende Wasser nicht verlassen, daß die Culturpflanzen ihre

Hauptnahrung von den Erdtheilen empfangen, mit welchen die Wurzeln sich in Berührung befinden, aus einer Lösung, die sich um die Wurzel selbst bildet, und daß alle Nahrungsstoffe außerhalb des Umkreises der Wurzeln wirkungsfähig, aber nicht aufnehmbar für die Pflanzen sind.

In der Natur besteht kein Gesetz für sich allein, sondern alle zusammen sind nur Glieder in einer Kette von Gesetzen, die selbst wieder untergeordnet sind einem höheren und höchsten Gesetze.

Mit dem Naturgesetze, daß sich das organische Leben nur in der äußersten, der Sonne zugekehrten Erdkruste entwickelt, steht in der engsten Verbindung das Vermögen der Trümmer dieser Erdkruste, aus denen die Ackerkrume besteht, alle diejenigen Nahrungsstoffe aufzusammeln und festzuhalten, welche Bedingungen des Lebens sind. Die Pflanze besitzt nicht, wie die Thiere, besondere Apparate, in denen die Speisen aufgelöst und zur Aufnahme geschickt gemacht werden; diese Vorbereitung der Nahrung legt ein anderes Gesetz in die fruchtbare Erde selbst, die in dieser Beziehung die Function des Magens und der Eingeweide der Thiere übernimmt. Die Ackerkrume zersetzt alle Kali-, Ammoniak- und die löslichen phosphorsauren Salze, und es empfängt das Kali, das Ammoniak und die Phosphorsäure in dem Boden immer dieselbe Form, von welchem Salze sie auch stammen mögen, und in dieser Wirksamkeit stellt die pflanzentragende Erde zum Nutzen der Thiere und Menschen einen unermeßlichen ausgedehnten Reinigungsapparat für das Wasser dar, aus dem sie alle der Gesundheit der Thiere schädlichen Stoffe, alle Producte der Fäulniß und Verwesung untergegangener Pflanzen- und Thiergenerationen entfernt.

Die Frage, wie viel von den verschiedenen Nährstoffen eine Erde enthalten muß, um lohnende Ernten zu liefern, ist

von großer Wichtigkeit, ihre genaue Beantwortung ist aber mit
den größten Schwierigkeiten verbunden. Wenn in der That
das Ernährungsvermögen einer Ackerkrume abhängig ist von
der Menge derselben, welche in physikalischer Bindung in der
Erde enthalten ist, so ist es einleuchtend, daß die chemische
Analyse, welche die chemisch-gebundenen von den physikalisch-
gebundenen nicht scharf unterscheidet, keinen sichern Aufschluß
darüber giebt.

Die Vergleichung verschiedener Bodenarten von gleichem
Ertragsvermögen giebt zu erkennen, daß die chemische Zusammensetzung derselben im höchsten Grade ungleich ist, und daß
von zwei Bodenarten, von denen die eine 80 bis 90 Procent
Steine und Kieselsand, die andere nur 20 Procent enthält, der
erstere häufig bessere Erträge giebt als der andere, und man
kann sich den Fall denken, daß ein an sich fruchtbarer Boden
mit seinem halben Volum Kieselsand gemengt, in seinem Ertrage nicht abnimmt, ja daß er zunimmt; obwohl er jetzt in
jedem Theile seines Querschnittes $1/3$ weniger Nährstoffe wie
vorher enthält, weil durch die Beimischung von Sand die Nahrung darbietende Oberfläche der anderen Gemengtheile des
Bodens vermehrt wird, auf welche in Hinsicht auf die Ab-
gabe der Nahrungsstoffe alles ankommt.

Ein Boden, auf welchem Roggen gedeiht, ist häufig nicht
für die lohnende Cultur des Weizens geeignet, obwohl beide
Pflanzen dem Boden ganz dieselben Bestandtheile entnehmen.

Es ist offenbar, daß das Nichtgedeihen des Weizens auf
einem solchen Boden darauf beruht, daß jede Weizenpflanze
während ihres Lebens in dem Umkreise, der ihren Wurzeln
Nahrung darbietet, der Zeit und Menge nach nicht genug für
ihre volle Entwickelung vorfindet, während diese ausreichend
für die Roggenpflanze ist.

Die chemische Analyse weist nun nach, daß ein solcher Roggenboden im Ganzen auf 5 bis 10 Zoll Tiefe funfzig-, vielleicht hundertmal mehr an den Nahrungsmitteln der Weizenpflanze enthält, als für eine volle Weizenernte erforderlich ist, aber dennoch trotz dieses Ueberschusses keine lohnende Ernte im landwirthschaftlichen Sinne liefert.

Vergleicht man die Menge Phosphorsäure und Kali, welche eine mittlere Weizenernte (2000 Kilogr. Korn und 5000 Kilogr. Stroh) und eine Roggenernte (1600 Kilogr. Korn und 3800 Kilogr. Stroh) einer Hectare Feld entzieht, so ergiebt sich:

Es empfangen vom Boden

	der Weizen:	der Roggen:
Phosphorsäure . .	25 bis 26 Kilogr. .	17 bis 18 Kilogr.
Kali	52 » .	39 » 40 »
Kieselsäure	160 » .	100 » 110 »

Der Unterschied in dem absoluten Bedarf ist demnach sehr klein. Die Weizenernte empfing vom Boden nur 9 Kilogramm Phosphorsäure und etwa 12 Kilogramm Kali und 50 bis 60 Kilogr. Kieselsäure mehr als die Roggenernte.

Vor der Bekanntschaft mit dem eigentlichen Grunde, auf welchem das Ernährungsvermögen der Ackererde beruht, ist es völlig unverständlich gewesen, wie ein so schwacher Unterschied von ein paar Pfunden Phosphorsäure, Kieselsäure und Kali in dem Bedarf eine so große Verschiedenheit in der Qualität des Feldes bedingen konnte; denn gegen die Menge gehalten, welche der Roggenboden thatsächlich enthält, ist der Mehrbedarf der Weizenpflanze verschwindend klein.

Diese Erscheinung würde in der That unbegreiflich sein, wenn die Nährstoffe der Halmgewächse eine bemerkliche Beweglichkeit besäßen, denn in diesem Falle könnte ein wirklicher Mangel an einem gegebenen Orte nicht statt haben; ein jeder

Regenfall würde die ärmeren Stellen wieder mit Nahrung ver=
sehen, wenn überhaupt der geringe Ueberschuß, den die Weizen=
pflanze mehr als die Roggenpflanze bedarf, durch Vermittelung
des Wassers verbreitbar wäre. Obwohl sich also in einer ge=
ringen Entfernung von den Weizenwurzeln (auf einem Boden,
der für die Cultur des Roggens, aber nicht für die des Weizens
geeignet ist) eine große Menge und in dem Erdvolum zwischen
zwei Roggenpflanzen oft fünfzigmal mehr Phosphorsäure und
Kali befindet, als der geringe Mehrbedarf der Weizenpflanze
beträgt, so kann thatsächlich diese Nahrung nicht zur Weizen=
wurzel gelangen.

Zieht man aber in Betracht, daß die Pflanzennährstoffe
im Boden ihren Ort nicht wechseln können, so erklärt sich das
Nichtgedeihen der Weizenpflanze auf dem Roggenfelde auf die
einfachste Weise.

Wenn eine Hectare (1 Million Quadratdecimeter) Feld
an eine mittlere Roggenernte (Korn und Stroh) 17 Millionen
Milligramme (17 Kilogramm) Phosphorsäure, 39 Millionen
Milligramme Kali und 102 Millionen Milligramme Kiesel=
säure abgiebt, so empfangen die auf einem Quadratdecimeter
wachsenden Roggenpflanzen von dem Boden 17 Milligramme
Phosphorsäure, 39 Milligramme Kali und 102 Milligramme
Kieselsäure.

Von derselben Fläche eines guten Weizenbodens empfan=
gen aber die Weizenpflanzen 26 Milligramme Phosphorsäure,
52 Milligramme Kali und 160 Milligramme Kieselsäure. Die
Nahrung aufnehmende Oberfläche der Roggen= und Weizen=
wurzeln ist nicht mit allen Nahrung enthaltenden Erdtheilchen
in einem Quadratdecimeter des Feldes abwärts, sondern nur
mit einem kleinen Volum der Erdmasse in Berührung, und
es versteht sich ganz von selbst, daß die Erdtheilchen, die zu=

fällig nicht mit den Pflanzenwurzeln in Berührung kommen können, gerade so viel Nahrungsstoffe enthalten müssen als die anderen, wenn der Same allerorts gedeihen soll.

Wenn wir mit einiger Zuverlässigkeit die Nahrung aufnehmende Wurzeloberfläche ermitteln könnten, so würde man damit das Volum Erde kennen, von welcher sie die Nahrung empfangen hat, denn jede Wurzelfaser ist umgeben von einem Erdcylinder, dessen innere der Wurzel zugekehrte Wand von der abwärts dringenden Wurzelspitze oder den abwärts sich ansetzenden Zellenoberflächen gleichsam abgenagt worden ist, allein der Durchmesser und die Länge der Wurzelfasern ist bei keiner Pflanze bekannt und wir müssen uns demnach auf Schätzungen beschränken.

Nimmt man an, daß die 17 Milligramme Phosphorsäure, 39 Milligramme Kali und 102 Milligramme Kieselsäure abwärts von einer Erdmasse aufgenommen wurden, deren horizontaler Querschnitt 100 Quadratmillimeter beträgt, so enthält das Roggenfeld in jedem Quadratdecimeter (10,000 Quadratmillimeter) abwärts, 1700 Milligramme Phosphorsäure, 3900 Milligramme Kali und 10,200 Milligramme Kieselsäure, dies ist hundertmal so viel, als eine mittlere Roggenernte bedarf, und da die Weizenpflanze die Hälfte mehr Phosphorsäure und Kieselsäure und 0,4 mehr Kali von den nämlichen Stellen der Erde zu empfangen hat, wenn sie in gleicher Weise gedeihen soll, so ergiebt sich jetzt, daß wenn eine Hectare Feld, um fruchtbar für eine mittlere Roggenernte zu sein, enthält:

1700 Kilogramm Phosphorsäure, 3900 Kilogramm Kali und 10,200 Kilogramm Kieselsäure,

so muß der fruchtbare Weizenboden enthalten:

2560 Kilogramm Phosphorsäure, 5200 Kilogramm Kali und 15,300 Kilogramm Kieselsäure.

Wenn ein Kubikdecimeter (1 Liter) Ackererde durchschnitt= lich 1200 Gramme wiegt und man annimmt, daß die größte Anzahl der Wurzeln der Weizenpflanze nicht tiefer als 25 Centi= meter (10 Zoll) dringen, so würden obige 1700 Milligramm Phosphorsäure, 3900 Milligramm Kali und 10,200 Milligramm Kieselsäure in aufnehmbarer Form in 2½ Kubikdecimeter Erde oder 3000 Grammen enthalten sein müssen; dies macht 0,056 Procent Phosphorsäure, 0,034 Procent Kali und 0,34 Procent Kieselsäure aus.

Ehe wir das Gebiet der Folgerungen betreten, die sich an diese Zahlen knüpfen, muß daran erinnert werden, daß sie einige hypothetische Elemente enthalten, die man nicht aus den Augen verlieren darf. Was die Zahlen für die Menge der Aschenbestandtheile betrifft, welche durch eine mittlere Rog= gen= und Weizenernte im Korn und Stroh einer Hectare Feld genommen wurden, so sind sie durch die Analyse bestimmt worden und nicht hypothetisch. Sicher ist demnach, daß die Weizenernte die Hälfte mehr Phosphorsäure und Kieselsäure und ein Drittel mehr Kali dem Boden entzieht, als die Rog= genernte.

Die Annahme, daß der Weizenboden auf 10 Zoll Tiefe 0,056 Procent Phosphorsäure, 0,034 Procent Kali und 0,34 Procent Kieselsäure in physikalischer Bindung enthalte, was hundertmal soviel ausmacht, als durch eine Weizenernte im Korn und Stroh dem Felde genommen wird, ist rein hypothetisch, und es handelt sich hier darum, die Grenze zu bestimmen, bis zu welcher diese Schätzung als wahr angenommen werden kann.

Wenn man Ackererde kalt mit Salzsäure 24 Stunden lang in Berührung läßt, so nimmt diese eine gewisse Menge Kali, Phosphorsäure, Kieselsäure sowie Kalk, Bittererde u. f. w. daraus auf. Behandelt man die Erde lange Zeit mit kochen=

der Salzsäure, so betragen die Mengen der aufgelösten Kieselsäure und des Kalis weit mehr. Man erhält zuletzt durch
vorhergegangene Aufschließung der Silicate, bei der Behandlung mit Salzsäure in der Wärme, den ganzen Kali- und Kieselsäuregehalt der Erde. Ohne einen Irrthum zu begehen,
wird man voraussetzen können, daß die von kalter Salzsäure
der Erde entziehbaren Pflanzennährstoffe am schwächsten von
der Erde angezogen sind und ihrer Form nach den physikalisch
gebundenen am nächsten stehen, jedenfalls so nahe, daß sie
durch die gewöhnlichen Verwitterungsursachen sehr leicht in
diese Form der Verbindung übergehen können.

In dieser Weise wurden von Dr. Zoeller zwei Weizen-
bodensorten der Analyse unterworfen, der Lehmboden von Bogenhausen und Weihenstephan, von denen namentlich der letztere
einen vortrefflichen Weizenboden darstellt. Einhundert Theile
dieser beiden Erden gaben an kalter Salzsäure ab:

	Phosphor- säure	Kali	Kiesel- säure
Weihenstephaner Erde =	0,219	0,249	0,596
Bogenhausener » =	0,129	0,093	0,674

Wenn diese Quantitäten von Nährstoffen in aufnahms-
fähigem Zustande in diesen Bodensorten vorhanden sind, so
würde der Gehalt in der Weihenstephaner Erde an Phosphorsäure beinahe 400mal, an Kali 700mal, an Kieselsäure etwas
mehr als 190mal soviel betragen, als eine Weizenernte bedarf;
in der Bogenhausener Erde wäre der Phosphorsäure-, Kali-
und Kieselsäuregehalt doppelt so groß, als hypothetisch vorausgesetzt worden ist.

Die bekannten Analysen anderer Chemiker von ähnlichen
Bodensorten zeigen, daß die angenommene Schätzung des erforderlichen Gehaltes eines guten Weizen- oder Roggenbodens

an Nährstoffen eher unter als über dem wirklichen Gehalte
liegt, und es würde in der That die Zukunft der Landwirthschaft sehr trübe erscheinen, wenn der Boden nicht weit reicher
an Nährstoffen wäre, als hier hypothetisch angenommen worden ist.

Es ist vielleicht hier der Ort, den Unterschied von Fruchtbarkeit und Ertragsvermögen eines Feldes hervorzuheben. Nach
den früher beschriebenen Versuchen von Nägeli und Zoeller
läßt sich Torfklein durch Sättigung mit den nöthigen Nährstoffen in einen äußerst fruchtbaren Boden für Bohnen verwandeln, und die Vergleichung der Aschenbestandtheile des geernteten Strohs und der Samen mit der Menge, welche man
dem Torfklein zugesetzt hatte, zeigt, daß die 12- bis 14fache
Menge der letzteren genügte, um eine sehr hohe Samenernte zu
erzielen, aber der poröse, in allen auch seinen kleinsten Theilen mit Nährstoffen gesättigte Torf begünstigte eine enorme
Wurzelentwickelung, und nichts kann gewisser sein, als daß
sein Ertragsvermögen der Zeit nach sehr klein ist, und daß
er durch eine sehr kurze Reihe von Ernten seine Fruchtbarkeit
sehr rasch und für immer verliert.

Der sehr hohe Gehalt unserer Kornfelder an Nährstoffen
ist die unerläßlich nothwendige Bedingung für nachhaltige
hohe Erträge, er ist aber nicht nothwendig für eine hohe
Ernte.

Ein guter Roggenboden heißt ein Boden, welcher eine
mittlere Roggenernte, aber keine mittlere Weizenernte, sondern
weniger erträgt.

Der Grund, warum die Weizenpflanze, welche dieselben
Elemente aus dem Boden wie die Roggenpflanze bedarf, auf
dem Roggenboden nicht ebenso gedeiht wie diese, beruht nach
dem Vorhergehenden darauf, daß sie in derselben Zeit mehr

von diesen Nährstoffen nöthig hat als die Roggenpflanze, dieses Mehr aber nicht erlangen kann. Ein guter Weizenboden,
der eine mittlere Weizenernte liefert, unterscheidet sich demnach
von einem guten Roggenboden, der eine mittlere Roggenernte
erzeugt, dadurch, daß er in allen seinen Theilen in eben dem
Verhältniß mehr Nahrungsstoffe enthält, als die Weizenernte
mehr braucht und hinwegnimmt als die Roggenernte.

Ein guter Roggenboden, welcher von seinem Gehalt an
Nährstoffen 1 Procent an eine mittlere Roggenernte abzugeben
vermag und abgiebt, würde eine mittlere Weizenernte liefern
müssen, wenn die darauf wachsenden Weizenpflanzen $1\frac{1}{2}$
Procent seiner Nährstoffe sich aneignen könnten. Thatsächlich
geschieht dies nicht; hieraus folgt von selbst, daß die aufsaugenden Wurzeloberflächen der Weizenpflanze nicht um die Hälfte
größer sein können, als die der Roggenpflanze; denn wären
sie um die Hälfte größer, so würden die Wurzeln der Weizenpflanze mit der Hälfte mehr Nahrung abgebender Erdtheile
in Berührung kommen, d. h. der Roggenboden würde eine
mittlere Weizenernte liefern müssen, die er aber nicht liefert.

Die Vergleichung der Erträge an Korn und Stroh eines
Roggenbodens, welcher gleichzeitig und zur Hälfte mit Roggen und Weizen bestellt worden ist, dürfte demnach zur Beurtheilung der Wurzeloberfläche der Weizen- und Roggenpflanze
führen können. Wenn die Weizenernte von der Hälfte eines
solchen Feldes auf die Hectare berechnet eben so viel Phosphorsäure und Kali empfängt wie die Roggenernte von der anderen Hälfte (17 Kilogramm Phosphorsäure und 39 Kilogramm Kali), so sind die Wurzeln der Weizenpflanze mit
eben so viel Nährstoffe abgebender Erde und diese mit derselben Nahrung aufnehmenden Wurzeloberflächen in Berührung
gekommen, als die Wurzeln der Roggenpflanze. Enthält die

Weizenernte mehr Phosphorsäure, Kali und Kieselsäure oder
weniger als die Roggenernte, so wird dies auf eine größere
oder kleinere Wurzelverzweigung schließen lassen. Versuche
dieser Art mit Roggen, Weizen, Gerste und Hafer verdienen
gemacht zu werden, obwohl sie für den Landwirth kein praktisches Interesse, sondern nur eine physiologische Bedeutung
haben und zuletzt nur Schlüsse zulassen, deren Richtigkeit in
ziemlich weiten Grenzen liegt. Das Aufnahmsvermögen der
Pflanze und die Zeit der Aufnahme machen einen Unterschied,
der aber jedenfalls dadurch zur Wahrnehmung kommt.

Von zwei Pflanzen, welche gleiche Erträge liefern, von
denen die eine früher blüht und reift wie die andere, muß
die mit der kürzeren Vegetationszeit und gleicher Wurzeloberfläche an allen den Orten, die ihr Nahrung abgeben, um etwas
mehr vorfinden, um eben so viel zu empfangen als die andere,
welche länger Zeit zur Aufnahme hat.

Die einzigen hypothetischen Annahmen in der Festsetzung
der obigen Zahlen sind demnach, daß die Nahrung auffaugenden
Wurzeloberflächen der Roggen- und Weizenpflanzen gleich seien,
ferner, daß der Roggenboden gerade 1 Procent und nicht mehr
oder weniger von seinem Gehalt an Nährstoffen abgiebt. Ein
solcher Boden existirt sicherlich in der Wirklichkeit nicht; aber
angenommen, wir hätten einen solchen Boden vor uns und
stellten die Frage, wie viel wir demselben an Nährstoffen zusetzen müßten, um denselben in einen Weizenboden von dauern-
der Ertragsfähigkeit zu verwandeln, so ist die Antwort nicht
hypothetisch, sondern vollkommen zuverlässig und richtig. Wenn:

	Phosphorsäure	Kali	Kieselsäure
der Weizenboden enthält .	2560 Kilogr.	5200 Kilogr.	15,300 Kilogr.
der Roggenboden	1700 „	3900 „	10,200 „
so ist der Weizenboden reicher um	860 Kilogr.	1300 Kilogr.	5,100 Kilogr.

Wir müßten demnach dem Roggenboden von einer gegebenen Beschaffenheit und Ertragsvermögen in irgend einer Form die Hälfte Phosphorsäure und Kieselsäure und $\frac{1}{3}$ mehr Kali, als er schon enthält, zuführen, um denselben fähig zu machen, mittlere Ernten Weizenkorn und Stroh hervorzubringen.

Und um einem Weizenboden dauernd einen Ertrag abzugewinnen, der den mittleren Ertrag um die Hälfte übersteigt, müßten wir demselben die Hälfte mehr an Pflanzennährstoffen zuführen, als er schon enthält.

	Phosphorsäure	Kali	Kieselsäure
Eine Hectare Weizenboden enthält . .	2560 Kilogr.	5200 Kilogr.	10,200 Kilogr.
Die Hälfte mehr . .	1280 „	2600 „	5,100 „
	3840 Kilogr.	7800 Kilogr.	15,300 Kilogr.

Diese Betrachtungen haben keinen andern Zweck, als zu zeigen, daß ein kleiner Unterschied in der absoluten Menge eines Nährstoffes, den eine Pflanzenart mehr bedarf als eine andere, einen großen Mehrgehalt an eben diesem Bestandtheil in dem Boden voraussetzt. Die Weizenernte nimmt vom Boden pro Hectare nur 8,6 Kilogramm mehr Phosphorsäure als die Roggenernte; damit aber die Weizenwurzeln diese 8,6 Kilogramm Phosphorsäure sich aneignen können, muß der Boden hundertmal soviel (860 Kilogramm) und vielleicht noch mehr Phosphorsäure als der Roggenboden enthalten.

Obwohl sich diese Zahlen auf einen ideellen Boden von

einer ganz bestimmten Zusammensetzung beziehen, so ist der Schluß, den wir daran knüpfen, dennoch für alle Bodenclassen wahr.

Es ist unzweifelhaft wahr, daß der Boden immer und unter allen Umständen viel mehr Nährstoffe als die Ernte enthalten muß; setzt man den Fall, daß der Boden, anstatt die hundertfache, nur die siebenzig- oder fünfzigfache Menge der Nährstoffe der Ernte enthält, so setzt das Gesetz von der Unbeweglichkeit derselben stets voraus, daß man, um die Ernte zu verdoppeln, die siebenzig- oder fünfzigfache Menge der Mineralbestandtheile der Ernte dem Felde zuführen muß. In der Praxis stellt sich die Sache anders, denn es giebt kein wirkliches Feld, welches, wie das angenommene, Phosphorsäure, Kali und Kieselerde gerade in dem relativen Verhältnisse, wie die Asche der Roggen- oder Weizenpflanze enthält. Die große Mehrzahl der Felder, welche fruchtbar für Halmgewächse sind, sind es auch für Kartoffeln, Klee oder Rüben, Pflanzen, welche viel mehr Kali als das Halmgewächs dem Boden entziehen.

Einem Roggenboden, welcher mehr wie 3900 Kilogramm Kali in der Hectare enthält, würde man demnach nicht 1300 Kilogramm Kali zusetzen müssen, um ihn in einen Weizenboden zu verwandeln, sondern im Verhältniß weniger.

Alle diese Beziehungen der Zusammensetzung des Bodens zu dessen Fruchtbarkeit sollen später ausführlicher betrachtet werden. Der Hauptschluß, den die obigen Zahlen ins Licht setzen sollen, ist die praktische Unausführbarkeit, durch Zufuhr der fehlenden Aschenbestandtheile einen Roggenboden in einen Weizenboden überzuführen, oder zu bewirken, daß ein Weizenfeld einen die Hälfte des Mittelertrages übersteigenden Mehrertrag liefert; wenn dies auch für ein kleines Versuchsfeld leicht ausführbar ist, so setzt der Preis der Phosphorsäure, des

Kalis oder auch der löslichen Kieselsäure und die Unmöglichkeit ihrer Beschaffung für eine erhebliche Anzahl von Feldern, auch wenn nur einer dieser Stoffe in einem gegebenen Felde in dem bezeichneten Verhältnisse vermehrt werden müßte, einer solchen Umwandlung oder Verbesserung eines Feldes ganz unüberwindliche Hindernisse entgegen.

Das Gesetz der Unbeweglichkeit der Nährstoffe im Boden erklärt die tausendjährigen Erfahrungen des Feldbaues, daß im großen Ganzen bei gleichen klimatischen Verhältnissen für jedes Feld sich nur gewisse Pflanzen eignen, und daß auf einem Boden eine Pflanze mit Vortheil nicht gebaut werden kann, wenn dessen Gehalt nicht im Verhältniß steht zu ihrem Bedarf an Nährstoffen.

Es ist in der Praxis völlig unausführbar, die Felder eines ganzen Landes durch Vermehrung der mineralischen Nahrungsmittel in der Art verbessern zu wollen, daß sie merklich höhere Erträge liefern, als ihrem natürlichen Gehalt an Nährstoffen entspricht.

Für ein jedes Feld besteht, entsprechend seinem Gehalt an Nährstoffen, ein reeller und ein ideeller Maximalertrag; unter den günstigsten cosmischen Bedingungen entspricht der reelle Maximalertrag dem Theil der ganzen Summe der Nährstoffe, der sich im wirkungsfähigen, d. h. im Zustande der physikalischen Bindung im Boden befindet, der ideelle ist der Maximalertrag, welcher möglicherweise erzielbar wäre, wenn der andere Theil der Summe der Nährstoffe, der sich in chemischer Bindung befindet, verbreitbar gemacht und in die wirkungsfähige Form übergeführt worden wäre.

Die Kunst des Landwirths besteht hiernach in Wesentlichen darin, daß er diejenigen Pflanzen auszuwählen weiß und in einer gewissen Ordnung einander folgen läßt, die sein

Feld ernähren kann, und daß er alle ihm zu Gebote stehenden
Mittel auf seinem Felde in Anwendung bringt, wodurch die che=
misch gebundenen Nährstoffe wirksam werden.

Die Leistungen der landwirthschaftlichen Praxis sind in
diesen beiden Beziehungen bewundernswürdig, und sie bethä=
tigen, daß die Erfolge, welche die Kunst erzielt hat, die der
Wissenschaft bei weitem überragen müssen, und daß der Land=
wirth, indem er die Ursachen wirken läßt, welche die chemische
und physikalische Beschaffenheit seines Bodens verbessern, mehr
und günstigeren Einfluß auf die Erhöhung seiner Erträge aus=
üben kann, als durch Zufuhr an Nahrungsstoffen, denn was
er in der Form von Düngmitteln zuführen kann, ohne seine
Rente zu gefährden, ist gegen die Menge gehalten, die er in
seinem fruchtbaren Boden besitzt, so klein, daß er gar nicht
hoffen kann, den Ertrag seines Feldes damit zu steigern.

Was er durch Zufuhr an Dünger erzielt, ist im besten
Falle der sehr wichtige Erfolg, daß seine Erträge dauernd blei=
ben, und wenn sie thatsächlich steigen, so beruht der Grund
der Steigerung weniger in der Vermehrung der Menge der
vorhandenen Nährstoffe, als in ihrer Verbreitung und darin,
daß gewisse Mengen wirkungsloser Nährstoffe wirkungsfähig
werden.

Um ein Weizenfeld, welches einen Mittelertrag von sechs
Körnern liefert, durch Vermehrung der zur Samenbildung
nöthigen Phosphorsäure zu befähigen, zwei Körner mehr zu
erzeugen, müßte man in dem Felde die ganze Summe der
vorhandenen zur Samenbildung dienenden Phosphorsäure um
$\frac{1}{3}$ vermehren, denn von der ganzen Menge, die man giebt,
kommt immer nur ein kleiner Bruchtheil mit den Pflanzen=
wurzeln in Berührung, und damit diese $\frac{1}{3}$ mehr aufnehmen
können, ist es unerläßlich nöthig, allerorts im Boden die

Phosphorsäure um $1/3$ zu vermehren. Diese Betrachtung erklärt die Erfahrung in der Praxis, daß man, um eine bemerkliche Wirkung auf die Erträge durch einen Düngstoff hervorzubringen, eine scheinbar so ganz außer allem Verhältniß
zu der Zunahme stehenden Menge desselben zugeführt werden
muß.

Vor Allem günstig wirkt die Zufuhr eines Düngmittels
auf ein Feld ein, wenn durch dieselbe ein richtigeres Verhältniß in der Bodennahrung hergestellt wird, weil von diesem
Verhältnisse die Erträge abhängig sind. Es bedarf keiner besonderen Auseinandersetzung, um einzusehen, daß, wenn ein
Weizenboden genau soviel Phosphorsäure und Kali enthält,
um einer vollen Weizenernte den ihr zukommenden Bedarf an
beiden Stoffen abgeben zu können, aber nicht mehr, für jeden
Gewichtstheil Phosphorsäure mithin zwei Gewichtstheile Kali,
daß die Vermehrung des Kaligehaltes um die Hälfte oder um
das Doppelte nicht den allergeringsten Einfluß auf den Kornertrag ausüben kann. Die Weizenpflanze bedarf zu ihrer vollen Entwickelung eines gewissen Verhältnisses von beiden Nahrungsstoffen, und jede Vermehrung eines einzelnen über dieses
Verhältniß hinaus macht die anderen nicht wirksamer, weil
der zugeführte für sich keine Wirkung ausübt.

Die Vermehrung der Phosphorsäure allein hat eben so
wenig Einfluß auf die Steigerung des Ertrages, als die des
Kalls allein; dieses Gesetz hat für jeden Nährstoff, das Kali,
die Bittererde oder Kieselsäure gleiche Gültigkeit; ihre Zufuhr
über das Aufnahmsvermögen oder das Bedürfniß der Weizenpflanze hinaus übt auf deren Wachsthum keine Wirkung aus.
Die relativen Verhältnisse der Mineralsubstanzen, welche die
Pflanzen dem Boden entnehmen, sind leicht durch die Analysen
der Aschen der geernteten Früchte bestimmbar; nach diesen ent-

pfangen Weizen, Kartoffeln, Hafer, Klee folgende Verhältniffe
an Phosphorsäure, Kali, Kalk und Bittererde und Kieselsäure:

	Phosphor-säure	Kali	Kalk und Bittererde	Kieselsäure
Weizen . { Korn / Stroh }	1	2	0,7 :	5,7
Kartoffeln (Knollen)	1	3,2 :	0,48 :	0,4
Hafer . . { Korn / Stroh }	1	2,1 :	1,03 :	5,0
Klee	1 :	2,6 :	4,0	1
Mittel	1 :	2,5 :	1,5	3

Wenn man sich ein Feld denkt, auf welchem man in
vier Jahren nach einander Weizen, Kartoffeln, Hafer und
Klee gebaut hat, so nimmt eine jede Pflanze das ihr ent=
sprechende Verhältniß von diesen Nährstoffen auf und man er=
hält in der Summe, dividirt durch die vier Jahre, das mittlere
relative Verhältniß aller Nährstoffe, welche der Boden ver=
loren hat. Wenn man in der Formel:

$$n \ (1,0 \quad : \quad 2,5 \quad : \quad 1,5 \quad : \quad 3,0)$$

Phosphorf. Kali Kalk u. Bittererde Kieselsäure

den Werth von n bestimmt, mit welchem hier die Anzahl der
Kilogramm Phosphorsäure bezeichnet werden soll, welche die
vier Ernten vom Boden empfangen haben, so ergiebt die Wei=
zenernte 26 Kilogramm Phosphorsäure, die Kartoffelnernte 25
Kilogramm, die Haferernte 27 Kilogramm und die Kleeernte
36 Kilogramm, zusammen 114 Kilogramm. Multiplicirt man
mit dieser Zahl die obigen Verhältnißzahlen, so erhält man
die ganze dem Boden in den vier Ernten entzogene Quantität aller Nährstoffe.

An diese Verhältnißzahlen lassen sich jetzt leichter wie zu=
vor einige nähere Erläuterungen knüpfen.

Nehmen wir einen Boden an, in welchem die für die

vier bezeichneten Ernten nöthige Phosphorsäure sowie Kali, Kalk und Bittererde in aufnehmbarem Zustande zugegen seien, während es an der richtigen Menge Kieselsäure mangele; auf 1 Gewichtstheil Phosphorsäure seien nur 2½ Gewichtstheile Kieselsäure assimilirbar vorhanden, so muß sich dieser Mangel zunächst in der Ernte der Halmfrüchte bemerklich machen, die Kartoffel- und Kleeernte werden hingegen nicht im mindesten beeinträchtigt werden; von der Witterung wird es abhängig sein, ob der Ausfall der Halmfrucht sich auf Korn und Stroh zugleich, oder nur auf den Strohertrag erstreckt. Ein Mangel an Kali im Verhältniß zu allen anderen wird kaum einen Einfluß auf den Weizen und Hafer haben, aber die Kartoffelernte wird kleiner ausfallen; in gleicher Weise wird ein Mangel an Kalk und Bittererde eine geringere Kleeernte nach sich ziehen.

Wenn der Boden ¹⁄₁₀ mehr Kali, Kalk, Bittererde und Kieselsäure abgeben konnte, als dem gegebenen Verhältniß der Phosphorsäure entspricht:

	Phosphors.	Kali	Kalk u. Bittererde	Kieselsäure
anstatt also	1 :	2,5 :	1,5 :	3
soll der Boden abgeben können	1 :	2,75 :	1,65 :	3,3

so werden die Ernten nicht höher ausfallen wie vorher; wenn aber in einem solchen Felde die Phosphorsäure vermehrt wird, so werden die Erträge steigen, bis zwischen den anderen Nahrungsstoffen und der Phosphorsäure das richtige Verhältniß hergestellt ist; die Zufuhr von Phosphorsäure bewirkt in diesem Falle, daß man mehr Kali, Kalk und Kieselsäure erntet; führt man mehr als ein Zehntel der vorhandenen Menge Phosphorsäure zu, so ist der Ueberschuß wirkungslos. Ein jedes Pfund, ja ein jedes zugeführte Loth Phosphorsäure empfängt in diesem Fall bis zur bezeichneten Grenze eine ganz bestimmte Wirkung.

Fehlt es zur Herstellung des richtigen Verhältnisses der

Bodennahrungsstoffe nur an Kali oder Kalk, so wird die Zu=
fuhr von Asche oder Kalk die Erträge aller Früchte steigen ma=
chen, und tritt dann der Fall ein, wo man durch Zufuhr von
Kalk mehr Phosphorsäure und Kali in den mehrerzielten Früch=
ten erntet.

Die Erscheinung, daß ein Boden keine lohnende Ernte von
einer Halmfrucht liefert, während er fruchtbar bleibt für andere
Gewächse, welche wie Kartoffeln, Klee oder Rüben eben so viel
Phosphorsäure, Kali, Kalk als die Halmfrucht bedürfen, setzt
voraus, daß in demselben an diesen Nährstoffen ein gewisser
Ueberschuß vorhanden und an Kieselsäure Mangel war, und
wenn er nach zwei oder drei Jahren, während welcher Zeit
andere Früchte auf demselben Boden gebaut worden sind, wieder
fruchtbar wird für die Kornpflanze, so kann dies nur geschehen
sein, weil in demselben sich gleichfalls ein Ueberschuß von Kiesel=
säure befand, aber ungleich vertheilt und verbreitet, der sich
während der Brachzeit von den Orten aus, wo sich dieser Ueber=
schuß befand, nach den Stellen hin, wo ein Mangel eingetreten
war, verbreitete, so daß sich beim Beginn der darauf folgenden
Culturzeit an allen diesen Orten das richtige Verhältniß aller
dem Halmgewächs nöthigen Nährstoffe wieder vorfand.

Auf einem ähnlichen Grunde beruht es, wenn Erbsen oder
Klee nur in gewissen Zwischenräumen auf einem gegebenen
Felde auf einander folgen können, und es zeigt die Erfahrung,
daß eine geschickte und fleißige mechanische Bearbeitung des
Feldes für die Verkürzung dieser Zwischenräume in der Regel
wirksamer ist, als die Düngung; ein Beweis, daß es in sol=
chen Fällen nicht an der Quantität im ganzen Felde, sondern
an der richtigen Menge der Nährstoffe in allen Theilen des
Feldes gefehlt hat.

Verhalten des Bodens zu den Nährstoffen der Pflanzen in der Düngung.

Mit Dünger oder Düngstoffen bezeichnet man gewöhnlich alle Materien, welche, auf die Felder gebracht, die Erträge an Pflanzenmasse in einer nachfolgenden Cultur erhöhen, oder welche ein durch Cultur erschöpftes Feld wieder in den Stand setzen, lohnende Ernten zu liefern.

Die Düngmittel wirken theils direct als Nährstoffe, theils dadurch, daß sie, wie Kochsalz, Chilisalpeter, Ammoniaksalze, die Wirkung der mechanischen Bearbeitung verstärken und häufig einen eben so günstigen Einfluß als die Vermehrung der Nährstoffe im Boden ausüben können.

Bei den beiden letztgenannten Stoffen, von denen der Chilisalpeter in der Salpetersäure und die Ammoniaksalze in dem Ammoniak einen Nährstoff enthalten, ist es mit besonderen Schwierigkeiten verbunden, in den einzelnen Fällen zu unterscheiden, ob sie durch den nahrungsfähigen Bestandtheil oder dadurch gewirkt haben, daß sie die Aufnahme anderer Nährstoffe vermittelten.

In einem fruchtbaren Boden steht die mechanische Bearbeitung und Düngung in einer bestimmten Beziehung zu einander. Wenn nach einer reichen Ernte das Feld durch die mechanische Bearbeitung allein, geschickt gemacht wird, eine gleich reiche Ernte im darauf folgenden Jahre zu liefern, wenn also die mechanischen Mittel ausreichen, um den Vorrath an Nährstoffen so gleichmäßig zu verbreiten, daß die Pflanzen der darauf folgenden Cultur eben so viel allerorts im Boden vorfinden, wie in der vorangegangenen, so würde die weitere Zufuhr von Nährstoffen durch Düngung eine Verschwendung sein. Wenn aber das Feld eine solche Beschaffenheit nicht besitzt, so muß, um seine ursprüngliche Ertragsfähigkeit wieder herzustellen, durch den Dünger ersetzt werden, was ihm fehlt. Die mechanische Bearbeitung und der Dünger ergänzen sich also in gewissem Sinne gegenseitig.

Wenn von zwei gleichen Feldern das eine gut, das andere schlecht bearbeitet worden ist und beide auf ganz gleiche Weise gedüngt worden sind, so liefert das gut bearbeitete einen höhern Ertrag, d. h. der zugeführte Dünger wirkt scheinbar besser als auf dem schlecht bearbeiteten.

Von zwei Landwirthen, von denen der eine sein Feld besser kennt und zweckmäßiger baut, als der andere, wird der erstere mit weniger Dünger in einer gegebenen Zeit eben so hohe Ernten oder mit derselben Menge Dünger höhere Ernten erzielen, als der andere.

Alle diese Dinge sollten bei der Beurtheilung des Werthes der Düngmittel in Betracht gezogen werden, da aber die Wissenschaft kein Maß besitzt, um den Einfluß der mechanischen Bearbeitung zu schätzen, so kann derselbe hier nicht berücksichtigt werden, sondern wir müssen uns an das halten, was wissenschaftlich meßbar und vergleichbar ist.

Von zwei Feldern, welche gleich reich an Nährstoffen sind, wird das eine durch die mechanische Bearbeitung allein oder durch diese unterstützt durch Düngung häufig weit früher in den Stand gesetzt, eine Aufeinanderfolge von lohnenden Ernten von Halm- oder anderen Gewächsen zu liefern, als das andere.

Auf leichtem Sandboden wirken alle Arten von Dünger rascher und bemerklicher, als auf Thonboden; der Sandboden ist dankbarer, wie man sagt, gegen die Düngung, er giebt in höherem Maße in den Früchten wieder von dem was er empfangen hat, als andere Bodensorten. Die stickstoffhaltigen Düngmittel, wie Wolle, Hornspäne, Borsten und Blut, von denen wir mit Bestimmtheit wissen, daß sie durch Ammoniakbildung wirken, üben in einer großen Anzahl von Fällen einen weit günstigeren Einfluß auf viele Früchte aus, als das Ammoniak selbst; in anderen Fällen wirkt Knochenmehl besser auf die nachfolgenden Früchte, als das Kalksuperphosphat, und Asche besser, als wenn man dem Felde die in der Asche enthaltene gleiche Menge Kali giebt.

Alle diese Erscheinungen stehen in engster Verbindung mit dem Vermögen der Ackererde, Phosphorsäure, Ammoniak, Kali und Kieselsäure aus ihren Auflösungen an sich zu ziehen oder zu absorbiren. Die Wiederherstellung der Ertragsfähigkeit eines erschöpften Feldes durch die mechanische Bearbeitung und Brache allein, ohne Düngung, setzt nothwendig voraus, daß sich an gewissen Orten des Feldes ein Ueberschuß von Nährstoffen befand, der ringsum in der Erde nach anderen Stellen hin sich verbreitete, in welchen ein Mangel eingetreten war.

Zu dieser Verbreitung gehört eine gewisse Zeit. Der Ueberschuß von Nährstoffen muß zunächst gelöst werden, um sich nach den Orten hinbewegen zu können, die durch eine vorangegangene Ernte an Nährstoffen verloren haben. Je näher die Orte des Ueberschusses an einander liegen, je kürzer der Weg ist, den die Nährstoffe zurückzulegen haben, und je geringer das Absorptionsvermögen der dazwischen liegenden Erd-

theilchen für diese Nährstoffe ist, desto rascher wird das Er=
tragsvermögen des Bodens wieder hergestellt werden.

Jede Ackererde besitzt für Kali und die genannten Stoffe
ein bestimmtes Absorptionsvermögen, welches sich durch die
Anzahl von Milligrammen, welche 1 Kubikdecimeter = 1000
Kubikcentimeter Erde absorbirt, ausdrücken läßt.

So absorbirte z. B.:

1 Kubikdecimeter eines Kalkbodens aus Cuba . 1360 Milligramme Kali
1   „   Bogenhauser Lehmerde . . . 2260   „   „
1   „   Erde aus Weihenstephan . . 2601   „   „
1   „   Erde aus Ungarn 8377   „   „
1   „   Münchener Gartenerde . . . 2344   „   „

Diese Unterschiede im Absorptionsvermögen sind, wie man
leicht bemerkt, sehr beträchtlich; ein Volum Erde aus Weihen=
stephan absorbirt beinahe doppelt so viel Kali, als ein gleiches
Volum Havannaerde; die untersuchte ungarische Erde nahe
2½ mal so viel.

Diese Zahlen geben zu erkennen, daß eine gewisse Menge
Kali, sagen wir 2600 Milligramme, dem Weihenstephaner Bo=
den zugeführt, sich in dem Raum von 1 Kubikdecimeter Erde
verbreiten wird; hätten wir das Kali in einer Lösung auf ein
Stückchen Feld von 1 Quadratdecimeter aufgegossen, so wird
das Kali 1 Decimeter tief, aber nicht tiefer bringen, jeder
Kubikcentimeter würde 2,6 Milligramme, aber die Schichten
unterhalb würden kein Kali oder keine bemerkliche Menge
empfangen.

Wenn wir dieselbe Lösung auf eine gleiche Fläche unga=
rischer Erde oder Havannahboden aufgegossen hätten, so würde
das durchfiltrirende Kali bei der ungarischen Erde nur bis zu
einer Tiefe von etwas über 7 Centimeter und bei der andern
auf 19 Centimeter Tiefe bringen.

Die Verbreitbarkeit des Kalis in einem Boden verhält sich umgekehrt wie sein Absorptionsvermögen, das halbe Absorptionsvermögen entspricht der doppelten Verbreitbarkeit. In ähnlicher Weise wird sich das Kali, während der Brachzeit, in einem Felde verbreiten. Von der Stelle aus, wo es aus einem Silicate durch Verwitterung frei wird, wird es ringsum ein um so größeres Volum Erde mit Kali versehen, je geringer das Absorptionsvermögen derselben für das Kali ist.

Das Absorptionsvermögen der Ackererde für Kieselsäure ist ebenso ungleich, wie für das Kali.

Aus einer Lösung von kieselsaurem Kali absorbirte 1 Kubit-decimeter der folgenden Erden Kieselsäure:

Waldererde	Ungarische Erde	Gartenerde I.	Bogenhauser Erde	Gartenerde II.
15	2644	2425	2007	1085 Milligr.

Es ergiebt sich hieraus für die relative Verbreitbarkeit der Kieselsäure in diesen Bodensorten folgendes Verhältniß:

Ungarische Erde	Gartenerde I.	Bogenhauser Erde	Gartenerde II.	Waldererde
1,0	1,09	1,31	2,43	176

Die nämliche Menge Kieselsäure, die sich in 1000 Kubit-centimeter ungarischer Erde verbreiten und diese sättigen würde, würde 1311 Kubitcentimeter Bogenhauser Lehmerde, 2430 Kubitcentimeter Gartenerde II. und 17600 Kubitcentimeter Walderde mit einem Maximum von Kieselsäure versehen.

Das reine Ammoniak sowohl wie das Ammoniak in Ammoniaksalzen wird von der Ackererde in ganz ähnlicher Weise wie das Kali absorbirt, und zwar nimmt 1 Kilogramm der folgenden Erden an Ammoniak auf:

Havannah-Erde	Schleißheimer Erde	Gartenerde	Bogenhauser Erde
5520	3900	3240	2600 Milligramme,

woraus sich für die Verbreitbarkeit des Ammoniaks ergiebt:

Havannah-Erde	Schleißheimer Erde	Gartenerde	Bogenhauser Erde
1,0	1,24	1,50	2,12

Ganz auf dieselbe Weise läßt sich das Absorptionsver=
mögen der Ackererden für phosphorsauren Kalk, phosphorsaure
Bittererde und phosphorsaures Bittererde=Ammoniak bestimmen
und die relative Verbreitbarkeit derselben in verschiedene Boden=
sorten durch eine Zahl ausdrücken.

Unter Absorptionszahl wird in dem Folgenden die Menge
der verschiedenen Nährstoffe in Milligrammen bezeichnet, welche
ein Kubikcentimeter Erde ihren Lösungen entzieht.

Es ist für die Beurtheilung der Beschaffenheit des Feldes,
für die Wirkung der Düngmittel, welche man demselben zu=
führt, und die Tiefe, bis zu welcher die verschiedenen Nähr=
stoffe in den Boden bringen, von Werth, das Absorptionsver=
hältniß des Bodens für jeden derselben festzustellen, so z. B.
absorbirt 1 Kubikcentimeter Bogenhauser Lehmboden:

	Ammoniak	Phosphorsaures Bittererde= Ammoniak	Kali	Phosphorf. Kalk
Milligramme	2600	2565	2366	1098
Die Verbreitbarkeit ist	1,0	1,01	1,10	2,36

Die zweite Reihe dieser Zahlen drückt also aus, daß, wenn
ein Gewicht Ammoniak auf seinem Wege durch die Erde eine
Tiefe von 10 Centimeter erreicht, so bringt die gleiche Menge
Kali 11 Centimeter, eine gleiche Menge phosphorsaurer Kalk
23,6 Centimeter tief ein.

Wenn wir uns in einer Erde, welche, wie die Bogenhau=
ser, pro Kubikcentimeter 1,098 Milligramme gelösten phosphor=
sauren Kalk absorbirt, Körnchen von phosphorsaurem Kalk zer=
streut denken und uns vorstellen, daß an einem Orte im Bo=
den eins von diesen Körnchen im Gewicht von 22 Milligramme
(⅓ Gran) während dem Verlauf einer gewissen Zeit in koh=
lensaurem Wasser löslich werde und sich in der umgebenden
Erde verbreite, so wird sich die Erde rings um das Körnchen

zuerst mit phosphorsaurem Kalk sättigen, und da die Kohlen=
säure im Wasser bleibt und ihr Lösungsvermögen fortdauert,
so wird sich eine neue Lösung bilden, welche einem weiteren
Umkreise von Erde phosphorsauren Kalk zur Absorption dar=
bietet, und es werden zuletzt die 22 Milligramme phosphor=
saurer Kalk, wenn sie gänzlich in der umgebenden Erde sich
verbreitet haben, 20 Kubikcentimeter Erde mit dem Maximum
von diesem Nahrungsstoffe in der zur Aufnahme günstigsten
Form versehen. Die Raschheit der Auflösung und Verbreitung
des phosphorsauren Kalks ist abhängig von dessen Oberfläche
und es muß, wenn wir uns das Körnchen in ein feines Pul=
ver verwandelt denken, in eben dem Verhältniß, als sich der
auflösenden Kohlensäure in derselben Zeit mehr auflösbare
Theilchen darbieten, eine an phosphorsaurem Kalk reichere Lö=
sung bilden. Denken wir uns, daß in einem gewissen Zustande
von größerer Zertheilung sich in derselben Zeit doppelt oder
dreimal so viel auflöst, so ist damit die Bedingung gegeben,
daß die Verbreitung unter günstigen Verhältnissen in dem
halben oder dritten Theile der Zeit erfolgt, als ohne die Zer=
theilung.

Man versteht hiernach, wenn die Wiederherstellung der
Ertragsfähigkeit eines Bodens in der Brache oder durch Dün=
gung in einem gegebenen Falle darauf beruht, daß die durch die
Wurzeln an Phosphorsäure erschöpfte Erde von den umgeben=
den Erdtheilchen die mangelnde Phosphorsäure wieder empfan=
gen müsse, daß die hierzu nöthige Zeit bei gleichem Gehalte
an phosphorsaurer Erde im Verhältniß zu der Zertheilung ver=
kürzt wird.

Es ist ferner ersichtlich, daß durch die Düngung mit Stroh=
mist, welcher kieselsaures Kali nach seiner Verwesung hinter=
läßt und während seiner Verwesung Kohlensäure entwickelt,

welche durch ihre Einwirkung auf die Silicate Kieselsäure frei-
macht, die Verbreitung der Kieselsäure erhöht werden muß, weil
die organischen Materien keine Kieselsäure absorbiren und der
Erde beigemischt das Absorptionsvermögen derselben verringern müssen. Die obenangeführte Walderde absorbirt nur äußerst kleine Mengen Kieselsäure aus ihren alkalischen Lösungen
und man versteht, daß ihre Beimischung zur ungarischen Ackererde bewirken würde, daß die in Folge der Verwitterung frei
gewordene Kieselsäure sich in einem größeren Volum Erde
verbreitet.

Mit der Menge der verbrennlichen Substanzen im Boden
nimmt übrigens nicht in gleichem Verhältnisse das Absorptionsvermögen derselben für Kieselsäure bei allen Erden ab. So
enthält die obenerwähnte ungarische Erde mehr (9,8 Procent)
verbrennliche Substanz als die Bogenhauser Lehmerde (8,7 Proc.),
und ihr Absorptionsvermögen für Kieselsäure ist darum nicht
kleiner, sondern vielmehr größer als das der Bogenhauser Erde.
Es geht hieraus hervor, daß auf das Absorptionsvermögen
des Bodens und damit auf die Verbreitbarkeit der Kieselsäure
noch andere Umstände Einfluß ausüben. Wenn ein Boden
an sich reich an Kieselsäurehydrat ist, so wird er in allen Fällen
weniger Kieselsäure absorbiren, als ein anderer an Kieselsäure
ärmer, auch wenn dieser letztere viel mehr organische Substanzen enthält.

Die Absorptionszahlen zweier Ackererden geben keinen
Anhaltspunkt ab für die Beurtheilung der Güte des Bodens
oder seines Gehaltes an Nährstoffen, sondern sie sagen uns
nur, daß die Nährstoffe der Pflanzen in der einen Erde sich
über gewisse Orte weiter hinaus, als in der anderen bewegen,
daß der eine Boden ihrer Weiterbewegung ein größeres Hin-
derniß als der andere entgegensetzt. Der Landwirth erfährt,

indem er die Stärke dieses Hindernisses kennen lernt, ob es einen schädlichen oder nützlichen Einfluß auf die Bebauung seiner Felder ausübt, und führt ihn zum Verständniß der Mittel, um den schädlichen zu beseitigen und den nützlichen zu verstärken.

Wenn man einen fruchtbaren Sandboden mit einem gleich fruchtbaren Lehm= oder Mergelboden in Beziehung auf ihren Gehalt an Nährstoffen vergleicht, so wird man mit Erstaunen gewahr, daß der erstere mit dem halben, vielleicht dem vierten Theil der Summe von Nährstoffen, welche der Lehmboden enthält, ebenso reiche Ernten wie dieser liefert. Um dieses Verhältniß richtig zu verstehen, muß man sich erinnern, daß es für die Ernährung eines Gewächses weniger auf die Masse als auf die Form der Nahrung in dem Boden ankommt, so wie z. B. 1 Loth Kohle in der Knochenkohle eine ebenso große wirkungsfähige Oberfläche darbietet, als 1 Pfund Kohle in der Holzkohle. Wenn die kleinere Menge Nährstoffe in dem Sand= boden eine ebenso große aufnahmsfähige Oberfläche darbietet als die größere Masse derselben im Lehmboden, so müssen die Pflanzen in dem ersteren ebenso gut gedeihen als auf dem anderen.

Wenn ein Kubikdecimeter einer fruchtbaren Lehmerde mit 9 Kubikdecimeter Kieselsand gemischt wird, so daß ein jedes Sandtheilchen umgeben ist mit Lehmtheilchen, so werden in dem gemischten Boden ebenso viel Wurzelfasern und Lehmtheile in Berührung kommen können als in dem gleichen Volum des ungemischten, und wenn alle Lehmtheilchen gleichviel Nah= rung abzugeben vermögen, so wird eine Pflanze aus dem ge= mischten Boden ebenso viel empfangen, als von dem ungemisch= ten, obwohl dieser im Ganzen zehnmal reicher ist. (Siehe S. 382.)

Aller fruchtbare Sandboden besteht aus Mischungen von

Sand mit mehr oder weniger Thon oder Lehm, und da der Kieselsand ein sehr geringes Absorptionsvermögen für Kali und die anderen Pflanzennahrungsstoffe besitzt, so verbreiten sich die zugeführten, löslich gewordenen Düngerbestandtheile rascher und bringen tiefer in den Sandboden ein; er giebt auch verhältnißmäßig mehr davon zurück als jeder andere Boden. In vielen Fällen kann darum der steife Lehmboden durch Sand verbessert werden, so wie die Beimischung des Lehms zum Sandboden bewirkt, daß die im Dünger zugeführten Nährstoffe der Oberfläche näher bleiben oder in der Ackerkrume fester gehalten werden.

Wenn der Sandboden in den Ernten im Verhältniß zu dem, was er enthält, mehr Nahrungsstoffe abgiebt als ein fruchtbarer Lehmboden, so ist die Folge eine raschere Erschöpfung; seine Ertragsfähigkeit hält nicht lange an und kann nur durch häufige Zufuhr der entzogenen Bestandtheile durch Düngung erhalten werden; in eben dem Grade, als der Dünger darauf günstiger wirkt, nimmt die Wirkung der mechanischen Bearbeitung auf die Wiederherstellung des Ertragsvermögens ab.

Die nämlichen Ursachen, welche dem erschöpften Lehmboden einen großen Theil seines verlorenen Ertragsvermögens wiedergeben, wenn er einfach mit dem Pfluge gehörig bearbeitet wird, sind auch im Sandboden thätig, allein sie bringen keine oder nur eine geringe Wirkung hervor, weil es im Sandboden an den Stoffen fehlt, welche dadurch wirkungsfähig gemacht werden.

Da die Oberfläche einer Hectare gleich einer Million Quadratdecimeter ist, so drücken die Absorptionszahlen die Anzahl der Kilogramme Kali, Phosphorsäure und Kieselerde aus, welche auf das Feld gebracht, von der Oberfläche abwärts, sich auf eine Tiefe von 10 Centimeter (etwa 4 Zoll) verbreiten würden. Völker, Henneberg und Stohmann haben die Beobachtung gemacht, daß von den Erden, deren Absorptions- zahl für Ammoniak sie bestimmten, aus einer concentrirteren Lösung von Ammoniak oder Ammoniaksalzen eine größere Quantität von der Erde zurückgehalten wurde als von einer verdünnten, woraus sich von selbst ergiebt, daß sich Wasser und Erde in das Ammoniak theilen, und daß aus einer mit Ammoniak vollkommen gesättigten Erde reines Wasser eine gewisse Menge Ammoniak entziehen muß, ähnlich wie die Kohle den Farbstoff einer schwach gefärbten Flüssigkeit ganz vollstän- dig, einer stärker gefärbten hingegen weit mehr entzieht, wo- von aber ein Theil schwächer gebunden ist und durch Wasser entzogen werden kann.

In den Versuchen von Völker ließ sich einer mit Am- moniak gesättigten Erde die Hälfte desselben durch Behandlung mit sehr viel Wasser entziehen; die andere hielt die Erde zurück.

Erden, welche viel verwesende vegetabilische Stoffe ent- halten, absorbiren mehr Ammoniak als daran arme und hal- ten es stärker zurück. Auch wenn man annimmt, daß zur voll- ständigen Zurückhaltung des durch die Absorptionszahl bezeich- neten Ammoniaks anstatt eines, zwei Kubikdecimeter Erde er- forderlich sind, so sieht man ein, daß die üblichen Düngungen mit einem ammoniakreichen Düngmittel, mit Guano oder mit Ammoniaksalzen die Erde nur bis zu einer sehr geringen Tiefe mit diesem Nährstoff bereichern.

Um eine Hectare Bogenhauser Lehmerde von der Ober- fläche abwärts einen Decimeter tief ganz oder zwei Decimeter tief halb mit Ammoniak zu sättigen, müßte man 2600 Kilo- gramm oder 52 Centner reines Ammoniak oder 200 Centner schwefelsaures Ammoniak zuführen.

Durch eine Düngung von 800 Kilogramm Guano mit

10 Procent Ammoniak führt man der Hectare Bogenhäuser
Feld 80 Kilogramm Ammoniak, etwas mehr als den dreißigsten Theil der Menge zu, die man zur halben Sättigung auf
20 Centimeter Tiefe bedarf; ohne den Pflug und die Egge
würde die ganze im Guano gegebene Ammoniakmenge nicht
tiefer im besten Falle als sieben Millimeter einbringen. Die
Pflanzen bedürfen aber zu ihrem gedeihlichen Wachsthum einer
mit Nährstoffen gesättigten Erde nicht, wie denn die angeführten Absorptionszahlen zeigen, wie weit entfernt die Ackererden von dem Zustande der Sättigung sind; zu ihrer vollen
Ernährung ist es allein erforderlich, daß die Wurzeln der
Pflanzen abwärts im Boden mit einer gewissen Menge gesättigter Erde in Berührung kommen, und es hat die mechanische Bearbeitung des Feldes den wichtigen Zweck, die mit
einem Nährstoff gesättigten Erdtheile an die Orte der anderen
zu bringen oder damit zu mengen, welche durch eine vorangegangene Cultur ärmer an Nährstoffen geworden sind.

Der Mittelertrag einer Hectare Weizen (2000 Kilogramm
Korn und 5000 Kilogramm Stroh), enthält 52 Millionen
Milligramme Kali, 26 Millionen Milligramme Phosphorsäure,
ferner 54 Millionen Milligramme Stickstoff. Nimmt man an,
daß der Stickstoff vom Boden geliefert wurde, so empfangen
die auf einem Quadratmeter wachsenden Weizenpflanzen den
zehntausendsten Theil des Kalis, der Phosphorsäure und des
Stickstoffs, oder zusammen 13200 Milligramme. Nimmt man
100 Pflanzen auf den Quadratmeter an, so nimmt eine jede
132 Milligramme dieser Bestandtheile aus dem Boden auf
oder 54 Milligramme Stickstoff = 65 Milligramme Ammoniak,
52 Milligramme Kali, 26 Milligramme Phosphorsäure.

Ein jeder Kubikcentimeter Bogenhauser Lehmboden absorbirt bis zur Sättigung 2,6 Milligramme Ammoniak, 2,3 Milli-

gramme Kali und 0,5 Milligramme Phosphorsäure, und wir würden demnach durch die Zufuhr von 25 Kubikcentimetern der gesättigten Erde und 25 Milligramme phosphorsauren Kalk zu jedem Quadratdecimeter Feld die genannten Nährstoffe, welche die Weizenpflanze dem Boden genommen hat, in ausreichender Menge wieder ersetzen können; auf einen Quadratdecimeter Fläche und eine Tiefe von 20 Centimetern gerechnet machen die 25 Centimeter den achtzigsten Theil der Erdmasse aus.

Die früher beschriebenen Versuche der Herren Naegeli und Zoeller geben ein gutes Beispiel für eine solche Düngung ab. Der Dünger bestand aus Torf, der mit Nährstoffen theilweise gesättigt war, und der mit 3 Vol. beinahe völlig unfruchtbaren Torf vermischt, einen Boden herstellte von derselben Fruchtbarkeit wie eine gute Gartenerde.

Eine solche Zufuhr von mit Nährstoffen gesättigter Erde findet in der Regel nicht statt, aber die Düngung selbst geht genau in der angenommenen Weise vor sich. Man überfährt das Feld mit flüssigen oder festen Düngstoffen, welche Nährstoffe enthalten, die sich sogleich, wenn sie sich in Lösung befinden, oder nach und nach, wenn sie eine gewisse Zeit zur Lösung brauchen, mit den Erdtheilen, mit denen sie in Berührung sind, sich verbinden und diese sättigen, und es ist eigentlich diese mit Düngstoffen an der äußersten Oberfläche oder an inneren Stellen gesättigte Erde, mit welcher der Landwirth düngt, d. h. mit welcher er die entzogenen Nährstoffe ersetzt.

Die Erfahrung hat den Landwirth gelehrt, an welchen Orten im Boden die Bereicherung desselben mit Nährstoffen ihm oder vielmehr seinen Pflanzen am nützlichsten ist, und es ist im höchsten Grade merkwürdig, wie er der Natur der zu erzielenden Pflanzen und des Bodens und der Entwicklungsperiode der Pflanzen entsprechend die richtige Art der Düngung, das mehr oder weniger tiefe Unterpflügen oder bloße Aufstreuen des Düngers herausgefunden hat (Journ. of the Royal Agric. Soc. of England. T. 21, p. 330).

Die Erfolge des Landwirths würden in diesen Beziehungen noch größer sein, wenn die Nährstoffe in dem zur Hauptanwendung kommenden Düngmittel, worunter hier der Stallmist gemeint ist, gleichförmiger gemischt und verbreitet wären, weil dies eine gleichförmigere Vertheilung derselben in der Erde gestatten würde.

Der Stallmist ist eine sehr ungleichförmige Mischung von verwesendem Stroh und Pflanzenüberresten mit festen Thierexcrementen, welche letztere im Ganzen die kleinere Masse ausmachen; er ist getränkt mit Flüssigkeiten, welche Ammoniak und Kali in Lösung enthalten. Wenn man von hundert Stellen aus einem Misthaufen hundert Proben zu ebenso vielen Analysen nimmt, so liefert jede ein anderes Verhältniß von Nährstoffen, und es liegt auf der Hand, daß durch die Mistdüngung kaum eine Stelle im Boden die nämliche Menge von Nährstoffen wie eine andere empfängt.

Der Platz, auf welchem ein Misthaufen auf einem Felde im Regen lag, giebt sich während der ganzen Dauer einer Vegetationsperiode und oft noch im zweiten Jahre durch einen üppigeren Pflanzenwuchs, namentlich bei Halmpflanzen, zu erkennen, ohne daß die darauf wachsenden Pflanzen immer einen bemerklich höheren Kornertrag liefern. Wenn das Kali und Ammoniak, was diese eine Stelle mehr empfing, als die Pflanze zur Kornbildung nöthig hatte, mehr verbreitet und den anderen Pflanzen an anderen Orten zugänglich gewesen wäre, so würden sie beigetragen haben, den Kornertrag derselben zu erhöhen, während die Anhäufung des Ueberschusses an dem einen

Orte nur den Strohertrag vermehrte. Die ungleiche Vertheilung der anderen Bestandtheile des Stallmistes im Boden hat
eine ähnliche Ungleichheit in der Entwickelung der Theile des
Halmgewächses zur Folge. Auf einem ideellen Felde, in welchem die Nährstoffe vollkommen gleichförmig verbreitet und den
Wurzeln zugänglich sind, sollten bei Gleichheit aller anderen
Bedingungen alle darauf wachsenden Halmpflanzen eine gleiche
Höhe haben und jede Aehre dieselbe Anzahl und dasselbe Gewicht Körner liefern.

In dem kurzen, verrotteten Stalldünger sind die Nährstoffe weit gleichförmiger als in dem frischen Strohmiste verbreitet, und eine noch gleichförmigere Verbreitung erzielt der
Landwirth, wenn er den Mist mit Erde geschichtet oder gemischt zu dem sogenannten Compost verwesen läßt. Da der
Mist sowie alle Düngmittel nur durch die Erdtheile
wirken, die sich mit den im Miste enthaltenen Nährstoffen gesättigt haben, so ist es unter gewissen Umständen für den Landwirth vortheilhaft, mit dessen Hülfe eine solche
gesättigte Erde zu bereiten und damit zu düngen, dieses kann
natürlich auf dem Felde selbst geschehen. Nimmt man nach
den werthvollen Untersuchungen von Völker in einem Kubikmeter Stalldünger (= 500 Kilogramm oder 1000 Pfund) an,
660 Pfund Wasser, 6 Pfund Kali und 12 Pfund Ammoniak,
so würde dieser mit einem Kubikmeter Erde gemischt, von
welcher 1 Kubikdecimeter 3000 Milligramme Kali und 6000
Milligramme Ammoniak absorbirt, nach der vollkommenen Verwesung der organischen Materien des Mistes (welche etwa
25 Procent seines Gewichtes ausmachen) und nach der Verdunstung seiner halben Wassermenge etwa 1¼ Kubikmeter einer
mit allen Nährstoffen im Miste vollständig gesättigten Erde
liefern. Bodensorten, welche die bezeichnete Menge Kali und

Ammoniak absorbiren, finden sich überall, und dem Landwirthe kann es nicht schwer fallen, die für seine Composthaufen geeignetste Erde zu wählen.

Der Mist hat bekanntlich noch eine mechanische Wirkung, durch welche der Zusammenhang eines festen Bodens gemindert oder der schwere Boden leichter und poröser gemacht wird. Für diese Bodensorten eignen sich die Composte weniger gut, und die dem Miste zuzusetzende Erde muß durch einen sehr lockern Körper, am besten durch Torfklein, ersetzt werden*).

Wenn man die Erträge, welche durch Stallmist, Knochenmehl, Guano, in manchen Fällen durch Holzasche und Kalk manchen Feldern abgewonnen werden, mit denen vergleicht, welche das nämliche Feld in ungedüngtem Zustande liefert, so erscheint die Wirkung dieser Düngmittel wahrhaft räthselhaft.

Der Ertrag eines ungedüngten Feldes muß seinem Gehalt an wirksamen Nährstoffen entsprechend sein; ein niederer Ertrag entspricht einem niederen Gehalt desselben. Vergleicht man nun in einem der erwähnten Fälle den Gehalt an Nährstoffen des ungedüngten Stückes mit dem Ertrag, und die Zu-

---

*) Weit wichtiger vielleicht noch als die Düngung mit Composten, welche immerhin viel Arbeit und mehr Transport kosten, ist die Benutzung der absorbirenden Eigenschaften der Erden und des Torfes zur Firirung der in der Mistjauche enthaltenen Nährstoffe. Wenn der Boden einer Miststätte aus einer 1 Meter hohen Schicht lockeren Torfes besteht, so hat man bei einer Grundfläche von je 10 Meter Länge und Breite 100 Kubikmeter Torf, durch welche man alle Jauche versickern lassen kann, ohne daß man in Sorge zu sein braucht, auch nur den kleinsten Theil der wirksamen Bestandtheile der Jauche zu verlieren. Der Torf kann gleich dem Miste gebraucht und muß, wie sich von selbst versteht, jährlich erneuert werden. Auf Feldern, die nicht beackert werden, wie Wiesen, wirkt die Jauche natürlich rascher. Der in der Umgegend Münchens vorkommende Torf absorbirt in Pulvergestalt pro 1000 Kubikcentimeter, welche 390 Gramme wiegen, 7,892 Gramme Kali und 4,169 Ammoniumoryd.

fuhr an Nährstoffen oder die Düngermenge mit dem Mehrertrag, so erscheint der letztere außer allem Verhältniß viel größer zu sein, und man wird zu der Meinung verführt, als ob die im Dünger gegebenen Nährstoffe, Phosphorsäure, Kali, Ammoniak, weit wirksamer seien als die im Boden vorhandenen, oder daß die größere Masse derselben im Boden wirkungslos und seine Ertragsfähigkeit vorzugsweise durch die Düngerzufuhr bedingt gewesen sei. Daher kommt es denn, daß, während eine gewisse Anzahl von Landwirthen glaubt, daß man allen Dünger entbehren kann, und die mechanische Arbeit allein genüge, um das Feld ertragsfähig zu machen, andere der Meinung sind, daß man nur durch Düngung das Feld fruchtbar erhalten könne. Alle diese Ansichten beziehen sich nur auf einzelne Fälle und haben im Allgemeinen keine Gültigkeit, da weder die Einen noch die Anderen sich klar gemacht haben, auf welchem Grunde die Ertragsfähigkeit beruht.

In den Versuchen, welche das Generalcomité des landwirthschaftlichen Vereins in Baiern im Jahre 1857 über die Wirkungen des Phosphorits auf den an Phosphorsäure armen Feldern in Schleißheim anstellen ließ, wurden auf zwei Strecken Feld, wovon das eine pro Hectare mit 241,4 Kilogramm Phosphorsäure (657,4 Kilogramm Phosphorit mit Schwefelsäure aufgeschlossen) gedüngt worden war, folgende Erträge in Sommerweizen geerntet:

	1857 Gesammternte	Korn	Stroh
Gedüngt mit 657 Kilogr. phosphorsaurem Kalt	5114,7 Kilogr.	1301,7 Kilog.	3813,0 Kilog.
Ungedüngt	2301,0 „	644,3 „	1656,7 „

Nach einer chemischen Analyse der Erde von diesem Felde (von Dr. Zöller in dem hiesigen chemischen Laboratorium ausgeführt) gab diese an kalte Salzsäure eine Quantität Phos-

phorsäure ab, die auf die Hectare auf eine Tiefe von 25 Centimetern sich auf 2376 Kilogramm berechnet, entsprechend 5170
Kilogramm phosphorsaurem Kalk.

Die Menge der Phosphorsäure, welche die Pflanze im
Stroh und Korn von dem gedüngten Stück empfangen hatte:

beträgt im Ganzen   17,5 Kilogramm Phosphorsäure;

die vom ungedüngten   8   *   *

durch die Düngung
wurde mehr geerntet }   9,5 Kilogramm Phosphorsäure.

In den 657,4 Kilogramm Phosphorit empfing das Feld
im Ganzen 241,4 Kilogramm Phosphorsäure, die in dem
Mehrertrag vorhandene macht demnach nur $1/_{25}$ der zugeführten Phosphorsäure aus.

Dieses Ergebniß kann nicht in Verwunderung setzen, denn
die zugeführte Phosphorsäure wurde nicht der Pflanze, sondern
dem ganzen Felde gegeben. Wäre es möglich gewesen, jede
Wurzel mit soviel Phosphorsäure oder phosphorsaurem Kalk
zu umgeben, als der Mehrertrag an Korn und Stroh zu sei-
ner Bildung bedurfte, so würde man mit einer Düngung von
$9^1/_2$ Kilogramm Phosphorsäure ausgereicht haben, um den
Ertrag des ungedüngten Stückes zu verdoppeln; allein in der
Weise, wie die Düngung geschah, empfing jeder Theil des
Feldes gleichviel Phosphorsäure.

Von der ganzen Quantität von 241,4 Kilogramm kamen
aber nur 9,5 Kilogramm mit den Pflanzenwurzeln in Berührung, während der Rest wirkungsfähig, aber nicht wirksam
war. Um der Pflanze die Möglichkeit darzubieten, einen Gewichtstheil Phosphorsäure zu erlangen, war es nothwendig,
dem Felde fünfundzwanzig mal mehr zu geben.

Auf der andern Seite erscheint, gegen die vorräthige Menge

Phosphorsäure im Felde gehalten, die Wirkung der Düngung außer allem Verhältniß größer.

Die in dem Korn und Stroh vom ungedüngten Stück enthaltene Phosphorsäure macht $1/300$ der Phosphorsäuremenge im Felde, die in dem Mehrertrage $1/25$ der des Düngers aus; da durch den Dünger die Ernte verdoppelt wurde, so scheint hiernach die Wirkung der im Dünger zugeführten Phosphorsäure zwölf mal größer gewesen zu sein.

Die zugeführte Phosphorsäure (241,4 Kilogramm) machte $1/10$ der ganzen im Felde vorräthigen (2376 Kilogramm) aus. Bei gleicher Wirkung beider hätte der Mehrertrag der Zufuhr entsprechen sollen, aber anstatt einem Zehntel Mehrertrag erntete man den doppelten Ertrag des ungedüngten Stückes.

Diese Thatsache erklärt sich, wenn man die Absorptionszahl des Schleißheimer Feldes für Phosphorsäure oder phosphorsauren Kalk in Betracht zieht.

Wenn die im Felde vorräthige Phosphorsäure in der Form von Kalkphosphat (5170 Kilogramm) auf 25 Kubikcentimeter Tiefe gleichmäßig verbreitet gedacht wird, so enthält jeder Kubikdecimeter 2070 Milligramme, jeder Kubikcentimeter etwa 2 Milligramme Kalkphosphat.

Das Feld wurde gedüngt mit 657,4 Kilogramm Phosphorit in löslichem Zustande, welche 525 Millionen Milligramme reinem phosphorsauren Kalk entsprachen.

Nach directen Bestimmungen absorbirt 1 Kubikdecimeter der Schleißheimer Erde 976 Milligramme phosphorsauren Kalk; ein jeder Quadratdecimeter empfing 525 Milligramme, welche abwärts im Regenwasser, gelöst hinreichten um 5,4 Centimeter (etwas über 2 Zoll) tief, die Erde vollständig, oder 10,8 Centimeter tief halb mit phosphorsaurem Kalk zu sättigen. Diese Bodenschichten wurden demnach nicht nur $1/10$, sondern um

50 Procent an phosphorsaurem Kalk durch die Düngung bereichert, und zwar der größte Theil in einem für die Pflanze aufnahmsfähigen Zustande; das Absorbtionsvermögen der Erde erklärt mithin, warum die Ernten von gedüngten Feldern eher im Verhältnisse stehen zu den zugeführten Nährstoffen im Dünger, als zu der Summe derselben im Felde.

Die Wirkung einzelner oder mehrerer Düngstoffe ist noch stärker auf Bodensorten, welche noch ärmer als das erwähnte Schleißheimer Feld an Nährstoffen sind.

Die folgenden Resultate wurden auf einem für diesen Zweck umgebrochenen Lande erhalten, welches 15 Jahre lang der Pflug nicht berührt und als Schafweide gedient hatte; die ganze Erdschicht auf den Schleißheimer Feldern hat höchstens 6 Zoll Tiefe, unterhalb derselben ist keine Erde mehr, sondern ein Bett von Rollsteinen, welche das Wasser gleich einem Siebe mit zollgroßen Maschen durchlassen; der Ertrag des ungedüngten Stücks giebt einen Begriff von seiner Sterilität. Ein anderer Theil wurde mit Kalksuperphosphat gedüngt pro Hectare mit 525 Kilogramm Phosphorit mit Schwefelsäure aufgeschlossen, enthaltend 193 Kilogramm Phosphorsäure oder 420 Kilogramm Kalkphosphat.

1858er Winterroggen (Schleißheim) pro Hectare:

	Gesammternte	Korn	Stroh
Düngung mit Phosphorit (aufgeschlossen durch Schwefelsäure) = 525,3 Kilogr., darin 192,8 Kilogr. PO₅, entsprechend 420 Kilogr. reinem phosphors. Kalk	1995,4 Kilogr.	654,2 Kilogr.	1341,2 Kilogr.
Ungedüngt	397,6 „	115,0 „	282,6 „

Nach der Untersuchung von Dr. Zöller enthielt dieses Feld pro Hectare auf 6 Zoll Tiefe nur 727 Kilogramm Phosphorsäure.

Das mit Phosphorsäure gedüngte Feld lieferte den sechs-
fachen Ertrag an Korn und den fünffachen an Stroh des ungedüngten. Man wird aber bemerken, daß dieser höhere Ertrag,
so mächtig auch die Wirkung der Düngung sich aussprach,
noch nicht den des ungedüngten, seit längerer Zeit in Cultur
gehaltenen Stückes in dem vorhin erwähnten Versuche erreichte,
und wenn man den Phosphorsäuregehalt beider Felder mit
einander vergleicht, so sieht man, da der Schafweideboden auf
6 Zoll Tiefe nur halb so viel als der andere enthält, daß die
Düngung mit Superphosphat eben nur hinreichte, um das
Schafweidefeld bis zu 8 bis 10 Centimeter Tiefe dem andern
ungedüngten Stücke in seinem Gehalte an Phosphorsäure
gleich zu machen.

Diese Betrachtungen machen anschaulich, wie durch die
Absorption der Nährstoffe in den oberen Schichten des Feldes
eine, im Verhältniß zu dem ganzen Vorrathe im Boden, kleine
Menge von Nährstoffen oder Düngerbestandtheilen auf Gewächse, welche ihre Nahrung vorzugsweise von den oberen
Schichten der Ackerkrume empfangen, eine so auffallende Wirkung auf die Erhöhung der Erträge hat.

Wenn die Wirkung auf der Summe der wirkenden Theile
an gewissen Orten im Boden beruht, so wird die Wirkung
verstärkt mit der Anzahl der Theile, um welche die Summe
an eben diesen Orten vermehrt worden ist.

Die genauere Bekanntschaft mit der Zusammensetzung der
Ackerkrume sowie ihres Verhältnisses zu den Nährstoffen muß
mit der Beachtung der Natur der Pflanze und ihrer Bedürfnisse allmälig zu dem Verständniß vieler anderen Erscheinungen im Feldbau führen, die bis jetzt völlig unerklärt und für
viele Landwirthe geradezu räthselhaft sind. Obwohl wir die
allgemeinsten Gesetze der Pflanzenvermehrung, so weit diese

mit Boden, der Luft und dem Wasser in Verbindung stehen, auf das Genaueste kennen, so ist es dennoch in vielen Fällen außerordentlich schwierig, die Ursachen zu erkennen, welche einen Boden unfruchtbar für ein Culturgewächs, z. B. für Erbsen, machen, während er fruchtbar für andere ist, welche die nämlichen Nährstoffe wie die Erbsen und oft noch in größerer Menge bedürfen. Wenn der Boden reich genug an Nährstoffen für diese anderen Gewächse ist, warum wirken diese nicht auf gleiche Weise auf die Erbsenpflanzen ein, welche Ursachen hindern die Erbsenpflanze, sich die Nährstoffe anzueignen, welche anderen Gewächsen der Boden in vollkommen aufnahmsfähigen Zustande darbietet; wie kommt es zuletzt, daß eben dieser Boden nach einigen Jahren wieder eine lohnende Ernte an Erbsen giebt, obwohl wir denselben durch dazwischen eingeschobene Ernten eher an Nährstoffen ärmer gemacht als bereichert haben; daß die Erbse unter Hafer, Gerste, Sommerkorn gesäet häufig einen höheren Ertrag liefert, als wenn sie allein auf dem Boden wächst und sich mit den anderen Pflanzen in die vorräthigen Nährstoffe nicht zu theilen hat?

Ganz ähnliche Erscheinungen beobachten wir in der Cultur des Klees. In sehr vielen Gegenden wird ein Feld nach einer Anzahl von Kleeernten so gut wie unfruchtbar für Klee.

Die Düngung stellt in einem solchen Falle die Ertragsfähigkeit des Feldes für den Klee nicht wieder her, aber nach einigen Jahren, während welcher Zeit eben dieses Feld lohnende Ernten von Halm- und Knollengewächsen geliefert hat, wird es vorübergehend wieder fruchtbar für Klee.

Für eine ganze Anzahl von Culturpflanzen sind uns die specifischen Düngmittel, d. h. diejenigen Düngstoffe, die auf die Mehrzahl der Felder besonders günstig einwirken, ziemlich genau bekannt; der Stallmist ist in der Regel allen nütz-

lich; für Getreidepflanzen haben Ammoniaksalze, für Turnips=
rüben Kalksuperphosphat einen vorzugsweisen Werth; Knochen=
mehl und Asche erhöhen die Erträge von fruchtbaren Kleefel=
dern auf sichtbare Weise, und ebenso wird ein Feld durch Zu=
fuhr von Kalk oft fruchtbar für Klee, den es sonst nicht trägt.

Aber auf Feldern, welche ihre Ertragsfähigkeit für Klee
oder Erbsen verloren haben und die man mit erbsen= oder
kleemüde bezeichnet hat, wirken alle diese sonst günstigen Be=
dingungen ihres Wachsthums kaum mehr ein. Was diesen
Pflanzen sonst und anderen Pflanzen immer zusagt, hat über
einen gegebenen Zeitpunkt auf das Klee= und Erbsenfeld keine
Wirkung mehr. Diese Erscheinung ist es vorzüglich, welche
den Landwirth in Verlegenheit setzt und welche Zweifel gegen
die Lehren der Wissenschaft in ihm weckt.

Wenn er gezwungen ist, auf die Cultur ihm nützlicher
Pflanzen auf Reihen von Jahren hinaus zu verzichten, und die
Wissenschaft nicht vermögend ist, ihm über die Schwierigkeiten
hinauszuhelfen, was nützt ihm da die Theorie, so spricht der
Landwirth, welcher das Wesen der Theorie nicht kennt.

Es ist ein ziemlich verbreiteter Irrthum, daß die genaue
Bekanntschaft mit der Theorie das Vermögen verleihe, alle
vorkommenden Fälle zu erklären. Die Theorie erklärt aus sich
selbst heraus weder in der Astronomie noch in der Mechanik,
Physik oder Chemie irgend einen Fall; sie umfaßt und bezeich=
net die Ursachen, welche allen Fällen zu Grunde liegen, nicht
die einzelnen, welche den Fall bedingen.

Die Theorie erheischt, daß die jeden Fall regierenden Ur=
sachen einzeln aufgesucht werden, und die Erklärung ist als=
dann der Nachweis oder die Auseinandersetzung, wie sie zu=
sammenwirken, um den Fall hervorzubringen; sie deutet uns

an, was wir aufzusuchen haben, und sie lehrt, wie dies durch
richtige Versuche geschieht.

Der Grund, warum wir über die soeben angedeuteten Erscheinungen keine Aufschlüsse besitzen, beruht im Wesentlichen
darauf, daß der Landwirth bis jetzt sich sehr wenig um die
Ursachen derselben bekümmert hat, sowie denn die Aufsuchung
von Ursachen die Sache des praktischen Landwirthes eigentlich
nicht ist, und weil die, welche sich diese Aufgaben gestellt haben, in der Art, wie sie sie zu lösen versuchten, gezeigt haben,
daß ihnen die Pflanze als ein organisches Wesen, welches
seine eigenen Bedürfnisse hat, die man genau kennen muß, wenn
man es in der rechten Weise erziehen will, ein ziemlich unbe-
kanntes Ding ist.

Wenn ich in dem Folgenden die Erbsenpflanze mit einem
Halmgewächs vergleiche, so will ich damit die Aufmerksamkeit
der Landwirthe gewissen Eigenthümlichkeiten zulenken, die bei
der Cultur beider Pflanzen in Betracht kommen.

Für Gerste und Erbsen z. B. ist ein mäßig feuchter, kräf-
tiger, nicht zu bindender, von Unkraut gänzlich reiner Boden
besonders geeignet; ein milder, gutgepflegter, kalkhaltiger Lehm-
oder Mergelboden giebt für beide den besten Standort ab. Eine
6 Zoll hohe Ackerkrume reicht für die Gerstenpflanze hin, ihre
feinen verfilzten Wurzeln breiten sich büschelförmig aus; ein
lockerer Untergrund ist der Gerste eher schädlich als nützlich.
Eine frische Düngung vor der Saat wirkt auf die Gerstenpflanze mächtig ein. Während das Saatkorn bei der Gerste
nicht tiefer als 1 Zoll liegen darf, keimt und gedeiht die Erbse
am besten, wenn die Saat 2 bis 3 Zoll tief in die Erde
kommt, ihre Wurzeln verbreiten sich nicht seitwärts, sondern
gehen tief in die Erde; sie bedarf darum eines tiefgrundigen
und tiefbearbeiteten Bodens und eines freien, lockeren Unter-

grundes. Frische Düngung hat auf die Erbsenpflanze kaum einen Einfluß.

Aus diesen Eigenthümlichkeiten beider Pflanzen folgt von selbst, daß die Gerstenpflanze die Bedingungen ihres Gedeihens hauptsächlich aus der oberen Ackerkrume, die Erbsenpflanze hingegen aus tieferen Schichten empfängt. Was der Boden unterhalb 6 Zoll enthält, ist für die Gerstenpflanze ziemlich gleichgültig; für die Erbsenpflanze kommt auf den Gehalt dieser tieferen Schichten alles an.

Sehen wir nun näher zu, was beide Pflanzen von dem Boden beanspruchen, so ergeben die Untersuchungen Mayer's (Ergebn. landw. und agricult.-chemischer Versuche. München 1857. S. 35), daß der Erbsensamen 1/3 mehr Aschenbestandtheile (3,5 Procent) als die Gerste enthält; der Phosphorsäuregehalt ist bei beiden ziemlich gleich (2,7 Procent). Unter sonst gleichen Verhältnissen muß demnach der Untergrund, aus welchem die Erbse die Phosphorsäure empfängt, ebenso reich daran sein als die Ackerkrume, welche diesen Bestandtheil der Gerstenpflanze liefert.

Anders verhält es sich mit dem Stickstoffgehalte; auf dieselbe Menge Phosphorsäure enthalten die Erbsen beinahe das Doppelte mehr Stickstoff als die Gerste; nimmt man an, daß beide Pflanzen den Stickstoff vom Boden empfangen, was für die Erbse vielleicht nicht ganz richtig ist, so muß für jeden Milligramm Stickstoff, den die Gerstenpflanze durch ihre Wurzeln aufnimmt, die Erbsenpflanze das Doppelte empfangen, die erstere aus der Ackerkrume, die andere aus den tieferen Schichten.

Diese Betrachtungen werfen, wie ich glaube, einiges Licht auf die Erbsencultur, denn sie setzt eine ganz eigene Bodenbeschaffenheit voraus, und man begreift eher, daß ein durch die Erbsencultur erschöpfter Boden keine Erbsen mehr trägt, als

daß derselbe nach einer Reihe von Jahren wieder fruchtbar für
Erbsen wird.

Der für die Erbsen fruchtbare Untergrund soll nach diesen
Betrachtungen und der hypothetischen Gleichheit der aufnehs
menden Wurzeloberfläche, eben so reich an Phosphorsäure und
doppelt so reich an Stickstoff sein, als eine für die Cultur der
Gerste geeignete Ackerkrume enthält; für die Phosphorsäure ist
diese Annahme sicher.

Wir verstehen ohne Schwierigkeit die gute Wirkung, welche
die Düngung eines erschöpften Gerstenfeldes zur Folge hat;
alle Bedingungen ihres Gedeihens entnahm die Gerstenpflanze
der Ackerkrume, welche, durch den Dünger ersetzt, den Boden
wieder tragbar für Gerste machte.

Aber nach unserer Bekanntschaft der Eigenthümlichkeiten der
Ackererde hält eine Schicht von 6 bis 10 Zoll Tiefe das Ammoniak, Kali und die Phosphorsäure auch der stärksten Düngung,
welche der Landwirth zu geben gewohnt ist, so fest zurück, daß
ohne zufällige günstige Verhältnisse kaum ein Theil davon in
den Untergrund gelangen kann.

Wenn durch die Bestellung des Feldes mit Gewächsen, welche
ein tieferes Pflügen erfordern, namentlich mit Hack= und anderen
Früchten, von der reichen Ackerkrume eine gehörige Menge dem erschöpften Untergrunde beigemischt worden ist, so begreift man,
daß dieser allmälig wieder fruchtbar für Erbsen werden kann; die
Zeit, in welcher dies geschieht, hängt natürlich von der zufälligen Wahl der auf dem Felde einander folgenden Pflanzen ab.

Von diesem Gesichtspunkte aus liegt es in der Hand des
Landwirths, durch die richtige Behandlung seines Feldes die
Zeit zu verkürzen, in welcher Erbsen wieder darauf aufeinander
folgen können.

Thatsache ist, daß es sehr viele Felder giebt, welche in

der Umgebung der Städte Jahr für Jahr oder von zwei zu
zwei Jahren Erbsen in üppiger Fülle tragen, ohne je »erbsen-
müde« zu werden, und wir wissen, daß der Gärtner dazu keine
besonderen Künste anwendet, als daß er seinen Boden tief und .
sehr sorgfältig bearbeitet und sehr viel mehr düngt, als der
Landwirth es vermag.

Besonders räthselhaft ist hiernach das häufige Fehlschla-
gen der Erbsen nicht, und es besteht kein Grund, die Hoffnung
aufzugeben, daß es dem Landwirth gelingen wird, so oft Erbsen zu bauen als ihm dienlich ist, wenn er die rechten Mittel
und Wege einschlägt, um sein Feld an den rechten Orten mit
den der Erbsenpflanze nöthigen Nahrungsmitteln zu bereichern.

Bei allen Aufgaben dieser Art beruht der Erfolg immer darauf, daß derjenige, der ihnen seine Kräfte widmet, nicht glaubt,
daß ihre Lösung leicht sei, sondern er muß sich vorstellen, daß
sie mit großen Schwierigkeiten verbunden sei; denn beständen
diese nicht, so würden sie von der Experimentirkunst längst gelöst sein.

Die vielen vergeblichen Versuche der Herren Lawes und
Gilbert, um ein kleemüdes Feld wieder fruchtbar für Klee
zu machen, sind in dieser Beziehung von Werth, insofern sie
zeigen, daß das bloße Versuchmachen zu nichts führt, und
wenn ich ihnen hier eine Beachtung schenke, die sie nicht verdienen, so geschieht es nicht, um eine wohlfeile Kritik daran
zu üben, sondern um dem praktischen Manne zu zeigen, wie er
bei Lösung seiner Aufgaben nicht verfahren dürfe, wenn er
einen möglichen Erfolg erzielen will. Die Schlüsse, welche die
Herren L. und G. aus ihren zahlreichen Versuchen gezogen
haben, sind folgende:

Sie haben gefunden, daß wenn ein Land noch nicht kleemüde ist, die Ernte häufig durch Düngungen mit Kalisalzen

11*

und Kalksuperphosphat erhöht wird: ist das Land hingegen
kleemüde, so kann man auf keinen der gewöhnlichen Düngstoffe,
weder »künstlicher« oder »natürlicher«, sich zur Erzielung einer
sichern Ernte verlassen; das einzige Mittel ist, daß man einige
Jahre wartet, ehe man den rothen Klee auf dem Felde wiederkehren läßt.

Es ist kaum nöthig, darauf aufmerksam zu machen, daß was
die Herren L. und G. hier Schlüsse nennen, nichts weniger als
Schlüsse sind: was sie gefunden haben, haben tausend Landwirthe vor ihnen erfahren, und der einzige Schluß, der ihnen
erlaubt war, hätte der sein sollen, daß sie in ihren Bemühungen, durch gewisse Düngmittel ein kleemüdes Feld wieder tragbar für Klee zu machen, gescheitert sind. In Wahrheit haben
sie nicht entfernt danach gestrebt, uns über die Ursachen der
Kleemüde eines Feldes Unterricht zu verschaffen, sondern sie
haben einfach verschiedene Düngerarten probirt, in der Hoffnung, einen aufzufinden, durch welchen die ursprüngliche Ertragsfähigkeit des Feldes hätte wiederhergestellt werden können,
und diesen haben sie nicht gefunden.

Die Herren L. und G. nehmen an, daß die Kleepflanze
sich gegen ein Feld gerade so verhalte, wie eine Gersten- oder
Weizenpflanze, und da sie auf einem Felde, auf welchem, obwohl aufs Reichlichste gedüngt, der Klee mißrathen war, im
darauf folgenden Jahre eine reiche Gersten- oder Weizenernte
erzielt hatten, so setzte sich in ihnen die Vorstellung fest, daß
das Mißrathen des Klees auf einer Krankheitsursache beruhe,
die sich durch die Kleecultur im Boden entwickele und auf die
Kleepflanze, aber nicht auf die Wurzeln der Weizen- und
Gerstenpflanze sich übertrage.

Der Klee ist eben darin durchaus verschieden von den beiden Halmgewächsen, daß er seine Hauptwurzeln, wenn keine

Hindernisse entgegenstehen, senkrecht abwärts sendet; in einer Tiefe, welche die Mehrzahl der feinen Haarwurzeln der Gersten- und Weizenpflanze nicht mehr erreicht, verästelt sich die Hauptwurzel (wie dies besonders bei Trifolium pratense wahrnehmbar ist) zu seitwärts laufenden Kriechtrieben, welche abwärts neue Wurzeln treiben.

Der Klee empfängt mithin wie die Erbsenpflanze seine Hauptnahrung immer aus den Erdschichten unterhalb der Ackerkrume, und der Unterschied zwischen beiden besteht hauptsächlich darin, daß er vermöge seiner größeren und ausgedehnteren Wurzeloberfläche auf Feldern noch Nahrung in Menge vorfindet, wo Erbsen nicht mehr gedeihen; die natürliche Folge davon ist, daß der Klee verhältnißmäßig den Untergrund weit ärmer zurückläßt, als die Erbse.

Der Kleesamen, der seiner Kleinheit wegen aus seiner eigenen Masse nur wenig Bildungsstoffe der jungen Pflanze liefern kann, bedarf zu seiner Entwickelung eines reichen Obergrundes; aber die Pflanze entnimmt verhältnißmäßig wenig Nährstoffe der Ackerkrume. Wenn ihre Wurzeln diese durchbrochen haben, so überziehen sich die oberen Theile bald mit einer Korkschicht, und nur die im Untergrunde sich verzweigenden feinen Wurzelfasern führen der Kleepflanze Nahrung zu.

Betrachtet man nun die Versuche, welche die Herrn L. und G. anstellten, um ein kleemüdes Feld wieder ertragsfähig für Klee zu machen, so sieht man sogleich, daß alle angewendeten Mittel vollkommen geeignet waren, die obersten Schichten ihres Feldes mit Nährstoffen für die Weizen- und Gerstenpflanze zu bereichern, daß aber die Kleepflanze nur in der ersten Zeit ihrer Entwickelung Nutzen von der Düngung zog, während die tieferen Schichten unverändert in ihrer Beschaffenheit blieben; sie verhielten sich genau so, wie wenn das Feld überhaupt keine Nährstoffe empfangen hätte.

Die von L. und G. angewendeten Düngmittel waren Kalksuperphosphat (300 Pfund Knochenerde mit 225 Pfund Schwefelsäure pro Acre), schwefelsaures Kali (500 Pfund), schwefelsaures Kali und Superphosphat, gemischte Alkalisalze (500 Pfund schwefelsaures Kali, 225 Pfund schwefelsaures Natron, 100 Pfund schwefelsaure Bittererde), gemischte Alkalien mit Superphosphat, ferner Ammoniaksalze allein und Ammoniaksalze mit Superphosphat oder gemischten Alkalien, Stalldünger (300 Centner), begleitet von Kalk oder von Kalk und Superphosphat, oder von Kalk und Alkalien in den mannichfachsten Verhältnissen, sodann Ruß, Ruß mit Kalk, Ruß mit Kalk Alkalien und Superphosphat. Keins von diesen Düngmitteln hatte den allergeringsten Erfolg, das kleemüde Feld wurde dadurch nicht wieder tragbar für Klee.

Der Grund, warum diese Düngungen keine Wirkung hatten, ist nicht schwer aufzufinden. Die Herren L. und G. lassen uns zwar in ihrer Abhandlung völlig im Dunkeln über die Natur und Beschaffenheit des Bodens, auf welchem sie ihre Versuche angestellt haben; aber aus zufälligen Aeußerungen in früheren Abhandlungen wissen wir, daß die Felder zu Rothamster aus einem ziemlich schweren Lehmboden bestehen, welcher besonders für Kornfrüchte, namentlich Gerste, geeignet ist.

Nach den Versuchen über das Absorptionsvermögen des Lehmbodens kann man, ohne zu fürchten einen Irrthum zu begehen, annehmen, daß ein Kubikdecimeter Lehmboden 2000 Milligramme Kali und 1000 Milligramme phosphorsauren Kalk absorbirt.

Die Oberfläche eines Acre Lehmboden (= 405,000 Quadratdecimeter) absorbirt mithin auf 1 Decimeter = 4 Zoll

Tiefe, 805 Kilogramm Kali = 1610 Pfund und 405 Kilogramm phosphorsauren Kalk oder 810 Pfund.

Die stärkste Düngung mit schwefelsaurem Kali, welche die Herren L. und G. ihrem Felde gaben, betrug 500 Pfund = 270 Pfund Kali, die stärkste mit Superphosphat = 300 Pfund phosphorsauren Kalk.

Wenn die Herren L. und G. das schwefelsaure Kali und das Kalkphosphat in vollkommener Lösung auf das Feld gebracht hätten, so würde die ganze Quantität des Kalis, welches sie dem Felde gaben, nicht tiefer als 2 Centimeter, d. h. noch nicht einen Zoll, der phosphorsaure Kalk nicht tiefer als 4 Centimeter (etwas mehr als 1,6 Zoll tief) eingedrungen sein; beide Düngmittel wurden aber aufgestreut und untergepflügt, aber man kann nicht annehmen, daß die Schichten unterhalb 8 Zoll eine bemerkliche Menge Kali oder phosphorsauren Kalk empfangen hätten.

Die Herren L. und G. sagen Seite 186 ihrer Abhandlung: »Diejenigen, welche der Verbreitung der Kleekrankheit ihre Aufmerksamkeit auf einem sogenannten kleemüden Felde widmeten, werden beobachtet haben, daß, wie üppig auch der Klee im Herbst und Winter stand, die Zeichen des Fehlschlagens im März oder April sichtbar werden, und dieselbe Erscheinung wiederholte sich in allen ihren Versuchen; auf einem Felde, auf welchem der Klee fehlgeschlagen war, wurde Gerste gebaut und nachdem diese eine reiche Ernte geliefert hatte, wieder Klee darauf gesäet.

»Die Pflanzen (so berichten die Herrn L. und G.) standen ziemlich gut während des Winters, mit dem fortschreitenden Frühling starben sie aber rasch ab.« Ueber den Grund des Absterbens kann man keinen Augenblick im Zweifel sein; der erschöpfte Untergrund hatte von den verlorenen Bedingun-

gen der Fruchtbarkeit nichts wieder empfangen und die Pflanzen verhungerten, sobald sie die Ackerkrume durchsetzt hatten
und ihre Wurzeln in den Untergrund sich zu verbreiten be-
gannen.

Wenn das Mißrathen des Klees von einer Krankheit her-
rührte, so war sie offenbar von der seltsamsten Art, denn die
reichlich gedüngte Ackerkrume zeigte keine Spuren davon, nur
der Untergrund war kleemüde. Die Frage, ob es überhaupt
eine Krankheit giebt, welche durch die Cultur des Klees erzeugt wird, haben die Herrn L. und G., ohne es gewahr zu
werden, auf das Gründlichste widerlegt. Sie sagen Seite
193: »Ehe wir die wahrscheinliche Ursache des Fehlschlagens des
Klees näher besprechen, dürfte es gut sein, die Resultate einiger im Küchengarten zu Rothamsted angestellten Versuche zu
beschreiben. Der Boden desselben war in gewöhnlicher Garten-
cultur gehalten und vielleicht schon zwei bis drei Jahrhunderte
lang. Früh im Jahre 1854 wurde $\frac{1}{500}$ eines Acre mit
Rothklee bestellt, und von dieser Zeit an bis zum Jahre 1859
wurden 14 Schnitte Kleeheu gewonnen, ohne neue Besamung;
im Jahre 1856 wurde das Stück in drei Theile getheilt, ein
Theil davon gegypst, ein anderer mit Alkalien und Phosphaten gedüngt.«

»Der ganze Ertrag des auf diesem Gartenboden in sechs
Jahren geernteten grünen Klees betrug pro Acre berechnet
126 Tonnen (252 Centner) oder gleich $26\frac{1}{2}$ Tonnen Kleeheu (53 Centner). Der Mehrertrag durch das Gypsen betrug
in vier Jahren $15\frac{1}{2}$ Tonnen, durch die angewendeten Kalisalze und Phosphate $28\frac{3}{4}$ Tonnen grünen Klee.«

»Es ist bemerkenswerth,« fahren sie fort, »daß in den
nämlichen Jahren, in welchen diese hohen Kleeernten gewonnen
worden waren, wir ein paar hundert Ellen davon nicht im

Staube waren, eine mäßige Kleerute auf unserem Ackerfelbe
zu gewinnen.«

In der That ist dies höchst bemerkenswerth; auf dem
Ackerfelbe wurde durch die Vegetation der Kleepflanze die Erde
vergiftet, so daß sie keinen Klee mehr trug, aber in eben der
Zeit unter gleichen Witterungsverhältnissen erzeugte die nämliche Kleepflanze in dem reichen Gartenboden kein Gift.

Von einer vergleichenden Untersuchung des Garten- und
Ackerbodens ist natürlich keine Rede gewesen, da es den beiden Agricultur-Chemikern, wie bereits bemerkt, nicht um einen
Grund, sondern um einen Dünger zu thun war. Obwohl
sie aber nicht das allergeringste Thatsächliche aufgefunden haben, was als Anhaltspunkt zu einer Erklärung dieses befrem-
denden Verhaltens der Kleepflanze auf den beiden Feldern hätte
dienen können, so hält sie dies nicht ab, die Landwirthe mit folgender sinnreichen Erklärung zu beschenken.

»Unter den Pflanzen — so erläutern sie — gebe es gewisse
Gattungen, die sich in Beziehung auf die Natur der Nahrung
auf eine besondere Art verhalten; die einen, wozu die Getreidearten gehörten, lebten vorzugsweise von unorganischen Stoffen,
aber die anderen hätten, um üppig zu gedeihen, die Zufuhr von
complexeren organischen Verbindungen nöthig; zu diesen letzteren,
so schiene es ihnen, müßten die Leguminosen, z. B. der Klee,
gerechnet werden.«

Auf die Thatsache sich stützend, daß sie keine Erklärung
gefunden haben, und daß sie dieselbe denn doch hätten finden
müssen, wenn sie zu finden gewesen wäre, muthen sie uns zu,
daß wir glauben sollen, unter den höheren Pflanzen gebe es
gewisse Gattungen, die sich zu den anderen verhielten wie etwa
die fleischfressenden zu den grasfressenden Thieren; ähnlich wie
die letzteren complexere organische Verbindungen genießen,

welche die pflanzenfressenden in ihrem Leibe zubereiten, so sei
es auch mit der Kleepflanze, sie repräsentirten gewissermaßen
gleich den Pilzen unter den Pflanzen die Carnivoren.

Es ist wohl nicht der Mühe werth, von dieser Erklärung
irgend Notiz zu nehmen, aber nützlich dürfte es doch sein, die
Frage zu berühren, ob denn die Herrn L. und G. auch ohne
Berücksichtigung des Absorptionsvermögens der Erde die Mittel
erschöpft haben, die überhaupt in Anwendung hätten kommen
können, um das kleemüde Feld wieder tragbar für Klee zu
machen, um zu dem Anspruch berechtigt zu sein, daß, wenn
ein Land kleemüde ist, man sich auf keins der gewöhnlichen
weder natürlichen noch künstlichen Düngmittel verlassen dürfe,
um eine Ernte zu sichern?

Man kann hier fragen, warum die Herren L. und G. anstatt des Kalksuperphosphates nicht Knochenmehl versuchten,
dessen Wirkung weit tiefer reicht als die des Kalksuperphosphates, und warum nur schwefelsaures Kali und schwefelsaure
Salze in Anwendung kamen? Es ist nicht unmöglich, daß gewöhnliche Holzasche wirksamer gewesen wäre als wie schwefelsaures Kali, und vor Allem hätte Chlorkalium versucht werden
müssen, welches als Bestandtheil der Mistjauche vor allen
anderen Kalisalzen dem Klee nützlich ist. Man versteht ferner
nicht, warum die flüssige Düngung nicht versucht worden ist
und warum das Kochsalz unter den angewendeten Düngmitteln ausgeschlossen wurde. Zieht man in Betracht, was die
Herren L. und G. zur Lösung ihrer Aufgabe nicht gethan haben, und was sie hätten thun sollen, so gelangt man wohl
zu dem Schlusse, daß sie von der Natur derselben selbst keine
klare Vorstellung besaßen.

Der Mangel an Einsicht in das Wesen einer Erscheinung,
welche untersucht werden soll, ist aber von allen Schwierig-

leiten, die der Erreichung eines praktischen Resultates entgegenstehen, die allergrößte. Wenn die Unfruchtbarkeit eines Feldes
für Klee und Erbsen auf einem Mangel an Stickstoffnahrung
in den tieferen Schichten des Bodens beruht und auf keinem
anderen Grunde, so ist es wegen dem Absorptionsvermögen
der Bodensorten für Ammoniak ganz außerordentlich schwierig,
den Untergrund mit diesem Nährstoffe zu bereichern und den
Mangel desselben zu beseitigen. Ganz anders verhält es sich
mit den salpetersauren Salzen, die in jede Tiefe dringen, da
die Salpetersäure von der Erde nicht absorbirbar ist, und es
giebt möglicherweise der Chilisalpeter ein Mittel ab, um in
solchen Fällen, wo es an Stickstoffnahrung fehlt, das Feld wieder
tragbar für Klee oder Erbsen zu machen.

Da die Düngung mit gebranntem Kalk dem Gedeihen
des Klees und auch der Erbsen häufig nützlich ist und ein
kalkhaltiger Boden ganz besonders die Salpetersäurebildung
befördert, so ist es nicht unwahrscheinlich, daß gerade für tief-
wurzelnde Gewächse die Kalkdüngung durch diese Eigenschaft
das Wachsthum befördert, insofern dieselbe das Einbringen
von Stickstoffnahrung in die Tiefe, und zwar in Folge der
Verwandlung des Ammoniaks in Salpetersäure bedingt.

Der Stallmist.

Um zu einer richtigen Ansicht über die Bewirthschaftung eines Feldgutes mit Stalldünger zu gelangen, ist es nothwendig, sich daran zu erinnern, daß die Fruchtbarkeit des Bodens in einer ganz bestimmten Beziehung zu seinem Gehalte an den Nährstoffen der Pflanzen im Zustande der physikalischen Bindung, und die Dauer der Fruchtbarkeit eines Feldes oder seine Ertragsfähigkeit im Verhältniß zu der Quantität oder der Summe der im Boden vorhandenen in eben diesem Zustande übergangsfähigen Bedingungen seiner Fruchtbarkeit steht.

Die Höhe des Ertrages eines Feldes in einer gegebenen Zeit steht im Verhältnisse zu den Theilen der Summe, welche von dem Boden aus, während dieser Zeit, in die auf dem Boden gewachsenen Pflanzen übergegangen sind. Wenn von zwei Feldern das eine den doppelten Ertrag an Weizenkorn und Stroh liefert als das andere, so setzt dies nothwendig voraus, daß die Weizenpflanzen auf dem einen Felde doppelt soviel Nährstoffe aus dem Boden empfangen haben, als auf dem andern.

Wenn man eine und dieselbe Pflanze oder verschiedene Pflanzen auf einem Felde auf einander folgen läßt, so nehmen

die Ernten nach und nach ab, und der Boden wird im landwirthſchaftlichen Sinne als »erſchöpft« bezeichnet, wenn die Erträge des Feldes aufhören lohnend zu ſein, d. h. die Arbeit,
die Capitalrenten ꝛc. nicht mehr decken. Wenn die hohen Erträge bedingt waren durch eine gewiſſe Anzahl von Theilen
der Summe der Nährſtoffe, welche der Boden an die Pflanze
abgegeben hat, ſo beruht die Erſchöpfung des Feldes darauf,
daß ſich die Summe der Nährſtoffe vermindert hat. Dieſelbe
Anzahl von Pflanzen kann auf demſelben Felde nicht in gleicher Weiſe wie früher gedeihen, wenn ſie die nämliche Menge
von Nährſtoffen nicht mehr vorfindet, welche die vorangegangene
Frucht vorgefunden hat. Der chemiſche Begriff der Erſchöpfung
eines Culturfeldes iſt von dem landwirthſchaftlichen darin verſchieden, daß ſich erſterer auf den Gehalt oder auf die Summe,
der letztere auf die Anzahl der Theile der Summe der Nährſtoffe bezieht, die der Boden abzugeben vermag. Im chemiſchen
Sinne erſchöpft heißt ein Feld, welches überhaupt keine Ernten
mehr liefert.

Von zwei Feldern, von denen das eine hundertmal, das
andere nur dreißigmal ſoviel Nährſtoffe auf die nämliche Tiefe
enthält, als eine volle Weizenernte bedarf, bietet das erſtere bei
gleicher Beſchaffenheit und Miſchung den Wurzeln der Pflanze
in dem Verhältniß von 10 : 3 mehr Nährſtoffe als das andere
dar; wenn die Wurzeln einer Pflanze von gewiſſen Stellen des
einen Feldes 10 Gewichtstheile Nährſtoffe empfangen, ſo finden die Wurzeln derſelben Pflanze auf dem andern nur drei
Gewichtstheile zur Aufnahme vor.

Eine mittlere Ernte von 2000 Kilogramm Weizen, Korn
und 5000 Kilogramm Stroh empfängt von einer Hectare Feld
durchſchnittlich 250 Kilogramm Aſchenbeſtandtheile; wenn wir
uns nun denken, daß ein ſolches Feld hundertmal ſoviel von die-

sen Aschenbestandtheilen, also 25,000 Kilogramm im vollkommen aufnahmsfähigen Zustande zur Erzeugung einer Mittelernte enthalten müsse, so giebt dieses Feld an die erste Ernte
1 Procent von diesem Vorrath ab.

Der Boden bleibt in den darauf folgenden Jahren immer
noch fruchtbar für neue Weizenernten, aber die Erträge nehmen ab.

Wenn der Boden auf das Sorgfältigste gemischt worden
ist, so findet die im nächsten Jahre auf demselben Felde wachsende Weizenpflanze an jeder Stelle ein Procent weniger Nahrung vor und der Ertrag an Korn und Stroh muß in eben
diesem Verhältniß kleiner sein. Bei gleichen klimatischen Bedingungen, Temperatur und Regenmenge wird man im zweiten Jahre nur 1980 Kilogramm Korn und 4950 Kilogramm
Stroh ernten, und in jedem folgenden Jahre müssen die Ernten fallen nach einem bestimmten Gesetz.

Wenn die Weizenernte im ersten Jahre 250 Kilogramm
Aschenbestandtheile entzog, und der Boden im ganzen pro Hectare auf 12 Zoll Tiefe hundertmal so viel enthielt (25,000
Kilogramm), so bleiben am Ende des dreißigsten Culturjahres
18,492 Kilogramm Nahrungsstoffe im Boden zurück.

Welches auch die durch klimatische Verhältnisse bedingten
Abweichungen in den Ernteerträgen der dazwischenliegenden
Jahre gewesen sein mögen, so sieht man ein, daß auf diesem
Felde, in dem 31. Jahre, wenn kein Ersatz stattgefunden hat,
im günstigsten Falle nur $^{185}/_{250} = 0,74$, oder etwas weniger
als $^3/_4$ einer mittleren Ernte erzielt werden kann.

Wenn diese drei Viertel der mittleren Ernte dem Landwirth
keinen hinlänglichen Ueberschuß in seiner Einnahme mehr
verschaffen, wenn sie einfach seine Ausgaben decken, so heißt
der Ertrag kein lohnender Ertrag. Von dem Felde sagt er

alsdann, es sei erschöpft für die Weizencultur, obwohl es noch vierundsiebenzigmal mehr an Nahrungsstoffen enthält, als eine mittlere Ernte jährlich bedarf; die ganze Summe hatte bewirkt, daß im ersten Jahre jede Wurzel in den Theilen des Bodens, mit denen sie in Berührung kam, die erforderliche Menge von Bodenbestandtheilen zu ihrer vollen Entwickelung vorfand, und die auf einander folgenden Ernten haben bewirkt, daß sich im 31. Jahre nur ³/₄ dieser Quantität in diesen Theilen davon vorfindet.

Eine mittlere Roggenernte (= 1600 Kilogramm Korn und 3800 Kilogramm Stroh) entzieht dem Boden pro Hectare nur 180 Kilogramm Aschenbestandtheile.

Wenn der Weizenboden, um eine mittlere Weizenernte zu liefern, 25,000 Kilogramm von den Aschenbestandtheilen der Weizenpflanzen enthalten müßte, so ist ein Boden, welcher nur 18,000 Kilogramm derselben Bestandtheile enthält, reich genug für eine mittlere und eine Reihe von lohnenden Roggenernten.

Unserer Rechnung nach enthält ein für die Weizencultur erschöpftes Feld immer noch 18,492 Kilogramm Bodenbestandtheile, die ihrer Beschaffenheit nach identisch mit denen sind, welche die Roggenpflanze nöthig hat.

Fragt man nun, nach wie viel Jahren fortgesetzten Roggenbaues die mittlere Ernte auf eine Dreiviertelernte herabsinken wird, so ergiebt sich, wenn diese keine lohnende Ernte mehr ist, daß das Feld 28 lohnende Roggenernten liefern, und nach 28 Jahren für den Roggenbau erschöpft sein wird. Der im Boden bleibende Rest von Nahrungsstoffen beträgt immer noch 13,869 Kilogramm an Aschenbestandtheilen.

Ein Feld, welches keine lohnende Roggenernte mehr liefert, ist deshalb nicht unfruchtbar für die Haferpflanze.

Eine mittlere Haferernte (2000 Kilogramm Korn und

3000 Kilogramm Stroh) entzieht dem Boden 310 Kilogramm Aschenbestandtheile, 60 Kilogramm mehr als eine Weizenernte, und 130 Kilogramm mehr als eine Roggenernte. Wenn die auffaugende Wurzeloberfläche der Haferpflanze die nämliche wäre wie die der Roggenpflanze, so würde der Hafer nach Roggen keine lohnende Ernte mehr liefern können; denn ein Boden, der bei 13,869 Kilogramm Vorrath 310 Kilogramm für die Haferernte abgiebt, verliert hiermit 2,23 Procent seines Gehalts an Aschenbestandtheilen, während ihm, wie angenommen, die Wurzeln des Roggens nur 1 Procent entziehen, verliert er durch die Cultur der Haferpflanze 2,23 Procent. Dies kann nur geschehen, wenn die Wurzeloberfläche des Hafers die des Roggens um das 2,23fache übertrifft.

Die Haferernten werden hiernach den Boden am raschesten erschöpfen, schon nach 12¾ Jahren wird die Ernte auf ¾ ihres anfänglichen Betrags herabsinken müssen.

Keine von allen den Ursachen, welche die Erträge zu vermindern oder zu erhöhen vermögen, hat auf dieses Gesetz der Erschöpfung des Bodens durch die Cultur einen Einfluß. Wenn die Summe der Nahrungsstoffe um eine gewisse Anzahl von Theilen vermindert worden ist, so hört der Boden auf, in landwirthschaftlichem Sinne fruchtbar für ein Culturgewächs zu sein.

Für eine jede Culturpflanze besteht ein solches Gesetz. Dieser Zustand der Erschöpfung tritt unabwendbar ein, auch wenn in einer Reihenfolge von Culturen dem Boden nur ein einziger von allen den verschiedenen für die Ernährung der Gewächse nothwendigen mineralischen Nahrungsstoffen entzogen worden ist, denn der eine, welcher fehlt oder mangelt, macht alle anderen wirkungslos, oder nimmt ihnen ihre Wirksamkeit.

Mit einer jeden Frucht, mit einer jeden Pflanze oder einem Theil einer Pflanze, die man von dem Felde hinwegnimmt, verliert der Boden einen Theil von den Bedingungen seiner Fruchtbarkeit, d. h. er verliert das Vermögen, diese Frucht, Pflanze oder Theil einer Pflanze nach Ablauf einer Reihe von Culturjahren wieder zu erzeugen. Tausend Körner bedürfen tausendmal so viel Phosphorsäure vom Boden wie ein Korn, und tausend Halme tausendmal so viel Kieselsäure wie ein Halm, und wenn es an dem tausendsten Theil von Phosphorsäure oder Kieselsäure im Boden fehlt, so bildet sich das tausendste Korn, der tausendste Halm nicht aus. Ein einzelner von dem Getreidefelde hinweggenommener Getreidehalm macht, daß dies Feld einen gleichen Getreidehalm nicht mehr trägt.

Es folgt hieraus von selbst, daß ein Hectar Feld, welcher 25,000 Kilogramm von den Aschenbestandtheilen des Weizens gleichförmig verbreitet und in einem für die Pflanzenwurzeln vollkommen aufnehmbaren Zustande enthält, daß dieser Hectar Feld, wenn die gleichförmige Mischung durch sorgfältiges Pflügen und allen hierzu dienlichen Mitteln erhalten worden wäre, ohne irgend einen Ersatz an den im Stroh und Korn hinweggenommenen Bodenbestandtheilen zu empfangen, bis zu einer bestimmten Grenze eine Reihe von lohnenden Ernten verschiedener Halmgewächse liefern kann, deren Aufeinanderfolge dadurch bedingt ist, daß die zweite Pflanze weniger vom Boden nimmt als die erste, oder daß die zweite eine größere Anzahl von Wurzeln oder im Allgemeinen eine größere aufsaugende Wurzeloberfläche besitzt. Von dem mittleren Ernte-Ertrag im nächsten Jahre an würden die Ernten von Jahr zu Jahr abgenommen haben.

Für den Landwirth, für welchen gleichförmige Mittelerträge Ausnahmen sind und ein durch Witterungsverhältnisse bedingter Wechsel die Regel ist, würde diese stetige Abnahme kaum wahrnehmbar gewesen sein, selbst dann nicht, wenn in der Wirklichkeit sein Feld eine so günstige chemische und physikalische

Beſchaffenheit gehabt hätte, daß er ſiebzig Jahre nach einander
Weizen, Roggen und Hafer darauf hätte bauen können ohne
allen Erſaß der entzogenen Bodenbeſtandtheile. Gute, dem Mittelertrag ſich nähernde Ernten in günſtigen Jahren würden mit
ſchlechten Erträgen gewechſelt haben, aber immer würde das
Verhältniß der ungünſtigen zu den günſtigen Ernte-Erträgen
zugenommen haben.

Die große Mehrzahl der europäiſchen Culturfelder beſißt
die phyſikaliſche Beſchaffenheit, die in dem eben betrachteten
Falle für das Feld angenommen worden iſt, nicht.

In den meiſten Feldern iſt nicht alle den Pflanzen nöthige
Phosphorſäure in wirkſamem, den Pflanzenwurzeln zugänglichem
Zuſtande verbreitet; ein Theil derſelben iſt in der Form von
kleinen Körnchen Apatit (phosphorſaurem Kalk) lediglich darin
vertheilt, und wenn auch der Boden im Ganzen mehr als ein
genügendes Verhältniß enthält, ſo iſt doch in den einzelnen
Theilchen des Bodens in manchen weit mehr, in anderen zu
wenig für das Bedürfniß der Pflanze vorhanden.

Wenn wir uns nun denken, daß unſer Feld 25,000 Kilogramme von den Aſchenbeſtandtheilen des Weizens vollkommen
gleichmäßig vertheilt, und fünf- oder zehn-, oder mehrere Tauſend
Pfund der nämlichen Nahrungsſtoffe, die Phosphorſäure deſſelben
als Apatit, die Kieſelſäure und das Kali als aufſchließbares Silicat,
ungleichförmig vertheilt enthalten hätte; wenn ferner von dieſem
leßtern auf die eben auseinandergeſeßte Weiſe von zwei zu zwei
Jahren eine gewiſſe Menge löslich und verbreitbar geworden
wäre, in einem ſolchen Verhältniß, daß die Pflanzenwurzeln in
allen Theilen der Ackerkrume von dieſen Nahrungsſtoffen ebenſoviel als im vorhergegangenen Culturjahre angetroffen hätten,
genügend alſo zu einer vollen Mittelernte: ſo würden wir eine
Reihe von Jahren hindurch volle Mittelernten erzielt haben,

wenn wir zwiſchen jedes Culturjahr ein Brachjahr eingeſchaltet
hätten. Anſtatt dreißig ſtets abnehmender Ernten würden wir
in dieſem Falle in 60 Jahren dreißig volle Mittelernten erhal=
ten haben, wenn der vorhandene Ueberſchuß im Boden bis dahin
ausgereicht hätte, die jährlich in den Ernten hinweggenommene
Menge Phosphorſäure, Kieſelſäure und Kali in allen den Thei=
len zu erſetzen, denen ſie entzogen wurden. Mit der Er=
ſchöpfung dieſes Ueberſchuſſes würden für dieſes Feld die abneh=
menden Erträge beginnen, und aufs Neue weiter eingeſchobene
Brachjahre würden alsdann auf die Erhöhung dieſer Erträge
nicht den mindeſten Einfluß ausgeübt haben.

Wäre der in dem eben betrachteten Falle angenommene
Ueberſchuß von Phosphorſäure, Kieſelſäure und Kali nicht un=
gleichförmig, ſondern gleichförmig verbreitet, und für die Pflan=
zenwurzeln überall vollkommen zugänglich geweſen, ſo würde
man 30 volle Ernten in 30 Jahren nach einander ohne Ein=
ſchiebung eines Brachjahres auf dieſem Felde erzielt haben.

Kehren wir zu unſerem Felde zurück, von welchem wir an=
genommen haben, daß es 25,000 Kilogramme Aſchenbeſtand=
theile des Weizens in der vollkommenſten Weiſe vertheilt und
in aufnehmbarem Zuſtande enthielte, und jedes Jahr mit Weizen
beſtellt werde, und denken wir uns den Fall, daß wir in jeder
Ernte nur die Aehre von dem Halme abgeſchnitten und das
ganze Stroh auf dem Felde gelaſſen, und ſogleich wieder unter=
gepflügt hätten, ſo iſt der Verluſt, den das Feld in dieſem
Jahre erleidet, kleiner als zuvor, denn alle Beſtandtheile des
Halmes und der Blätter ſind dem Felde verblieben; wir haben
nur die Bodenbeſtandtheile des Korns dem Felde genommen.

Unter den Beſtandtheilen, welche der Halm und die Blät=
ter vom Boden empfangen haben, befinden ſich alle Boden=
beſtandtheile der Samen, nur in einem andern Verhältniß.

Wenn die in dem Stroh und Korn zuſammen ausgeführte Menge Phosphorſäure durch die Zahl 3 bezeichnet wird, ſo iſt der Verluſt, wenn das Stroh dem Felde verbleibt, nur 2. Die Abnahme der Erträge des Feldes in einem folgenden Jahre ſteht immer im Verhältniß zu dem Verluſte, den es durch die vorhergehende Ernte an Bodenbeſtandtheilen erlitten hat. Die nächſtfolgende Ernte an Korn wird etwas größer ſein, als ſie ausfallen würde, wenn man das Stroh dem Felde nicht gelaſſen hätte; der Ertrag an Stroh wird nahe derſelbe wie im vorhergehenden Jahre bleiben, denn die Bedingungen zur Stroherzeugung ſind ſehr wenig verändert worden.

Indem man in dieſer Weiſe dem Boden weniger nimmt als zuvor, ſo wächſt ſomit die Anzahl der lohnenden Ernten, oder die Summe des in der ganzen Reihe der Kornernten erzeugten Korns. Ein Theil der Strohbeſtandtheile geht über in Kornbeſtandtheile, und wird jetzt in dieſer Form dem Felde genommen. Die Periode der Erſchöpfung tritt immer, aber unter dieſen Umſtänden ſpäter ein. Die Bedingungen zur Kornbildung nehmen ſtetig ab, denn die dem Korn entzogenen Stoffe wurden nicht erſetzt.

Wenn man das Stroh abgeſchnitten auf Schubkarren um das Feld herumgefahren, oder wenn man es als Streu in Viehſtällen benutzt und dann erſt untergepflügt hätte, ſo wäre dieſes Verhältniß ganz das nämliche geblieben. Was man in dieſer Weiſe dem Felde wieder zuführte, war dem Felde genommen und bereicherte das Feld nicht.

Wenn man ſich denkt, daß die verbrennlichen Beſtandtheile des Strohs nicht vom Boden geliefert werden, ſo war das Zurücklaſſen des Strohs auf dem Felde eigentlich nur ein Zurücklaſſen der Aſchenbeſtandtheile des Strohs. Das Feld blieb um

etwas fruchtbarer als zuvor, weil man demſelben weniger genommen hatte.

Hätte man auch das Korn oder die Aſchenbeſtandtheile des
Korns mit dem Stroh wieder untergepflügt, oder hätte man
anſtatt des Weizenkorns eine entſprechende Menge eines andern
Samens, Repskuchenmehl, d. h. von fettem Oele befreiten Reps-
ſamen, welcher die nämlichen Aſchenbeſtandtheile enthält, im
richtigen Verhältniſſe dem Felde wiedergegeben, ſo blieb ſeine
Zuſammenſetzung wie zuvor; im nächſten Jahre würde man denſelben Ernte-Ertrag wie im vorhergegangenen erhalten haben.
Wenn nach jeder Ernte in dieſer Weiſe das Stroh immer wieder dem Felde zurückgegeben wird, ſo iſt eine weitere Folge eine
Ungleichheit in der Zuſammenſetzung der wirkſamen Beſtandtheile der Ackerkrume.

Wir haben angenommen, daß unſer Boden die Aſchenbeſtandtheile der ganzen Weizenpflanze im richtigen Verhältniß
zur Bildung der Halme, der Blätter und des Korns enthalten
habe; indem wir die zur Bildung des Strohs nöthigen Mineralſubſtanzen dem Felde ließen, während die des Korns fortwährend hinweggenommen wurden, ſo häuften ſich die erſteren im
Verhältniß zu dem Reſt der Bodenbeſtandtheile des Korns, die
das Feld noch enthielt, an. Das Feld behielt ſeine Fruchtbarkeit für das Stroh, die Bedingungen für die Körnerbildung nahmen ab.

Die Folge dieſer Ungleichheit iſt eine ungleichförmige Entwickelung der ganzen Pflanze. So lange der Boden alle zur
gleichmäßigen Entwickelung aller Theile der Pflanze nöthigen
Aſchenbeſtandtheile im richtigen Verhältniß enthielt und abgab,
blieb die Qualität des Samens und das Verhältniß zwiſchen
Stroh und Korn in den abnehmenden Ernte-Erträgen gleichmäßig und unverändert. In dem Maße aber, in welchem die

Bedingungen zur Blatt= und Halmbildung günſtiger wurden,
nahm mit den Samenerträgen zunächſt auch die Qualität des
Samens ab. Das Merkmal dieſer Ungleichförmigkeit in der
Zuſammenſetzung des Bodens als Folge der Culturen iſt, daß
das Gewicht der geernteten Scheffel Korn ſich vermindert. Wäh=
rend im Anfang zur Bildung des Korns eine gewiſſe Menge
von den Beſtandtheilen des wieder zugeführten Strohs (Phos=
phorſäure, Kali, Bittererde) verbraucht wurde, tritt ſpäter das
umgekehrte Verhältniß ein, es werden von den Kornbeſtandthei=
len (Phosphorſäure, Kali, Bittererde) zur Strohbildung in An=
ſpruch genommen. Der Zuſtand eines Feldes iſt denkbar, wo
wegen der vorhandenen Ungleichförmigkeit in dem Verhältniß der
Bedingungen zur Stroh= und Kornbildung, wenn Temperatur
und Feuchtigkeit die Blattbildung begünſtigen, ein Halmgewächs
einen enormen Strohertrag mit leeren Aehren liefert.

Der Landwirth kann bei ſeinen Pflanzen auf die Richtung
der vegetativen Thätigkeit nur durch den Boden einwirken, d. h.
durch das Verhältniß der Nahrungsſtoffe, die er demſelben giebt;
zum höchſten Kornertrag gehört, daß der Boden ein überwiegen=
des Verhältniß an den zur Samenbildung nöthigen Nahrungs=
ſtoffen enthält. Für die Blattgewächſe, Rüben= und Knollen=
gewächſe iſt dieſes Verhältniß umgekehrt.

Es iſt hiernach klar, wenn wir auf unſerem Felde, welches
25,000 Kilogramme von den Bodenbeſtandtheilen der Weizen=
ernte enthält, Kartoffeln und Klee bauen, und den ganzen Er=
trag an Kartoffelknollen und Klee dem Felde nehmen, daß wir
dem Boden in dieſen beiden Feldfrüchten ebenſoviel Phosphor=
ſäure und dreimal ſo viel Kali entziehen wie durch drei Wei=
zenernten. Es iſt ſicher, daß dieſe Beraubung des Bodens an
dieſen nothwendigen Bodenbeſtandtheilen durch eine andere Pflanze

auf seine Fruchtbarkeit für Weizen von großem Einfluß ist; die Höhe und Dauer der Weizenerträge nimmt ab.

Wenn wir hingegen in zwei Jahren das Feld einmal mit Weizen und dann mit Kartoffeln bestellt, und die ganze Kartoffelernte auf dem Felde gelassen, und Knollen, Kraut und Weizenstroh untergepflügt hätten, und so fort abwechselnd 60 Jahre lang, so würde dies den Ertrag an Korn, welchen es zu liefern fähig war, nicht im mindesten geändert oder vergrößert haben; das Feld hat durch den Anbau der Kartoffeln nichts gewonnen, und da man alles dem Felde ließ, nichts verloren; wenn durch die Kornernten, die man dem Felde nahm, der Vorrath von Bodenbestandtheilen auf ³/₄ der ursprünglich darin vorhandenen Menge herabgebracht worden ist, liefert dies Feld keine lohnende Ernte mehr, wenn ³/₄ einer Mittelernte dem Landwirthe keinen Gewinn mehr lassen. Ganz dasselbe tritt ein, wenn wir anstatt Kartoffeln Klee eingeschoben, und diesen Klee jedesmal wieder untergepflügt hätten. Der Boden besaß, so haben wir angenommen, die günstigste physikalische Beschaffenheit, und konnte demzufolge durch Einverleibung der organischen Substanzen des Klees und der Kartoffeln nicht verbessert werden. Auch wenn wir die Kartoffeln aus dem Felde herausgenommen, den Klee abgemäht und getrocknet, die Knollen und das Kleeheu auf einen Karren geladen und um das Feld herum oder durch den Viehstall gefahren, und dann erst wieder dem Felde zugeführt und untergepflügt, oder auch zu anderen Zwecken verbraucht, und die ganze Summe der in beiden Ernten vorhandenen Bodenbestandtheile dem Felde wiedergegeben hätten, so würde durch alle diese Operationen das Feld in 30, 60 oder 70 Jahren kein einziges Korn mehr geliefert haben, als ohne diesen Wechsel. Auf dem Felde haben sich in dieser ganzen

Zeit die Bedingungen zur Kornbildung nicht vermehrt, die Ur=
sache der Abnahme der Erträge ist die nämliche geblieben.

Das Unterpflügen der Kartoffeln und des Klees konnte
nur auf diejenigen Felder eine nützliche Wirkung haben, welche
nicht die günstigste physikalische Beschaffenheit hatten, oder in
welchen die vorhandenen Bodenbestandtheile ungleich vertheilt
und zum Theil für die Pflanzenwurzeln unzugänglich waren;
aber diese Wirkung ist der der Gründüngung oder eines oder
mehrerer Brachjahre ganz gleich.

Durch die Einverleibung des Klees und der organischen
Bestandtheile in den Boden nahm sein Gehalt an verwesenden
Stoffen und Stickstoff von Jahr zu Jahr zu. Alles was diese
Gewächse aus der Atmosphäre empfingen, blieb im Boden, aber
die Bereicherung an diesen sonst so nützlichen Stoffen kann nicht
bewirken, daß er im Ganzen mehr Korn erzeugt als zuvor, denn
die Kornerzeugung hängt von dem Verhältniß der im Felde vor=
handenen Menge von Aschenbestandtheilen ab, und diese sind
nicht vermehrt worden, sie haben in Folge der Kornausfuhr stetig
abgenommen. Durch die Zunahme von Stickstoff und verwesen=
den organischen Materien im Felde konnten die Erträge mög=
licherweise eine Reihe von Jahren hindurch gesteigert werden,
allein der Zeitpunkt, wo dieses Feld keine lohnenden Ernten
mehr liefert, tritt in diesem Falle um so früher ein.

Wenn wir von drei Weizenfeldern das eine mit Weizen,
die beiden anderen mit Kartoffeln und Klee bestellen und allen
geernteten Klee, alle Kartoffelknollen auf dem Weizenfelde an=
häufen und unterpflügen, dem wir nur das Korn genommen, so
ist dieses Weizenfeld jetzt fruchtbarer als zuvor, denn es ist um
die ganze Summe von Bodenbestandtheilen reicher geworden,
welche die beiden anderen Felder an die Kartoffel= und die Klee=
pflanze abgegeben hatten; an Phosphorsäure empfing es drei=

mal, an Kali zwanzigmal mehr, als das geerntete und aus=
geführte Korn enthielt.

Dieses Weizenfeld wird in drei auf einander folgenden
Jahren jetzt drei volle Kornernten liefern können, denn die Be=
bingungen zur Strohbildung sind ungeändert geblieben, während
die der Kornerzeugung um das Dreifache vermehrt wurden.
Wenn der Landwirth in dieser Weise in drei Jahren ebensoviel
Korn erzeugt, als er ohne die Hinzuziehung und Mitwirkung
der Bodenbestandtheile des Klees und der Kartoffeln auf den=
selben Feldern in fünf Jahren erzeugt haben würde, so ist offen=
bar sein Gewinn jetzt größer geworden, denn mit drei Saat=
körnern hat er ebensoviel geerntet, als in dem andern Falle mit
fünf; aber was das Weizenfeld an Fruchtbarkeit gewonnen, ha=
ben die beiden anderen Felder verloren, und das Endresultat ist,
daß er mit Ersparung an Culturkosten und mit mehr Gewinn
als vorher, seine drei Felder der Periode der Erschöpfung ent=
gegengeführt hat, der sie unabwendbar durch die bleibende Aus=
fuhr der Bodenbestandtheile im Korn verfallen müssen.

Der letzte Fall, den wir zu betrachten haben, ist, wenn der
Landwirth anstatt Kartoffeln und Klee, Rüben und Luzerne baut,
welche vermöge ihrer langen, tiefgehenden Wurzeln eine große
Menge von Bodenbestandtheilen aus dem Untergrunde holen,
den die große Mehrzahl der Wurzeln der Getreidepflanzen nicht
erreicht. Wenn die Felder einen solchen Untergrund besitzen,
welcher die Cultur dieser Gewächse gestattet, so stellt sich das
Verhältniß etwa so, wie wenn sich die culturfähige Oberfläche
verdoppelt hätte. Empfangen die Wurzeln dieser Pflanzen die
eine Hälfte ihrer mineralischen Nahrungsmittel vom Untergrunde
und die andere von der Ackerkrume, so wird die letztere durch
die Ernte nur halb so viel verlieren, als sie durch eben diese

Pflanzen verloren haben würde, wenn ſie alle von der Acker=
krume genommen worden wären.

Als ein von der Ackerkrume getrenntes Feld gedacht, giebt
hiernach der Untergrund an die Rüben= und Luzernepflanzen
eine gewiſſe Quantität von Bodenbeſtandtheilen ab, und wenn
die ganze Rüben= und Luzerne=Ernte im Herbſt auf dem Wei=
zenfelde untergepflügt worden wäre, welches eine mittlere Ernte
Weizenkorn geliefert hat, und dieſes ebenſoviel oder mehr empfängt,
als es in dem Korn verloren hat, ſo kann dieſes Weizenfeld in
dieſer Weiſe auf Koſten des Untergrundes ebenſo lange auf
einem gleichbleibenden Zuſtande der Fruchtbarkeit erhalten werden, als derſelbe fruchtbar für Rüben und Luzerne bleibt.

Da aber die Rüben und Luzerne zu ihrer Entwickelung
eine ſehr große Menge Bodenbeſtandtheile bedürfen, ſo iſt der
Untergrund um ſo früher erſchöpft, je weniger er davon enthält,
und da er in Wirklichkeit von der Ackerkrume nicht getrennt iſt,
ſondern unterhalb derſelben liegt, ſo kann er von allen den Be=
ſtandtheilen, die er verloren hat, kaum etwas zurückempfangen,
weil die Ackerkrume den ihr davon zugeführten Theil zurückhält;
nur dasjenige Kali, Ammoniak, die Phosphorſäure, Kieſelſäure,
welche die Ackerkrume nicht feſthält und bindet, können in den
Untergrund gelangen.

Durch die Cultur dieſer tiefwurzelnden Gewächſe kann mit=
hin ein Ueberſchuß von Nahrungsſtoffen für alle Gewächſe ge=
wonnen werden, die ihre Nahrung vorzugsweiſe aus der Acker=
krume ſchöpfen; aber dieſer Zufluß hat keine Dauer; in einer
verhältnißmäßig kurzen Zeit gedeihen die Gewächſe auf vielen
Feldern nicht mehr, weil der Untergrund erſchöpft und ſeine
Fruchtbarkeit nur ſchwierig wiederherſtellbar iſt.

Wenn ein Landwirth auf drei Feldern Kartoffeln, Korn und
Wicken oder Klee abwechſelnd baut, oder ein Feld mit Kartoffeln,

Korn und Wicken nach einander beſtellt, und die geernteten Feldfrüchte — das Korn, die Kartoffelknollen und die Wicken —
verkauft und ſo fortfährt viele Jahre lang, ohne zu düngen, ſo
ſagt uns Jeder das Ende dieſer Wirthſchaft voraus; er ſagt
uns, daß ein Betrieb dieſer Art auf die Dauer unmöglich ſei;
welche Culturpflanzen man auch wählen möge, welche Varietät
von einem Halmgewächs, Knollen = oder andern Gewächs, und
in welcher Reihenfolge — das Feld wird zuletzt in einen Zu=
ſtand verſetzt, in welchem man von dem Halmgewächs nur das
Saatkorn, von den Kartoffeln keine Knollen mehr erntet, und
wo die Wicke oder der Klee nach der erſten Entwickelung wieder
zu Grunde gehen.

Aus dieſen Thatſachen folgt unwiderſprechlich, daß es kein
Gewächs giebt, das den Boden ſchont, und keines, das ihn bereichert. Der praktiſche Landwirth iſt durch unzählige That=
ſachen belehrt, daß in vielen Fällen von einer Vorfrucht das
Gedeihen einer Nachfrucht abhängig iſt, und daß es nicht gleich=
gültig iſt, in welcher Ordnung er ſeine Pflanzen baut; durch
die vorangehende Cultur einer Hackfrucht oder eines Gewächſes
mit ſtarker Wurzelverzweigung wird der Boden für eine nachfolgende Halmfrucht geeigneter gemacht. Das Halmgewächs gedeiht beſſer, und zwar ohne Anwendung (mit Schonung) von
Miſt und giebt einen reicheren Ertrag. Für zukünftige Ernten
iſt aber an Miſt weder geſchont, noch iſt das Feld an den Bedingungen ſeiner Fruchtbarkeit reicher geworden. Nicht die Summe
der Nahrung wurde vermehrt, ſondern die wirkenden Theile die=
ſer Summe wurden vermehrt und ihre Wirkung in der Zeit
beſchleunigt.

Der phyſikaliſche und chemiſche Zuſtand des Feldes wurde
verbeſſert, der chemiſche Beſtand nahm ab; alle Gewächſe ohne

Ausnahme erschöpfen den Boden, jedes in seiner Weise, an den Bedingungen ihrer Wiedererzeugung.

In seinen Feldfrüchten verkauft der Landwirth sein Feld; er verkauft in ihnen gewisse Bestandtheile der Atmosphäre, welche seinem Boden von selbst zufließen, und gewisse Bestandtheile des Bodens, welche sein Eigenthum sind und die dazu gedient haben, aus den atmosphärischen Bestandtheilen den Pflanzenleib zu bilden, von dem sie selbst Bestandtheile ausmachen; indem er diese Feldfrüchte veräußert, raubt er dem Felde die Bedingungen ihrer Wiedererzeugung; eine solche Wirthschaft trägt mit Recht den Namen einer Raubwirthschaft.

Die Bodenbestandtheile sind sein Capital, die atmosphärischen Nahrungsstoffe die Zinsen seines Capitals: mit den einen erzeugt er die anderen. In den Feldfrüchten veräußert er einen Theil seines Capitals und die Zinsen, in den Bodenbestandtheilen kehrt sein Capital auf das Feld, d. h. in seine Hand zurück.

Der einfachste Verstand sieht ein, und alle Landwirthe stimmen darin überein, daß man in einer Wirthschaft den Klee, die Rüben, das Heu ꝛc. nicht veräußern könne ohne den entschiedensten Nachtheil für die Korncultur.

Ein Jeder giebt bereitwillig zu, daß die Kleeausfuhr die Korncultur beeinträchtige, daß aber die Kornausfuhr die Kleecultur beeinträchtige, dies ist ein für die meisten Landwirthe ganz unfaßbarer, ja unmöglicher Gedanke.

Die gegenseitigen naturgesetzlichen Beziehungen beider sind aber sonnenklar. Die Aschenbestandtheile des Klees und des Korns sind die Bedingungen zur Klee- und Kornerzeugung, und den Elementen nach identisch.

Der Klee braucht zu seiner Erzeugung eine gewisse Quantität Phosphorsäure, Kali, Kalk, Bittererde wie das Korn; die

in dem Klee enthaltenen Bodenbeſtandtheile ſind gleich denen
des Korns plus einem gewiſſen Ueberſchuß an Kali, Kalk und
Schwefelſäure. Der Klee empfängt dieſe Beſtandtheile vom
Boden, das Halmgewächs empfängt ſie — man kann es ſich ſo
denken — vom Klee. Wenn man demnach den Klee veräußert,
ſo führt man aus die Bedingungen zur Kornerzeugung, es bleibt
im Boden weniger für das Korn zurück; veräußert man das
Korn, ſo fällt in einem folgenden Jahre eine Kleeernte aus, denn
in dem Korn veräußert man einige der unentbehrlichſten Bedingungen zu einer Kleeernte.

Der Bauer drückt dieſe Wirkung des Futtergewächſes in
ſeiner eigenen Weiſe aus, indem er ſagt: es verſtehe ſich von
ſelbſt, daß man den Miſt nicht verkaufen dürfe; ohne Miſt ſei
eine dauernde Cultur nicht möglich und in den Futtergewächſen
verkaufe man ſeinen Miſt; daß er aber in ſeinem Korn ſeinen
Miſt dennoch verkauft, dies ſieht ſelbſt die große Mehrzahl der
erleuchtetſten Landwirthe nicht ein. Der Miſt enthält alle Bodenbeſtandtheile des Futters, und dieſe beſtehen aus den Bodenbeſtandtheilen des Korns plus einer gewiſſen Menge Kali, Kalk,
Schwefelſäure. Es iſt leicht verſtändlich, da der ganze Miſthaufen aus Theilen beſteht, daß er auch keinen Theil davon
veräußern darf, und wenn es möglich wäre, die Bodenbeſtandtheile des Korns durch irgend ein Mittel von den anderen zu
ſcheiden, ſo würden gerade dieſe für den Bauer den höchſten
Werth haben, denn dieſe bedingen die Cultur des Korns. Dieſe
Scheidung findet aber ſtatt in der Cultur des Korns, denn
dieſe Bodenbeſtandtheile des Miſtes werden zu Beſtandtheilen des
Korns, und in dem Korn verkauft er einen Theil, und zwar den
wirkſamſten Theil ſeines Miſtes.

Zwei Miſthaufen von gleichem Anſehen und anſcheinend
gleicher Beſchaffenheit können für die Korncultur einen ſehr un-

gleichen Werth haben; wenn in dem einen Haufen sich doppelt
so viel von Aschenbestandtheilen des Korns als in dem anderen
befinden, so hat der erstere den doppelten Werth. Durch die
Ausfuhr der Bodenbestandtheile des Korns, welche das Korn
von dem Mist empfing, nimmt dessen Wirksamkeit für künftige
Kornernten stetig ab.

Von welchem Gesichtspunkte man demnach die Ausfuhr des
Korns oder irgend einer anderen Feldfrucht betrachten mag, für
den Landwirth, der die ausgeführten Bodenbestandtheile nicht
ersetzt, ist die Wirkung immer eine Erschöpfung des Bodens.
Die dauernde Ausfuhr von Korn macht den Boden unfruchtbar
für Klee oder raubt dem Mist seine Wirksamkeit.

In unseren erschöpften Feldern finden die Wurzeln der
Halmgewächse in den oberen Schichten der Ackerkrume den ganzen Gehalt an Nahrung für einen vollen Ertrag nicht mehr
vor, und der Landwirth baut deshalb auf diesen andere Pflanzen
an, die wie die Futter- und Wurzelgewächse mit ihren weit-
verzweigten tiefgehenden Wurzeln nach allen Richtungen hin den
Boden durchwühlen, deren mächtige Wurzeloberflächen den Boden
aufschließen, und die Bestandtheile sich aneignen, welche das
Halmgewächs zur Samenbildung bedarf. In den Wurzelrückstän-
den dieser Pflanzen, in den Bestandtheilen des Krauts, der Wurzeln und der Knollen, welche der Landwirth den obersten Schichten der Ackerkrume in der Form von Mist zuführt, hat er die
zu einem oder mehreren vollen Erträgen mangelnden Kornbestandtheile - ergänzt und concentrirt; was davon unten und überall
war, ist jetzt oben. Der Klee und die Futtergewächse waren
nicht die Erzeuger der Bedingungen der höheren Kornerträge, so
wenig wie die Lumpensammler die Erzeuger der Bedingungen
für die Papierfabrikation sind, sondern einfach die Sammler

Aus den vorhergehenden Auseinanderſetzungen ergiebt ſich,
daß die Cultur der Gewächſe den fruchtbaren Boden erſchöpft und
unfruchtbar macht; in den Früchten ſeiner Felder, welche zur
Ernährung der Menſchen und Thiere dienen, führt der Landwirth einen Theil ſeines Bodens, und zwar die zu ihrer Erzeugung dienenden wirkſamen Beſtandtheile deſſelben aus; fortwährend nimmt die Fruchtbarkeit ſeiner Felder ab, ganz gleichgültig,
welche Pflanzen er baut, und in welcher Ordnung er ſie baut.
Die Ausfuhr ſeiner Früchte iſt nichts Anderes, als eine Beraubung ſeines Bodens an den Bedingungen ihrer Wiedererzeugung.

Ein Feld iſt nicht erſchöpft für Korn, für Klee, für Tabak,
für Rüben, ſo lange es noch lohnende Ernten ohne Wiedererſatz
der entzogenen Bodenbeſtandtheile liefert; es iſt erſchöpft von dem
Zeitpunkte an, wo ihm die fehlenden Bedingungen ſeiner Fruchtbarkeit durch die Hand des Menſchen wiedergegeben werden
müſſen. Die große Mehrzahl aller unſerer Culturfelder iſt in
dieſem Sinne erſchöpft.

Das Leben der Menſchen, Thiere und Pflanzen iſt auf das
engſte geknüpft an die Wiederkehr aller Bedingungen, welche den
Lebensproceß vermitteln. Der Boden nimmt durch ſeine Beſtandtheile Theil an dem Leben der Gewächſe, eine dauernde Fruchtbarkeit iſt undenkbar und unmöglich, wenn die Bedingungen
nicht wiederkehren, die ihn fruchtbar gemacht haben.

Der mächtigſte Strom, welcher Tauſende von Mühlen und
Maſchinen in Bewegung ſetzt, verſiegt, wenn die Flüſſe und
Bäche verſiegen, die ihm das Waſſer zuführen, und die Flüſſe
und Bäche verſiegen, wenn die vielen kleinen Tropfen, woraus
ſie beſtehen, in dem Regen an die Orte nicht wieder zurückkehren,
von denen aus ihre Quellen entſpringen.

Ein Feld, welches durch eine Aufeinanderfolge von Culturen
verſchiedener Gewächſe ſeine Fruchtbarkeit verloren hat, empfängt

das Vermögen, eine neue Reihe von Ernten derſelben Gewächſe
zu liefern, durch Düngung mit Miſt.

Was iſt der Miſt, und woher ſtammt der Miſt? Aller
Miſt ſtammt von den Feldern des Landwirths; er beſteht aus
dem Stroh, welches als Streu gedient hat, aus Pflanzenreſten
und aus den flüſſigen und feſten Excrementen der Thiere und
Menſchen. Die Excremente ſtammen von der Nahrung.

In dem Brote, welches der Menſch täglich genießt, verzehrt
er die Aſchenbeſtandtheile der Getreideſamen, deren Mehl zur
Bereitung des Brotes gedient hat, in dem Fleiſche die Aſchenbeſtandtheile des Fleiſches.

Das Fleiſch der pflanzenfreſſenden Thiere, ſowie deſſen
Aſchenbeſtandtheile ſtammen von den Pflanzen ab, ſie ſind identiſch mit den Aſchenbeſtandtheilen der Samen der Leguminoſen,
ſo daß ein ganzes Thier zu Aſche verbrannt, eine Aſche hinterläßt, die von der Aſche von Bohnen, Linſen und Erbſen nicht
ſehr viel abweicht.

In dem Brote und Fleiſche verzehrt mithin der Menſch die
Aſchenbeſtandtheile von Samen, oder von Samenbeſtandtheilen,
welche der Landwirth in Form von Fleiſch ſeinen Feldern abge-
winnt.

Von der großen Menge aller Mineralſubſtanzen, welche der
Menſch während ſeines Lebens in ſeiner Nahrung aufnimmt,
bleibt in ſeinem Körper nur ein ſehr kleiner Bruchtheil zurück.
Der Körper eines erwachſenen Menſchen nimmt von Tage zu
Tage am Gewicht nicht zu, woraus ſich von ſelbſt ergiebt, daß
alle Beſtandtheile ſeiner Nahrung vollſtändig wieder aus ſeinem
Körper ausgetreten ſind.

Die chemiſche Analyſe weiſt nach, daß die Aſchenbeſtandtheile des Brotes und Fleiſches in ſeinen Excrementen ſehr nahe
in eben der Menge wie in der Nahrung enthalten ſind; die

Nahrung verhielt sich in seinem Leibe, wie wenn sie in einem Ofen verbrannt worden wäre.

Der Harn enthält die im Wasser löslichen, die Fäces die unlöslichen Aschenbestandtheile der Nahrung; die stinkenden Bestandtheile sind der Rauch und Ruß einer unvollkommenen Verbrennung; außer diesen sind unverbaute oder unverbauliche Nahrungsreste beigemengt.

Die Excremente des mit Kartoffeln gefütterten Schweines enthalten die Aschenbestandtheile der Kartoffeln, die des Pferdes die Aschenbestandtheile des Heues und Hafers, die des Rindviehs die Asche der Rüben, des Klees 2c., die zu ihrer Ernährung gedient haben. Der Stallmist besteht aus einem Gemenge aller dieser Excremente zusammen.

Durch den Stallmist kann die Fruchtbarkeit eines durch die Cultur erschöpften Feldes vollkommen wieder hergestellt werden; dies ist eine durch die Erfahrung von Jahrtausenden vollkommen festgestellte Thatsache.

In dem Stallmist empfängt das Feld eine gewisse Quantität von organischen, d. h. verbrennlichen Stoffen und Aschenbestandtheilen der verzehrten Nahrung. Es ist jetzt die Frage zu erörtern, welchen Antheil die verbrennlichen und unverbrennlichen Bestandtheile des Mistes an dieser Wiederherstellung der Fruchtbarkeit hatten.

Die oberflächlichste Betrachtung eines Culturfeldes giebt zu erkennen, daß alle verbrennlichen Bestandtheile der Gewächse, welche auf dem Felde geerntet werden, aus der Luft und nicht vom Boden stammen.

Wenn der Kohlenstoff nur eines Theils der geernteten Pflanzenmasse von dem Boden geliefert würde, so ist es klar, daß wenn er eine gewisse Summe vor der Ernte davon enthält, diese Summe nach jeder Ernte kleiner werden müßte. Ein an organischen

Stoffen armer Boden müßte minder fruchtbar ſein als ein daran
reicher.

Die Beobachtung zeigt, daß ein in Cultur gehaltener Boden in Folge der Culturen nicht ärmer an organiſchen oder verbrennlichen Stoffen wird. Der Boden einer Wieſe, von welcher
man per Hectare in 10 Jahren tauſend Centner Heu gewonnen hat, iſt nach dieſen 10 Jahren an organiſchen Stoffen nicht
ärmer, ſondern reicher wie zuvor. Ein Kleefeld behält nach der
Ernte in den Wurzeln, die dem Felde verbleiben, mehr orga-
niſche Stoffe, mehr Stickſtoff als es urſprünglich enthielt; nach
einer Reihe von Jahren iſt es aber unfruchtbar für den Klee
geworden, es liefert keine lohnende Ernte mehr.

Ein Weizenfeld, ein Kartoffelfeld iſt nach der Ernte nicht
ärmer an organiſchen Stoffen als vorher. Im Allgemeinen bereichert die Cultur den Boden an verbrennlichen Beſtandtheilen,
aber ſeine Fruchtbarkeit nimmt dennoch ſtetig ab; nach einer
Reihe von aufeinanderfolgenden lohnenden Ernten von Korn,
Rüben und Klee gedeihen das Korn, die Rüben, der Klee auf
demſelben Felde nicht mehr.

Da nun das Vorhandenſein von verwesbaren organiſchen
Stoffen im Boden deſſen Erſchöpfung durch Culturen nicht im
mindeſten aufhält oder aufhebt, ſo kann durch eine Vermehrung
dieſer Stoffe die verlorene Ertragsfähigkeit unmöglich wieder hergeſtellt werden. In der That gelingt es nicht, einem völlig erſchöpften Felde durch Einverleibung von ausgekochten Sägeſpä-
nen oder von Ammoniakſalzen, oder durch beide zuſammen die
Fähigkeit wiederzugeben, dieſelbe Reihe von Ernten zum zwei-
ten- und drittenmal zu liefern. Wenn dieſe Stoffe die phyſikaliſche Beſchaffenheit des Bodens verbeſſern, ſo üben ſie einen
günſtigen Einfluß auf die Erträge aus; allein ihre Wirkung iſt

zuletzt immer die, daß sie die Erschöpfung der Felder beschleunigen und vollständiger machen.

Der Stallmist stellt aber die Fähigkeit des Feldes, dieselben
Reihen von Ernten zum zweiten, dritten und hundertsten Male
zu liefern, auf das vollständigste wieder her; der Stallmist hebt
den Zustand der Erschöpfung des Feldes je nach seiner Quantität völlig auf, seine Zufuhr macht das Feld fruchtbarer, in vielen Fällen mehr als es gewesen ist.

Von den beigemengten verbrennlichen Stoffen (von Ammoniaksalzen und der Substanz verwesender Sägespäne) kann die
Wiederherstellung der Fruchtbarkeit durch den Stallmist nicht bedingt gewesen sein; wenn diese eine günstige Wirkung hatten, so
war sie untergeordneter Natur. Die Wirkung des Stallmistes
beruht ganz unzweifelhaft auf seinem Gehalt an den unverbrennlichen Aschenbestandtheilen der Gewächse, die er enthält,
und wird durch diese bedingt.

In dem Stallmist empfing das Feld in der That eine gewisse Menge von allen den Bodenbestandtheilen wieder, welche
dem Felde in den darauf geernteten Früchten entzogen worden
waren; die Abnahme der Fruchtbarkeit des Feldes stand im Verhältniß zu der Beraubung, die Wiederherstellung der Fruchtbarkeit sehen wir im Verhältniß stehen zu dem Ersatz an diesen
Bodenbestandtheilen.

Die unverbrennlichen Elemente der Culturgewächse kehren
nicht von selbst auf die Felder zurück, wie die verbrennlichen in
das Luftmeer, aus dem sie stammen; durch die Hand des Menschen allein kehren die Bedingungen des Lebens der Gewächse auf
die Felder zurück; in dem Stallmist, in dem sie enthalten sind,
stellt der Landwirth naturgesetzlich die verlorene Ertragsfähigkeit
wieder her.

Die Stallmiſtwirthſchaft.

Die allgemeinen Auseinanderſetzungen in dem vorhergehenden Abſchnitte über das Verhalten des Bodens zu den Pflanzen und der Pflanzen zu dem Boden, ſowie über den Urſprung
und die Natur des Stallmiſtes werden, wie ich hoffe, den Leſer
in den Stand ſetzen, in eine genaue Unterſuchung aller derjenigen Erſcheinungen einzugehen, welche der praktiſche Betrieb
in der Stallmiſtwirthſchaft darbietet; es iſt zu erörtern: in
welcher Weiſe der Stallmiſt die Erträge eines Feldes ſteigert,
auf welchen Beſtandtheilen des Miſtes ſeine Wirkung beruht,
welche Quantität von Stallmiſt auf einem Felde gewonnen
werden kann und in welchen Zuſtand das Feld nach einer
Reihe von Jahren durch die Stallmiſtwirthſchaft verſetzt wird.

Von dieſer Unterſuchung ſind ſelbſtverſtändlich ausgeſchloſſen alle Wirkungen des Stallmiſtes, die ſich durch Maaß und
Zahl nicht beſtimmen laſſen; dahin gehören ſein Einfluß auf
die Lockerheit oder den Zuſammenhang des Bodens und ſeine
erwärmende Wirkung durch die Wärmeentwicklung ſeiner
im Boden verweſenden Beſtandtheile.

Die Thatſachen, auf welche ſich dieſe Unterſuchung erſtreckt, ſind aus der Praxis ſelbſt genommen und meine Wahl iſt mir weſentlich erleichtert worden durch die umfaſſende Reihe von Verſuchen, welche auf Veranlaſſung des Generalſecretärs der landwirthſchaftlichen Vereine im Königreiche Sachſen, Dr. Reu - ning, im Jahre 1851 von einer Anzahl ſächſiſcher Landwirthe in der Abſicht angeſtellt wurden: »unter den verſchiedenſten Verhältniſſen die Wirkung ſog. künſtlicher Düngmittel, zum Behufe ihrer weiteren Verbreitung feſtzuſtellen;« ſie wurden bis zum Jahr 1854 fortgeſetzt und jede Verſuchsreihe umfaßte einen Umlauf von Roggen — Kartoffeln — Hafer — Klee; die Landwirthe wurden erſucht, Knochenmehl, Repskuchenmehl, Guano und Stallmiſt auf je einen ſächſiſchen Acker vergleichend mit einer ungedüngten Fläche von derſelben Größe anzuwenden und die Erträge durch die Wage zu beſtimmen.

Unter allen Verſuchen ähnlicher Art, die ſeit Jahrhunderten angeſtellt worden ſind, beſitzen dieſe Verſuche, von denen aus - brücklich geſagt iſt, »daß ſie ohne directen wiſſenſchaftlichen Zweck« unternommen worden ſind, den höchſten wiſſenſchaft - lichen Werth nicht nur wegen ihres Umfanges, ſondern weil durch ſie eine Reihe von Thatſachen unzweifelhaft feſtgeſtellt ſind, die als Grundlagen für wiſſenſchafliche Schlüſſe für alle Zeiten ihre Geltung behalten, und es iſt die Wiſſenſchaft dem trefflichen Manne, der dieſe Verſuche veranlaßt hat, und den wackern Männern, die ſich dieſer Aufgabe ſo bereitwillig unter - zogen haben, den größten Dank ſchuldig, und nur zu bedauern, daß nicht bei allen die vorgeſchlagenen Verſuche auf ungedüng - ten Feldern zur Ausführung kamen.

Es liegt auf der Hand, daß ſich die Wirkung, welche die Stallmiſtdüngung auf ein Feld hat, nur dann beurtheilen läßt, wenn man vorher weiß, welche Erträge das Feld ohne alle

Düngung liefert, und wir betrachten hier zuvörderſt die Erträge, welche fünf Acker Feld an fünf verſchiedenen Orten des Königs reichs Sachſen in dem erwähnten Umlauf von vier Jahren herz vorgebracht haben.

Ungedüngt:

Vorfrucht	? Gunnerosdorf	Gemenge Mäuſegaſt	Weißklee Kötiß	Rothklee Oberbobritzſch	Gras Oberſchöna
1851 Roggen Kern....	{1176 Pfd.	{2238 Pfd.	{1264 Pfd.	{1453 Pfd.	{ 708 Pfd.
Stroh....	{2951 „	{4582 „	{3013 „	{3015 „	{1524 „
1852 Kartoffel	16667 „	16896 „	18577 „	9751 „	11095 „
1853 Hafer Kern....	{2019 „	{1289 „	{1339 „	{1528 „	{1082 „
Stroh....	{2563 „	{1840 „	{1357 „	{1812 „	{1714 „
1854 Kleeheu	9144 „	5583 „	1095 „	911 „	0

An dieſe Reſultate knüpfen ſich folgende Betrachtungen:

Unter ungedüngten Feldern ſind in den obigen Verſuchen Felder in dem Zuſtande verſtanden, in welchen ſie am Ende einer Rotation durch eine Reihe aufeinanderfolgender Ernten verſetzt worden waren.

Am Anfange dieſer Rotation waren dieſe Felder gedüngt worden und würden, auf's Neue gedüngt, ähnliche Erträge wie vorher wieder hervorgebracht haben. An ihren Erträgen im gedüngten Zuſtande haben die Beſtandtheile des Bodens

und die des Düngers einen beſtimmten Antheil gehabt; unge=
düngt würde der Ertrag kleiner ausgefallen ſein; wenn man
nun den Mehrertrag im Verlaufe der Rotation dem zugeführ=
ten Stallmiſte zuſchreibt und annimmt, daß in den Ernten die
Stallmiſt=Beſtandtheile wieder hinweggenommen worden ſeien,
was nicht in allen Fällen richtig iſt, ſo befindet ſich das Feld
am Ende der Rotation in dem Zuſtande, den es am Anfang
derſelben, ehe es gedüngt worden iſt, beſaß. Man kann hier=
nach ohne einen großen Fehler zu begehen annehmen, daß die
Erträge, die ein Stück Feld in einer neuen Rotation, ohne
Düngung, an verſchiedenen Feldfrüchten liefert, im Verhältniſſe
ſtehen werden zu ſeinem Gehalte an aſſimilirbaren Nährſtoffen
in ſeinem natürlichen Zuſtande, und es laſſen ſich hiernach aus
den ungleichen Erträgen, welche zwei Felder in einem ſolchen
Zuſtande liefern, rückwärts mit annähernder Sicherheit gewiſſe
Ungleichförmigkeiten in dem Gehalte oder der Beſchaffenheit
der Felder erſchließen.

Schlüſſe dieſer Art ſind allerdings nur in ſehr engen
Grenzen zuläſſig, denn wenn man zwei Felder, die in derſelben
oder verſchiedener Gegend liegen, in dieſer Weiſe miteinander
vergleichen will, ſo wirken bei jedem verſchiedene Factoren auf
die Erträge ein, die ſie ungleich machen, auch bei ſonſt iden=
tiſcher Bodenbeſchaffenheit.

Wenn z. B. zwei Felder mit einer und derſelben Halm=
pflanze im ungedüngten Zuſtande beſtellt werden, ſo iſt es für
die Erträge an Korn und Stroh nicht gleichgültig, welche Frucht
dem Halmgewächs vorangegangen iſt; wenn die Vorfrucht (d. h.
die letzte in der vorhergegangenen Rotation) bei dem einen
Felde Klee, bei dem andern Hafer war, ſo fallen die Erträge
verſchieden aus, auch wenn die Bodenbeſchaffenheit urſprünglich
identiſch war, und ſie ſind alsdann nur als Merkzeichen des Zu=

ſtandes anzuſehen, in welchen das Feld durch die Vorfrucht verſetzt worden iſt.

Der nördliche oder ſüdliche Hang in hügeligen Gegenden
macht bei einer ſolchen Vergleichung zweier Felder einen Unterſchied, ebenſo die Höhe über dem Meere, von welcher die
Regenmenge eines Ortes abhängt. Ein Regenfall, den zu
einer günſtigen Zeit ein Feld mehr als das andere empfängt,
ändert ebenfalls bei gleicher Bodenbeſchaffenheit den Ernteertrag.

Man hat zuletzt bei Beurtheilung des Zuſtandes und der
Beſchaffenheit eines Feldes in der angedeuteten Weiſe die Witterung im Vorjahre zu berückſichtigen.

Der Ertrag, den ein Feld in einem Jahre liefert, iſt
immer der Maximalertrag, den es unter den gegebenen Verhältniſſen liefern konnte, unter günſtigeren äußeren, d. h. Witterungs-Verhältniſſen, würde das Feld einen höheren, unter un-
günſtigeren einen geringeren Ertrag, immer entſprechend ſeiner
Bodenbeſchaffenheit geliefert haben.

Durch günſtige Witterung bedingte höhere Ernten verliert
das Feld verhältnißmäßig mehr Nährſtoffe und ſpätere Ernten
fallen um etwas niedriger aus; ſowie denn ſogenannte unfruchtbare Jahre auf die darauffolgenden wie etwa Brachjahre
in halber Düngung wirken, d. h. die ſpäteren Ernten fallen
auch unter gewöhnlichen Witterungsverhältniſſen nach ſchlechten
Jahren günſtiger aus.

In Beziehung auf den Stroh- und Korn-Ertrag hat man
bei einem Halmgewächs in Betracht zu ziehen, daß dauernde
Näſſe und anhaltende Dürre das relative Verhältniß beider
ändert. Dauernde Näſſe und eine hohe Temperatur begünſtigen die Blatt-, Halm- und Wurzelbildung, und indem die
Pflanze nicht aufhört zu wachſen, werden die zur Samenbil-

dung ſonſt verwendbaren und vorräthigen Stoffe zur Bildung
neuer Sproſſen verbraucht und es vermindert ſich die Sa-
menerute.

Anhaltende Dürre vor oder während der Sproßzeit bringt
die entgegengeſetzte Erſcheinung hervor; der in der Wurzel an-
geſammelte Vorrath von Bildungsſtoffen wird jetzt in weit
größerem Verhältniſſe zur Samenbildung verbraucht, das Verhältniß des Strohs zum Korn wird kleiner als es unter gewöhnlichen Witterungsverhältniſſen ſein würde.

Wenn alle dieſe Verhältniſſe berückſichtigt werden, ſo bleiben bei der Betrachtung der Erträge der ungedüngten Felder
in den ſächſiſchen Verſuchen nur einige ganz allgemeine Ge-
ſichtspunkte übrig, auf die hier allein näher eingegangen werden kann.

Ein Blick auf die Zahlen-Tabelle läßt erkennen, daß ein
jedes Feld ein ihm eigenes Ertragsvermögen beſitzt und daß
keines gleichviel Roggenkorn und Stroh, oder ebenſoviel Kartoffeln oder Haferkorn und Stroh, oder Klee hervorgebracht hat
als das andere.

Vergleicht man die unzähligen in den letzten Jahren an-
geſtellten Düngungsverſuche, bei denen die Erträge, welche ungedüngte Stücke geliefert haben, gleichzeitig berückſichtigt wurden, ſo ſieht man, daß dieſe Wahrheit eine ganz allgemeine
und ausnahmsloſe iſt; kein Feld iſt in ſeinem Ertragsvermögen
einem andern gleich, ja es gibt nicht zwei Stellen in einem
und demſelben Felde, welche in dieſer Beziehung einander
identiſch ſind, man darf nur ein Rübenfeld betrachten, um ſogleich wahrzunehmen, daß eine jede Rübe verſchieden in Größe
und Gewicht ſelbſt von derjenigen iſt, die in ihrer nächſten
Nähe wächſt. Dieſe Thatſache iſt ſo allgemein bekannt und
anerkannt, daß in allen Ländern, in welchen der Grund und

Boden beſteuert iſt, die Höhe der Steuer nach der ſogenannten
Bonität, in manchen Ländern in acht, in anderen in zwölf oder
ſechszehn Abſtufungen bemeſſen wird.

Da das Ertragsvermögen aller Felder ungleich iſt und
jedes Feld die Bedingungen der Erträge nothwendig enthalten
muß, welche es an irgend einer Feldfrucht liefert, ſo ſagt alſo
dieſe Thatſache, daß die Bedingungen zur Erzeugung von Korn
und Stroh, oder von Rüben und Kartoffeln, oder von Klee
oder irgend einem anderen Gewächs in allen Feldern ungleich
ſind; in dem einen ſind die Bedingungen für die Stroherzeugung vorherrſchend über die der Kornerzeugung, ein anderes
enthält mehr Bedingungen für das Wachsthum der Kleepflan-
zen ꝛc.

Dieſe Bedingungen ſind ihrer Natur nach in Quantität
und Qualität verſchieden. Unter Bedingungen, die wägbar und
meßbar ſind, können natürlich hier nur Nährſtoffe gemeint ſein.

In Beziehung auf die Menge der Nährſtoffe in einem
Felde geben die Erträge eines Feldes keinen Aufſchluß. Man
kann alſo daraus, daß das Feld in Mäuſegaſt doppelt ſo viel
Korn und $^1/_3$ mehr Stroh lieferte, als das in Cunnersdorf,
nicht ſchließen, daß es im Ganzen in eben dem Verhältniſſe
reicher geweſen ſei an den Bedingungen der Korn- und Stroherzeugung, denn das Cunnersdorfer Feld lieferte zwei Jahre
nachher immer ohne Düngung die Hälfte mehr Haferkorn und
Stroh als das zu Mäuſegaſt und im vierten Jahre über
60 Procent mehr Klee. Der Klee hat aber einige der wichtigſten Nährſtoffe des Korns ebenſo nothwendig wie das Korn
und die Nährſtoffe der Haferpflanze ſind identiſch mit denen
des Roggens.

Der höhere Ertrag, den ein Feld an irgend einem Culturgewächs über ein anderes liefert, zeigt nur an, daß die Wur-

zeln deſſelben auf ihrem Wege abwärts an gewiſſen Orten in
dem einen Boden mehr Theile von der Summe der Nährſtoffe,
die darin enthalten waren, im aufnahmsfähigen Zuſtande ange=
troffen und aufgenommen haben als in dem andern und nicht,
daß die Summe im Ganzen größer war als in dem andern;
denn dieſes andere hätte möglicher Weiſe ſehr viel mehr — der
Summe nach — an Nährſtoffen enthalten können, aber nicht
in dem Zuſtande, in welchem ſie erreichbar oder aufnahmsfähig
für die Wurzeln der Pflanzen waren.

Hohe Erträge ſind ganz ſichere Merkzeichen des aufnahms=
fähigen Zuſtandes der Nährſtoffe durch die Wurzeln und ihrer
Zugänglichkeit im Boden, und nur an der Dauer der hohen
Erträge läßt ſich der Gehalt oder die Menge der Nährſtoffe
im Boden erkennen.

Die hohen Erträge, welche ein Feld vor einem andern lie=
fert, werden dadurch bedingt, daß die Theile der Nährſtoffe
in dem einen Felde näher bei einander liegen, als in dem an=
deren; ſie ſind abhängig von der Dichtheit der Nährſtoffe.
Was hierunter zu verſtehen iſt, dürfte vielleicht die folgende
Tafel verſinnlichen.

Fig. I. 1851. Winterroggen.

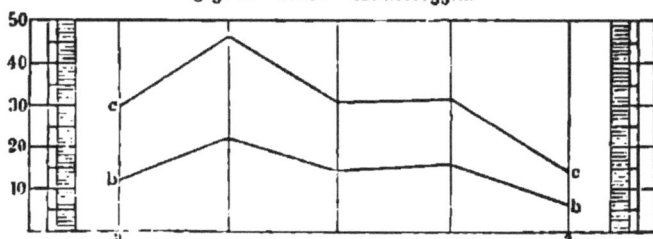

Fig. II. 1852. Kartoffeln.

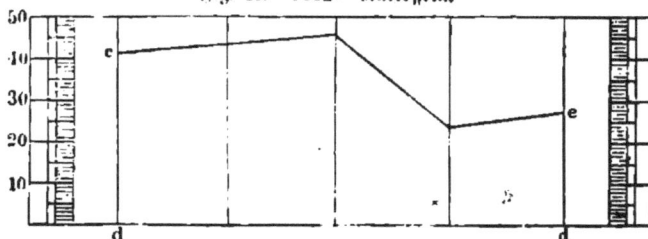

Fig. III. 1853. Hafer.

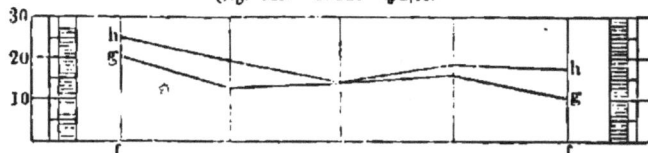

Fig. IV. 1854. Klee.

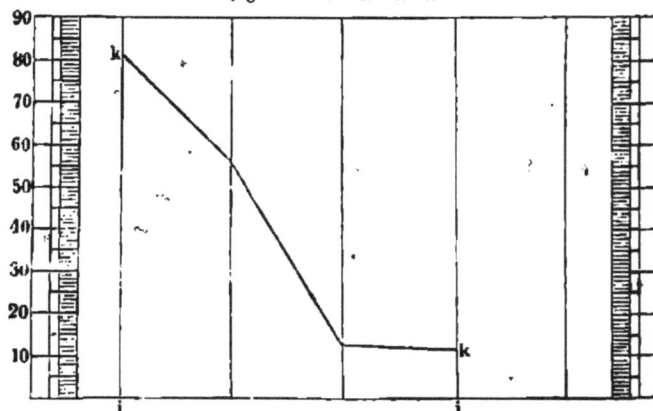

In der mit I. bezeichneten Figur ſtellen die ſenkrechten Linien a b den Korn=, a c den Strohertrag, in der Figur II. die Linien d e den Kartoffelertrag, in III. die Linien f g den Haferkorn=, f h den Haferſtroh=Ertrag, in IV. die Linien i k den Kleeertrag auf den ungedüngten Stücken in den ſächſiſchen Verſuchen dar.

Wenn wir uns nun denken, daß die Wurzeln der Roggen= und der anderen Pflanzen auf den verſchiedenen Feldern die nämliche Länge und Beſchaffenheit hatten, ſo iſt es ſicher, daß die Wurzeln der Kornpflanzen auf dem Felde in Mäuſegaſt auf ihrem Wege abwärts in der Erde ſehr viel mehr Nähr= ſtoffe antrafen, als in Cunnersdorf; die Kornlinie in Mäuſe= gaſt iſt doppelt ſo hoch, die Strohlinie ¹/₃ höher als die in Cunnersdorf.

Bei einer gleichen Anzahl von Pflanzen und gleicher Wur= zellänge lagen gewiſſe Nährſtoffe für das Korn in dem Boden zu Mäuſegaſt doppelt ſo nahe bei einander als in Cunnersdorf. Die Linie, welche den Kleeertrag, Fig. IV., in Cunnersdorf aus= drückt, iſt zehnmal ſo hoch als in Oberbobritzſch, dies will ſagen, daß die Nährſtoffe für den Klee in dem Felde zu Ober= bobritzſch zehnmal ſoweit auseinander lagen als in Cunnersdorf.

Bei der Vergleichung der Erträge mehrerer Felder wird ſich die Dichtheit der Nährſtoffe im Boden umgekehrt ver= halten, wie die Höhe der Linien, welche die Erträge auf der Figuren=Tafel bezeichnen.

Je höher die Linien ſind, deſto näher, und je kürzer, deſto weiter ſind die Nährſtoffe in verſchiedenen Bodenſorten auseinan= anberliegend.

Die Linien, welche den Kartoffelertrag in Kötitz und Ober= bobritzſch bezeichnen, verhalten ſich z. B. wie 18 : 9, der Kar= toffelertrag war in Kötitz doppelt ſo hoch als in Oberbobritzſch,

hieraus folgt, daß die Entfernung der Nährſtoffe ſich in beiden
Feldern umgekehrt verhält, nämlich wie 9 : 18; in dem zu
Kötitz waren ſie doppelt ſo nahe, wie in dem andern.

Dieſe Betrachtungsweiſe iſt geeignet, in manchen Fällen
für den Grund der Erſchöpfung eines Feldes beſtimmtere Anſichten zu gewinnen.

Durch die Korn- und Kartoffelernte wurde z. B. der
Ackerkrume in Mäuſegaſt Phosphorſäure und Stickſtoff genommen und die darauf folgende Gerſtenpflanze, die ebenfalls aus
der Ackerkrume ihre Nahrung zieht, fand im dritten Jahre ſehr
viel weniger davon vor als die Roggenpflanze, die ihr auf
dem Felde vorausging.

Die Höhe der Linien a b (Fig. I) und f g (Fig. III) umgekehrt genommen zeigen, um wieviel relativ die Entfernung
der Theilchen der Nährſtoffe für die Gerſtenpflanze größer geworden iſt. Das Gerſtenkorn bedarf zu ſeiner Bildung die
nämlichen Nährſtoffe wie das Roggenkorn, und da der Ertrag
an Roggenkorn ſich zu dem an Gerſtenkorn wie 22 : 12 verhielt, ſo heißt dies alſo umgekehrt genommen, daß die Entfernung der Nährſtoffe für das Gerſtenkorn von 12 auf 22 zugenommen hatte.

Im dritten Jahre fand die Gerſten-Wurzel auf dieſelbe
Länge beinahe nur halb ſoviel Nährſtoffe für das Korn als die
Roggenpflanze vor.

Dieſe Auseinanderſetzung hat nicht den Zweck, ein Maaß
anzugeben, um damit die Entfernung der aufnahmsfähigen
Theilchen der Nährſtoffe in der Erde zu meſſen, ſondern um
den Begriff der Erſchöpfung der Felder genauer zu beſtimmen.
Der Landwirth, welcher eine klare Vorſtellung davon hat, worauf
die Abnahme der Ernten durch eine Reihe von aufeinanderfolgenden Culturen beruht, wird um ſo leichter dadurch in den

Stand geſetzt, die rechten Wege und Mittel aufzufinden und in Anwendung zu bringen, um das Feld wieder ebenſo ertrag= bar als vorher zu machen und deſſen Fruchtbarkeit wo möglich noch zu ſteigern.

Nach der allgemeinen Verſchiedenheit aller Erträge fällt in den ſächſiſchen Verſuchen ferner in die Augen die Ungleich= heit in dem Verhältniſſe des Korn= und Strohertrags.

Auf 10 Gewichts=Theile Korn erntete man in Cunners= dorf 25 Gew.=Th. Stroh, in Kötitz 23 Gew.=Th., in Ober= ſchöna nur 21 und in Mäuſegaſt nur 20 Gew.=Th. Stroh.

Die nähere Betrachtung ergibt, daß der Unterſchied vor= züglich in dem Kornertrage lag.

Die Felder zu Cunnersdorf — Kötitz — Oberbobritzſch lieferten 2951 Pfd. 3013 Pfd. 3015 Pfd. Stroh, alſo bis auf wenige Pfunde einerlei Menge Stroh, und zu der nämlichen Strohmenge verhielt ſich die Samenmenge in

Cunnersdorf — Kötitz — Oberbobritzſch
wie 11 : 12 : 14

Wenn man verſucht, ſich klar zu machen, auf was der ungleiche Samenertrag beruhte, ſo ergibt ſich damit auch zu= gleich der Grund der Abweichungen in deſſen Verhältniß zur Strohmenge.

Man muß ſich hier daran erinnern, daß, was man Stroh nennt, nämlich die Blätter, Halme und Wurzeln, aus dem Mehlkörper der Getreideſamen, d. h. aus Samenbeſtandtheilen entſtehen, ferner, daß dieſe Organe die Werkzeuge ſind zur Wiedererzeugung der Samenbeſtandtheile.

Die Stroherzeugung geht immer der Samenbildung voran und was von den Samenbeſtandtheilen zur Herſtellung der Werkzeuge dient, kann nicht zu Samen werden, oder je mehr Samenbeſtandtheile zu Strohbeſtandtheilen in der gegebenen

Wachsthumszeit geworden ſind, deſto weniger bleibt davon zur
Samenbildung bei ihrem Abſchluß zurück. (Siehe Seite 51.)

Vor der Blüthe ſind alle Samenbeſtandtheile Beſtandtheile des Strohs, nach der Blüthe tritt eine Theilung ein.
Die Menge des Strohs hängt demnach ab, bei ſonſt gleich-
günſtigen Boden- und Witterungs-Verhältniſſen, von der Menge
der zur Stroherzeugung nöthigen Samenbeſtandtheile.

Die Menge der Samen hängt ab von dem in der ganzen
Pflanze vorhandenen Reſte, der zur Vermehrung und Ver-
größerung der Blätter, Halme und Wurzeln nicht weiter in
Anſpruch genommenen Samenbeſtandtheile.

Wenn wir denjenigen Theil der Kornbeſtandtheile, welche
zu Samen werden können, mit K, den andern Bruchtheil der
nämlichen Stoffe, die im Stroh als Beſtandtheile bleiben, mit
α K und den Reſt von Bodenbeſtandtheilen, den das Stroh
mehr enthält, mit St bezeichnen, mithin:

K $=$ (Phosphorſäure, Stickſtoff, Kali, Kalk, Bittererde, Eiſen),

α K $=$ ein Bruchtheil von K,

St $=$ (Kieſelſäure, Kali, Kalk, Bittererde, Eiſen),

ſo laſſen ſich die Nährſtoffe, welche die Pflanze aus dem Boden aufgenommen hat, in folgender Weiſe darſtellen:

$$(K + \alpha\, K,\ St.)$$

Dieſer Ausdruck ſagt mithin, daß die Wurzeln der Halmpflanze von den Erdtheilen, mit welchen ſie in Berührung
ſind, ein gewiſſes Verhältniß von Nährſtoffen zur Erzeugung
von Blättern, Wurzeln und Halmen, dann einen Ueberſchuß
von einer Anzahl von eben dieſen Beſtandtheilen zur Erzeugung von Korn empfangen haben muß. Die Geſammternte
iſt, wie ſich von ſelbſt verſteht, abhängig von der Summe der
K- und St-Beſtandtheile, welche der Boden während der normalen Wachsthumszeit abzugeben vermag.

Das Verhältniß zwischen Korn und Stroh ist die Folge einer Theilung der K- und St-Bestandtheile in der Pflanze selbst und wird bedingt durch das relative Verhältniß der K- und St-Bestandtheile im Boden und durch den Einfluß äußerer auf die Stroh- oder Kornerzeugung wirkender Ursachen.

Wenn die Menge K im Boden sich vermindert, so muß der Samenertrag abnehmen, aber nur in gewissen Fällen wird dies auf den Strohertrag einen Einfluß haben.

Wenn die Menge von St-Bestandtheilen in einem Felde vermehrt wird, so muß mit der Zunahme der Bedingungen der Blatt-, Halm- und Wurzelbildung der Samenertrag beeinträchtigt werden, wenn die zur vermehrten Strohbildung nöthige Menge von α K von der vorhandenen Menge K genommen wird.

Und von zwei Feldern, von denen das eine ärmer an K-Bestandtheilen, aber reicher an St-Bestandtheilen als das andere ist, kann das Erstere dennoch die nämliche, vielleicht auch eine noch größere Strohmenge liefern, aber der Samenertrag muß bei diesem kleiner ausfallen.

Eine ähnliche Steigerung des Strohs auf Kosten des Kornertrages tritt dann ein, wenn die äußeren Witterungs-Verhältnisse der Blatt-, Halm- und Wurzelbildung günstiger als der Samenbildung sind. Die Wachsthumszeit wird dadurch verlängert und die Pflanze nimmt alsdann mehr von den in der Regel überschüssigen St-Bestandtheilen auf, zu deren Assimilation dann eine gewisse Menge mehr der sonst Samen bildenden K-Bestandtheile verbraucht werden.

Bezeichnen wir mit st, was der Boden unter diesen Verhältnissen mehr an St-Bestandtheile abgibt, und mit α k, was von K mehr zu Strohbestandtheilen wird, so stellt sich die Aenderung in dem Ertrage in folgender Weise dar:

Korn   Stroh

$(K - \alpha \, k) + (\alpha \, K, \, St + \alpha \, k, \, st),$

b. h. der Strohertrag vermehrt ſich und der Kornertrag nimmt ab. Es iſt ferner klar, daß, wenn in einem Felde mit einem Ueberſchuß von St=Beſtandtheilen die Menge von K=Beſtand=theilen vermehrt wird, ſo wird bei einem ungenügenden Ver=hältniſſe von K zunächſt die Strohmenge, bei mehr K der Stroh= und Kornertrag ſteigern.

Da die Beſtandtheile von K bis auf Stickſtoff und Phos=phorſäure gleichfalls St=Beſtandtheile ſind, ſo wird alſo dieſe Zunahme der Ernte in dem zu betrachtenden Felde ſtatthaben entweder durch Zufuhr von Phosphorſäure oder von Stickſtoff, oder durch die gleichzeitige Zufuhr beider Stoffe.

Wenn hiedurch die Dichtheit der im Boden vorhandenen K=Theilchen oder von Phosphorſäure und Ammoniak=Theilchen verdoppelt iſt, ſo kann die Ernte durch Zufuhr von K in den günſtigſten Verhältniſſen die doppelte ſein.

Fehlt es hingegen im Boden an St=Beſtandtheilen, ſo wird die Vermehrung von Stickſtoff oder Phosphorſäure ohne irgend einen Einfluß auf den Ertrag ſein.

Es folgt hieraus von ſelbſt, daß der abſolute oder relative Strohertrag, den ein Feld in einer Kornernte geliefert hat, keinen Schluß rückwärts auf die Quantität von St=Beſtand=theilen im Boden geſtattet, weil bei zwei an dieſen Beſtand=theilen gleich reichen Feldern der Strohertrag abhängig iſt von der Menge der K=Beſtandtheile in dieſen Feldern, das an K reichere Feld wird unter gleichen Verhältniſſen einen größeren Strohertrag geben.

Man kann demnach aus dem gleichen Strohertrag, den die Felder in Gunnersdorf und Oberbobritzſch lieferten, nicht ſchließen, daß die Mengen an St=Beſtandtheilen in dieſen Feldern gleich gewesen sind, weil, wie die Kornerträge zeigen, die Mengen von K ungleich waren. Die Ernten verhalten sich

in Cunnersdorf wie (11) K : (29) α K, St,

„ Kötiz „ (12) K : (30) α K, St,

„ Oberbobritzsch „ (14) K : (30) α K, St.

Da, wie früher bemerkt, die Bestandtheile, die wir unter dem Symbol K und St zusammengefaßt haben, sich nur dadurch von einander unterscheiden, daß in K Stickstoff und Phosphorsäure einbegriffen und die anderen Bestandtheile von K ebenfalls St-Bestandtheile sind, so beruht der Unterschied in den Kornerträgen dieser drei Felder wesentlich darauf, daß die Wurzeln der Kornpflanzen in dem Boden zu Kötiz $^1/_{11}$, die zu Oberbobritzsch $^3/_{11}$ mehr Phosphorsäure und Stickstoff im aufnahmsfähigen Zustande vorfanden und aufnahmen als in Cunnersdorf.

Wenn man sich die Frage stellt, wie viel Phosphorsäure und Stickstoff man dem Felde in Cunnersdorf zuführen müßte, um den Kornertrag auf gleiche Höhe mit dem zu Oberbobritzsch zu bringen, so ist es nichts weniger als sicher, daß die Vermehrung um $^3/_{11}$ hiezu genüge; denn die Zunahme des Kornertrags wird wesentlich beeinflußt durch die Bestandtheile St, deren Menge in verschiedenen Bodensorten sehr ungleich und nicht bekannt ist.

Durch die Zufuhr von Stickstoff und Phosphorsäure werden von den vorräthigen St-Bestandtheilen eine gewisse Menge wirksam oder aufnahmsfähig gemacht, die es vorher nicht waren; indem der Strohertrag steigt, bleiben nicht $^3/_{11}$ Stickstoff und Phosphorsäure zur Samenbildung übrig, sondern weniger; das wieviel wird durch die Summe der übergegangenen St-Bestandtheile begrenzt.

Durch die Ermittelung des relativen Verhältnisses des

14*

auf dem mit Phosphorsäure und Stickstoff gedüngten und auf dem ungedüngten Stücke geernteten Korns und Strohs läßt sich übrigens leicht die Dichtheit der in verschiedenen Bodensorten vorräthigen St-Bestandtheile annähernd beurtheilen.

Wenn das ungedüngte Stück Korn und Stroh im Verhältnisse wie 1 : 2,5 und das gedüngte einen Mehrertrag gibt, in welchem sich Korn und Stroh wie 1 : 4, also ein größeres Verhältniß von Stroh finden, so sind offenbar die Bestandtheile St in diesem Felde vorwaltend, und es müßte eine sehr vielmal größere Menge von Phosphorsäure und Stickstoff dem Felde zugeführt werden, um entsprechend seinem Gehalte an St-Bestandtheilen ein relatives Verhältniß von Korn und Stroh wie etwa der Boden zu Oberbobritzsch zu liefern.

Es gehört zu der wichtigsten Aufgabe des Landwirthes, sein Feld genau kennen zu lernen und zu ermitteln, welche von den nutzbaren Nährstoffen der Pflanzen sein Boden in vorwaltender Menge enthält, denn dann wird ihm die richtige Wahl von solchen Gewächsen nicht schwer, die vor anderen einen Ueberschuß dieser Bestandtheile zu ihrer Entwicklung bedürfen, und er zieht den erreichbar größten Vortheil aus seinem Felde, wenn er weiß, welche Nährstoffe er demselben im Verhältniß zu denen zuführen muß, die es bereits im Ueberschuß enthält.

Zwei Felder, in welchen die Summe der Nährstoffe ungleich, die relative Verbreitung derselben im Boden aber gleich ist, werden der Höhe nach ungleiche, aber im relativen Verhältniß an Korn und Stroh gleiche Erträge liefern.

Ein solches Verhältniß besteht z. B. zwischen dem Felde zu Oberbobritzsch und dem zu Mäusegast. Wenn man die Ernte an Korn und Stroh in Oberbobritzsch ausdrückt durch K + α K, St, so ist die Ernte auf dem Felde in Mäusegast = $1\frac{1}{3}$ K + $1\frac{1}{3}$ α K, St.

Die Felder sind an beiden Orten offenbar mit großer Sorg=
falt und Geschick gebaut und von so gleichförmiger Mischung,
daß, wenn man den Korn= und Strohertrag von dem einen
und den Strohertrag vom andern kennt, sich der Kornertrag
des letzteren nach obiger Formel berechnen läßt.

Kartoffeln 1852. In der folgenden Tabelle sind die
Kartoffelerträge von den fünf verschiedenen Orten im Jahre
1852 in den senkrechten Linien dargestellt.

1852. Kartoffeln.

Gunnersdorf. Mäusegast. Kötitz. Oberbobritzsch. Oberschöna.

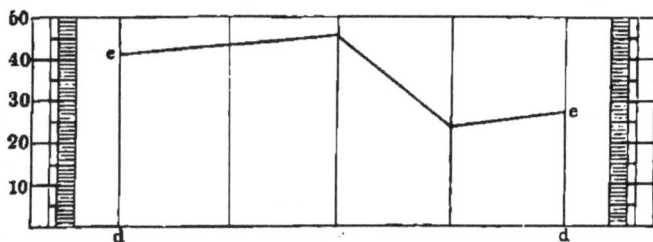

Die Kartoffelpflanze entnimmt ihre Haupt=Bestandtheile
der Ackerkrume und aus einer etwas tieferen Bodenschicht als
die Roggenpflanze, und es zeigen die gewonnenen Erträge die
Beschaffenheit dieser Erdschichten genauer als die chemische Analyse an.

In dem Felde zu Mäusegast und Gunnersdorf besaßen
die aufnehmbaren Nährstoffe für die Kartoffelpflanze sehr nahe
dieselbe Dichtheit, in Kötitz waren sie um $^1/_9$ näher, in dem
Boden zu Oberbobritzsch waren sie doppelt so weit von einan=
der entfernt, indem zu Oberschöna um $^1/_5$ näher als in Oberbobritzsch.

Den höchsten Kartoffelertrag lieferte das Feld in Kötitz;
das Kali (für die Knollen) und der Kalk (für das Kraut)
machen die vorwaltenden Bestandtheile der Kartoffelpflanze aus;
aber eine gewisse Menge Stickstoff und Phosphorsäure sind für
die Entwicklung der Kartoffelpflanze ebenso nothwendig, wie

für die Kornpflanze und die wirkſame Menge des übergehenden Kalis und Kalks wird weſentlich beſtimmt durch die gleichzeitige Aufnahme von Phosphorſäure und Stickſtoff. Wenn
es im Boden an einem von beiden Beſtandtheilen mangelt,
welche, wie bemerkt, gleichfalls Hauptbeſtandtheile des Korns
ſind, ſo wird der Ertrag im Verhältniſſe zu der aufnahmsfähigen Menge dieſer beiden Stoffe ſtehen und der größte
Ueberſchuß an Kali oder Kalk im Boden wird ohne irgend
einen Einfluß auf die Höhe deſſelben ſein.

Die Ackerkrume des Feldes zu Oberbobritzſch iſt weit reicher
an Phosphorſäure und Stickſtoff als die zu Kötitz, während
der Kartoffelertrag nur die Hälfte von dem betrug, welchen das
Feld in Kötitz geliefert hat.

Nichts kann hiernach ſicherer ſein, als daß das Feld zu
Oberbobritzſch ſehr viel weniger Kali oder Kalk im aſſimilirbaren Zuſtande enthielt als das in Kötitz, und durch eine Düngung mit Kalk allein, oder mit Holzaſche (Kali und Kalk) würde
ſich ſehr leicht nachweiſen laſſen, an welchen von beiden Stoffen
im Boden Mangel war.

Dagegen läßt ſich aus dem niederen Ertrage an Kartoffeln des Feldes in Gunnersdorf nicht ſchließen, daß es ärmer
war an Kali oder Kalk als das Feld in Kötitz; das letztere
enthielt, wie die vorangegangene Kornernte zeigt, entſchieden
etwas mehr Phosphorſäure und Stickſtoff als das Feld in
Gunnersdorf, und es kann daher die höhere Kartoffelernte in
Kötitz weſentlich bedingt geweſen ſein durch ſeinen größeren
Gehalt an dieſen beiden Nährſtoffen. Auch wenn das Feld
in Gunnersdorf noch reicher an Kali und Kalk geweſen wäre
als das Feld in Kötitz, ſo würde es dennoch unter den gegebenen Verhältniſſen einen niedrigeren Kartoffelertrag geliefert
haben.

Hafer 1853. Die Haferpflanze entnimmt ihre Nahrung zum Theil der Ackerkrume, allein ſie ſendet ihre Wurzeln, wenn es der Boden geſtattet, weit tiefer hinab als die
Kartoffelpflanze; ſie beſitzt bildlich ausgedrückt eine größere Vegetationskraft als die Roggenpflanze und nähert ſich in der
Stärke des Aneignungsvermögens ihrer Nahrung den Unkrautpflanzen.

1853. Hafer.

Cunnersdorf. Mäuſegaſt. Kötitz. Oberbobritzſch. Oberſchöna.

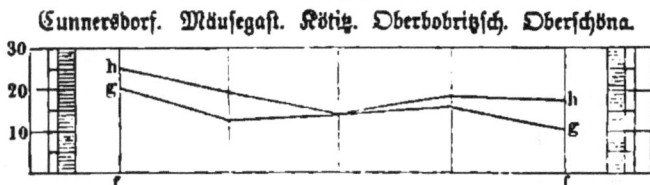

Was in der obigen Tabelle in die Augen fällt, iſt die
große Ungleichheit der Erträge zweier Halmgewächſe, die nach-
einander auf demſelben ungedüngten Boden wachſen.

Das Feld in Cunnersdorf, welches nach dem zu Oberſchöna den niedrigſten Roggenkorn- und Strohertrag geliefert
hat, gab im dritten Jahre den höchſten Haferkorn- und Strobertrag.

Die Verſchiedenheit in der Beſchaffenheit und Dichtheit
der Nährſtoffe in den tieferen Bodenſchichten dieſer Felder
iſt unverkennbar. Das Feld in Cunnersdorf war oben ärmer
und nahm nach abwärts in ſeinem Gehalte an Nährſtoffen
für die Kornpflanze zu; die anderen Felder nahmen abwärts ab.

Die Erträge des Feldes in Mäuſegaſt im Jahre 1853
beziehen ſich auf Gerſte und nicht auf Hafer und geben demnach keinen Aufſchluß über die Beſchaffenheit der tieferen Erde
ſchichten, aus welchen die Haferpflanze ihre Nahrung zieht,
aber ſie zeigen den Zuſtand der Ackerkrume an, in den ſie durch
die vorangegangene Kornernte verſetzt worden iſt; der Ertrag
an Gerſtenkorn war in Folge der entzogenen Phosphorſäur-

unb vielleicht von Stickſtoff ſehr viel geringer, als man nach
ber vorangegangenen Roggenernte vom Boden hätte erwarten
ſollen, unb eine kleine Zufuhr von Superphosphat ober Guano
würbe auf bieſem Felbe ben Ertrag an Gerſte mächtig geſtei=
gert haben.

Klee 1854. Die Kleeernten im vierten Jahre geben
Aufſchluß über bie Beſchaffenheit ber tiefſten von ben Pflanzen
in Anſpruch genommenen Bobenſchichten.

1854. Klee.

Cunnersborf. Mäuſegaſt. Kötitz. Oberbobritzſch. Oberſchöna.

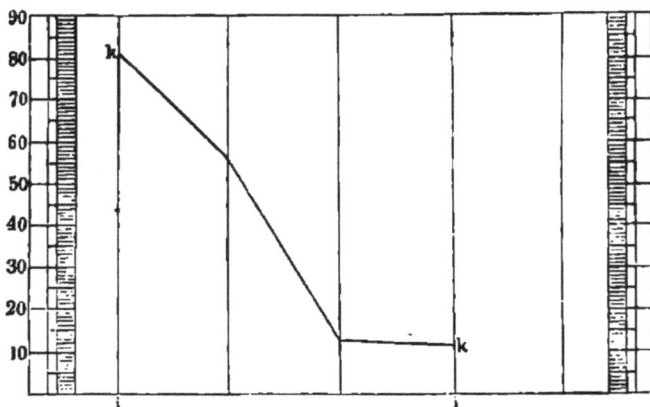

Der Ertrag an Klee war in Cunnersborf beinahe bop=
pelt ſo hoch als in Mäuſegaſt unb zehnmal ſo hoch wie in
Oberbobritzſch, unb es iſt unzweifelhaft, baß bieſe ungleichen
Erträge bem ungleichen Gehalt an Nährſtoffen im Boden für
bie Kleepflanze entſprechen müſſen.

Die Nährſtoffe ber Kleepflanze ſinb ſehr nahe bie näm=
lichen, ber Menge unb bem relativen Verhältniſſe nach, wie
bie ber Kartoffelpflanze (Kraut, Stengel unb Knollen zuſam=
mengenommen), unb wenn ber Klee auf einem Boden noch

gute Ernten gibt, auf welchem die Kartoffel nur unvollkommen gedeiht, so beruht dies wesentlich auf der größeren Wurzelverzweigung der Kleepflanze; es gibt wohl kaum zwei Pflanzen, an denen man gleich deutlich die Bodenschichten erkennen
kann, auf die sie ihrer Natur nach zur Aufnahme ihrer Nahrung angewiesen sind.

Wenn man die Kartoffel in zwei Fuß tiefe Gruben
pflanzt und diese in eben demselben Verhältnisse auffüllt, als
die Pflanze wächst, so daß zuletzt die Erde in der Grube mit
der Ackerkrume in gleicher Ebene liegt, so beobachtet man, daß
die Knollen sich immer nur in der obersten Erdschichte bilden,
keine tiefer und nicht mehr, als wenn die Saatkartoffel nur
1 1/2 bis 2 Zoll tief in die Ackerkrume gelegt worden wäre,
und man findet bei der Ernte, daß die Wurzeln abwärts unterhalb der Ackerkrume abgestorben sind.

Der Klee verhält sich umgekehrt, und obwohl die Ackerkrume in Kötitz z. B. entschieden reicher ist an den Nährstoffen
für die Kleepflanze als wie die in Cunnersdorf (sie lieferte eine
um 1/8 höhere Kartoffelernte), so war dies ohne Einfluß auf
die Kleepflanze, welche von den tiefsten Bodenschichten ihre
Hauptnahrung empfängt.

Wir wollen jetzt die Erträge einer Analyse unterwerfen,
welche durch die Stallmistdüngung auf Stücke der nämlichen
Felder, deren Erträge im ungedüngten Zustande wir soeben
betrachtet haben, in den sächsischen Versuchen hervorgebracht
wurden.

Erträge pr. ſächſ. Acker der mit Stallmiſt gedüngten Felber:

	Gunners-borf	Mäuſegaſt	Kötiß	Ober-bobrißſch	Oberſchöna
Stallmiſt 1851	18	194	229	314	897 Ctr.
Roggen	Pfund	Pfund	Pfund	Pfund	Pfund
Korn	1513	2583	1616	1905	1875
Stroh	4696	5318	4019	3928	3818
1852 Kartoffeln	17946	20258	20678	11936	16727
1853 Hafer					
Korn	2278	1649	1880	1685	1253
Stroh	2992	2475	1742	1909	2576
1854 Klee heu	9509	7198	1292	2735	0 *)

Mehrertrag burch Stallmiſtbüngung über ungebüngt (ſ. S. 198):

	Gunners-borf	Mäuſegaſt	Kötiß	Ober-bobrißſch	Oberſchöna
1851 Roggen	Pfund	Pfund	Pfund	Pfund	Pfund
Korn	337	345	352	452	1167
Stroh	1745	736	1006	915	229
1852 Kartoffeln	1279	3362	2101	2185	5632
1853 Hafer					
Korn	369	360	541	157	171
Stroh	429	635	385	97	862
1854 Klee heu	365	1615	137	1824	0

*) Der Klee ging wegen Näſſe zu Grunde.

Es fällt hier zunächſt wieder ins Auge, daß die Erträge auf allen Feldern verſchieden waren und nicht in der entfernteſten Beziehung zu ſtehen ſcheinen zu der für die Düngung verwendeten Miſtmenge.

Nichts kann gewiſſer ſein als die Thatſache, daß ein durch die Cultur erſchöpftes Feld, wenn es mit Stallmiſt gedüngt wird, höhere Erträge liefert als ungedüngt, und wenn dieſe durch den Stallmiſt hervorgebracht wurden, ſo ſollte man denken, daß die nämlichen Miſtmengen auf verſchiedenen Feldern die gleichen Mehrerträge liefern müßten. Die folgende Tabelle zeigt, daß die nämliche Miſtmenge auf den ſächſiſchen Feldern höchſt ungleiche Mehrerträge hervorgebracht hat.

Einhundert Centner Stallmiſt erzeugten Mehrertrag:

	Gunnersdorf	Mäuſegaſt	Kötitz	Oberbehritzſch	Oberſchöna
1851 u. 1853 Winterroggen u. Hafer	Pfund 1539	Pfund 1070	Pfund 988	Pfund 515	Pfund 501
1852 Kartoffeln	720	1723	917	696	628
1854 Klee	203	832	60	628	0

Es iſt wohl Niemand im Stande, aus dieſen Zahlen zu entnehmen, daß ſie die Wirkungen bezeichnen ſollen, welche die gleiche Menge deſſelben Düngmittels und zwar des Univerſaldüngers auf fünf verſchiedenen Feldern hervorgebracht hat.

Weder in dem Roggenkorn= und Strohertrag, noch in dem Ertrage an Kartoffeln, Hafer und Klee findet die mindeſte Aehnlichkeit oder Uebereinſtimmung ſtatt, und es iſt noch viel weniger möglich, daraus die Düngermenge zu erſchließen, welche gedient hat, um die Mehrerträge hervorzubringen.

Die nämliche Stallmiſtmenge brachte an Halmgewächſen, · Korn und Stroh zuſammen, im Jahre 1851 und 1853 in Mäuſegaſt den doppelten, in Cunnersdorf den dreifachen Mehrertrag als in Oberbobritſch hervor, an Kartoffeln in Mäuſegaſt doppelt ſoviel als in Kötitz, an Klee viermal mehr in Mäuſegaſt als in Cunnersdorf, und in Oberbobritſch zehnmal ſoviel als in Kötitz.

Die enorme Stallmiſtdüngung in Oberſchöna brachte bei weitem nicht den Ertrag hervor, den das Feld in Mäuſegaſt ohne alle Düngung lieferte.

Die Zuſammenſetzung des Stallmiſtes, ſoweit wir ſie durch zahlreiche Analyſen kennen, iſt im Ganzen allerorts ſo ähnlich, daß man keinen großen Fehler begehen kann, wenn man vorausſetzt, daß mit 100 Ctr. Stallmiſt ein jedes Feld die nämlichen Nährſtoffe und in derſelben Menge empfängt.

Auf den Boden oder die Erdtheile wirken die Miſtbeſtandtheile überall in gleicher Weiſe ein und es ſteht hiermit die Thatſache ſcheinbar in unlösbarem Widerſpruche, daß die Mehrerträge dennoch allerorts verſchieden ausfallen, daß alſo mit den zugeführten Miſtbeſtandtheilen auf dem einen Felde dreimal oder doppelt ſoviel Nährſtoffe für die Halmgewächſe oder Kartoffeln in Bewegung geſetzt oder ernährungsfähig gemacht wurden, als auf einem andern.

Dieſe Thatſache bezieht ſich nicht auf die ſächſiſchen Felder allein, ſondern iſt eine ganz allgemeine. Nirgendwo, in keinem Lande ſtimmen die Erträge, welche in der Stallmiſtwirthſchaft erzielt werden, mit einander überein, wie die Ueberſicht der Mittelerträge an verſchiedenen Feldfrüchten in den verſchiedenen Provinzen des Königreichs Bayern beweiſt.

Durchschnittliche Ernteerträge in Bayern
(Seuffert's Statistik).

Ein Tagwerk liefert Mittelerträge in Scheffeln: *)

	Weizen	Roggen	Kern (Dinkel)	Gerste	Hafer
Oberbayern	1,70	1,80	3,40	1,90	2,81
Niederbayern	2,50	dc.	dc.	dc.	dc.
Oberpfalz u. Regensburg	1,45	1,40	2,70	1,75	1,85
Oberfranken	1,20	1,30	2,20	1,50	1,75
Mittelfranken	1,65	1,40	3,50	1,65	2,25
Unterfranken u. Aschaffenburg	1,70 bis 1,75		2,50	2,00	2,75
Schwaben und Neuburg	1,80	2,00	5,0	2,30	3,50
Pfalz	2,70	2,60	4,80	3,75	3,90

Die durch Stallmistdüngung gewonnenen Erträge an Feldfrüchten sind nicht nur in jeder Gegend, sie sind an jedem Orte verschieden, und wenn man die Sache genau nimmt, so gibt ein jedes Feld, mit Stallmist gedüngt, einen ihm eigenen Mittelertrag.

Die Wirkung des Stallmistes auf die Steigerung der Erträge steht in der engsten Beziehung zur Bodenbeschaffenheit und zu seiner Zusammensetzung, und sie ist darum auf den verschiedenen Feldern ungleich, weil die Zusammensetzung derselben ungleich ist.

---

*) 1 Hectoliter wiegt durchschn. 1 bayer. Scheffel

Weizen	146 Pfd. Zollg.	330—345 Pfd. Zollg.
Gerste	128 „ „	290—300 „ „
Roggen	140 „ „	318—325 „ „
Hafer	88 „ „	200—300 „ „
Spelz (ungeschält) 79 „ „	174—220 „ „

Hiernach berechnet sich das Gewicht eines preußischen Scheffels Weizen zu 83 Pfd., das englische Quarter zu 425 Pfd.

Um die Wirkung der Stallmiſtdüngung zu verſtehen, iſt
es nothwendig, ſich daran zu erinnern, daß die Erſchöpfung
eines Feldes darauf beruht, daß den Erdtheilen durch die vorangegangenen Ernten, am Ende einer Rotation, eine gewiſſe
Menge von Nährſtoffen entzogen worden ſind und daß die
darauffolgenden Pflanzen weniger davon im Boden zur Aufnahme vorfinden, als die früheren.

Für den Zuſtand der Erſchöpfung hat aber der Verluſt
jedes einzelnen Nährſtoffes nicht die gleiche Bedeutung für
das Feld.

Der Verluſt an Kalk, den ein Kalkboden durch eine
Halmfrucht oder Klee erleidet, iſt ganz unerheblich für eine
nachfolgende Frucht, welche große Mengen Kalk zu ihrem gedeihlichen Wachsthume bedarf, ebenſo der Verluſt an Kali
eines kalireichen, der von Bittererde, Eiſen, Phosphorſäure,
Stickſtoff, den ein Bittererde-, Eiſen-, Phosphorſäure-, Ammo-
niak-reiches Feld erleidet; denn gegen die Maſſe gehalten, die
ein an einem Nährſtoffe thatſächlich reicher Boden enthält, iſt
die entzogene Menge immer nur ein ſo verſchwindend kleiner
Bruchtheil, daß der Einfluß der Entziehung deſſelben von einer
Rotation zur anderen nicht wahrnehmbar iſt.

Von einer Rotation zur anderen nehmen aber, wie die
Praxis lehrt, die Erträge der Felder thatſächlich ab, ſo zwar,
daß denſelben gewiſſe Stoffe durch Düngung wieder gegeben
werden müſſen, wenn ſie die früheren Erträge wieder hervorbringen ſollen.

Wenn aber der Erſatz an Kalk den Zuſtand der Erſchöpfung eines Feldes, deſſen Hauptmaſſe aus Kalk beſteht, nicht
aufheben kann, und ebenſowenig die Zufuhr von Kali auf ein
kalireiches, oder von Phosphorſäure auf ein phosphorſäurereiches
Feld, ſo iſt leicht einzuſehen, daß, wenn das Ertragsvermögen

eines erſchöpften Feldes wieder hergeſtellt wird, dies weſentlich darauf beruht, daß in dem Dünger diejenigen Nährſtoffe wie= der gegeben worden ſind, die das Feld in kleinſter Menge ent= hielt und von denen es den verhältnißmäßig größten Bruch= theil verloren hat.

Ein jedes Feld enthält ein Maximum von einem oder mehreren und ein Minimum von einem oder mehreren anderen Nährſtoffen. Mit dieſem Minimum, ſei es Kalk, Kali, Stick= ſtoff, Phosphorſäure, Bittererde, oder ein anderer Nährſtoff, ſtehen die Erträge im Verhältniß, es regelt und beſtimmt die Höhe oder Dauer der Erträge.

Iſt dieſes Minimum z. B. Kalk oder Bittererde, ſo wer= den die Ernten an Korn und Stroh, an Rüben, Kartoffeln oder Klee dieſelben bleiben und nicht höher ausfallen, auch wenn man die Menge des bereits im Boden vorhandenen Kalis, der Kieſelſäure, Phosphorſäure ꝛc. um das Hundertfache vermehrt. Auf einem ſolchen Felde werden aber die Ernten ſteigen durch eine einfache Düngung mit Kalk, man wird in Halmgewächſen, Rüben und Klee, ſowie auf einem kaliarmen Boden durch Düngung mit Holzaſche weit höhere Erträge er= zielen, als durch eine ſtarke Miſtdüngung.

Die ungleiche Wirkung eines ſo zuſammengeſetzten Dün= gers, wie der Stallmiſt iſt, auf die Felder, erklärt ſich hiernach genügend.

Für die Wiederherſtellung der Erträge der durch die Cul= tur erſchöpften Felder durch Stallmiſtdüngung iſt die Zufuhr von allen den Nährſtoffen, welche das Feld im Ueberſchuß ent= hält, vollkommen gleichgültig, und es wirken nur diejenigen Beſtandtheile deſſelben günſtig ein, durch welche ein im Boden entſtandener Mangel an einem oder zwei Nährſtoffen beſei= tigt wird.

Ein an Strohbestandtheilen reiches Feld kann durch Düngung mit Strohbestandtheilen im Miste nicht fruchtbarer werden, während diese für ein daran armes Feld von der größten Bedeutung ist.

Auf zwei Feldern, welche gleichen Ueberschuß an Strohbestandtheilen besitzen, die aber ungleich reich an Kornbestandtheilen sind, wird die gleiche Stallmistdüngung sehr ungleiche Kornerträge hervorbringen, weil diese im Verhältniß stehen müssen zu den im Miste zugeführten Kornbestandtheilen; beide Felder empfangen durch die gleiche Mistmenge gleichviel von letzteren; da aber das eine Feld an sich schon reicher an Kornbestandtheilen ist, als das andere, so müßte dem ärmeren sehr viel mehr Mist hinzugeführt werden, wenn dessen Erträge an Korn die des andern erreichen sollen.

Durch eine im Verhältniß zu der Mistmenge kleine Quantität Superphosphat lassen sich auf einem solchen Felde die Erträge weit mehr steigern, als durch die stärkste Mistdüngung.

Auf ein kaliarmes Feld wirkt der Stallmist durch seinen Kaligehalt, auf ein bittererde= oder kalkarmes durch seinen Bittererde= oder Kalkgehalt, auf ein an Kieselsäure armes durch seinen Strohgehalt, auf ein an Chlor oder Eisen armes durch seinen Gehalt an Kochsalz, Chlorkalium oder Eisen.

Aus diesem Verhalten erklärt sich die hohe Gunst, in welcher der Stallmist als Dünger bei dem praktischen Landwirthe steht, denn da er von jedem einzelnen der dem Felde entzogenen Nährstoffe, unter allen Verhältnissen, eine gewisse Menge enthält, so wirkt er immer günstig; seine Anwendung schlägt nie fehl und erspart dem praktischen Manne alles Nachdenken über die Mittel in viel zweckmäßigerer und gleich sicherer Weise, mit Ersparung an Geld und Arbeit, sein Feld ertragsfähig zu erhalten, oder ohne Vermehrung seiner Ausgaben dem Feld den viel höheren Grad an Fruchtbarkeit zu verleihen, den es nach ſeiner Zuſammenſetzung zu erreichen fähig iſt.

Es iſt in der Praxis wohl bekannt, daß die Erträge einer Menge von Feldern durch Guano, Knochenmehl, Repskuchen-mehl geſteigert werden können, durch Stoffe, welche nur gewiſſe Beſtandtheile des Stallmiſtes enthalten, und ihre Wirkung er-klärt ſich in der That aus der Lehre von dem Minimum, die ich ſoeben auseinandergeſetzt habe.

Da aber der praktiſche Landwirth das Geſetz nicht kennt, auf welchem die Wirkung dieſer Düngmittel auf die Erhöhung der Erträge beruht, ſo kann bei ſeinem Betriebe von der ratio-nellen, d. h. wahrhaft ökonomiſchen Anwendung derſelben keine Rede ſein; er gibt entweder zu viel oder zu wenig, oder nicht das Rechte. Was das Zuwenig betrifft, ſo bedarf dies keiner Erläuterung, denn Jedermann ſieht ein, daß die richtige Menge den Ertrag, bei derſelben Arbeit und einer geringen Mehraus-gabe, auf das erreichbare Maximum bringt.

Was das Zuviel betrifft, ſo beruht dies auf der irrigen Anſicht, daß die Wirkung dieſer Düngmittel im Verhältniß ſtehe zu ihrer Maſſe; ſie ſteht in der That im Verhältniß zu einer gewiſſen Menge, aber über eine beſtimmte Grenze hin-aus iſt ihre Einverleibung in das Feld vollkommen gleichgültig.

Ein Düngungsverſuch von J. Ruſſel (Craigie House, Agri. Journal of th. R. Agr. Soc. Vol. 22. S. 86) dürfte geeignet ſein, was hier gemeint iſt, zu verſinnlichen. In die-ſem Verſuche wurde daſſelbe Feld in mehrere Stücke getheilt, mit Rüben bepflanzt und je drei Zeilen mit verſchiedenen Düngmitteln, unter andern auch mit Superphosphat (Knochen-aſche in Schwefelſäure gelöſt) gedüngt; die Erträge, pr. Acker berechnet, waren folgende:

Ertrag pr. Acre:

Nr. der Stücke.

1) Ungedüngt . . . . . 340 Ctr. Rüben (Schwediſche Variet)
11) Ebenfalls ungedüngt . 320 „   „
5) Mit 5 Ctrn. Super-
     phosphat gedüngt . 535 „   „
6) Mit derſelben Menge
     Superphosphat . 497 „   „
7) Mit 3 Ctrn. „ . 480 „   „
8) Mit 7 Ctrn. „ . 499 „   „
9) Mit 10 Ctrn. „ . 490 „   „

Das Feld war, wie die Erträge der ungedüngten Stücke zeigen, die um 20 Ctr. pr. Acker von einander abwichen, in ſeiner Beſchaffenheit und Gehalt an Nährſtoffen ziemlich verſchieden, wie andere Verſuche barthun, auf deren Erörterung hier nicht weiter eingegangen werden kann, ärmer in der Mitte, als nach den Seiten.

Die Thatſache, welche aus den oben gegebenen Rübenerträgen klar in die Augen fällt, iſt, daß drei Centner Superphosphat nahe denſelben Rübenertrag geliefert haben als wie fünf Centner, und daß die Vermehrung des Düngers auf zehn Centner den Ertrag nicht erhöhte.

In dieſen Verſuchen iſt nicht ermittelt worden, auf welchen Beſtandtheilen des Kalkſuperphosphates vorzugsweiſe die höhere Ernte beruhte. Bittererde und Kalk ſowohl wie Schwefelſäure und Phosphorſäure ſind gleich unentbehrliche Nährſtoffe für die Rübenpflanze, und ich habe Gelegenheit gehabt, wahrzunehmen, daß auf einem Felde die Düngung mit Gyps bei Zuſatz von etwas Kochſalz, auf einem andern die Düngung mit phosphorſaurer Bittererde den Ertrag deſſelben an Rüben in einem höheren Verhältniß noch ſteigerte als das Kalk-Superphosphat, obwohl letzteres auf die Mehrzahl der Felder unzweifelhaft der vorzugsweiſe wirkende Nährſtoff iſt.

Um diese Thatsachen richtig zu verstehen, muß man sich daran erinnern, daß das Gesetz des Minimums nicht für einen Nährstoff allein, sondern für alle gilt: wenn in einem gegebenen Falle die Ernten an irgend einer Frucht, begrenzt sind durch ein Minimum von Phosphorsäure im Felde, so werden die Ernten steigen durch Vermehrung der Phosphorsäuremenge bis zu dem Punkt, wo die zugeführte Phosphorsäure im richtigen Verhältnisse steht zu dem jetzt vorhandenen Minimum an einem anderen Nährstoffe.

Wenn die Phosphorsäure, welche man zugeführt hat, mehr beträgt, als z. B. der im Boden enthaltenen Menge Kali oder Ammoniak entspricht, so wird der Ueberschuß wirkungslos sein. Vor der Düngung mit Phosphorsäure war die vorhandene wirkungsfähige Menge Kali oder Ammoniak um etwas größer als die Phosphorsäuremenge im Boden, und war darum wirkungslos, sie wurde wirksam, indem die Phosphorsäure hinzukam, und der Ueberschuß von Phosphorsäure mußte sich jetzt genau ebenso wirkungslos verhalten, wie früher der Ueberschuß von Kali.

Während vorher die Ernte im Verhältniß stand zu dem Minimum an Phosphorsäure, steht sie jetzt im Verhältniß zu dem Minimum an Kali oder Ammoniak, oder zu beiden. Ein paar Versuche, auf diesem Felde angestellt, hätten diese Frage zur Entscheidung bringen können. War das Minimum nach der Düngung mit Superphosphat, Kali oder Ammoniak gewesen, so würden die Ernten gestiegen sein bei einem entsprechenden Zusatz von Kali oder Ammoniak, oder von beiden. In derselben Versuchsreihe wurde durch Düngung mit 6 Ctr. Guano, welche 2 Ctr. Superphosphat entsprechen, ein Ertrag von 630 Ctr. Rüben erhalten, einhundertdreißig Ctr. mehr als durch das Superphosphat, allein es bleibt hier zweifel-

haft, ob das Kali oder das Ammoniak im Guano die Steigerung hervorgebracht hat.

Wenn man in den ſächſiſchen Verſuchen die Miſtmengen,
welche zur Düngung auf den fünf Feldern verwendet wurden,
in's Auge faßt, ſo liegt die Frage nach dem Grunde ihrer
Verſchiedenheit nahe genug.

Die zunächſtliegende Antwort iſt wohl die, daß der Landwirth ſoviel gibt, als er eben hat, oder daß er nach gewiſſen
Thatſachen ſeine Miſtmenge regelt. Wenn er in ſeinem Betriebe wahrgenommen hat, daß eine gewiſſe Menge Stallmiſt
ſeine urſprünglichen Erträge wieder herſtellt und eine ſtärkere
Düngung keinen größeren Mehrertrag gibt, nicht in dem Verhältniſſe mehr, als er zuführt, oder zu den Koſten, die ihm die
Düngergewinnung auferlegt, ſo beſchränkt er ſich nothwendig
auf die kleinere.

Es kann demnach nicht ein zufälliger Einfall des Landwirthes in Gunnersdorf ſein, wenn er bei ſeinem Felde mit
180 Ctr. Stallmiſt ſich begnügt, und es iſt ſicherlich ebenſowenig zufällig, daß der Landwirth zu Oberbobritzſch ſein Feld
mit 314 Ctr. gedüngt hat.

Wenn aber nicht Laune oder Zufall, ſondern der zu errei-
chende Zweck die Miſtmenge regelt, ſo iſt offenbar, daß die
Handlungen des Landwirths von einem Naturgeſetze beherrſcht
ſind, deſſen Wirkungen er kennt, ohne es ſelbſt zu kennen.

Für die Menge Stallmiſt, welche ein Feld bei einem neuen
Umlaufe bedarf, um ſein Ertragsvermögen wieder herzuſtellen,
beſteht demnach ein Grund, der in dem Boden liegt, und es
iſt unſchwer einzuſehen, daß ſie im Verhältniß ſtehen muß zu
den wirkſamen Miſtbeſtandtheilen, welche das Feld bereits enthält; ein Feld, welches ſehr reich daran iſt, bedarf weniger,
um denſelben Mehrertrag zu geben als ein ärmeres.

Da nun der Stallmiſt dem Klee, den Rüben und Gräſern vorzugsweiſe vor allen anderen Pflanzen ſeine wirkſamſten Beſtandtheile verdankt, ſo liegt der Schluß nahe, daß die einem Felde nöthige Miſtmenge im umgekehrten Verhältniſſe zu den Klee-, Rüben- oder Graserträgen ſteht, welche das Feld ungedüngt zu liefern vermag.

Die ſächſiſchen Verſuche zeigen, daß dieſer Schluß, in einer Beziehung wenigſtens, nicht weit von der Wahrheit entfernt ſein kann, denn wenn man die Erträge der ungedüngten Stücke an Klee mit der Stallmiſtmenge, die zur Düngung diente, vergleicht, ſo hat man:

Klee-Ertrag 1854.

Cunnersdorf — Mäuſegaſt — Kötitz — Oberbobritzſch — Oberſchöna

in Pfunden 9144 — 5583 — 1095 — 911 — 0 Pfunde.

Miſtmenge 1851.

Ctr. 180 — 194 — 229 — 314 — 897 Ctr.

Das Feld in Cunnersdorf, welches die meiſten Miſtbeſtandtheile enthielt, empfing die kleinſte, das zu Oberbobritzſch, welches den kleinſten Kleeertrag gab, die größte Menge Stallmiſt.

Der Kleeertrag iſt offenbar aber nicht der einzige Faktor, welcher die Stallmiſtmenge in der Düngung beſtimmt, denn unter den Kleebeſtandtheilen iſt die Kieſelſäure, welche die Halmpflanzen bedürfen, nur in geringer Menge zugegen, und es muß darum die erforderliche Menge Stallmiſt (Strohmiſt) in einer beſtimmten Beziehung zu der Menge von Strohnährſtoffen ſtehen, welche das Feld bereits enthält.

Vergleicht man in den ſächſiſchen Verſuchen die Mehrerträge an Korn und Stroh, welche die mit Stallmiſt gedüngten Felder hervorgebracht haben, ſo hat man:

Mehrertrag durch Stallmiſtdüngung pr. Acker:

in

Gunnersdorf — Rötiß — Oberbobritzſch

Menge des Stallmiſtes Ctr.	180	— 229	— 314 Ctr.
Korn Pfunde	347 ·	— 352	— 452 Korn
Stroh „	1743	— 1006	— 914 Stroh.

Das offenbar an Nährſtoffen für das Stroh reichſte Feld
in Gunnersdorf, welches mit der kleinſten Stallmiſtmenge gedüngt worden war, lieferte dennoch den höchſten Strohertrag;
das Korn verhielt ſich im Mehrertrage zum Stroh wie 1 : 5,
und man ſieht ein, daß die Sparſamkeit mit Strohmiſt auf
dieſem Felde am rechten Platze war, ſowie man ferner verſteht,
warum das an Strohbeſtandtheilen verhältnißmäßig ärmere
Feld in Oberbobritzſch 85 Ctr. Stallmiſt mehr empfangen mußte
als das in Rötiß, um im Mehrertrage das nämliche Verhältniß Korn und Stroh (1 : 2), als vom ungedüngten Felde zu
gewinnen.

Dieſe Betrachtungen dürften dem praktiſchen Landwirthe
vielleicht die Ueberzeugung beibringen, daß er in der Bewirthſchaftung ſeiner Felder ziemlich willenlos handelt und daß die
»Umſtände und Verhältniſſe«, die ihn in ſeinen Handlungen leiten, Naturgeſetze ſind, von deren Exiſtenz er meiſtens
nur eine dunkle Vorſtellung hat; einen Willen, der ſich ſelbſt
beſtimmt, hat er eigentlich nur dann, wenn er etwas ſchlecht
macht; will er aber ſeinem Nutzen gemäß handeln, ſo muß er
ſich, wenn auch unbewußt, nach der Beſchaffenheit ſeines Feldes
richten, und man kann ſich nur darüber wundern, wenn man
wahrnimmt, wie weit der »erfahrene« Mann es darin gebracht hat.

Ein Wirthſchaftsbetrieb heißt ein rationeller Betrieb,
wenn er genau der Natur und Beſchaffenheit des Bodens angepaßt iſt, denn nur dann, wenn die Fruchtfolge oder die Dün-

gungsweise der Zusammensetzung des Bodens entspricht, hat der Landwirth die sichere Aussicht, den möglichst hohen Nutzen von seiner Arbeit oder Kapital-Anlage zu erzielen.

Es ist darum selbstverständlich, daß z. B. bei der großen Verschiedenheit der Bodenbeschaffenheit der Felder in Oberbobritsch und Cunnersdorf die Fruchtfolge, welche für die einen paßt, nicht gleich vortheilhaft für die andere ist.

Wenn die Landwirthe sich entschließen, durch Versuche im Kleinen *) eine genaue Kenntniß der Leistungsfähigkeit ihres Bodens in Beziehung auf die Erzeugung verschiedener Pflanzengattungen oder Arten zu erlangen, so können sie alsdann durch weitere Versuche leicht ermitteln, welche Nährstoffe in ihrem Felde im Minimum enthalten sind und welche Düngstoffe zugeführt werden müssen, um einen Maximalertrag hervorzubringen.

In Dingen dieser Art muß der Landwirth seinen eigenen Weg gehen, und dies ist der, welcher ihm die vollkommenste Sicherheit in seinem Thun verbürgt, und er darf den Behauptungen eines thörichten Chemikers, der aus seinen Analysen ihm beweisen will, daß sein Feld unerschöpflich an diesem oder jenem Nährstoffe sei, nicht den mindesten Glauben beimessen, weil die Fruchtbarkeit seines Feldes nicht im Verhältniß zu der Quantität von einem oder mehreren Nährstoffen steht, welche die Analyse darin nachweist, sondern im Verhältniß zu den Theilen der Summe, welche das Feld an die Pflanzen abzugeben vermag, und dieser Bruchtheil läßt sich nur durch die Pflanze selbst ermitteln. Das Höchste, was die chemische Analyse in dieser Beziehung leistet, ist, daß sie einige Anhalts-

---

*) Versuche dieser Art lassen sich ganz gut, wenn der Boden gleichförmig ist, in Blumentöpfen anstellen, die man in die Erde eingräbt.

punkte zur Vergleichung des Verhaltens zweier Felder liefert. Die Erfahrungen, welche die Rübenzucker-Fabrikation in dem Gebiete der ruſſiſchen Schwarzerde (der Tschernosem) gemacht haben, deren Fruchtbarkeit für Korngewächſe ſprichwörtlich iſt, zeigen, daß dieſe Erde, obwohl ſie nach der Analyſe im Ganzen auf 20 Zoll Tiefe über 700 bis 1000mal ſoviel Kali enthält als wie eine Rübenernte bedarf, nach drei bis vier Jahren des Anbaues an wirkſamen Kali ſoweit erſchöpft iſt, daß ſie keine lohnende Rübenernte ohne Erſatz mehr gibt *).

Bei einer Halmfrucht beſteht in dem relativen Korn- und Strohertrag nur ein günſtiges Verhältniß und ſehr viele ungünſtige; es iſt klar, daß die Maſſe und der Umfang der Werkzeuge, des Strohs, zur Erzeugung des Korns, in einer beſtimmten Beziehung ſtehen muß zu dem Produkte, nämlich zu der Menge des erzeugten Korns; ein hoher oder allzu niedriger Strohertrag beeinträchtigen den Kornertrag.

Wenn man bei einem Halmgewächs weiß, daß 1 Gewichtstheil Korn auf 2 Gewichtstheile Stroh auf einem gegebenen

---

*) In Beziehung auf die ſehr verbreitete Anſicht von dem Reichthume und der Unerſchöpflichkeit der Felder an Kali iſt die folgende Notiz (aus dem badiſchen Centralblatte für Staats- und Gemeinde-Intereſſen. Mai 1861) nicht ohne Intereſſe. Aus dem Amts-Bezirk Bretten. „Die bei Beginn des Frühjahres gewöhnlich ſtattfindenden Accordirungen für den Zuckerrübenbau ſind in dem dieſſeitigen Bezirke nunmehr in vollem Gange und werden für den Centner guter Waare in dieſem Jahre 30 Fr. zugeſichert, während im vorigen Jahre nur 26 Fr. bezahlt wurden. Trotz dieſer Preiserhöhung und trotz der verſprochenen Prämien für ausgezeichnete Rüben ſind hier in dieſem Betreffe nicht viele Accorde abgeſchloſſen worden. Nichts iſt begreiflicher als dies, denn die ſehr ſchädlichen Nachwirkungen auf dem mit dem fraglichen Feldprodukte bebauten Grundſtücken ſind überall zur Genüge bekannt.“ Die Nachwirkungen beziehen ſich natürlich auf Felder, die in guter Düngung erhalten wurden, denn ohne dieſe läßt ſich auf keine erſprießliche Ernte rechnen.

Felbe das günstigste Verhältniß für die Samenerzeugung ist,
so sollte, der Theorie nach, durch Düngung des Feldes dieses
relative Verhältniß im Mehrertrag sich nicht merklich ändern
dürfen, d. h. die einzelnen Düngstoffe sollten in einer solchen
Menge und relativen Verhältnisse gewählt und dem Felde zugeführt werden, daß die Zusammensetzung des Bodens sich
gleich bleibt.

Man weiß, daß gewisse Düngstoffe vorzugsweise der Kraut-,
andere der Samenbildung günstig sind; die Phosphate vermehren in der Regel die Samenernte; und vom Gyps weiß
man, daß, wenn er ein Steigen des Ertrages von Kleeheu bewirkt, eine sehr auffallende Verminderung der Samenbildung
die Folge davon ist. Durch den Anbau von Kartoffeln oder
Topinambur lassen sich die in der Ackerkrume überschüssig angehäuften, die Krautbildung fördernden Stoffe vermindern.
Theoretisch ist demnach die Erhaltung einer gewissen Gleichförmigkeit der Bodenbeschaffenheit nicht unmöglich, sie ist aber
durch die Bewirthschaftung eines Gutes mit Stallmist nicht
erreichbar; ich werde später zeigen, daß durch fortgesetzte und
ausschließliche Düngung mit Stallmist die Zusammensetzung
des Feldes nach jedem Umlauf eine andere ist.

Die letzte Betrachtung, die wir an die sächsischen Versuche
knüpfen wollen, ist die der Durchlässigkeit des Bodens in den
verschiedenen Tiefen für die Mistbestandtheile. Die Tiefe, bis
zu welcher die Alkalien, das Ammoniak, die löslich gewordenen
Phosphate in die Erde eindringen, ist natürlich abhängig von
dem Absorptionsvermögen derselben, und wenn wir uns die
Felder, abwärts von der Oberfläche, in verschiedenen Schichten
denken, welche scharf abgegrenzt natürlich nicht existiren, so ergibt sich z. B., daß auf dem Felde in Cunnersdorf der Klee
von der Mistdüngung keinen Vortheil zog; der Kleeertrag war

nur um etwa 4 Procent größer als der vom ungedüngten Stücke, in Mäusegast nahm derselbe durch die Düngung um 30 Proc., in Oberbobritzsch um 200 Proc. zu. Dies will sagen, daß gewisse für den Klee unentbehrliche Nährstoffe in Mäuse= gast und Oberbobritzsch sehr viel tiefer in die Erde eindrangen als in Gunnersdorf und Kötitz, oder was das Nämliche ist, daß sie auf den Feldern an diesen beiden letzteren Orten auf ihrem Wege abwärts von den oberen Schichten zurückgehalten wurden. Aus den Erträgen des ungedüngten Stückes in Gun= nersdorf hat sich durch Vergleichung mit den anderen ergeben, daß es in seinem Gehalt an Strohbestandtheilen den Feldern in Kötitz und Oberbobritzsch nicht nachstand, während es ent= schieden ärmer an den Haupt=Nährstoffen für das Korn, das ist an Phosphorsäure und vielleicht an Stickstoff war. Bei einer gleichen Zufuhr von Phosphaten und Ammoniak wird die oberste Erdschichte des Gunnersdorfer Feldes sehr viel mehr von diesen Stoffen zurückhalten als die der beiden anderen Felder, weil sie ärmer daran ist.

Man bemerkt an dem Steigen des Kartoffel= und Hafer= korn= und Strohertrages, daß gewisse Mistbestandtheile bis zu den Erdschichten gelangten, aus welchen die Hauptmasse der Haferwurzeln ihre Nahrung zieht, und diese Schicht gestattete vermöge ihres Reichthums an Korn= und Strohbestandtheilen, in welchem sie die Ackerkrume übertraf, den Durchgang von einer kleinen Menge von Nährstoffen bis zum Klee.

Vergleicht man damit das Feld zu Kötitz und berücksichtigt man den außerordentlich niedrigen Haferkorn= und Strohertrag, so sieht man sogleich, daß dieses Feld in den tieferen Schichten sehr viel ärmer an Korn= und Strohbestandtheilen als das in Gunnersdorf war, während es dieses in der obersten Schicht in seinem Gehalte an Kornbestandtheilen übertraf.

Obwohl das Feld in **Kötiß** über ¼ mehr Stallmiſt empfangen hatte als das in **Gunnersdorf**, ſo gelangte dennoch nur
ein höchſt unbedeutender Theil davon bis zum Klee, weil die
Bodenſchichte oberhalb, die der Kleepflanze dienlichen Nährſtoffe
zurückgehalten hatte, welche hauptſächlich der Haferpflanze zu
Gute kamen. Der Mehrertrag an Haferkorn war in **Kötiß**
um mehr als das Doppelte höher als von dem Felde in **Gunnersdorf**. In **Mäuſegaſt** zeigen ſich ähnliche Verhältniſſe; der
ungewöhnliche Reichthum der Ackerkrume an Korn- und Strohbeſtandtheilen entſpricht einem verhältnißmäßig geringen Abſorp-
tions- oder Zurückhaltungs-Vermögen für die löslich gewordenen Miſtbeſtandtheile, von denen eine ſehr beträchtliche Menge
in die tiefſten Schichten gelangte. Aus dem gleichförmigen
Steigen der aufeinanderfolgenden Erträge durch die Miſtdüngung in **Oberbobritzſch** ergibt ſich von ſelbſt eine ſehr gleichförmige Verbreitung der wirkſamen Miſtbeſtandtheile, wie etwa
in einem Boden, der, wenn auch kein Sandboden, doch in ſeinem Sandgehalte um Vieles die anderen beſprochenen Bodenſorten übertrifft.

Es iſt leicht einzuſehen, daß die Bekanntſchaft mit dem
Abſorptionsvermögen der Ackererde von dieſen verſchiedenen Feldern den Landwirth in den Stand ſetzt, im Voraus zu ermitteln, bis zu welcher Tiefe die von ihm im Miſte zugeführten
Nährſtoffe in ſeinen Boden eindringen, und es verſteht ſich
alsdann von ſelbſt, daß er die mechaniſchen Hilfsmittel, die
ihm zu Gebote ſtehen, um die Verbreitung derſelben an den
rechten Orten und in der rechten Weiſe zu befördern, um ſo
wirkſamer in Anwendung bringen kann.

Es würde keinen Zweck haben, dieſe Betrachtungen noch
weiter auszudehnen; was ich damit erreichen will, iſt, die Auf-
merkſamkeit des Landwirthes den Erſcheinungen zuzulenken.

welche sein Feld während des Betriebes darbietet, weil eine jede bei näherer Beobachtung sein Nachdenken über den Grund derselben herausfordert. Es ist dies der Weg, um die Beschaffenheit des Feldes genau kennen zu lernen.

Beobachtung und Nachdenken sind die Grundbedingungen alles Fortschrittes in der Naturerkenntniß und es bietet der Feldbau in dieser Beziehung eine Fülle von Entdeckungen dar. Welch ein Gefühl des Glückes und der Befriedigung muß in der That die Seele des Mannes durchdringen, dem es gelungen ist, ohne Vermehrung seiner Arbeit oder seines Kapitals durch die verständige und geschickte Benutzung seiner genauen Bekanntschaft mit den Eigenthümlichkeiten seines Feldes, demselben dauernd ein Korn mehr abzugewinnen; denn ein solcher Erfolg hat nicht bloß für ihn, sondern für alle Menschen den höchsten Werth.

Wie unbedeutend und klein erscheint doch alles, was wir schaffen und entdecken, gegen das gehalten, was der Landwirth erzielen kann!

Alle unsere Fortschritte in Kunst und Wissenschaft vermehren nicht die Bedingungen der Existenz der Menschen, und wenn auch ein kleiner Bruchtheil der menschlichen Gesellschaft dadurch an geistigen und materiellen Lebensgenüssen gewinnt, so bleibt die Summe des Elendes in der großen Masse die nämliche. Ein Hungernder geht nicht in die Kirche, und ein Kind, welches in der Schule etwas lernen soll, darf keinen leeren Magen mitbringen, sondern muß noch ein Stück Brod in seiner Tasche haben.

Der Fortschritt des Landwirthes lindert hingegen die Noth und die Sorgen der Menschen und macht sie empfindungsfähig und empfänglich für das Gute und Schöne, was Kunst und Wissenschaft erwerben; er gibt unseren anderen Fortschritten erst den Boden und den rechten Segen.

Wir wollen jetzt die Aenberungen näher betrachten, welche ein gegebenes Feld in ſeiner Zuſammenſetzung bei dem Stall= miſtbetrieb erfährt; der Grund der Wiederherſtellung des Er= tragsvermögens durch Stallmiſt iſt bei allen Feldern ohne Un= terſchied der nämliche, ſo verſchieden auch die Rotationen oder die Pflanzen ſein mögen, welche auf den Feldern gebaut werden.

Durch den Anbau von Korngewächſen und durch den Ver= kauf der Kornfrucht verliert die Ackerkrume eine gewiſſe Menge von Kornbeſtandtheilen, welche durch die Stallmiſtdüngung wie= dergegeben werden müſſen, wenn die früheren Erträge wieder= kehren ſollen.

Dieſer Erſatz geſchieht durch den Anbau von Futtergewächſen, von Rüben, Klee, Gras ꝛc., die auf dem Gute verfüttert wer= den und deren Beſtandtheile zu einem großen Theile von den tieferen Erdſchichten ſtammen, welche die Wurzeln der Halm= pflanze nicht erreichen.

Dieſe Futtergewächſe werden entweder, wie in England die Rüben auf dem Felde ſelbſt, oder in dem Stalle verfüttert, ein Bruchtheil der Nährſtoffe, welche dieſe Pflanzen enthalten, bleibt in dem Körper der Thiere, die damit ernährt wurden, zurück, während der Reſt in der Form von flüſſigen oder feſten Excre= menten zu Beſtandtheilen des Stallmiſtes wird, deſſen Haupt= maſſe aus dem Stroh beſteht, welches als Streu gedient hat.

In Deutſchland werden die Kartoffeln nicht unmittelbar verfüttert, ſondern die Rückſtände der Branntweinbrennereien, welche die ganze Summe der von den Kartoffeln dem Boden entzogenen Nährſtoffe nebſt den Beſtandtheilen des für den Maiſchproceß dienenden Gerſtenmalzes enthalten.

Da in der Regel in der Form von Stallmiſt der Acker= krume alles Stroh wieder gegeben wird, was dieſe in der vor= hergegangenen Rotation geliefert hat, ſo iſt ſie beim Anfang der

neuen Rotation ebenſo reich wie zuvor an den Bedingungen der
Stroherzeugung; es beſteht unter dieſen Verhältniſſen kein Grund
der Abnahme des Strohertrags.

Was den verfütterten Klee, die Rüben, Kartoffelſchlempe ꝛc.
betrifft, ſo bleibt wie erwähnt in dem Körper der Arbeitsthiere, der
Pferde, Ochſen, ſowie überhaupt in dem der erwachſenen Thiere, die
damit ernährt wurden und deren Gewicht ſich nicht merklich
ändert, ſehr wenig von den Beſtandtheilen des verzehrten Futters
zurück, aber ein Theil davon bleibt im jungen Vieh, in dem
Körper der Schafe, in der Milch und dem Käſe, und dieſer gelangt nicht in den Miſt und kehrt nicht auf das Feld zurück.
Wenn man den Verluſt, den das Feld an Phosphorſäure und
Kali in den ausgeführten Thieren und animaliſchen Producten
(Wolle, Käſe ꝛc.) erleidet, auf $^1/_{10}$ der in den Kartoffeln, Rüben, Klee enthaltenen Phosphorſäure anſchlägt, ſo iſt dies vielleicht ſchon zu hoch. In keinem Falle wird man einen großen
Fehler begehen, wenn man annimmt, daß $^9/_{10}$ aller Rüben-,
Kartoffel- oder Kleebeſtandtheile dem Felde im Stallmiſte wieder
gegeben werden, wodurch die Ackerkrume nach der Düngung in
einer neuen Rotation an Kartoffel-, Klee- und Rübenbeſtand-
theilen reicher wird, als ſie vorher war, da die letzteren von den
tieferen Schichten ſtammen.

Die wirkſamen Miſtbeſtandtheile werden von den oberen
Schichten des Feldes zum bei weitem größten Theile zurückgehalten und die tieferen Bodenſchichten empfangen ſehr wenig
von dem zurück, was ſie verloren haben, woher es dann kommt,
daß das Vermögen der letzteren, gleich hohe Klee- oder Rübenernten zu liefern, nicht wiederhergeſtellt wird.

Die Bodenbeſtandtheile, welche die Thiere von den Rüben,
dem Klee, Kartoffeln ꝛc. empfangen haben und die in ihrem
Körper zurückbleiben, ſind ſehr nahe in Quantität und Qualität

identisch mit denen der Kornfrüchte, und man kann mithin den
Verlust, den das Feld erleidet, gleich setzen dem ausgeführten
Korn, plus den Kornbestandtheilen, welchen die Futtergewächse
an die Thiere abgegeben haben.

Die Wiederherstellung des vollen Ertrags des Feldes an
Korn setzt naturgemäß voraus das Gleichbleiben der Bedingungen
zur Erzeugung dieses Ertrages in derjenigen Bodenschicht, die
ihn geliefert hat, mithin die volle Wiedererstattung der der Ackerkrume entzogenen Nährstoffe für das Korn.

Wenn der Stallmist nur Stroh- und Kartoffelbestandtheile
enthielte und nichts Anderes, so würde durch Düngung eines
Feldes mit solchem Miste das Ertragsvermögen der Ackerkrume
für eine Stroh- und Kartoffelernte, aber nicht für die
gleiche Kornernte wieder hergestellt werden. Die Ackerkrume
bleibt ebenso reich an Nährstoffen für das Stroh und die Kartoffeln, sie ist aber um die ganze Quantität der ausgeführten
Nährstoffe für das Korn ärmer.

Wenn durch den Stallmist der Kornertrag wieder hergestellt werden soll, so muß derselbe nothwendig eine dem Verlust
entsprechende Menge Kornbestandtheile enthalten, entweder ebensoviel oder auch mehr als ausgeführt worden ist.

Dies hängt natürlich von der Summe der Nährstoffe für
das Korn ab, welche von dem Klee oder den Rüben nach ihrer
Verfütterung in den Stallmist übergegangen sind.

Ist diese Zufuhr größer als der Verlust, so wird die Ackerkrume thatsächlich an Kornbestandtheilen reicher, sie wird aber
in diesem Falle auch an den Bedingungen der Vermehrung des
Strohertrags und des Ertrages an Knollengewächsen bereichert.
Wenn mit dem Stallmiste also (durch seine Klee- oder Rüben-
bestandtheile) der Gehalt an Phosphorsäure und Stickstoff in
der Ackerkrume vermehrt wird, so steigt in einem noch viel größe-

ren Verhältniſſe ihr Kali= und Kalkgehalt und um etwas ihr
Kieſelſäuregehalt, und da in dem Stallmiſt, wie bemerkt, die
ganze Summe der entzogenen Strohbeſtandtheile auf das Feld
wiederkehrt, ſo ſteigen die Korn=, Stroh= und Kartoffelernten.

Dieſes Steigen der Erträge aller Culturpflanzen, welche
ihre Hauptbeſtandtheile aus der Ackerkrume empfangen, kann ſehr
lange dauern, allein es hat bei allen Feldern eine ganz be=
ſtimmte Grenze.

Es kommt für ein jedes Feld, bei dem einen früher, bei
einem anderen ſpäter, die Zeit, wo der Untergrund, der ſich gegen
die Klee= oder Rübenpflanze genau ebenſo verhält, wie die Acker=
krume gegen die Halmgewächſe, durch die dauernde Entziehung
von Nährſtoffen, von Phosphorſäure, Kali, Kalk, Bittererde ꝛc.,
die demſelben nicht wiedererſetzt wurden, an ſeinem Ertragsver=
mögen für Klee oder Rüben abnimmt, wo alſo die der Acker=
krume in dem Kornbau genommenen Nährſtoffe aus dem Vor=
rathe der aus den tieferen Schichten durch den Klee oder die
Rüben in die Höhe gehoben worden iſt, nicht mehr erſetzt werden.
Die hohen Erträge des Feldes nehmen, auch wenn der Klee an=
fängt zu mißrathen, darum noch lange nicht ab; denn wenn die
Ackerkrume durch den Klee oder die Rüben nach jedem Umlaufe
mehr an Kornbeſtandtheilen empfangen hat, als ſie durch die
Kornausfuhr verlor, ſo kann ſich nach und nach ein ſolcher
Ueberſchuß an dieſen Nährſtoffen anhäufen, daß dem Landwirth
die wahre Beſchaffenheit ſeines Feldes völlig entgeht; indem er
Wicken, Weißklee und andere Futtergewächſe in ſeinen Betrieb
einſchiebt, die ihre Nahrung den oberen Bodenſchichten entneh=
men, gelingt es ihm, ſeinen Viehſtand aufrecht zu erhalten, und
er gibt ſich der Meinung hin, daß alle Dinge in ſeinem Felde
gerade ſo vor ſich gingen wie früher, als ſein Klee oder ſeine
Rüben noch gute Ernten gaben.   Dies iſt natürlich nicht der

Fall, benn ein wirklicher Erſatz findet nicht mehr ſtatt; ſeine hohen Kornernten erzielt er jetzt auf Koſten ber im Ueberſchuſſe in der Aderkrume angehäuften Nährſtoffe, bie er burch bie ein= geſchalteten Futtergewächſe in Bewegung ſetzt unb burch ben Stallmiſt nach jebem Umlaufe wieder gleichförmig in ber Ader= krume verbreitet.

Sein Miſthaufen iſt an Maſſe unb Umfang vielleicht größer noch als vorher, ba aber aus bem Untergrunb ober aus ben tieferen Schichten keine Nährſtoffe burch ben Klee ober bie Rüben mehr hinzukommen, ſo nimmt beſſen Vermögen, bie Fruchtbarkeit ber Aderkrume wieder herzuſtellen, fortwährenb ab; wenn ber Ueberſchuß verzehrt iſt, ſo kommt ber Zeitpunkt, wo bie Korn= erträge abnehmen, während bie Stroherträge im Verhältniß höher ausfallen als früher, benn bie Bebingungen ber Stroherzeugung haben ſtätig zugenommen.

Die Wahrnehmung ber Abnahme ſeiner Kornernten ent= geht bem Landwirthe natürlich nicht, ſie forbert ihn zur Drain= rung, zur beſſeren mechaniſchen Bearbeitung unb Wahl anderer Culturgewächſe auf, welche ben Klee unb bie Rüben erſetzen, er ſchaltet in ſeinen Umlauf, wenn ber Untergrunb ſeiner Felber es geſtattet, Luzerne ober Esparſette, bie mit ihren längeren unb noch mehr ſich verzweigenben Wurzeln noch tiefere Bobenſchichten als ber rothe Klee erreichen, unb zuletzt bie wahre Hungerpflanze, bie gelbe Lupine ein.

Durch bieſe „Verbeſſerungen“ ſeines Betriebes, bie ber Land= wirth als Fortſchritte anſieht, ſteigen wieder bie Kornerträge in ber Stallmiſtwirthſchaft, es häuft ſich möglicherweiſe wieder ein Vorrath von Nährſtoffen in ber Aderkrume an, aus tieferen Magazinen, aber auch bieſe werden nach unb nach leer, unb auch ber Vorrath in ber Aderkrume erſchöpft ſich.

Dies iſt das natürliche Ende der Stallmiſtwirthſchaft.

Die Felder, welche zu den Verſuchen in Sachſen gedient
haben, geben ſehr gute Beiſpiele für die verſchiedenen Zuſtände
ab, in welche die Felder überhaupt durch die reine Stallmiſtwirthſchaft verſetzt werden.

Das Feld in Cunnersdorf befindet ſich in der erſten, das
in Mäuſegaſt in der zweiten, die Felder in Kötitz und Oberbobritzſch in der dritten der eben angedeuteten Perioden der
Stallmiſtwirthſchaft.

In Cunnersdorf wird die durch den früheren Betrieb er-
ſchöpfte Ackerkrume mit jedem Umlauf reicher an den Bedingungen der Kornerzeugung; es wird durch den Klee nicht allein
der Verluſt durch den Kornbau erſetzt, ſondern es muß ſich
nach und nach ein bemerklicher Ueberſchuß an allen Nährſtoffen
darin anhäufen, und in einer Reihe von Jahren, in der Vor-
ausſetzung des fortdauernden Stallmiſtbetriebes, wird das Feld
ganz die Beſchaffenheit des Feldes in Mäuſegaſt haben; die
Ackerkrume wird ein ſehr hohes Ertragsvermögen für Korn und
andere Früchte gewinnen, während die Kleeernten abnehmen.
Die Felder in Kötitz und Oberbobritzſch beſaßen höchſtwahrſchein-
lich in einer früheren Zeit eine ähnliche Beſchaffenheit wie das
Feld in Mäuſegaſt; damit iſt nicht geſagt, daß ſie ebenſo hohe
Ernten wie dieſes jemals gegeben hatten, ſondern nur, daß die
ungedüngten Stücke zu irgend einer Zeit höhere Ernten als im
Jahre 1851 gegeben haben. Ohne Zuſchuß von Wieſen oder
von anderen Feldern, die nicht in die Rotation eingeſchloſſen
ſind, müſſen die Erträge derſelben fortwährend fallen; was der
Klee an dieſen beiden Orten der Ackerkrume gibt, iſt lange nicht
zureichend, um das, was derſelben genommen wird, zu erſetzen.

In der folgenden Berechnung iſt angenommen, daß von

ben erzielten Ernten, der Roggen und Hafer als solche, und von
den Kartoffeln und dem Klee $\frac{1}{10}$ in der Form von Vieh aus=
geführt worden seien *).

Gunnersdorf.

		Phosphorsäure	Kali
Die Ackerkrume verlor:			
Ausfuhr in 1176 Pfd. Roggenkorn .	10,2	— 5,5	Pfunde
„ „ 2019 „ Hafer . . .	15,3	— 7,7	„
„ „ in $\frac{1}{10}$ der Kartoffelernte .	2,3	— 1,1	„ **)
„ „ in $\frac{1}{10}$ der Kleeernte . .	4,0	— 2,0	„ **)
Verlust im Ganzen	31,8	—16,3	Pfunde

Die Ackerkrume empfing:

$\frac{9}{10}$ von 9144 Pfund Kleeheu .	36,18	—95,5 Pfunde
im Ganzen mehr	4,38	—79,2 Pfunde

Die Ackerkrume in Gunnersdorf empfing mithin im Stall=
miste mehr Phosphorsäure und mehr Kali, als sie abgegeben hatte.

Bei dieser Berechnung kommt es natürlich nicht darauf an,
wieviel von dem Korn oder Hafer ausgeführt wurde; mehr als
das Feld ertrug, konnte nicht ausgeführt werden, und eine klei=
nere Ausfuhr konnte nur bewirken, daß in dem Felde die Phos=
phorsäure und das Kali sich um so mehr anhäuften.

---

*) Der Gehalt an Phosphorsäure und Kali ist in der Rechnung
angenommen wie folgt:

	Roggen		Hafer		Kartoffeln	Kleeheu
	Korn	Stroh	Korn	Stroh		
Phosphorsäure . .	0,864	—0,12	—0,75	—0,12	— 0,14	— 0,44
Kali	0,47	—0,52	—0,98	—0,94	— 0,58	— 1,16

**) Die Kalimenge ist nach dem Verhältniß der Phosphorsäure im Korn
berechnet auf 2 Gewichtsthle. Phosphorsäure und 1 Gewichtsthl. Kali.

Mäuſegaſt.

		Phosphorſäure	Kali
Die Ackerkrume verlor im	Roggenkorn Gerſtenkorn $^1/_{10}$ Kartoffeln $^1/_{10}$ Klee	35,4 —	18,1

Die Ackerkrume gewann in $^9/_{10}$ der Kleeernte 22,0   —   62,0

an Phosphorſäure weniger 13,4, an Kali mehr 43,9

Kötitz.

	Phosphorſäure	Kali
Die Ackerkrume verlor im Roggen — Haferkorn — $^1/_{10}$ Kartoffeln und Klee	26,4 Pfd.	12,7 Pfd.
gewann im Klee	8,5 „	11,0 „
Verluſt	16,1 Pfd.	1,7 Pfd.

Die Rechnung für das Feld in Oberbobritzſch ſtellt ſich ähnlich wie für das letztere. Während die Ackerkrume in Mäuſegaſt in Folge der höheren Kleeerträge noch an Kali gewinnt, vermin= dert ſich allmälig durch die Kornernten der Kaligehalt in dem kalireichen Boden zu Kötitz.

Dieſe drei Felder geben ein Bild von dem Verhalten aller Felder in der reinen Stallmiſtwirthſchaft, in welcher der Erſatz durch Dünger von Außen ausgeſchloſſen iſt.

Der Erſatz durch angekauftes Futter oder auf natürlichen Wieſen gewonnenes Heu iſt gleich zu ſetzen dem Zukauf von Dünger.

Es iſt ſelbſtverſtändlich, daß man einem Culturfelde nicht mehr Stallmiſt zuführen kann, als es erzeugt, und nur dann mehr, wenn man die Stallmiſtbeſtandtheile einem anderen nimmt, was naturgemäß die Folge hat, daß das letztere um ebenſoviel verliert, als das andere mehr empfängt.

Geht man in dieſen Betrachtungen von den gedüngten

Feldern aus, ſo fallen die Kornernten, ſowie in vielen Fällen die Klee⸗ oder Rübenernten, höher aus; die Ackerkrume verliert mehr durch die Kornausfuhr und empfängt mehr durch den mehrer⸗ zeugten Stallmiſt; das Endergebniß iſt aber das nämliche.

Man bemerkt, daß in der Fruchtwechſelwirthſchaft, die Acker⸗ krume während einer langen Zeit, mit jedem Umlaufe, an Kali, ſowie an Kalk, Bittererde (den vorwaltenden Beſtandtheilen des Klees und der Rüben) und an Kieſelſäure ſehr viel reicher wird, als ſie von Natur iſt.

Dieſe Stoffe ſind die vorwaltenden Bedingungen der Kraut⸗ und Wurzelerzeugung; das Feld wird, wie der Landwirth ſagt, zur Verunkrautung*) geneigt, ein Uebel, welches eine nothwendige Folge der Stallmiſtwirthſchaft iſt und zu deſſen Beſeitigung er den Fruchtwechſel für ganz unentbehrlich hält.

*) Die ſchädlichſten dieſer Unkrautpflanzen ſind: Der Hederich (Raphanus Raphanistrum), die Kornrade (Agrostemma Githago), die Kornblume (Centaurea Cyanus), die Feldkamille (Matricaria cham.), die Ackerkamille (Anthemis arvensis); es ſind dies lauter Pflanzen, welche in ihrer Aſche ebenſoviel Kali als der Klee und 7 bis 18 Procent Chlor⸗ kalium enthalten, ein Salz, welches einen hauptſächlichen Be⸗ ſtandtheil des Urins der Thiere ausmacht, und im Stallmiſt dem Felde zugeführt wird.

	II. Maltric. cham.	I. Matricaria cham.	Anthemis arvensis	Centaurea Cyanus	Agrostemma Githago
Proc. Aſche	8,51	9,69	9,66	7,92	13,20
Die Aſche enthält:					
Kali	25,49	32,386	30,57	36,536	22,86
Chlorkalium	18,4	14,25	7,15	11,83	7,55
Phosphorſäure . . .	5,1	7,80	9,94	6,59	6,64
Phosphorſaures Eiſen	2,39	2,39	4,77	2,34	1,80

(Rüling in den Annalen der Chemie und Pharm. Bd. 56, S. 122.)

In der Regel glaubt man, daß die Hacke das Mittel hierzu ſei, allein die mechaniſche Bearbeitung kann die Entwicklung der Unkrautpflanzen auf eine ſpätere Zeit verſchieben, nicht verhindern. Die Hacke hat einen Theil an der Beſeitigung, aber nicht allen.

In dem Feldbau richtet ſich die Fruchtfolge jederzeit und unter allen Umſtänden nach den Halmgewächſen; man läßt diejenigen Pflanzen vorangehen, durch deren Cultur die Korn= ernten nicht beeinträchtigt, vielleicht noch günſtiger gemacht werden, aber die Wahl derſelben wird jederzeit durch die Be= ſchaffenheit des Bodens beſtimmt.

In einem an Krautbeſtandtheilen reichen Felde iſt es häufig nützlich, Tabak oder Reps dem Weizen; Rüben oder Kartoffeln dem Roggen vorhergehen zu laſſen, und man ver= ſteht, daß durch dieſe Gewächſe, indem ſie eine große Menge Krautbeſtandtheile dem Boden entziehen, ein richtigeres Ver= hältniß zwiſchen Stroh= und Kornbeſtandtheilen für die nach= folgende Halmfrucht hergeſtellt wird, ſowie ſich denn dadurch die Bedingungen des Gedeihens der Unkrautpflanzen in der Ackerkrume vermindern.

Die vorſtehenden Betrachtungen über die Erträge der ſächſiſchen Felder, die ſie ohne Düngung und mit Stallmiſt gedüngt geliefert haben, geben, wie ich glaube, eine vollſtändige Einſicht in das Weſen der Stallmiſtwirthſchaft; in dem Ver= halten dieſer Felder ſpiegelt ſich die Geſchichte des Feld= baues ab.

In der erſten Zeit oder auf einem jungfräulichen Boden baut man Korn auf Korn, und wenn die Ernten abnehmen, ſo wechſelt man mit dem Felde; die Zunahme der Bevölkerung ſetzt nach und nach dieſem Wandern eine Grenze, man bebaut dieſelbe Oberfläche, indem man ſie abwechſelnd brach liegen

läßt, man beginnt zugleich, das verlorene Ertragsvermögen der
Felder durch Dünger, den natürliche Wiesen liefern, wiederherzu=
ſtellen, und wenn dieſe nicht mehr ausreichen, ſo führt dies
zum Futterbau auf den Feldern ſelbſt; man benutzt den Unter=
grund als künſtliche Wieſe, im Anfange ohne Unterbrechung,
dann läßt man den Klee und die Rüben in immer längeren
Zwiſchenräumen einander folgen; zuletzt hört der Anbau von
Futtergewächſen und damit die Stallmiſtwirthſchaft auf; ihr
endlicher Erfolg iſt die völlige Erſchöpfung des Bodens, inſo=
fern die Mittel allmälig ausgehen, um das Ertragsvermögen
der Felder wieder herzuſtellen.

Alles dies geht natürlich ganz außerordentlich langſam vor
ſich, und erſt die Enkel und Urenkel ſehen den Erfolg. Wenn
in der Nähe der Feldgüter ſich Wälder befinden, ſo ſucht der
Bauer ſich mit Waldſtreu zu behelfen; er bricht die natürlichen
Wieſen um, welche noch reich ſind an Pflanzen=Nährſtoffen, und
verwandelt ſie in Ackerfeld, dann brennt er die Wälder nieder
und benutzt die Aſche zur Düngung; wenn dann die Bevölke=
rung allmälig ſich vermindert, ſo baut er ein Feld in zwei
Jahren einmal (wie in Catalonien), dann in drei Jahren nur
einmal (wie in Anbaluſien) an *).

---

*) Schon Kaiſer Karl V. gab Verordnungen, welche anbefohlen, die in
jüngſter Zeit zu Ackerfeld umgeackerten Wieſen auf's Neue zu Wieſen
zu machen. Aber nicht erſt Karl V., ſchon die erſten katholiſchen
Könige und früher noch Pedro der Grauſame von Caſtilien hatten
ſolche Verordnungen erlaſſen. Ja ſelbſt vor der Zeit, in welcher am
Anfang des 15. Jahrhunderts Henrique von Caſtilien das Verbot
erließ, daß bei Todesſtrafe kein Rindvieh fernerhin ausgeführt werden
dürfe, hatte ſchon im Anfang des 14. Jahrhunderts König Alonzo
Onzeno Verordnungen zur Rettung der Wieſen und Weiden erlaſſen.
(Bilder aus Spanien von Karl Freiherrn von Thienen=Adler=
flycht. Berlin Dunker. S. 241.) Alles ohne Erfolg, denn was iſt
die Macht auch der mächtigſten Monarchen gegen die eines in ſeinen
Wirkungen unaufhaltſamen Naturgeſetzes!!

Kein verſtändiger Menſch, welcher mit unbefangenem
Sinne den gegenwärtigen Zuſtand des Feldbaues einer gründ-
lichen Betrachtung würdigt, kann über das Stadium, in welchem ſich die europäiſche Landwirthſchaft befindet, im geringſten
Zweifel ſein. Alle Länder und Gegenden der Erde, in welchen
der Menſch nicht Sorge trug, ſeinen Feldern die Bedingungen
der Wiederkehr ſeiner Ernten zu erhalten, ſehen wir von der
Periode ihrer dichteſten Bevölkerung an, nach und nach der
Unfruchtbarkeit und der Veröbung verfallen. Man iſt gewöhnt
den Grund in politiſchen Ereigniſſen und in den Menſchen zu
ſuchen, die ihren guten Theil daran haben mögen, aber man
kann hier wohl fragen, ob nicht eine weit tiefer liegende, dem
Hiſtoriker nicht ſo leicht erkennbare Urſache viele dieſer Erſcheinungen im Völkerleben mit bedingt und ob nicht in der Mehrzahl
der Fälle die ausrottenden Kriege der Völker durch das uner-
bittliche Geſetz der Selbſterhaltung veranlaßt geweſen ſind? Die
Völker haben ihre Jugend, ihr Alter, und ſterben dann ab;
ſo ſieht es von Weitem aus, aber in der Nähe betrachtet, erkennt man, da die Bedingungen des Fortbeſtehens der Menſchen,
inſofern erſtere in der Erde liegen, ſehr begrenzt und erſchöpfbar ſind, daß die Bevölkerungen ſich ſelbſt ihre Gräber gruben, welche
dieſe Bedingungen nicht zu erhalten wußten; da, wo es ge-
ſchah (wie z. B. in China und Japan), ſtarben ſie nicht ab.

Nicht die Fruchtbarkeit der Erde, wohl aber die Dauer der
Fruchtbarkeit liegt in dem Willen der Menſchen; und es iſt
zuletzt für das große Ganze ziemlich gleichgültig, ob eine Na-
tion in einem an Fruchtbarkeit ſtetig abnehmenden Lande allmälig untergeht, oder ob ſie, wenn ſie die ſtärkere iſt, um
ihr Fortbeſtehen zu behaupten, eine andere in einem an den
Bedingungen deſſelben reicheren Lande ausrottet und ſich an
ihre Stelle ſetzt.

Kann man es wirklich nur für Laune oder Zufall halten, daß der Landbauer in den huertas von Valencia jährlich von demſelben Boden dreimal erntet, während dicht daran in einer benachbarten Gegend das Feld in drei Jahren nur einmal bebaut wird, daß man in Spanien die Wälder aus bloßem Unverſtande niederbrannte, um die Aſche der Bäume zur Wiederherſtellung der Fruchtbarkeit der Ackerfelder zu benutzen? (ſiehe Anhang G).

Muß nicht ein Jeder, der ſich nur einigermaßen mit den naturgeſetzlichen Bedingungen des Feldbaues bekannt gemacht hat, einſehen, daß der ſeit Jahrtauſenden in den meiſten Ländern übliche Betrieb die Verarmung und Erſchöpfung auch der fruchtbarſten Länder unvermeidlich nach ſich ziehen mußte, und läßt es ſich denken, daß für die europäiſchen Cultur-Länder die gleichen Urſachen ausnahmsweiſe nicht die gleichen Wirkungen haben werden?

Iſt es unter dieſen Umſtänden recht oder vernünftig, auf die Lehren der leichtfertigen Thoren zu achten, die mit ihren elenden chemiſchen Analyſen in einem jeden Boden, den man ihnen gibt, einen unerſchöpflichen Vorrath von Nährſtoffen nachweiſen, ſelbſt in ſolchem, der keine Klee-, keine Rüben- und keine Kartoffelernten mehr liefert und der wieder tragbar für Klee, für Kartoffeln und Rüben wird, wenn man ihn mit Aſche oder Kalk an den rechten Orten düngt?

Im Angeſichte der täglichen Erfahrung, daß die Kornfelder, um fruchtbar zu bleiben, nach einer kurzen Reihe von Jahren gedüngt werden müſſen, iſt es ein Verbrechen gegen die menſchliche Geſellſchaft, eine Sünde gegen die öffentliche Wohlfahrt, die Meinung zu verbreiten, daß die Futtergewächſe, welche den Miſt für die Kornfelder liefern, ohne Aufhören auf dem Felde die Bedingungen ihres Gedeihens vorfinden, daß das Natur-

geſeß nur für die eine Pflanzengattung und keine Geltung für
eine andere habe.   Die Lehren dieſer Männer führen zu keinem
anderen Ziel, als die Landwirthſchaft auf der niedrigen Stufe zu
erhalten, die ſie bis jetzt einnimmt.   In England iſt
ſie ein rein mechaniſches Gewerbe, und man betrachtet dort
den Dünger als die Schmiere, welche die Maſchine braucht,
um in Bewegung zu bleiben.

In Deutſchland iſt ſie ein abgearbeitetes Pferd, dem man
ſtatt des Futters Schläge gibt; nirgendwo erkennt man ihre
wahre Schönheit, daß ſie einen geiſtigen Inhalt und gleichſam
eine Seele hat; eben dadurch, nicht blos wegen ihrer Nützlichkeit, ſteht ſie über allen Gewerben, und ihr Betrieb gewährt
dem, welcher die Sprache der Natur verſteht, nicht nur alle
Vortheile, die er erſtrebt, ſondern auch Genüſſe, ſo wie ſie nur
die Wiſſenſchaft gewähren kann.

Unter allen Uebeln in der menſchlichen Geſellſchaft iſt unzweifelhaft die Unwiſſenheit das Grundübel und darum das
größte.   Dem Unwiſſenden, ſei er auch noch ſo reich, ſchützt
ſein Reichthum nicht vor der Armuth, und der Arme, der das
Wiſſen hat, wird durch ſein Wiſſen reich.   Ohne daß der unwiſſende Landwirth es nur gewahr wird, beſchleunigt ſein Fleiß,
ſein Sorgen und Mühen nur ſein Verderben; die Erträge
ſeiner Felder nehmen fortwährend ab und ſeine gleich ihm unwiſſenden Kinder und Enkel ſind zuletzt unvermögend, ſich auf
der Scholle zu behaupten, auf der ſie geboren ſind, und ihr
Land fällt in die Hände deſſen, der das Wiſſen hat; denn in
dem Wiſſen liegt die Kraft, welche das Kapital und die Macht
erwirbt, und die damit naturgeſetzlich den Wiederſtandsloſen von
dem Erbe ſeiner Väter vertreibt.

Für das Thier, das für ſich ſelbſt nicht ſorgen kann, ſorgt
das Naturgeſetz, es iſt ſein Herr; es ſorgt nicht für den

Menſchen, denn der Menſch, der in ihm die Gedanken Gottes
verſteht, iſt der Herr des Naturgeſetzes, ihm dienet es hülfreich
und willig. Das Thier bringt ſein Wiſſen und Können mit
auf die Welt, es wächſt ohne ſein Zuthun mit ihm, vom
Mutterleibe an; dem Menſchen aber verlieh der Schöpfer die
Vernunft und ſchied ihn durch dieſe Gabe vom Thiere; ſie iſt
das göttliche Pfund, mit dem er wuchern ſoll und von dem
geſagt wird: »der da hat, dem wird gegeben werden, von dem
aber der nicht hat, wird auch das genommen werden, was er
hat«; nur was der Menſch mit dieſem »Pfunde« erwirbt, gibt
ihm die Macht über die irdiſchen Kräfte. —

Der Irrthum, welcher aus dem Mangel an Wiſſen ent-
ſpringt, hat ſeine Berechtigung, denn Niemand hält daran feſt,
der ihn erkannt hat und der Streit des Irrthums mit
einer jungen Wahrheit iſt das naturgemäße Ringen der Menſchen nach Erkenntniß; in dieſem Kampfe muß ſie erſtarken,
und wenn der Irrthum ſiegt, ſo beweiſt dies nur, daß ſie noch
zu wachſen hat, nicht daß der Irrthum die Wahrheit iſt.

Von jeher iſt das »Beſſere« der Feind des Guten geweſen, aber man begreift darum nicht, warum in ſo vielen Fällen die Unwiſſenheit der Feind der Vernunft iſt!

Es gibt kein Gewerbe, welches zu ſeinem gedeihlichen Betriebe einen größeren Umfang von Kenntniſſen erheiſcht, als die
Landwirthſchaft und kein's, in welchem die Unwiſſenheit größer iſt.

Der Wechſelwirth, deſſen Betrieb auf der ausſchließlichen
Anwendung des Stallmiſtes beruht, bedarf nur einer ſehr geringen
Beobachtungsgabe, ja nur den Willen zu beobachten, um an
unzähligen Merkzeichen zu erkennen, daß durch eine mit allem
Aufwande von Arbeit und Fleiß betriebene Stallmiſterzeugung
ſeine Felder an Ertragsvermögen nicht zugenommen haben.

Wenn durch den Stallmiſt ein Feld in der That auf die Dauer an Nährſtoffen reicher gemacht werden könnte, als es von Natur iſt, ſo ſollte man erwarten, daß eine funfzigjährige Düngung eine ſtetige Zunahme in den Erträgen zur Folge gehabt haben müſſe.

Wenn aber der Fruchtwechſelwirth ſeine jetzigen Erträge mit ſeinen früheren, oder denen, die ſein Vater oder Großvater erzielte, unbefangen und ohne Vorurtheil vergleicht, ſo wird Keiner ſagen können, daß ſie zugenommen haben, nur Wenige, daß ſie ſich gleich geblieben ſind; die Mehrzahl wird finden, daß ihre Erträge an Stroh durchſchnittlich höher und die Kornerträge niedriger, und im Verhältniſſe niedriger, als ſie ſonſt höher waren, ausfallen, und daß ſie das Geld, welches ihre Eltern in ihren früheren höheren Erträgen, die ſie für die Folgen ihrer Verbeſſerungen hielten, mehr eingenommen haben, jetzt wieder ausgeben müſſen, um Düngſtoffe anzukaufen, die man früher glaubte „erzeugen" zu können, ſie werden gewahr, daß ſie jedenfalls nur einmal erzeugt, aber auf die Dauer nicht wiedererzeugt werden können.

In gleicher Weiſe wird der Dreifelderwirth, deſſen reicher Boden ihm geſtattete, ſeinen Betrieb beizubehalten, der noch reiche Wieſen hat, und von der Düngernoth noch nicht berührt iſt, welcher ebenſo reiche Ernten und ſchwereres Korn als der Fruchtwechſelwirth erzeugt, der ſich einbildet, ſein Betrieb habe gemacht, was ihm ſein Boden freiwillig gibt, auch dieſer wird ausnahmslos die Erfahrung machen, daß ſeine Felder an den Bedingungen ihrer Fruchtbarkeit erſchöpfbar ſind, und daß es ein Irrthum ſei zu glauben, die Kunſt des Landwirthes beſtehe darin, den Miſt in Korn und Fleiſch zu verwandeln.

Ein einfaches Naturgeſetz beherrſcht die Dauer der Erträge der Felder. Wenn die Höhe des Ertrages eines Feldes bedingt iſt von der Oberfläche der im Boden vorhandenen Summe von

Nährſtoffen, ſo hängt die Dauer der Erträge ab von dem Gleichbleiben dieſes Verhältniſſes.

Dieſes Geſetz des Wiedererſatzes, der durch die Ernten dem Boden genommenen Nährſtoffe iſt die Grundlage des rationellen Betriebes und muß von dem praktiſchen Landwirth, vor allem Anderen im Auge behalten werden; er kann vielleicht darauf verzichten, ſeine Felder fruchtbarer zu machen als ſie von Natur ſind, er kann aber nicht auf das Gleichbleiben ſeiner Ernten rech= nen, wenn er die Bedingungen derſelben in ſeinem Boden ver= mindert.

Bei allen den Landwirthen, welche die Meinung hegen, daß die Erträge ihrer Felder nicht abgenommen haben, hat die= ſes Geſetz ſeine eigentliche Geltung noch nicht gefunden; indem ſie vorausſetzen, daß ſie mit einem Ueberſchuß von Nährſtoffen wirthſchaften, glauben ſie ſo lange davon hinwegnehmen zu dür= fen, bis ſich ein Ausfall bemerklich mache, es ſei dann Zeit genug an den Erſatz zu denken.

Dieſe Anſicht beruht auf dem Mangel an Verſtändniß ihres eigenen Thuns.

Es läßt ſich ſicherlich nicht beſtreiten, daß die Düngung eines Feldes, welches einen Ueberſchuß an Nährſtoffen enthält, einer verſtändigen Bewirthſchaftung widerſpricht: denn welchen Zweck könnte eine Vermehrung von Nährſtoffen in einem Felde haben, in welchem ein Theil der bereits vorhandenen, ihrer Maſſe wegen, nicht zur Wirkſamkeit kommen kann!

Wie können aber vernünftige Männer von einem Ueber= ſchuſſe ſprechen, welche, um gleich hohe Ernten zu haben, genö= thigt ſind zu düngen? deren Erträge fallen, wenn ſie nicht düngen!

Die einfache Thatſache „ſagen Andere", daß in gewiſſen Gegenden, z. B. der Rheinpfalz, der Ackerbau blühe ſeit den

Römerzeiten, und daß der Boden dort noch ebenſo reiche, ja noch höhere Erträge gebe, als in andern Ländern, beweiſe, wie wenig an einen Mangel oder an eine Erſchöpfung der Felder durch den fortgeſetzten Anbau zu denken ſei, denn an dieſen müſſe vor anderen dieſe Erſcheinung wahrgenommen werden, wenn ſie überhaupt eintrete.

Aber der Ackerbau iſt in den europäiſchen Cultur - Ländern wenigſtens noch ſehr jung, wie wir aus Karl des Großen Zeiten mit der größten Beſtimmtheit wiſſen; ſeine Verordnungen über die Bewirthſchaftung ſeiner Güter (Capitulare de villis vel curtis imperatoris), welche Vorſchriften für die Verwalter derſelben enthielt, ſowie die Berichte der Beamten an den Kaiſer (Specimen Breviarii rerum fiscalium Caroli Magni), welche auf ſeinen Befehl jene Landgüter beſichtigen mußten, ſind unver= werfliche Zeugniſſe, daß von eigentlichem Ackerbau damals noch keine Rede war. Vom Getreidebau kommt im Capitulare we= nig vor, mit Ausnahme der Hirſe. In dem Breviarium iſt berichtet, daß die Commiſſarien in Stefanswerth (einem Kam= mergute des Kaiſers), zu welchem 740 Morgen (iurnales) Ackerland und Wieſen gehörten, von welchen 600 Karren Heu gemacht werden konnten, kein Getreide vorräthig fanden, hingegen eine Menge Vieh, 27 große und kleine Sicheln und nur 7 breite Hacken zum Bau von 740 Morgen Feld!

Auf einem andern Gute fanden ſich 80 Körbe Spelt, aus= reichend für 400 Pfd. Mehl (1¹/₃ Scheffel oder etwas mehr als 3 hectoliter) 90 Körbe Spelt vom laufenden Jahr, aus welchem 450 Pfd. Mehl gemacht werden können. Dagegen 330 Schinken!

Auf einem andern Gute war der Ertrag oder Beſtand zu 20 Körben Spelt (= 100 Pfd. Mehl) vom vorigen Jahr und 30 Körbe Spelt, von welchen einer geſäet war.

Man bemerkt leicht, daß damals die Viehzucht vorherrſchte

und der Kornbau in dem Betriebe eine sehr untergeordnete Stelle einnahm *). Eine Urkunde aus der Zeit kurz nach Karl sagt hierüber: „Jährlich sollten drei Joche auf einem Feldgute" gepflügt und mit herrschaftlichem Samen besäet werden. (S. die Getreide=Arten und das Brod von Freih. von Bibra. Nürnberg. Schmid 1860.)

Wir besitzen hiernach keinen einzigen zuverlässigen Beweis, daß irgend ein Feld in Deutschland, Frankreich, vielleicht mit Ausnahme Italiens von der Zeit Karl des Großen an bis zu uns zum Kornbau gedient hat und es empfängt die Beweisführung der Nichterschöpflichkeit der Felder einen beinahe kindischen Charakter, weil in sie, wie selbstverständlich die Vorstellung hineingelegt ist, daß man dem Felde Korn genommen habe, ohne ihm die Bedingungen seiner Wiedererzeugung zu erstatten. Ein Feld wird darum nicht unfruchtbar für Korn, weil es hohe Kornernten geliefert hat, sondern es hört auf Kornernten zu liefern, wenn man ihm nicht ersetzt, was man ihm an Kornbestandtheilen genommen hat und eine Viehwirthschaft erleichtert diesen Wiederersatz um so mehr, je ausgedehnter sie ist, wenn überhaupt der, welcher das Feld baut, mit der Wirkung des Mistes vertraut ist; zu Karl's des Großen Zeit war diese wohlbekannt, man düngte die Winterfrucht mit Mist, von welchem man den Rindvieh= (Gor genannt) von dem Pferde=Mist („Dost" oder „Deist") unterschied. Auch das Mergeln war damals in Deutschland schon üblich.

Was die Rheinpfalz im Besonderen betrifft als ein Beweisstück für die Unerschöpflichkeit des Bodens, so habe ich im vorigen Herbste bei Gelegenheit der Naturforscherversammlung in Speyer, Gelegenheit gehabt, mich nach den dortigen thatsächlichen

---

*) Bemerkenswerth ist, daß Karl der Große auf seinen Gütern die Dreifelderwirthschaft einführte, die er in Italien kennen gelernt hatte.

Verhältnissen näher zu erkundigen; die bayerische Rheinpfalz
umfaßt in den Abdachungen des Haardtgebirges nach dem Rhein
hin, einen Distrikt von großer Fruchtbarkeit, die Gegend ist be=
wohnt von einer außerordentlich fleißigen Bevölkerung, die in
kleinen Städten und Dörfern verbreitet ist; beinahe jeder Hand=
werker bis zum Schneider und Schuster herab, besitzt ein kleines
Stück Feld, auf dem er seine Kartoffeln und Gemüse zieht; von
einer Getreideausfuhr aus diesem Distrikte ist keine Rede, wohl
aber wird Getreide und sehr viel Dünger aus Mannheim, Hei=
delberg und weiter her eingeführt; was in den Häusern der
Städte und Dörfer an Düngstoffen gewonnen wird, weiß jeder
zu schätzen, und wird sorgfältig benutzt, so daß an eine Erschöp=
fung, insofern die entzogenen Nährstoffe auf die Felder wieder=
kehren, nicht zu denken ist; demungeachtet ist in keiner Gegend
Deutschlands der Düngermangel mehr gefühlt als dort; auf den
Landstraßen begegnet man jederzeit Kindern mit kleinen Körben,
welche den Pferden und Schweinen nachgehen, um den Mist,
den sie fallen lassen, zu sammeln, und im Jahre 1849, während
der politischen Bewegung in der Pfalz, hatten die Bauern keinen
angelegentlichern Wunsch zur Verbesserung ihrer Lage, den Be=
hörden vorzubringen, als die Erlaubniß „Waldstreu“ holen zu
dürfen, d. h. den Wald seiner natürlichen Düngung zu Gunsten
ihrer Felder berauben zu dürfen; ohne diesen (sehr elenden)
Beidünger sei die Zukunft der Landwirthschaft in der Pfalz ge=
fährdet. Eine Menge Dünger geht nämlich in die Weinberge und
Tabaksfelder, die keinen zurückgeben, daher der steigende Mangel.

    Sicherlich mögen die meisten Culturfelder bei ihrem ersten
Anbau reichliche aufeinanderfolgende Ernten geliefert haben, ohne
alle Düngung, wie noch jetzt viele Felder in den vereinigten
Staaten Amerika's, aber unter allen Erfahrungen ist keine mehr
beglaubigt und sicher als wie die, daß schon nach wenigen Men=

ſchenaltern ſolche Felder für die Cultur von Weizen, Tabak und Baumwolle vollkommen ungeeignet ſind und nur dann wieder fruchtbar werden, ſobald man anfängt, ſie zu düngen.

Ich weiß wohl, daß eine geſchichtliche Thatſache für den unwiſſenden praktiſchen Mann ebenſowenig Ueberzeugungskraft hat, wie die Thatſachen der politiſchen Geſchichte für den prak= tiſchen Staatsmann, der ſeine Handlungen ebenfalls nach „den Umſtänden und Verhältniſſen" einrichtet und der auch getrieben wird, wo er glaubt zu treiben, aber es kann doch dem nachben= kenden Geiſte nicht verborgen bleiben, daß in Ländern, von denen wir mit der größten Beſtimmtheit wiſſen, daß ſie ſeit 4000 Jah= ren und länger, ohne Unterbrechung hohe und gleichbleibende Getreide=Ernten liefern, ohne von der Hand des Menſchen Dün= ger zu empfangen, daß gerade in dieſen ſich das Geſetz des Wiedererſatzes auf das Augenſcheinlichſte und in ſeiner vollſten Wirkung erkennen läßt.

Wir wiſſen mit der größten Beſtimmtheit, daß die Getreide= felder im Nilthale und im Gangesbecken nur darum dauernd fruchtbar ſind, weil die Natur ſelbſt in dieſen Gegenden den Erſatz auf ſich nimmt, indem die Felder durch die Ueberſchwem= mungen des Fluſſes in dem Schlamme, den das Waſſer zuführt, und der den Boden allmälig erhöht, die Bedingungen des ver= lorenen Ertragsvermögens wieder empfangen.

Alle Felder, welche das Waſſer des Fluſſes nicht mehr er= reicht, verlieren ihr Vermögen, Ernten ohne Düngung zu liefern. In Aegypten ſchätzt man nach der Höhe des Waſſerſtandes des Nils den Ernteertrag und in Indien folgt auf das Ausbleiben der Ueberſchwemmungen unvermeidlich eine Hungersnoth.

Die Natur ſelbſt zeigt in ſolchen ſprechenden Fällen dem vernünftigen Menſchen, was er thun muß, um ſeine Felder frucht= bar zu erhalten (ſiehe Anhang II).

Die Vorſtellung unſerer unwiſſenden praktiſchen Männer, welche glauben, mit einem Ueberſchuß zu wirthſchaften, beruht zum Theil auf der Gunſt ihres Feldes und dann auf ihrer großen Geſchicklichkeit im Rauben. Wenn ein Mann ſich ein Einkommen dadurch verſchafft, daß er von tauſend Goldſtücken das Gewicht von einem Goldſtücke abfeilt, ſo ſtraft ihn, wenn er erwiſcht wird, das Geſetz, und er kann ſein Thun nicht damit rechtfertigen, daß es Niemand merke; denn Jedermann weiß, daß ſein Betrug, tauſendmal wiederholt, von den Goldſtücken nichts mehr übrig läßt. Ein gleiches Geſetz, dem aber Keiner ent= rinnt, ſtraft den Landwirth, der uns glauben machen will, er wiſſe, wie groß der Vorrath von wirkſamen Nährſtoffen in ſeinem Felde ſei und wie weit er reiche, und der ſich ſelbſt betrügt, wenn er ſich einbildet, er bereichere ſein Feld, indem er ihm oben gibt, was er ihm unten nimmt.

Es gibt eine andere Claſſe, bei denen ein halbes Wiſſen einen beſchränkten Verſtand begleitet, welche das Geſetz des Wie= dererſatzes anerkennen, die es aber in ihrer eigenen Weiſe inter= pretiren. Sie behaupten und lehren, daß nur ein Stück von dem Geſetz und nicht das Ganze auf die Culturfelder paſſe, nur von gewiſſen Stoffen ſei der Wiedererſatz nöthig, alle anderen ſeien in unerſchöpflicher Menge in dem Felde zugegen; ſie ſtützen ſich in der Regel auf einige nichts bedeutende chemiſche Analyſen und rechnen dem einfältigen Landwirthe (denn für dieſen allein ſind dergleichen Auseinanderſetzungen beſtimmt) vor, wie reich ſein Feld noch ſei an dieſem oder jenem Stoffe und auf wieviel hunderttauſend Ernten ihr Vorrath noch reiche, als ob er irgend einen Nutzen davon habe, zu wiſſen, was der Boden enthält, wenn der Theil der Nährſtoffe, der die Ernten gibt und auf den es eigentlich ankommt, nicht beſtimmbar iſt.

Mit ſolchen abgeſchmackten Behauptungen kleben ſie förm=

lich dem praktiſchen Manne die Augen zu und machen, daß er
nicht ſieht, was er deutlich ſehen würde ohne ſie; er iſt nur
allzuſehr geneigt, einer ſolchen Behauptung Glauben beizumeſſen,
weil er will, daß man ihn in ſeiner Ruhe laſſe und ihm mit
„Denken" nicht beſchwerlich falle, das ſeine Sache nicht ſei.

Ich erinnere mich eines Falles, wo ein Gauner einem
reichen Gentleman zu einem ſehr hohen Preiſe ein Erzlager von
beinahe reinem Aluminiumoryd zum Kaufe anbot, nachdem er
ihm aus chemiſchen Werken bewieſen hatte, daß das Aluminiumoryd ganz unentbehrlich ſei zur Darſtellung des Metalls, Alu-
minium, von welchem das Pfund im Handel vier Pfund Sterling
koſte; und daß ſein Erz nahe an 80 Procent dieſes werthvollen
Metalls enthalte. Der Käufer wußte nicht, daß man dieſes Erz
im gewöhnlichen Leben „Pfeifenthon" nennt, der an ſich einen ſehr
geringen Handelswerth hat, und daß der hohe Preis des Alu-
miniums weſentlich auf den verſchiedenen Formen beruht, in
welche das Aluminiumoryd übergeführt werden muß, um das
Metall daraus darzuſtellen.

In ähnlicher Weiſe verhält es ſich in der Regel mit dem
Kalireichthum der Ackerfelder; wenn das Kali als ſolches wirk-
ſam ſein ſoll, ſo muß es durch die Kunſt des Landwirthes in
eine gewiſſe Form verſetzt werden, die ihm allein Ernährungswerth gibt, wenn er dieß nicht verſteht, ſo nützt es ihm nichts.

Die Meinung, daß der Landwirth nur gewiſſe Stoffe ſeinem
Felde wiedergeben und ſich wegen den anderen keine Sorgen
machen müſſe, würde keinen Schaden bringen, wenn der, welcher
ſie hegt, ſie auf ſeinen Acker beſchränkte; aber als Lehre iſt ſie
unwahr und verwerflich; ſie iſt auf den niedrigen geiſtigen Standpunkt des praktiſchen Mannes berechnet, welcher, wenn es ihm
gelingt, in irgend einer Weiſe durch gewiſſe Aenderungen in
ſeinem Betriebe oder durch Anwendung von gewiſſen Düngmit-

17 *

teln beſſere Erfolge als ein Anderer zu erzielen, dieſe ſich ſelbſt, ſeinem Scharfſinn, und nicht ſeinem Boden zuſchreibt; er weiß es eben nicht, daß dieſer Andere alles das ebenſo gemacht und probirt hat wie er, ohne einen günſtigen Erfolg. Der unwiſſende praktiſche Mann ſetzt voraus, daß alle Felder die Beſchaffenheit hätten von ſeinen Feldern, und er glaubt natürlich auch, daß ein Verfahren, welches ſein Feld verbeſſere, auch andere ver= beſſere; daß der Düngſtoff, der ihm nütze, auch anderen nützlich ſei; was ſeinen Feldern fehle, auch allen anderen fehle; was er von ſeinem Boden ausführe, auch andere ausführen; was er zu erſetzen habe, auch andere zu erſetzen hätten.

Obwohl er von ſeinem Grund und Boden, zu deſſen ge= nauer Bekanntſchaft ſehr viele Jahre ſorgfältiger Beobachtung gehören, ſoviel wie nichts weiß, und ihm der Boden in jeder anderen Gegend völlig unbekannt iſt, obwohl er ſich über den Grund ſeiner Erfolge nie bekümmert hat und ganz genau weiß, daß der Rath eines Landwirthes aus einer anderen Gegend in Bezug auf Düngung, Fruchtfolge und Behandlung ſeines Fel= des ihm nicht den allergeringſten Vortheil gewährt, weil er, wie er findet, gerade für ſeine Gegend nicht paſſe, ſo hält ihn dies Alles nicht ab, Andere belehren und glauben machen zu wollen, daß ſein Thun das Rechte ſei, und ſie ihm nur nachahmen dürften, um eben ſo große Erfolge, wie er, zu erzielen.

Die Grundlage dieſer Anſichten iſt eine völlige Verkennung der Natur des Bodens, deſſen Beſchaffenheit und Zuſammenhang unendlich verſchieden iſt.

Es iſt bereits weitläufig auseinandergeſetzt worden, daß manche Felder, welche reich an Silikaten, an Kali, Kalk und Bittererde ſind, durch den Kornbau im gewöhnlichen Stallmiſt= betriebe in der That nur an Phosphorſäure und Stickſtoff er= ſchöpft werden, und daß der Landwirth, wenn er für deren Wie=

dererfat gesorgt hat, den der anderen Stoffe vollkommen ver=
nachlässigen kann; dagegen kann Niemand etwas sagen, aber er
überschreitet völlig seinen Standpunkt, wenn er von diesen Fällen
Schlüsse zieht auf andere; wenn er anderen Landwirthen glauben
machen will, daß sie gleich ihm für Kali, Kalk, Bittererde, Kie=
selsäure nicht zu sorgen hätten, und daß Ammoniaksalze und
Kalksuperphosphat ausreichend für die Wiederherstellung der
Fruchtbarkeit aller erschöpften Felder sei.

Es kann demnach ein Landwirth aus seinem Betriebe zu
dem Schlusse berechtigt sein, daß sein Feld an Kali nicht ärmer
werden könne, weil er keins entziehe, oder daß es einen Ueber=
schuß an Kali enthalte, weil er einen Ueberschuß thatsächlich mit
jedem Umlaufe darin anhäuft; es ist aber beinahe kindisch, wenn
er sich darauf hin berechtigt glaubt, irgend einem anderen Land=
wirth, dessen Betrieb er nicht kennt, zu sagen, daß auch dessen
Feld einen Ueberschuß an Kali enthalte!

Es gibt Millionen Hectaren fruchtbaren Feldes (Sand= und
Thonboden), in welchen der Gehalt an Kalk oder Bittererde im
Boden nicht größer ist als der an Phosphorsäure, und bei denen
man ebenso besorgt sein muß, für den Wiederersatz an Kalk
und Bittererde, wie für den der Phosphorsäure.

Es gibt Millionen Hectaren fruchtbarer Felder, welche, wie
im Allgemeinen aller eigentlicher Kalkboden, außerordentlich arm
an Kali sind, und auf denen der Nichtersatz des Kalis eine völlige
Unfruchtbarkeit nach sich zieht.

Es gibt Millionen Hectaren fruchtbarer Felder, welche so
reich an Stickstoff sind, daß der Ersatz desselben eine wahre Ver=
schwendung ist.

Während der Klee auf kalireichen Feldern wieder gedeiht,
wenn sie mit phosphorsäurereichen Düngmitteln gedüngt werden,
und Asche darauf keine Wirkung hat, erscheint durch diese der

Klee von selbst auf kaliarmen Feldern, auf welche das Knochenmehl nicht wirkt, und sehr häufig wird ein kalk- und bittererde-
armes Feld geeignet für die Kleekultur durch einfache Bereicherung desselben an bittererdehaltigem Kalk.

Sobald der Landwirth außer Korn und Fleisch noch andere
Früchte baut und veräußert, so ändert sich damit das Verhältniß
des Ersatzes; denn in den mittleren Erträgen an Kartoffeln von
drei Hectaren Feld werden die Samenbestandtheile von vier Weizenernten, und außerdem noch über 600 Pfund Kali, in den
Rübenernten von drei Hectaren Feld werden die Samenbestandtheile von ebenfalls vier Weizenernten und an 1000 Pfund
Kali ausgeführt, und er ist der Dauer seiner Ernten nicht mehr
sicher, wenn er nur die entzogene Phosphorsäure ersetzt.

In gleicher Weise muß der Erzeuger von Handelsgewächsen,
von Tabak, Hanf, Flachs, Wein ꝛc. das Gesetz des Wiederersatzes
strenge im Auge behalten; richtig interpretirt nöthigt es ihn
nicht, daß er überhaupt allem, was er ausführt, die gleiche pein-
liche Sorge wegen des Ersatzes zuwenden müßte, sowie es denn
geradezu unverständig wäre, von dem Tabaksbauer, der seinen
Tabak auf einem Kalk- oder Mergelboden zieht, zu verlangen,
daß er den in den Blättern ausgeführten Kalk zu ersetzen habe,
aber es sagt ihm, daß nicht alles, was man Dünger nenne,
nützlich für seine Felder sei, und welche Unterscheidung er zu
machen habe; es sagt ihm, was sein Feld verloren hat und wieviel er wieder zuführen müsse, um die Wiederkehr seiner Ernten
sich zu sichern, und daß er sich nicht durch Meinungen von Personen, die an ihm und seinen Feldern nicht das geringste Interesse nehmen, sondern nur durch seine eigenen Beobachtungen
in der Behandlung seiner Felder leiten lassen dürfe; die genaue
Beachtung der Unkräuter, die freiwillig auf seinen Feldern

wachsen, können ihm in dieser Beziehung häufig nützlicher als alle Handbücher der Landwirthschaft sein.

Wenn nach den vorhergegangenen Auseinandersetzungen in dem Geiste mancher Personen, denen die Naturwissenschaften unbekannte Gebiete sind, und die nur bestimmten Zahlen, gleichsam handgreiflichen Dingen eine gewisse Beweiskraft zuerkennen, noch ein Zweifel besteht über den Zustand der europäischen Culturfelder und über den Verfall, den unsere Landwirthschaft durch die übliche Stallmistwirthschaft entgegengeht, so läßt sich dieser vielleicht hinwegräumen durch die statistischen Erhebungen über die Erträge der Felder an Kornfrüchten, welche in Deutschland, zum Theil durch die Regierungen veranlaßt, gemacht worden sind.

Um das Gewicht, welches diesen Erhebungen in der angedeuteten Frage zukommt, richtig zu würdigen, muß man zunächst sich klar machen, was man eine Mittelernte nennt; man bezeichnet damit den durchschnittlichen Ertrag in einer Zahl ausgedrückt, den ein Feld oder eine Anzahl von Feldern, oder alle Felder einer Gegend oder eines Landes liefern, und man erhält diese Zahl, wenn man die Erträge aller Felder zusammennimmt, die sie in einer Reihe von Jahren geliefert haben, und durch die Anzahl der Jahre dividirt; einer jeden Gegend entspricht in dieser Weise ein eigener Mittelertrag, nach welchem man die folgende Jahresernte beurtheilt; man spricht von einer halben, dreiviertel oder vollen Mittelernte, wenn der Ertrag der Hälfte oder dreiviertel vom durchschnittlichen Ertrag entspricht.

Die Frage über den Zustand unserer Getreidefelder stellt sich demnach so: hat sich die Zahl, welche zu irgend einer Zeit als eine Mittelernte bezeichnet wurde, geändert, und in welchem Sinne? Ist der Ertrag oder die Zahl höher wie sonst, oder ist sie gleichgeblieben oder niedriger? Ist die Zahl höher, so haben unzweifelhaft die Erträge der Felder zugenommen, ist sie die

nämliche wie ſonſt, ſo hat ſich ihr Zuſtand nicht verändert, iſt
ſie niedriger in einer Gegend, ſo kann kein Zweifel beſtehen, daß
die Felder in dieſer Gegend im Verfall ſich befinden.

Ich wähle für meine Zwecke die ſtatiſtiſchen Erhebungen
der Ernten in Rheinheſſen, eine der fruchtbarſten Provinzen des
Großherzogthums Heſſen, mit einem vortrefflichen Weizenboden,
und bewohnt von einer durchaus fleißigen, betriebſamen und
durchſchnittlich gut unterrichteten Bevölkerung. (Statiſtiſche Mittheilungen über Rheinheſſen von F. Dael, Dr. der Rechte und
Staatswiſſenſchaften, und Richter am Kreisgerichte Mainz. Mainz
1849. Flor. Kupferberg.)

Dieſe Erhebungen umfaſſen die Jahre 1833 bis 1847,
im Ganzen fünfzehn, und beziehen ſich mithin auf die Zeit, in
welcher der Guano in Deutſchland noch nicht zur Anwendung
gekommen war; der Gebrauch des Knochenmehls war damals
ſehr beſchränkt und kaum in Betracht zu ziehen.

Als Mittelernte gilt oder galt für Weizen in Rheinheſſen
das Fünfundeinhalbfache der Ausſaat. (Vom Hectar = 2,471
engl. Acre, 20 Malter = 14 Buſchel = 5,120 Hectoliter.)

Setzt man die Mittelernte = 1, ſo war der Ertrag der
Ernte in Rheinheſſen:

1833 — 1834 — 1835 — 1836 — 1837 — 1838 — 1839
 0,85   0,78   0,88   0,72   0,88   0,73   0,61
1840 — 1841 — 1842 — 1843 — 1844 — 1845 — 1846 — 1847
 1,10   0,40   0,90   0,74   1,02   0,63   0,75 · 0,88

Der Durchſchnittsertrag oder die wahre Mittelernte iſt hiernach 0,79 der früheren Mittelernten.

Die Weizenfelder in Rheinheſſen haben mit-
hin durchſchnittlich um etwas mehr als $\frac{1}{5}$ an ihrem
Ertragsvermögen abgenommen.

Ich weiß alles, was man gegen diese Zahlen sagen kann, gegen die Genauigkeit im Einzelnen und ihrer Zuverlässigkeit im Ganzen; wenn aber Fehler darin sind, so kann es dem Unbefangenen nicht entgehen, daß diese sowohl nach der Minus= seite wie nach der Plusseite liegen, und daß es sehr sonderbar sein würde, wenn alle Schätzungen ein Minus ergäben, während ein Plus vorhanden gewesen ist.

Es besteht aber ein sehr einfacher untrüglicher und unwider= leglicher Beweis für die Schlüsse, die sich an diese Zahlen knüpfen, in der Thatsache, daß der Weizenbau ab= und der Roggenbau zunimmt, daß sehr viele Felder, die früher mit Weizen bestellt worden waren, jetzt in Roggenfelder umgewandelt werden.

In ihrer richtigen Bedeutung erkannt beweist der Ueber= gang zum Roggenbau eine verminderte Qualität des Bodens; der Landwirth baut nur dann auf einem Weizenfelde Roggen, wenn dieser Acker keine lohnende Weizenernte mehr liefert.

In Rheinhessen gilt für eine Mittelernte Roggen der $4\frac{1}{2}$fache Ertrag der Aussaat, und man versteht, daß ein Weizenboden, der durchschnittlich nur $\frac{4}{5}$ einer Mittelernte Weizen zu liefern vermag, eine volle Mittelernte Roggenkorn liefern kann.

Der Mittelertrag an Roggen, so wie er sich in den erwähn= ten 15 Jahren ergibt, ist 0,96 und stimmt darin mit dem gel= tenden Mittelertrag sehr nahe überein.

Für Spelz war das Mittel der Ernten 0,79 des Mittel= ertrages; für Gerste 0,88; für Hafer 0,88; für Erbsen 0,67; für Kartoffeln hingegen 0,98; für Kohl und Rüben 0,85.

Nach den statistischen Erhebungen in Preußen und Bayern, welche das meiste Vertrauen verdienen, ergibt sich dasselbe Resul= tat, und ich bin nicht im Geringsten zweifelhaft darüber, daß in Frankreich und in allen Ländern, England nicht ausgeschlossen, gleiche Verhältnisse bestehen. Die Merkzeichen eines solchen Zu=

standes der Felder müssen die Aufmerksamkeit aller Menschen erwecken, welche überhaupt Interesse für die öffentliche Wohl= fahrt haben.

Es ist von der größten Wichtigkeit, sich über die Gefahren keiner Täuschung hinzugeben, welche für die Zukunft den Bé= völkerungen in diesen Symptomen angezeigt werden; ein kom= mendes Uebel wird dadurch nicht beseitigt, wenn man es läugnet, weil man kein Auge hat, um es kommen zu sehen.

Was uns obliegt, ist, gewissenhaft die Merkzeichen zu prü= fen und festzustellen; ist die Quelle des Uebels einmal erkannt, so ist der erste Schritt gethan, um es für immer zu beseitigen.

Guano.

Der peruanische Guano enthält in der Regel 33 bis 34 Proc. unverbrennliche und 66 bis 67 Proc. flüchtige (Wasser und Ammoniak) und verbrennliche Bestandtheile. Die letzteren bestehen größtentheils aus Harnsäure, Oxalsäure, sodann einer braunen Materie von unbestimmter Zusammensetzung und Guanin. Die Harnsäure macht zuweilen 18 Proc., die Oxalsäure in der Regel 8 bis 10 Proc. vom Gewichte des Guano aus. Das Verhalten der Harnsäure zur Vegetation ist nicht bekannt, und es ist kaum anzunehmen, daß diese Substanz einen bemerklichen Antheil an der Wirkung des Guano nimmt; es bleiben mithin zur Erklärung derselben das Ammoniak und die unverbrennlichen Bestandtheile desselben zu betrachten übrig. Nach der Analyse von zwei Proben von Dr. Mayer und Zöller *) enthalten

100 Theile Guanoasche:

Kali	1,56	bis 2,03	Gew.-Thle.
Kalk	34	37	"
Magnesia . . .	2,56	2	"
Phosphorsäure .	41	40	"

*) In meinem Laboratorium ausgeführt.

Vergleicht man damit die Zusammensetzung verschiedener
Samenaschen, so sieht man sogleich, daß die unverbrennlichen
Bestandtheile des Guano kein vollständiges Ersatzmittel sind
für die in den Samen ausgeführten Bodenbestandtheile.

In 100 Theilen Samenasche sind enthalten:

	Weizen.	Erbsen und Bohnen.	Raps.
Kali	30	40	24 Gew.-Thle.
Kalk	4	6	10 »
Magnesia	12	6	10 »
Phosphorsäure	45	36	36 »

Der Hauptunterschied des Guano von diesen Samenaschen
liegt in dem Mangel an Kali und Bittererde.

Ueber die Nothwendigkeit des Kalis für die Vegetation
und des Ersatzes für Kali arme oder an Kali erschöpfte Felder
ist man im Ganzen einig, aber die Wichtigkeit der Bittererde
für die Samenbildung ist nicht in gleichem Grade beachtet
und es sind in dieser Richtung besondere Versuche sehr wün-
schenswerth. Der überwiegende Gehalt der Samen an Bittererde über den des Strohs gibt unzweifelhaft zu erkennen, daß
sie in der Samenbildung eine ganz bestimmte Rolle spielt,
welche durch die nähere Untersuchung der Samen derselben
Pflanzenvarietät, welche einen ungleichen Gehalt an Bittererde
enthalten, vielleicht ermittelbar ist. Man weiß, daß die Samen der Getreidearten von gleichem Stickstoffgehalte nicht immer
die nämlichen Stickstoffverbindungen enthalten und es ist möglich, daß die Natur derselben bei der Bildung der Samen
wesentlich durch die Anwesenheit des Kalkes oder der Bittererde
bedingt wird, so daß die Abweichungen in dem Gehalte an
beiden alkalischen Erden mit dem Vorkommen löslicher Stickstoffverbindungen (Albumin und Caseïn) oder unlöslicher (Kle-

ber oder Pflanzenfibrin) in Beziehung steht; die Menge des
Kalls und Natrons müßte natürlich dabei beachtet werden.
Man schreibt die Wirkung des Guano in der Regel seinem
großen Gehalte an Ammoniak und andern stickstoffreichen Bestandtheilen zu, allein genaue, später zu erwähnende Versuche,
die in dieser Beziehung durch das Generalcomité des landwirthschaftlichen Vereins angestellt wurden, zeigen, daß in vielen
Fällen durch die Anwendung von Guano die Erträge eines Feldes an Korn und Stroh sehr bedeutend erhöht wurden, während
eine dem Guano gleiche Stickstoffmenge, in der Form eines Ammoniaksalzes, auf einem Stücke des nämlichen Feldes in demselben Jahre und auf dieselbe Frucht keine merkliche Erhöhung
des Ertrages über ein gleiches ungedüngtes Stück zur Folge hatte.

So wenig sich auch in vielen Fällen der Antheil, den das
Ammoniak im Guano an der Vegetation, in Beziehung auf
die Vermehrung der Pflanzenmasse nimmt, bezweifeln läßt, so
ist nicht minder gewiß, daß in vielen anderen Fällen den anderen Bestandtheilen des Guano die Hauptwirkung desselben
zugeschrieben werden muß.

Vergleicht man die Guanoasche mit dem Mehle calcinir-
ter Knochen, so ist die Verschiedenheit zwischen beiden nicht
sehr groß, aber eine, dem Gehalt des Guano, an phosphorsaurer Erde entsprechende Menge Knochenmehl, oder auch die
doppelte bis vierfache Menge besitzt die Wirkung des Guano
nicht; auch eine Mischung von Knochenmehl mit Ammoniaksalzen in einem solchen Verhältnisse, daß ihr Stickstoff- und
Phosphorsäuregehalt dem des Guano gleich ist, wirkt, wenn
auch stärker als das Knochenmehl allein, dennoch anders wie der
Guano. Der Hauptunterschied zwischen beiden liegt in der Raschheit der Wirkung, die des Guano macht sich gleich im ersten Jahre,
oft schon nach einigen Wochen geltend und ist im folgenden

Jahre kaum bemerklich, während die des Knochenmehls im ersten Jahre verhältnißmäßig gering und in den folgenden steigend ist.

Der Grund hiervon ist der Gehalt des Peruguano an Oralsäure, welcher häufig 6 bis 10 Proc. beträgt. Wäscht man den Guano mit Wasser aus, so löst dieses schwefelsaures, phosphorsaures und oralsaures Ammoniak, welches letztere beim Abdampfen des Auszugs in Menge herauskrystallisirt; befeuchtet man aber den Guano mit Wasser ohne auszulaugen und überläßt das Gemenge sich selbst, so findet man, wenn man von Zeit zu Zeit eine Portion davon nimmt und auslaugt, daß die Menge der Oralsäure in der Lösung ab= und die der Phosphorsäure zunimmt. Es findet in diesem feuchten Zustande eine Zersetzung statt, welche darin besteht, daß durch die Vermittelung des im Guano vorhandenen schwefelsauren Ammoniaks der phosphorsaure Kalk zersetzt wird in oralsauren Kalk und in phosphorsaures Ammoniak. In dieser Beziehung ist der Peruguano eine sehr merkwürdige Mischung, welche für die Zwecke der Pflanzenernährung kaum sinnreicher hätte ausgedacht werden können, denn die in demselben enthaltene Phosphorsäure wird erst in feuchtem Boden löslich und verbreitet sich alsdann in demselben in der Form von phosphorsaurem Kali, Natron und von phosphorsaurem Ammoniak.

Die Wirkung des Guano läßt sich darum weit eher mit der einer Mischung von Kalksuperphosphat, Ammoniak und Kalisalzen vergleichen, welche in der That in manchen Fällen die des Guano erreicht. Auf kalkreichem Boden hat aber der Guano einen entschiedenen Vorzug, insofern das Kalksuper= phosphat in Berührung mit dem kohlensauren Kalk des Bodens sogleich in neutrales Kalkphosphat übergeht, welches an dem Orte wo es sich bildet, ein anderes Lösungsmittel bedarf, um sich weiter zu verbreiten, während sich das phosphorsaure

Ammoniak im Kalkboden ziemlich ebenso verbreitet, wie wenn kein kohlensaurer Kalk darin vorhanden wäre. Das beim Befeuchten des Guano entstehende phosphorsaure Ammoniaksalz ($PO_5 + 3NH_4O$) verliert an der Luft ein Drittel des Ammoniaks, woher es denn kommt, daß der ganz trockene Guano ohne Veränderung sich hält, während der (betrügerischer Weise, um sein Gewicht zu vermehren) befeuchtete, beim Aufbewahren an Ammoniak beträchtlich ärmer wird.

Befeuchtet man den Guano vor seiner Verwendung auf das Feld, mit Wasser, dem man etwas Schwefelsäure zugesetzt hat, so daß die Mischung etwas sauer reagirt, so geht die eben beschriebene Umsetzung, die sonst Tage und Wochen braucht, in wenigen Stunden vor sich.

Daß der Guano in sehr trockener Witterung nicht wirkt, bedarf keiner Erklärung, weil ohne Wasser überhaupt Nichts wirkt, daß er aber bei sehr nasser Witterung ebenfalls wirkungslos ist, beruht unstreitig zum Theil mit darauf, daß die Oralsäure als Ammoniaksalz durch das Regenwasser ausgewaschen und keine entsprechende Menge Phosphorsäure löslich gemacht wird; durch obiges einfache und wenig kostbare Mittel kann man diesem schädlichen Einflusse jedenfalls vorbeugen, insofern man sicher ist, daß in dem mit Schwefelsäure befeuchteten Guano alle Phosphorsäure in den löslichen Zustand übergeht, welche überhaupt durch die Oralsäure löslich gemacht werden kann.

Da die Raschheit der Wirkung eines Nährstoffes, welcher auf das Feld in der Form von Dünger gebracht wird, wesentlich bedingt ist von der Schnelligkeit, mit welcher er sich im Boden verbreitet, und diese wieder mit seiner Löslichkeit zusammenhängt, so ist es leicht zu verstehen, warum der Guano in diesen Beziehungen viele andere Düngmittel übertrifft.

In der Sicherheit seiner Wirkung läßt sich der Guano mit

dem Stallmist nicht vergleichen, der seiner Natur nach in allen Fällen wirksam ist; denn in dem Stallmist empfängt das Feld alle Bodenbestandtheile der vorangegangenen Rotation, wiewohl nicht in demselben Verhältnisse, in dem Guano nur einige dieser Bestandtheile; der Guano kann demnach den Stallmist nicht ersetzen. Da derselbe aber bis auf eine gewisse Menge Kali, in der Phosphorsäure und dem Ammoniak die Hauptbestandtheile der ausgeführten Producte des Fleisch- und Kornerzeugers enthält, so kann durch die Beigabe von Guano zum Stallmist in einem bestimmten Verhältnisse die Zusammensetzung des Stallmistes und damit die des Feldes wiederhergestellt werden.

Nehmen wir beispielsweise an, eine Hectare Feld sei mit 800 Ctr. Stallmist gedüngt worden, welcher, entsprechend der Analyse von. Völker, 272 Kilogr. Phosphate enthalten habe, und das Feld liefere am Ende der Rotation die nämliche Quantität Stallmist von gleicher Zusammensetzung wieder und habe in den ausgeführten Kornfrüchten und thierischen Erzeugnissen im Ganzen 135 Kilogr. Phosphate verloren, so würde sein Ertragsvermögen, insoweit es von den Phosphaten abhängig ist, nicht nur unverändert bleiben, sondern noch zunehmen, wenn man den zur Düngung am Anfang einer neuen Rotation zugeführten 800 Centnern Stallmist 400 Pfund Guano (mit 34 Proc. Phosphaten) zusetzen würde. Durch den Stallmist empfing das Feld

$$272 \text{ Kilogr. Phosphate,}$$

durch die ausgeführten Producte verlor

das Feld . . . . 135 „ „

es blieb mehr in der Ackerkrume . . 137 Kilogr. Phosphate.

Zu der neuen Rotation wurden durch

800 Ctr. Stallmist wieder zugeführt 272 „ „

durch den Zusatz von Guano . . . 135 „ „ .

im Ganzen 544 Kilogr. Phosphate.

Am Anfang der neuen Rotation enthielt mithin die Ackerkrume demnach doppelt soviel Phosphate als am Anfang der vorhergegangenen Rotation.

Man sieht hiernach ein, daß unter diesen Umständen, in welchen ein Feld durch den Stallmist mehr Phosphate empfängt, als es in den Ernten verliert, die Wirkung des zugeführten Guano von Jahr zu Jahr schwächer, zuletzt ganz unmerklich werden wird.

Ein ganz anderes Verhältniß stellt sich aber bei der Anwendung von Guano auf Feldern heraus, die im Stallmiste weniger an Phosphaten empfangen, als sie durch die Cultur verloren haben, und die z. B. seit einem halben Jahrhundert mit Stallmist bewirthschaftet wurden; es ist auseinandergesetzt worden, daß sich auf solchen Feldern gewisse Bestandtheile der Futtergewächse und des Strohs, darunter namentlich lösliche Kieselsäure und Kali beständig in der Ackerkrume vermehren, während durch die Ausfuhr von Korn und Fleisch das Feld um die Quantität der darin vorhandenen Bodenbestandtheile ärmer wird; beide zusammen haben die Ernte hervorgebracht und durch die Hinwegnahme der Samenbestandtheile verlor eine entsprechende Quantität der zurückgebliebenen Stroh= und Kraut= bestandtheile ihre Wirksamkeit. Auf Feldern von dieser Beschaffenheit werden durch Düngung mit Guano die Erträge häufig nicht nur wiederhergestellt, sondern sie steigen auch häufig auf eine erstaunliche Weise, wenn ein großer Vorrath von anderen aufnahmsfähigen Nährstoffen vorhanden ist, welchem, um zur Ernährung zu dienen, nichts weiter als die Guano= bestandtheile fehlten, ohne die sie nicht wirken konnten.

In den Mehrerträgen, die man in dieser Weise erhält, wird, wie sich von selbst versteht, mit den Guanobestandthei= len ein Theil des Vorrathes der anderen Nährstoffe hinwegge= nommen und die Wirkung des Guano muß bei Wieder=

holung der Düngung in eben dem Verhältnisse schwächer werden
als die Menge dieser anderen Nährstoffe abnimmt. Bei allen
zusammengesetzten Düngmitteln beruht die Wirkung selten auf
einem Bestandtheile allein und da der Guano in dem Ammoniak und der Phosphorsäure zwei Nährstoffe enthält, die ihre
Wirkung gegenseitig bedingen, von denen also der eine nicht
wirken kann, wenn der andere nicht dabei ist, so wird eben
darum durch die Guanodüngung die Wirkung der Phosphorsäure gesichert, weil sich in der nächsten Nähe der Phosphor-
säuretheilchen, Ammoniaktheilchen befinden, welche gleichzeitig
den Wurzeln zugänglich sind; in gleicher Weise wird durch die
Phosphorsäure die Wirkung des Ammoniaks verstärkt und
sicherer gemacht.

In einem an Ammoniak reichen Boden wird man mit
Phosphaten allein von gleicher Löslichkeit die nämliche Wirkung wie durch Guano erzielen.

Auf einem Felde, auf welchem Ammoniaksalze keine Wirkung äußern, während Guano eine Wirkung hervorbringt, wird
man Grund haben, diese vorzugsweise der Phosphorsäure im
Guano zuzuschreiben, im umgekehrten Falle ist der Schluß nicht
gleich richtig, weil den Ammoniaksalzen zweierlei Wirkungen
zukommen, sie können unter Umständen die Erträge sehr merklich steigern, ohne daß man mit voller Sicherheit behaupten
kann, daß die Wirkung durch das Ammoniak als solches bedingt gewesen ist (siehe Seite 80).

Die Wirkung des Guano in Beziehung auf die Erhöhung
der Kornerträge setzt immer die Anwesenheit einer hinlänglichen
Menge von Kali und Kieselsäure im Boden voraus, und auf
einem an Kali und Bittererde reichen Felde lassen sich durch
Guanodüngung allein eine Reihe von aufeinanderfolgenden

Eruten in solchen Gewächsen erzielen, welche, wie z. B. Kar=
toffeln, vorzugsweise Kali und Bittererde aus dem Boden bedürfen.

Wiesen und Getreidefelder, welche durch Guanodüngung
anfänglich sehr hohe Erträge lieferten, werden bei fortgesetzter
Anwendung dieses Düngmittels oft so sehr an Kieselsäure und
Kali erschöpft, daß der Boden auf viele Jahre hinaus sein
ursprüngliches Ertragsvermögen verliert und unfruchtbar wird,
was natürlich nicht ausschließt, daß es viele Felder geben kann,
welche durch Guanodüngung allein eine lange Reihe von Jah=
ren hindurch hohe Eruten von Halmgewächsen liefern können,
ehe dieser Zustand der Erschöpfung wahrgenommen wird, aber
er tritt unausweichlich ein, und es ist alsdann sehr schwer den
Schaden wieder gut zu machen.

In 800 Centner Stallmist, womit ein Hectar Feld für
einen Umlauf gedüngt worden ist, empfängt der Boden (nach
Völker's Analyse) die nämliche Menge von Phosphaten und
von Stickstoff als durch eine Düngung mit 800 Kilogramm
Guano, oder es ist in 1 Pfund des letzteren ebensoviel von
diesen beiden Nährstoffen enthalten als in 50 Pfund Stall=
mist. Der Guano enthält sie mithin in der concentrirtesten Form
und man kann damit gewisse Stellen des Feldes an beiden
Nährstoffen mehr als vermittelst Stallmist bereichern, wie dies
häufig beim Ueberdüngen nach dem Einbringen der Saat mit
Nutzen geschieht (siehe Seite 157).

In mancher Gegend mischt man den Guano mit Gyps,
um seine allzukräftige Wirkung zu mildern; der Gyps vertheilt
den Guano und macht, daß er beim Aufstreuen mehr verbrei=
tet wird, so daß die einzelnen Stellen weniger davon empfan=
gen; eine eigentliche Verminderung der chemischen Wirkung
der Ammoniaksalze findet nicht statt; der Gyps setzt sich mit
der Oralsäure und dem phosphorsauren Ammoniak um in

schwefelsaures Ammoniak, phosphorsauren und oxalsauren Kalk; der in dieser Weise gebildete phosphorsaure Kalk stellt einen unendlich fein zertheilten Niederschlag dar, welcher eine sehr wirksame Form zur Aufnahme besitzt, aber es wird nur ein kleiner Theil der Phosphorsäure in diesen Zustand versetzt und durch die Entfernung der Oxalsäure die nützliche Wirkung dieser Säure zur Verbreitung der Phosphorsäure völlig aufgehoben.

Weit zweckmäßiger ist es, den Guano mit Wasser, dem etwas Schwefelsäure zugesetzt worden ist, anzufeuchten, und nach 24 Stunden anstatt des Gypses mit Sägespänen, Torfklein oder Modererde zu mischen und in dieser Weise verdünnt aufzustreuen; durch den Einfluß des Regenwassers wird aus dieser Mischung phosphorsaures Ammoniak gelöst, welches langsam in den Boden bringt und alle Stellen der Erde womit die Lösung in Berührung kommt, gleichzeitig mit Phosphorsäure und Ammoniak bereichert. Setzt man zu den Sägespänen, dem Torfklein u. s. w. Gyps, so setzt sich dieser mit dem phosphorsauren Ammoniak um in sehr feinzertheilten phosphorsauren Kalk und schwefelsaures Ammoniak, die durch das Regenwasser von einander geschieden werden; das lösliche, schwefelsaure Ammoniak bringt tiefer in den Boden ein und nimmt eine kleine Quantität phosphorsauren Kalk mit sich, während dessen größte Masse oben darauf liegen bleibt.

Auf kaliarmen Boden ist die Beimischung von Holzasche zu dem mit Schwefelsäure angesäuerten Guano nützlich, da das kohlensaure Kali mit dem phosphorsauren Ammoniak sich umsetzt in kohlensaures Ammoniak und phosphorsaures Kali, und das Eindringen der Phosphorsäure in den Boden in keiner Weise durch das Kali gehindert wird.

Die Erträge der Felder in den sächsischen Versuchen, welche

vermittelſt Guanobüngung erhalten wurben, bringen alle Eigen=
thümlichkeiten in der Wirkung bieſes Düngmittels klar vor
Augen:

Düngung mit Guano:

	Cunners=borf	Mäuſegaſt	Kötiß	Ober=bobritzſch
Menge bes Guano . . .	379	411	411	616 Pfb.
1851 Roggen { Korn . .	1941	2693	1605	2391 „
{ Stroh . .	5979	5951	4745	5877 „
1852 Kartoffeln	17904	17821	19040	13730 „
1853 Hafer { Korn . .	2041	1740	1188	1792 „
{ Stroh . .	2873	2223	902	2251 „
1854 Klee	9280	6146	1256	5044 „

Mehrerträge über ungebüngt (ſiehe S. 198):

	Cunners=borf	Mäuſegaſt	Kötiß	Ober=bobritzſch
Stickſtoffmenge im Dünger	49,3	53,4	53,4	80,1 Pfb.
Roggen { Korn	765	455	341	938 „
{ Stroh	3028	1369	1732	2862 „
Kartoffeln	1237	925	463	3979 „
Hafer { Korn	22	451	— 151	264 „
{ Stroh	310	383	— 455	439 „
Rothklee	136	608	161	4133 „

Die Vergleichung der Erträge, welche mit Guano unb
Stallmiſt (ſiehe S. 218) erhalten wurben, führt zu folgenben
Betrachtungen über die Beſchaffenheit der ſächſiſchen Felber:

In Cunnersborf wurbe 1851 ein Mehrertrag erhalten
über bas ungebüngte Stück

	Korn	Stroh	Verhältniß
burch Stallmiſt (180 Ctr.)	337 Pfb.	1745 Pfb.	= 1 : 5,
burch Guano (379 Pfb.)	765 „	2028 „	= 1 : 2,6.

Das Feld in Cunnersdorf war an sich reich an den Bestandtheilen, die wir durch St bezeichnet haben (Kieselsäure, Kali, Kalk, Bittererde, Eisen), und die Vermehrung derselben durch den Mist steigerte den Strohertrag auf Kosten der Samenernte. Der Stallmist enthielt zu wenig K-Bestandtheile (Stickstoff, Phosphorsäure).

Hieraus erklärt sich die mächtige Wirkung des Guano (welcher vorzugsweise K-Bestandtheile enthält) auf dieses Feld; es wurde mehr als doppelt soviel Korn geerntet und ein richtigeres Verhältniß zwischen K- und St-Bestandtheile im Felde hergestellt.

In Mäusegast wurde 1851 Mehrertrag erhalten:

	Korn	Stroh	Verhältniß
durch Stallmist (194 Ctr.)	345 Pfd.	736 Pfd.	= 1 : 2,1,
durch Guano (411 Pfd.)	455 „	1369 „	= 1 : 3.

Dieses an K- und St-Bestandtheilen reichere Feld enthielt bereits einen Ueberschuß von St-Bestandtheilen. Die im Guano zugeführten K-Bestandtheile machten einen sehr viel kleineren Bruchtheil der ganzen Menge aus, die im Felde bereits enthalten war, und wirkten mehr auf den Stroh- als auf den Kornertrag.

Durch die Guanodüngung wurde auf dem Felde in Cunnersdorf die nämliche Strohmenge wie in Mäusegast erzielt (5951 und 5979 Pfd.), aber im Ganzen blieb die Samenernte auf letzterem Felde um 752 Pfd. Korn höher, es war sehr viel reicher an K-Bestandtheilen als das Cunnersdorfer Feld.

In Kötitz wurde Mehrertrag erhalten:

	Korn	Stroh	Verhältniß
durch Stallmist (229 Ctr.)	352 Pfd.	1006 Pfd.	= 1 : 2,8,
durch Guano (411 Pfd.)	341 „	1732 „	= 1 : 5.

Die Wirkung des Guano auf den Strohertrag ist außer allem Verhältnisse höher als die des Stallmistes, während der

Kornertrag niedriger ausfiel; offenbar empfing das Feld in dem Guano einen Bestandtheil in größerer Menge als im Stallmist, der auf die Strohbildung günstiger wirkte. Durch eine Düngung mit Superphosphat (mit Ausschluß von Ammoniak) oder mit einem Ammoniaksalz (mit Ausschluß der Phosphorsäure) würde sich haben ermitteln lassen, durch welchen von beiden Nährstoffen die Ungleichheit bedingt wurde.

In Oberbobritzsch betrug der Mehrertrag:

	Korn	Stroh	Verhältniß
durch Stallmist (314 Ctr.)	452 Pfd.	913 Pfd.	= 1 : 2.
durch Guano (616 Pfd.)	938 „	2812 „	= 1 : 3.

Da die gegebene Menge Guano in Oberbobritzsch um die Hälfte mehr betrug als in den vorhergehenden Versuchen, so läßt sich der Ertrag dieses Feldes seiner Höhe nach mit denen der anderen nicht vergleichen; bemerkenswerth ist auch hier die Gleichförmigkeit in der Beschaffenheit dieses Feldes mit dem zu Mäusegast; in beiden lieferte der Stallmist Stroh und Korn im Verhältniß wie 1 : 2, der Guano wie 1 : 3.

Was das Durchlassungsvermögen des Bodens für die löslichen Düngerbestandtheile des Guanos betrifft, so zeigen sich in diesen Versuchen die nämlichen Verhältnisse wie bei der Stallmistdüngung. Die löslichen Guano-Bestandtheile wirkten kaum auf den Kleeertrag in Gunnersdorf und in Kötitz ein, während in Mäusegast und in Oberbobritzsch der Ertrag sehr merklich dadurch stieg.

Die Kieselsäure, welche dem Halme und den Blättern Festigkeit und Widerstandsfähigkeit gibt, macht keinen Bestandtheil vom Guano aus, woher es kommt, daß auf manchen an Kieselsäure armen Feldern nach Guanodüngung das Getreide zum Lagern geneigt ist, während auf anderen daran reichen sich dieser von dem Landwirthe gefürchtete Einfluß nicht zeigt; bei manchen Feldern läßt er sich beseitigen, wenn vor der Guano-

düngung das Feld gekalkt wird; auch durch Verbindung des
Guano mit Strohmist wird derselbe vermindert.

Berechnet man die Mehrerträge an Halmgewächsen in den
Jahren 1851 und 1852, sowie die an Kartoffeln und Klee,
welche 100 Pfd. Guano geliefert haben, so erhält man:
100 Pfd. Guano lieferten Mehrertrag:

	Cunners- dorf	Mäusegast	Kötitz	Ober- bobritzsch
1851 und 1853 Roggen und Hafer	1088	646	354	731 Pfr.
1852 Kartoffeln	326	225	112	646 „
1851 Klee	36	172	39	670 „

Diese Resultate zeigen, daß die nämliche Menge Guano
auf verschiedenen Feldern eine ebenso ungleiche Wirkung wie der
Stallmist äußert, und daß es völlig unmöglich ist, aus den Erträgen rückwärts auf die Qualität oder Quantität des Dünge-
mittels zu schließen, durch dessen Zufuhr sie hervorgebracht wurden.
Das Feld in Mäusegast empfing dieselbe Menge Guano wie
das zu Kötitz, beide also die nämliche Menge Stickstoff und Phosphorsäure, während der Mehrertrag auf ersterem doppelt soviel
an Halmfrüchten und Kartoffeln und weit mehr an Klee betrug.

Wie wenig vergleichbar in den Erträgen die Wirkungen
der Bestandtheile eines und desselben Düngmittels sind, zeigen
die Ergebnisse der Versuche in Cunnersdorf und Oberbobritzsch:
100 Pfd. Guano lieferten in Cunnersdorf einen Mehrertrag an Halmgewächsen, Kartoffeln und Klee, welcher enthielt:

	Stickstoff	Kali	Phosphorsäure	Kalk	
Mehrertrag . . .	9,2 Pfd.	16,1 Pfd.	3,5 Pfd.	3,6 Pfd.	
Der Guano enthielt	13,0 „	2,0 „	12,0 „	12,0 „	
Mehr im Dünger .	3,8 Pfd.	—	8,5 Pfd.	8,4 Pfd.	Weniger in der Ernte
Weniger im Dünger	—	14,1 Pfd.	—	—	Mehr in der Ernte

100 Pfd. Guano brachten in Oberbobritzsch einen Mehrertrag hervor, welcher enthielt:

	Stickstoff	Kali	Phosphorsäure	Kalk	
Mehrertrag	23,0 Pfd.	15,5 Pfd.	6,1 Pfd.	16,9 Pfd.	
Der Guano enthielt	13,0 „	2,0 „	12,0 „	12,0 „	
Mehr im Dünger .	—	—	5,9 Pfd.	—	Weniger in der Ernte
Weniger im Dünger	10,0 Pfd.	13,5 Pfd.	—	4,9 Pfd.	Mehr in der Ernte

Die Ungleichheit in den Wirkungen des Guano ist in diesen beiden Versuchsreihen in die Augen fallend.

In Gunnersdorf wurde über ein Drittel Stickstoff weniger, in Oberbobritzsch über drei Viertel Stickstoff mehr geerntet, als der Dünger enthielt.

Poudrette. Menschenexcremente.

Die im Handel vorkommenden Poudretten sollten eigentlich die in transportable Form gebrachten Menschenexcremente sein, allein sie sind es in der Wirklichkeit nicht und enthalten verhältnißmäßig nur wenig davon; es dürfte in dieser Beziehung vielleicht genügen, hervorzuheben, daß die Poudrette von Montfaucon, die zu den besten gehört, 28 Proc., die von Dresden 43 bis 56 Proc., die von Frankfurt über 50 Proc. Sand enthält. Eine Poudrette, welche mehr wie 3 Proc. Phosphorsäure und ebensoviel Ammoniak enthält, kommt im Handel gar nicht vor. Die Einrichtung der Latrinen in den Wohnhäusern (wenigstens in den deutschen) gestattet es nicht, das Hineinwerfen von Kehrsand und anderem Unrath, der sich in den Häusern sammelt, auszuschließen, es wird sodann bei dem Entleeren der Gruben, nach der Entfernung des flüssigen Inhaltes, häufig ein fester poröser Körper, oft Braunkohlen oder Torfklein zu der Masse gesetzt um sie trockener und bequemer für das Herausheben zu machen; alle diese Zusätze verringern den Procentgehalt an wirksamen Nährstoffen und erhöhen die Kosten des Transportes. Die Gruben, in welchen die Excremente sich sammeln, sind meistens nicht wasserdicht, so daß der größte Theil des Harns oder überhaupt des flüssigen Inhaltes versickert, wodurch wieder ein großer Theil der werthvollsten Stoffe, darunter die Kalisalze und löslichen phosphorsauren Salze, verloren gehen.

Der hohe Werth der menschlichen Excremente ergibt sich leicht durch die folgende Betrachtung:

In der Festung Rastatt und den badischen Kasernen ist die Einrichtung getroffen, daß die Abtrittssitze unmittelbar durch weite Trichter in Fässer ausmünden, welche auf beweglichen Wagen stehen, so daß alle Excremente, Harn und Fäces zusammengenommen, ohne allen Verlust aufgesammelt werden können. Sobald die Fässer sich gefüllt haben, werden sie abgefahren und ein neuer Wagen*) untergeschoben.

Die Nahrung der Soldaten besteht größtentheils aus Brot, aber sie genießen täglich auch eine gewisse Menge Fleisch und Gemüse; der Körper eines Erwachsenen nimmt an Gewicht nicht zu und es bedarf keiner besonderen Berechnung, um zu verstehen, daß die Aschenbestandtheile des Brotes, Fleisches und der Gemüse, sowie der ganze Stickstoffgehalt der Nahrung sich in den aufgesammelten Excrementen befinden.

---

*) Der Preis eines Wagens ist 100 bis 125 Fl.; die Dauer desselben circa 5 Jahre. Die badische Militairverwaltung wendete in den Jahren 1856 und 1857 die Summe von 4450 Fl. dafür auf, die sich sehr bald aus dem Düngererlös bezahlt machte.

Die Einnahmen aus sämmtlichen Casernen der Garnisonen Constanz, Freiburg, Rastatt, Carlsruhe, Bruchsal und Mannheim, bei einem Durchschnittsdienststand von 8000 Mann, betrugen 1852 3415 Fl.; 1853 3784 Fl.; 1854 5309 Fl.; 1855 4792 Fl.; 1857 8017 Fl. und 1858 8155 Fl., wovon die Unterhaltungskosten für die Wagen mit jährlich 600 bis 700 Fl. abgehen. (Zeitschrift des landw. Vereins in Bayern. April 1860. S. 180.)

Zur Erzeugung eines Pfundes Korn gehören genau die Aschenbestandtheile dieses Pfundes Korn, welche der Boden liefern muß, und wenn wir diese Aschenbestandtheile einem geeigneten Felde geben, so wird dieses Feld in einer Reihe von Jahren ein Pfund Korn mehr liefern als es geliefert hätte, wenn wir diese Aschenbestandtheile nicht gegeben hätten.

Die tägliche Ration eines Soldaten ist 2 Pfund Brot, und die Excremente der verschiedenen Garnisonen von 8000 Soldaten enthalten die Aschenbestandtheile und den Stickstoff von 16000 Pfund Brot, welche auf das Feld gebracht vollkommen ausreichen, um so viel Korn wiederzuerzeugen, als zu diesen 16000 Pfund Brot als Mehl verbacken worden ist.

Rechnet man auf 2 Pfund Brot 1½ Pfund Korn, so werden also jährlich in den Excrementen der Soldaten im Großherzogthum Baden die für die Erzeugung von 43760 Centner Korn nöthigen Aschenbestandtheile gewonnen.

Die Bauern in der Umgegend von Rastatt und der anderen Garnisonen, nachdem sie nach und nach die Wirksamkeit dieser Excremente auf ihren Kornfeldern kennen lernten, bezahlen jetzt für jedes volle Faß eine gewisse Summe, welche jährlich noch im Steigen ist, so daß nicht allein die Anlage und Unterhaltung ·der getroffenen Einrichtung bestritten werden kann, sondern auch der Militairverwaltung noch ein Gewinn übrig bleibt.

Es hat sich nun für diese Gegenden folgendes ganz interessantes Resultat herausgestellt. Zunächst verwandelten sich die Sandwüsten ganz besonders in der Umgegend von Rastatt und Carlsruhe in Felder von großer Fruchtbarkeit, und wenn man sich denkt, daß die· Bauern alles mit diesem Dünger erzeugte Korn an die Militairverwaltung in Rastatt ablieferten, so würde ein wahrer Kreislauf hergestellt sein, der es ermöglichte, 8000

Mann Soldaten jährlich mit Brot zu versehen, ohne daß die
Felder, welche das Korn lieferten, jemals in ihren Erträgen sich
verminderten, weil die Bedingungen der Kornerzeugung immer
wiederkehren und stets dieselben bleiben *).

Was hier für die Kornbestandtheile gesagt ist, gilt natür=
lich auch für die des Fleisches und der Gemüse, welche auf die
Felder zurückgebracht, eben so viel Fleisch und Gemüse als die
verzehrten wiederzuerzeugen vermögen. Dasselbe Verhältniß
zwischen den Bewohnern der Kasernen in Baden und den Fel=
dern die ihnen das Brot liefern, besteht für die Bewohner der
Städte und dem platten Lande. Wenn es möglich wäre alle
flüssigen und festen Excremente, die sich in den Städten an=
häufen ohne allen Verlust zu sammeln und jedem Landwirth
auf dem platten Lande den Theil davon, den er in seinen Pro=
ducten der Stadt geliefert hat, wieder zuzuführen, so würde die
Ertragfähigkeit ihrer Felder sich unendlich lange Zeit hindurch
beinahe unverändert erhalten lassen, und der in jedem fruchtbaren
Felde vorhandene Vorrath an Nährstoffen würde ausreichend sein,
um die Bedürfnisse der steigenden Bevölkerung vollkommen zu
befriedigen, er genügt wenigstens in diesem Augenblicke noch,
obwohl im Verhältnisse zur ganzen ackerbautreibenden Bevölke=
rung nur wenige Landwirthe bemüht sind, was sie an Nähr=
stoffen in ihren Producten ausführen, durch eine entsprechende
Zufuhr zu decken. Die Zeit wird freilich kommen, wo dieser

---

*) Als in Carlsruhe plötzlich angeordnet wurde, daß zur Beseitigung
der Ausdünstung und des üblen Geruches bei Entleerung der Abtritt=
gruben dieselben mit Eisenvitriol desinficirt werden müssen, wollten
die Landwirthe für den Grubeninhalt nichts mehr bezahlen, weil sie
meinten, die producirende Kraft gehe dadurch verloren. Die Erfah=
rung hat jetzt gezeigt, daß die Wirkung des Düngers dadurch nicht
beeinträchtigt wird, da in der Folge der desinficirte wie früher bezahlt
wird. Der Dünger in den Abtrittswagen bedarf keiner Desinfection.

Ausfall denen erheblich genug erscheinen wird, welche jetzt noch so unverständig sind zu glauben, daß das Naturgesetz, welches ihnen den Ersatz gebietet, auf ihre Felder keine Anwendung habe, und so werden auch in dieser Beziehung die Sünden der Väter ihre Nachkommen büßen müssen. Schlechte Gewohnheiten überwiegen in diesen Dingen bei weitem die bessere Einsicht; auch der unwissendste Bauer weiß, daß der Regen der auf seine Misthaufen fällt, sehr viele silberne Thaler aus dem Haufen herausschwemmt, und daß es von Vortheil für ihn sein würde, wenn er auf seinen Feldern hätte, was sein Haus und die Straßen seines Dorfes verpestet, aber er sieht gleichmüthig zu, weil es von jeher so war.

Phosphorsaure Erden.

Die phosphorsauren Erden gehören zu den vorzugsweise wichtigen Mitteln zur Wiederherstellung der Fruchtbarkeit der Felder, nicht darum, weil sie für die Vegetation selbst eine größere Bedeutung als andere Nahrungsstoffe hätten, sondern weil sie in größter Menge durch das Culturverfahren des Fleisch und Korn erzeugenden Landwirthes den Feldern entzogen werden.

Unter den im Handel vorkommenden Phosphaten muß der Landwirth vor allem im Auge haben, welche Zwecke er damit erreichen will, da für gewisse Zwecke manche Sorten Vorzüge vor anderen haben.

Die sogenannten Superphosphate sind gewöhnliche Phosphate, denen man eine gewisse Menge Schwefelsäure zugesetzt hat, um das unlösliche neutrale Kalksalz in lösliches saures Salz zu verwandeln; sie erhalten häufig den Namen guanisirte Superphosphate, wenn denselben ein Ammoniaksalz und ein Kalisalz beigemischt worden ist. Ein gutes Superphosphat enthält in der Regel 10 bis 12 Procent lösliche Phosphorsäure, die Superphosphate eignen sich auf thon-, überhaupt auf kalkarmen Boden, um die oberen Schichten der Felder mit Phosphorsäure zu versehen, und die Wirkung derselben auf Kartoffeln und auf Halmgewächse ist auf solchen der des Peru-Guano gleich; für Rüben und Raps, welche aus der beigemischten Schwefelsäure Nutzen ziehen, besitzen sie einen besondern Werth. Auf Kalkboden wird die freie Phosphorsäure und Schwefelsäure sogleich neutralisirt, und die Superphosphate verlieren damit von ihrer wesentlichen Eigenschaft der Verbreitbarkeit, die sie für andere Bodensorten werthvoll macht.

Das Knochenmehl nimmt unter den neutralen Phosphaten den ersten Rang ein. Wenn die Knochen unter hohem Druck der Wirkung des heißen Wasserdampfes ausgesetzt werden, so verlieren sie ihre zähe Beschaffenheit, sie quellen gallertartig auf, werden weich und lassen sich nach dem Trocknen leicht in ein feines Pulver verwandeln. In dieser Form wird seine Verbreitbarkeit im Boden außerordentlich beschleunigt, es löst sich in geringer Menge, aber merklich in Wasser, ohne eines anderen Lösungsmittels zu bedürfen. Was sich unter diesen Umständen im Wasser löst, ist eine Verbindung von Leim mit phosphorsaurem Kalk, welche durch die Ackererde nicht zersetzt wird und darum tief in den Boden einbringt, eine Eigenschaft, welche dem Superphosphat abgeht. In der feuchten Erde geht übrigens der Leim rasch durch Fäulniß in Ammoniakverbindungen über, und der phosphorsaure Kalk wird alsdann von der Ackererde festgehalten. Das Knochenmehl ist das geeignetste Mittel, um die tieferen Schichten der Ackererde mit phosphorsaurem Kalk zu versehen, wozu sich die Superphosphate nicht eignen.

Die durch Brennen von dem Leime befreiten Knochen, oder die Knochenasche, wozu die Knochenkohle der Zuckerraffinerien gerechnet werden kann, müssen zu ihrer vollen Wirksamkeit in das feinste Mehl verwandelt werden; sie bedürfen zu ihrer rasche-

ren Verbreitung im Boden einer verwesenden Substanz, welche
die zu ihrer Lösung in Regenwasser erforderliche Kohlensäure
liefert; sehr zweckmäßig ist sie in Pulvergestalt dem Stallmiste
beizumischen und damit gähren zu lassen. Unter den im Han=
del vorkommenden Phosphaten zeichnen sich die von den Baker-
und Jarvisinseln stammenden Guanoarten durch ihre saure Re=
action und durch ihre größere Löslichkeit vor anderen aus, sie
enthalten nur wenige Procente einer stickstoffhaltigen Substanz,
keine Harnsäure, sodann geringe Mengen von Salpetersäure,
Kali, Bittererde und Ammoniak. Der Bakerguano enthält bis
80 Procent, der Jarvisguano 33 bis 34 Procent phosphorsau=
ren Kalk, letzterer außerdem 44 Procent Gyps, in ihrer Ver=
breitbarkeit stehen sie dem Knochenmehl, bei gleicher Feinheit des
Pulvers, unter allen neutralen Phosphaten am nächsten, und
ihre Beschaffenheit gestattet dem Landwirth, der ihre Wirkung
beschleunigen und erhöhen will, besonders leicht ihre Ueberführung
in Superphosphate durch Zusatz von verdünnter Schwefelsäure
(auf 100 Gewichtstheile Bakerguano 20 bis 25 Procent con=
centrirte oder 30 bis 40 Procent sogenannte Kammersäure) zu
bewerkstelligen.

Der Einfluß der genannten neutralen Phosphate auf die
Erträge eines Feldes ist im ersten Jahre meistens geringer als
in den folgenden, insofern die Verbreitung derselben eine gewisse
Zeit erfordert, und es hat die gröbere oder feinere Beschaffenheit
des Phosphates, die größere oder geringere Porosität des Bodens,
sein Gehalt an verwesenden Stoffen und die sorgfältige Bearbei=
tung desselben einen wesentlichen Theil an der Beschleunigung oder
Verlangsamung ihrer Wirkung, unter allen Umständen setzt diese
einen gewissen Reichthum des Bodens an löslicher Kieselsäure,
Alkalien, Kali und Natron voraus.

Der Unterschied in der Raschheit und Dauer der Wirkung

des Guanos und Knochenmehls ergibt sich aus folgenden Ernte-
erträgen, welche von H. Zenker in Kleinwolmsdorf in Sachsen
in den Jahren 1847 bis 1850 erhalten wurden:

	Knochenmehl (822 Pfd.)		Guano (411 Pfd.)	
	Korn	Stroh	Korn	Stroh
1847 Winterkorn	2798 Pfd.	4831 Pfd.	2951 Pfd.	4711 Pfd.
1848 Gerste . .	2862 „	3510 „	2484 „	3201 „
1849 Wicken .	1591 „	5697 „	1095 „	4450 „
1850 Winterkorn	1351 „	2768 „	732 „	2481 „

Der Ertrag war bei Guanodüngung im ersten Jahre höher,
nahm aber in jedem folgenden Jahre ab; bei Knochenmehl-
Düngung war der Ertrag im ersten Jahre niedriger, in den folgenden ist aber die Zunahme höchst bemerkenswerth.

Die 411 Pfd. Guano enthielten 53 Pfd. Stickstoff, die
erzeugte Gesammternte 271 Pfd. Stickstoff, also nahe fünfmal
mehr; das Knochenmehl enthielt nur 37 Pfd. Stickstoff, die
Gesammternte 342 Pfd., also nahe neunmal mehr, im Ganzen
lieferte das Knochenmehl in der Ernte 71 Pfd. Stickstoff mehr
als der Guano. Von einer Beziehung des Stickstoffgehaltes im
Dünger zu den geernteten Früchten kann hiernach keine Rede sein.

In den sächsischen Versuchen lieferten die mit Knochenmehl
gedüngten Felder die folgenden Ergebnisse:

Düngung mit Knochenmehl:

	Gunners=dorf	Kötitz	Ober=bobritzsch	Mäusegast
Menge Knochenmehl . .	823 Pfd.	1233 Pfd.	1644 Pfd.	892 Pfd.
1851 Roggen { Korn . .	1399 „	1429 „	2230 „	1982 „
{ Stroh . .	4167 „	3707 „	5036 „	4365 „
1852 Kartoffeln	18250 „	19511 „	11488 „	19483 „
1853 Hafer { Korn . . .	2346 „	1108 „	1718 „	1406 „
{ Stroh . .	3105 „	1224 „	1969 „	1905 „
1854 Klee	10393 „	2186 „	7145 „	5639 „

Mehrertrag über ungedüngt (f. S. 198):

	Gunners=dorf	Kötitz	Ober=bobritzsch	Mäusegast
	Pfd.	Pfd.	Pfd.	Pfd.
1851 Roggen { Korn . .	223	165	777	—
{ Stroh . .	1216	694	2021	—
1852 Kartoffeln	1583	934	1737	2587
1853 Hafer { Korn . . .	327	—	190	116
{ Stroh . .	542	—	157	65
1854 Klee	1249	1091	6234	101

Das Feld zu Kötitz empfing die Hälfte Knochenmehl mehr als das zu Gunnersdorf, und lieferte an allen Feldfrüchten einen geringeren Ertrag als wie dieses letztere.

Die doppelte Düngung erhöhte in Oberbobritzsch den Mehr= ertrag an Korn des Feldes im Jahre 1851 um das Dreifache von dem des Gunnersdorfer Feldes, das erstere lieferte über die Hälfte mehr Stroh; aber im dritten Jahre betrug die Steige= rung des Haferkorn= und Strohertrages auf dem Felde in Gun= nersdorf sehr viel mehr als auf dem in Oberbobritzsch.

Vor allem anderen ist die Steigerung der Kleeerträge be=
merkenswerth, und obwohl das Feld zu Oberbobritzsch nur um ¼
Knochenmehl mehr empfangen hatte als das zu Kötitz, so lieferte
es dennoch beinahe 6mal mehr Klee.

Man bemerkt leicht, daß in den ersten drei Versuchen die
Quantitäten des zur Düngung angewendeten Knochenmehls
sich verhielten wie 1 : 1½ : 2, und es ergibt die Verglei=
chung der erhaltenen Mehrerträge, daß, wie bei dem Stallmist
und Guano, die Höhe derselben in keiner erkennbaren Beziehung
zu der angewendeten Düngermenge stand.

100 Pfd. Knochenmehl lieferten Mehrertrag:

	Gunnersdorf	Kötitz	Oberbobritzsch
1851 und 1853 Roggen	Pfd.	Pfd.	Pfd.
und Hafer	280,8	40,1	191
1852 Kartoffeln	192	75	105
1854 Klee	152	96	380

Repskuchenmehl.

Die Rückstände des durch Auspressen vom fetten Oel befreiten Rübsamens sind reich an einer stickstoffreichen Materie, welche dem Käsestoff der Milch sehr nahe steht, sie enthalten die nämlichen unverbrennlichen oder Aschenbestandtheile wie die Samenaschen. Die Repssamenasche besteht aus phosphorsauren Salzen und ist in ihrer Zusammensetzung von der Asche des Roggensamens sehr wenig verschieden; phosphorsaure Alkalien und phosphorsaure Bittererde sind darin vorwaltend. Man begeht kaum einen Fehler, wenn man annimmt, daß man einem Felde in 100 Pfd. Repskuchenmehl an den unverbrennlichen Bestandtheilen des Roggensamens ebensoviel gibt, als in 250 bis 300 Pfd. Roggensamen enthalten sind.

Die stickstoffhaltige Materie des Repskuchenmehls ist an sich etwas löslich im Wasser und wird noch löslicher bei beginnender Fäulniß, woher es kommt, daß die darin enthaltenen Nährstoffe in einem weit größeren Umkreis in der Erde verbreitet werden, wie z. B. die Hauptbestandtheile des Guanos, des Ammoniaks und die Phosphorsäure, welche nach ihrer Auflösung sogleich von den Erdtheilchen, die damit in Berührung kommen, absorbirt werden. Dieß geschieht bei dem Repskuchenmehl erst dann, wenn die stickstoffhaltige Substanz desselben sich vollständig zersetzt hat und ihr Stickstoff in Ammoniak übergeführt ist; diese Zersetzung findet übrigens ziemlich rasch statt, so daß die Wirkung des Repskuchenmehls sich schon im ersten Jahre bemerklich macht.

Wegen der größeren Verbreitbarkeit seiner Bestandtheile im Boden erscheint darum die Wirkung des Repskuchenmehls etwas stärker, wenn man sie z. B. mit der des Guanos bei gleichem Gehalt an Phosphorsäure vergleicht.

Als Düngmittel hat das Repskuchenmehl insofern kaum eine Bedeutung, als nur verhältnißmäßig sehr wenige Landwirthe in der Lage sich befinden, erhebliche Mengen davon für die Zwecke der Düngung sich zu verschaffen, und wenn dessen Ernährungswerth für die Thiere allgemeiner bekannt und anerkannt sein wird, so wird der steigende Preis desselben seine Anwendung als Düngmittel um so mehr beschränken, da man in den Excrementen der damit ernährten Thiere die Hauptmasse der Bestandtheile, die dem Repskuchenmehl als Dünger Werth geben, wiedererhält.

In den sächsischen Versuchen wurden durch Düngung mit Repskuchenmehl folgende Resultate erhalten:

Repskuchenmehl.

	Cunnersdorf	Mäusegast	Rötiz	Oberbobritzsch
	Pfd.	Pfd.	Pfd.	Pfd.
Dünger	1614	1855	1849	3288
1851 Roggen { Korn . . .	1868	2645	1578	1946
{ Stroh . .	5699	5998	4218	4475
1852 Kartoffeln	17374	18997	19165	10442
1853 Hafer { Korn . . .	2052	(1619 Gerste	1408	1517
{ Stroh . .	2768	(2298	1550	1939
1854 Klee	9143	6659	981	2105

Mehrertrag über ungedüngt (siehe S. 198):

	Gunners-dorf	Mäusegast	Rötitz	Ober-bobritzsch
	Pfd.	Pfd.	Pfd.	Pfd.
Stickstoffmenge im Dünger .	78,9	88,8	89	157,8
1851 Roggen {Korn . . .	692)	407)	314)	493)
{Stroh . . .	2748)	1416)	1205)	1460)
1852 Kartoffeln	707	2101	588	691
1853 Hafer {Korn . . .	33)	330)	69)	0)
{Stroh . . .	205)	458)	193)	127)
1854 Kleeheu	0	1121	0	1194

Aehnlich wie bei der Düngung mit Stallmist, Knochenmehl und Guano ergibt sich aus diesen Versuchen, daß auf keinem Felde die Wirkung des Repskuchenmehls in irgend einer
nachweisbaren Beziehung zu der angewandten Menge stand.

1000 Pfd. Repskuchenmehl erzeugten Mehrertrag:

	Gunners-dorf	Mäusegast	Rötitz	Ober-bobritzsch
	Pfd.	Pfd.	Pfd.	Pfd.
1851 Roggen — Korn und Stroh	2130	989	820	594
1853 Hafer — Korn und Stroh	147	424	141	89
1852 Kartoffeln	438	1132	318	210
1854 Kleeheu	0	604	0	332

In Beziehung auf die Wirkung des im Dünger zugeführten
Stickstoffes sind diese Versuche von Interesse; die Vergleichung
der Mehrerträge, welche in Oberbobritzsch mittelst Guano und
Repskuchenmehl erhalten wurden, lehrt in dieser Beziehung Folgendes:

Oberbobritzsch.

611 Pfd. Guano =   3288 Pfd. Repsmehl =
,80 Pfd. Stickstoff und   ,157,8 Pfd. Stickstoff und
/74 „   Phosphorsäure. / 39,5 „   Phosphorsäure.

1851 u. 1853 Roggen und Hafer	4503 Pfd.	2069 Pfd.
1852 Kartoffeln . .	3979 „	691 „
1854 Kleeheu . . .	4133 „	1194 „

Das eine Feld in Oberbobritzsch empfing im Repskuchen= mehl nahe die doppelte Menge Stickstoff, als das andere Feld in Guano, und der Unterschied in den Erträgen ist im höchsten Grade in die Augen fallend.

In den beiden Versuchen verhielt sich   Guano   Repskuchenmehl
der Stickstoff im Dünger wie 1   :   2,
in den Erträgen hingegen
an Halmgewächsen wie 2   :   1,
an Kartoffeln wie   5,7   :   1,
an Klee wie 3,4   :   · 1.

Die Wirkung des Stickstoffes im Guano war mithin um das Vierfache bei den Halmgewächsen, um das Zwölffache bei den Kartoffeln, nur um das Siebenfache beim Klee größer als die des Stickstoffes in dem Repskuchenmehl.

Vergleicht man die erhaltenen Mehrerträge mit dem Ge= halt an Phosphorsäure in den beiden Düngmitteln, so ergibt sich, daß diese weit eher in Beziehung standen zu ihrem Phos= phorsäuregehalte, aber ein bestimmtes Verhältniß fand auch hier nicht statt.

Die Hauptergebnisse der in Gunnersdorf, Mäusegast, Kötitz und Oberbobritzsch auf vier Feldern und einem vierjährigen Um= laufe angestellten Versuche sind folgende:

Alle 48 Ernten auf den ungedüngten, den mit Guano,

Knochenmehl, Guano und Repskuchenmehl gedüngten Feldern ergaben im Roggenkorn und Stroh, den Kartoffeln, dem Hafer- korn und Stroh und Klee

durch Düngung mit

	Knochenmehl	Guano	Repskuchenmehl
Gesammternte an Stickstoff	1170 Pfd.	1139 Pfd.	1046 Pfd. Stickstoff
Die Felder lieferten ungedüngt	910 „	910 „	910 „ „
Mehr geernteter Stick= stoff	260 Pfd.	229 Pfd.	136 Pfd. Stickstoff
Der Dünger enthielt Stickstoff	207 „	236 „	415 „ „

Mehr als der Dünger 53 Pfd., weniger 7 Pfd.   279 Pfd. Stickstoff

Der an Stickstoff ärmste Dünger (Knochenmehl) gab den absolut höchsten, der daran reichste (Repsmehl) den niedrigsten Ertrag.

Auf 100 Pfd. Stickstoff im Dünger

wurde Stickstoff im Mehrertrage geerntet 125 Pfd. durch Knochenmehl,
97 „ „ Guano,
32 „ „ Repsmehl.

An Phosphorsäure wurde geerntet bei Düngung mit

	Knochenmehl	Guano	Repsmehl	ungedüngt
Phosphorsäure	361 Pfd.	362 Pfd.	338 Pfd.	292 Pfd.
Der Dünger enthielt .	1102 „	288 „	86 „	0 „
Die Felder gewannen .	741 Pfd.	—	—	—
„ „ verloren ..	—	74 Pfd.	252 Pfd.	292 Pfd.

Holzasche.

Es ist bereits erwähnt worden, daß der Gehalt an Kali von verschiedenen Holzpflanzen sehr ungleich ist, die von hartem Holze ist meistens reicher daran als die von weichem. Die Asche von Buchenholz gibt an Wasser die Hälfte des Kalis als kohlensaures Kali ab, die andere Hälfte bleibt mit kohlensaurem Kalk in einer Verbindung, welche sehr langsam durch kaltes Wasser zersetzt wird. Die Asche von Fichtenholz enthält wie die Tabacksasche in der Regel eine größere Menge von Kalk, so zwar, daß kaltes Wasser häufig kein kohlensaures Kali daraus aufzulösen scheint. Diesen Aschen wird aber nach und nach durch Einwirkung von Wasser das Kali vollständig entzogen, und da sie sich leicht tief unterpflügen lassen, so sind sie vor allen Kaliverbindungen geeignet die tieferen Schichten der Ackerkrume mit Kali zu bereichern. Es ist zweckmäßig, diejenigen Holzaschen, welche das Kali leicht an Wasser abgeben, ehe man sie auf den Acker bringt, mit einer das Kali absorbirenden Erde zu mengen und soviel davon zuzusetzen, daß aufgegossenes Wasser rothes Lackmuspapier nicht mehr bläut; am besten geschieht dies auf dem Acker selbst.

Die mit Wasser ausgelaugte Asche, z. B. der Rückstand, welcher in der Pottaschenbereitung bleibt, besitzt für manche Felder einen hohen Werth, nicht nur wegen des Kalis, welches stets noch darin vorhanden ist, sondern auch wegen seines Gehaltes an phosphorsaurem Kalk und löslicher Kieselsäure.

Da die oberen Schichten unserer Getreidefelder im Verhältniß zu den anderen Nährstoffen an sich schon einen Ueberschuß von Kali enthalten, so übt die Aschendüngung, wenn sie sich auf die Oberfläche des Ackers erstreckt, selten eine nachhaltige Wirkung aus, in die gehörige Tiefe gebracht, gibt sie aber das Mittel ab, um dauernde Ernten von Klee, Rüben oder auch Kartoffeln zu erzielen. Verständige Rübenzucker-Fabrikanten verwenden mit dem größten Vortheil die Rückstände der Destillation ihrer Melassen, welche alle Kalisalze der Rüben enthalten, zu Düngung ihrer Felder, um ihnen das in der Cultur der Rüben entzogene Kali wieder zu ersetzen.

Ammoniak und Salpetersäure.

Wenn man nach den sorgfältigen, auf mehrere Jahre aus=
gedehnten Beobachtungen von Bineau über den Gehalt des
Regenwassers an Ammoniak und Salpetersäure an verschiedenen
Orten Frankreichs das Mittel nimmt, so fallen auf die Hectare=
Fläche jährlich 27 Kilogr. Ammoniak = 22 Kilogr. Stickstoff
und 34 Kilogr. Salpetersäure = 5 Kilogr. Stickstoff, im Gan=
zen mithin 27 Kilogr. = 54 Zollpfunde Stickstoff. Auf einen
englischen Acre macht dies 21,9 Pfd., auf einen sächsischen
Acre 30 Pfd. aus. Mit diesen Zahlen stimmen die Beobach=
tungen Boussingault's und Knop's nahe überein.

Die jährliche mittlere Regenmenge, welche in verschiedenen
Gegenden fällt, ist nach der Lage und Höhe der Orte außer=
ordentlich ungleich, und es haben die Untersuchungen ergeben,
daß der Gehalt des Regenwassers an Ammoniak und Salpeter=
säure im umgekehrten Verhältnisse steht zu der Regenmenge; in
Gegenden, wo es seltener oder weniger regnet, ist das Wasser
reicher an diesen Bestandtheilen als in Gegenden, wo mehr
Regen fällt. Der Thau ist nach Boussingault am reichsten
an Ammoniak, nach Knop nicht reicher als das Regenwasser
(siehe dessen wichtige Abh. im 8. Hefte der landw. Versuchsstat.
in Sachsen). Die Pflanzen empfangen aber Ammoniak und
Salpetersäure nicht nur durch Vermittelung des Regenwassers

aus dem Boden und im Thau, sondern auch direct aus der Atmosphäre. Die Versuche von Boussingault (Annal. de chim. et de phys. 3. Sér. T. LIII) laſſen wohl über die beſtändige Anweſenheit des Ammoniaks in der Luft keinen Zweifel zu. In einem Kilogramm der folgenden zum Roth= glühen erhitzten Materien fand er nach dreitägigem Ausſetzen auf einem Porzellanteller in der Luft:

In 1 Kilogr. Quarzſand . 0,60 Milligr. Ammoniak,

„ 1 „ Knochenaſche 0,47 „ „

„ 1 „ Kohle . . . 2,9 „ „

Obwohl man mit ziemlicher Sicherheit die Ammoniak= und Salpeterſäuremenge beſtimmen kann, welche ein Feld jährlich im Regenwaſſer empfängt, ſo iſt dieſe Beſtimmung in dem Thau, der die Pflanze benetzt, nicht ausführbar; ebenſowenig läßt ſich ermitteln, wieviel Ammoniak oder Salpeterſäure direct von der Pflanze gleichzeitig mit der Kohlenſäure aus der Luft aufge= nommen wird.

In den Hochebenen Central=Amerika's, in welchen es bei= nahe niemals regnet, empfangen die Cultur= und wildwachſen= den Pflanzen ihre Stickſtoffnahrung nur durch den Thau oder direct aus der Luft, und man kann wohl, ohne einen Fehler zu begehen, annehmen, daß durch die Luft und den Thau den Pflan= zen, welche auf den europäiſchen Ackerfeldern wachſen, ebenſoviel Ammoniak und Salpeterſäure dargeboten wird, als das Regen= waſſer zuführt. Eine Sandfläche, auf welcher keine Pflanzen wachſen, empfängt durch den Regen ebenſoviel Ammoniak und Salpeterſäure als ein Culturfeld, allein letzteres empfängt durch die Pflanzen eine größere Menge, durch blattreiche Gewächſe mehr als durch blattarme.

Nehmen wir nun an, daß in den ſächſiſchen Verſuchen die auf den ungedüngten Feldern gewonnenen Halmgewächſe, Kar=

toffeln und Klee ihren ganzen Stickstoffgehalt vom Boden und
die Pflanzen weder aus der Luft noch aus dem Thau
Stickstoffnahrung aufgenommen hätten, so stellt sich
für den Gewinn und Verlust des Feldes an Stickstoffnahrung
nach den Seite 242 gemachten Annahmen, daß 1/10 der stick=
stoffhaltigen Klee= und Kartoffelbestandtheile in der Form am
Vieh ausgeführt worden seien, folgende Rechnung heraus:

Das Feld in Cunnersdorf

		lieferte im Ganzen Stickstoff	verlor in d. Ausfuhr Stickstoff	gewann im Regen Stickstoff
		Pfd.	Pfd.	Pfd.	Pfd.
1851	Roggenkorn . .	1176	22,4	22,4	
	Roggenstroh . .	2951	10,6	—	
1852	Kartoffeln	16667	69,8	6,9	
1853	Haferkorn . . .	2019	30,9	30,0	
	Haferstroh . . .	2563	6,6	—	
1854	Kleeheu	9144	202,1	20,2	
				79,5	120

Am Anfang des fünften Jahres war mithin das Feld
reicher an Pfund Stickstoff 40,5

Das Feld in Mäusegast

		verlor durch Ausfuhr Stickstoff	gewann im Regen Stickstoff
		Pfd.	Pfd.
1851	Roggen	42,7	
1852	Kartoffeln	7	
1853	Gerste	22,2	
1854	Kleeheu	12,2	
		84,1	120

war 1855 reicher um 35,9 Pfund Stickstoff.

Es ist wohl kaum nöthig, diese Berechnung weiter fortzu=
setzen, denn alle ergeben das Resultat, daß auch unter den un=
günstigsten Annahmen ein Feld durch den Regen allein schon
mehr, jedenfalls nicht weniger Stickstoffnahrung zurückempfängt,
als es in dem gewöhnlichen Betriebe verliert.

Diese Thatsache dürfte wohl die Behauptung rechtfertigen,
daß der Ersatz an Stickstoff die Sorge des Landwirthes eben
so wenig beschäftigen sollte, wie der des Kohlenstoffes; beide sind
in der That ursprünglich Luftbestandtheile, oder fähig, zu Luft=
bestandtheilen wieder zu werden, und sind in dem Kreislaufe
des Lebens untrennbar von einander.

Der Gehalt des Regenwassers an Ammoniak und Salpeter=
säure gibt zu erkennen, daß eine Quelle von Stickstoff besteht,
welche die Pflanzen ohne Zuthun der Menschen mit dieser noth=
wendigen Nahrung versieht. Für die anderen Nährstoffe, welche,
wie Phosphorsäure, Kali, für sich nicht beweglich sind, besteht
dieser Ersatz aus natürlichen Quellen nicht, und man hätte hier=
nach vermuthen sollen, daß man in der Erforschung der Ursachen,
welche in Folge der Cultur das Ertragsvermögen der Felder ver=
mindern, den Grund der Abnahme der Erträge zuerst und vor=
zugsweise in den an sich unbeweglichen Nährstoffen hätten suchen
müssen, und nicht in den im Kreislaufe sich bewegenden, nach=
dem man mit Bestimmtheit wußte, daß mindestens ein Theil
der letzteren jährlich von selbst auf das Feld zurückkehrt; aber
in der Entwickelung einer Wissenschaft behaupten in jedem
Stadium derselben die einmal angenommenen Ansichten noch
eine Zeit lang ihre historische Berechtigung, und so ist es denn
auch mit denen, welche dem Stickstoff in der landwirthschaft=
lichen Cultur eine vorzugsweise Bedeutung zuschreiben.

In der Betrachtung einer Naturerscheinung und in der
Aufsuchung ihrer Ursachen weiß man im Anfange nicht, ob

sie einfach oder zusammengesetzt sei, ob sie durch eine oder mehrere Ursachen bedingt werde, und man hält diejenigen für die allein thätigen, welche man als wirksam zuerst erkannt hat. Es ist noch nicht lange her, daß man glaubte, alle Bedingungen des Wachsthums lägen in dem Samen allein, dann fand man, daß das Wasser, später, daß die Luft eine ganz entscheidende Rolle dabei spielte, darauf schrieb man gewissen organischen Ueberresten im Boden einen Hauptantheil an der Fruchtbarkeit des Bodens zu, und da man zuletzt fand, daß unter allen, zur Düngung dienenden Stoffen die thierischen Excremente, die Theile und Bestandtheile der Thiere in ihrer Wirksamkeit alle anderen übertreffen, und zuletzt die chemische Analyse in diesen Materien als Hauptbestandtheil Stickstoff nachgewiesen hatte, so darf man sich nicht wundern, daß man dem Stickstoffe damals die alleinige, später die vorzugsweise Wirkung des Düngers zuschrieb.

Dieser Entwickelungsgang ist naturgemäß und gibt keinen Grund zu einem Tadel ab; man wußte damals noch nicht, daß die Aschenbestandtheile der Gewächse, das Kali, der Kalk, die Phosphorsäure eine ebenso wichtige Rolle in dem Lebensproceß der Gewächse spielen als der Stickstoff, ja man hatte nicht einmal eine Vorstellung davon, in welcher Weise der Stickstoff der Stickstoffverbindungen wirke: man hielt sich an die Thatsache, daß Horn, Klauen, Blut, Knochen, Urin und die festen Ausleerungen der Thiere und Menschen eine entschieden günstige, holzige Substanzen, Sägespäne und ähnliche Stoffe so gut wie gar keine Wirkung hätten. Wenn bei den einen der Grund der Wirkung in der Anwesenheit des Stickstoffes lag, so war der des Mangels an Wirkung bei den anderen der Mangel an Stickstoff, kurz in Beziehung auf die Wirkung des Stickstoffs schienen alle Thatsachen in Harmonie zu stehen und erklärt zu sein.

Wenn der Stickstoff der stickstoffhaltigen Düngmittel die Bedingung ihrer Wirksamkeit war, so folgte daraus von selbst, daß nicht alle einen gleichen Werth für den Landwirth besaßen, weil nicht alle gleichviel Stickstoff enthalten, diejenigen mit einem höheren Procentgehalt, besaßen offenbar einen höheren Werth als die mit einem niedrigen. Durch die chemische Analyse ließ sich leicht der Gehalt an Stickstoff festsetzen und so kam man denn darauf, zum Nutzen des Landwirths, die Düngstoffe in eine Reihe zu ordnen, und jeden mit einer Zahl zu versehen die den relativen Werth derselben feststellte; die stickstoffreichsten als die werthvollsten standen den anderen voran.

Auf die Form des Stickstoffs in diesen verschiedenen Düngstoffen legte man bei dieser Werthbestimmung kein Gewicht und ebenso wenig auf die Stoffe, welche neben der Stickstoffverbindung darin enthalten waren; es war in dieser Reihe ganz gleichgültig, ob die Stickstoffverbindung Leimsubstanz, Horn oder Eiweiß war, oder ob diese Stoffe begleitet waren von phosphorsauren Erden oder Alkalien oder nicht; getrocknetes Blut, Klauen, Hornspäne, wollene Lumpen, Knochen, Rapskuchenmehl waren Glieder einer und derselben Reihe.

Da man unter dem Worte »Stickstoff« keine bestimmte Verbindung verstand, so war damals der Nachweis, daß die Wirkung der stickstoffhaltigen Düngmittel im Verhältniß zu ihrem Stickstoffgehalt stehe, eine Sache der Unmöglichkeit.

Durch die Einführung und Anwendung des Peruguanos und Chilisalpeters erhielt die sogenannte Stickstofftheorie ihre eigentliche Begründung; in seinem Reichthum an Stickstoff kam dem Guano kein Düngstoff gleich, so wie er denn alle anderen an Raschheit und Stärke in der Wirkung übertrifft. Was die Stärke der Wirkung betrifft, so stimmte diese mit der Stickstofftheorie überein, sie entsprach seinem hohen Stickstoffgehalte

und die chemische Analyse gab auch befriedigenden Aufschluß
über die Raschheit derselben. Die Thatsache, daß der Einfluß
des Guano auf die Erhöhung der Erträge in der Regel rascher war als der von anderen Düngmitteln von gleichem Stickstoffgehalte, machte es augenscheinlich, daß er in einem seiner
Bestandtheile eine Eigenschaft in sich trage, welche anderen
abging; dieser Bestandtheil mußte, so dachte man, den Pflanzen
zuträglicher als andere Stickstoffverbindungen sein.

Die Ermittelung dieses Bestandtheils machte keine Schwierigkeit. Die chemische Analyse zeigte, daß der Peruguano sehr
reich an Ammoniaksalzen war, und daß die eine Hälfte seines
Stickstoffgehaltes aus Ammoniak bestand; das Ammoniak war
aber als Pflanzennahrungsmittel bereits erkannt, und so schien
damit keine Schwierigkeit in der Erklärung der Raschheit der
Wirkung des Guano mehr zu bestehen. Der Peruguano enthielt hiernach in dem Ammoniak einen der wichtigsten Nährstoffe der Gewächse in concentrirtem Zustande, der in der Erde
verbreitet, direct von den Wurzeln der Pflanzen assimilirbar war.

Von dieser Zeit an machte man unter den stickstoffhaltigen
Düngmitteln einen Unterschied, man unterschied darin »verdaulichen« und »schwer verdaulichen« Stickstoff, unter dem verdaulichen meinte man das Ammoniak und die Salpetersäure, unter
dem schwer verdaulichen, die anderen stickstoffhaltigen Stoffe,
die erst verdaulich werden und wirken können, wenn ihr Stickstoff in Ammoniak übergegangen ist.

Die Wirkung des Guano auf die Erhöhung der Kornerträge war unbezweifelbar, die Theorie nahm als ebenso un-
bestreitbar an, daß die Wirkung auf seinem Gehalte an Stickstoff beruhe; sie hielt es ferner für gewiß, daß das Ammoniak der wirksamste Theil des Stickstoffs im Guano sei. Hier-

aus folgte von selbst, daß die Wirkung des Guano ersetzbar
sein müsse durch eine entsprechende Menge Ammoniaksalz, und
es schien den Anhängern dieser Ansicht zur beliebigen Steigerung und Erhöhung der Erträge der Kornfelder nichts weiter
nöthig zu sein, als die Herbeischaffung der erforderlichen Menge
von Ammoniaksalzen zu einem angemessenen Preise. Nur an
Humus fehle es, so meinte man früher, nur an Ammoniak fehle es, so meinte man jetzt.

In Beziehung auf die Ansichten über die Bedeutung des
Stickstoffes für die Gewächse war dieser Schluß ein unermeß-
licher Fortschritt. Während man sonst keine bestimmte Vorstellung mit dem Worte »Stickstoff« verband, hatte man jetzt eine
ganz bestimmte; was früher Stickstoff hieß nannte man jetzt
»Ammoniak«, eine greifbare, wägbare Verbindung, welche von
allen den anderen Stoffen, welche ebenfalls Bestandtheile der
stickstoffhaltigen Düngmittel sind, getrennt, jetzt zu Versuchen
dienen konnte, um die Wahrheit der Ansicht selbst zu prüfen.

Wenn die Wirkung des Guano im Verhältnisse zu seinem
Stickstoffgehalte stand, so mußte eine Ammoniakmenge von gleichem Stickstoffgehalte nicht nur dieselbe, sondern eine noch größere Wirkung hervorbringen, denn die Hälfte des Stickstoffes
im Guano besteht aus schwerverdaulichem Stickstoff, das Ammoniak war aber gänzlich assimilirbar.

Wenn in einem einzigen Versuche der Guano eine mächtige und die entsprechende Menge Ammoniak keine, oder eine
minder mächtige Wirkung hatte, so reichte dieser Versuch vollkommen hin um die Ansicht zu widerlegen, die man mit dem
Stickstoff verband; war sie richtig, so mußte das Ammoniak in
allen Fällen wirken, in welchen der Guano wirkte, und in
ganz gleicher Weise wirken. Die ältesten in dieser Richtung

20*

angestellten Versuche sind die von Schattenmann (Compt. rend. T. XVII).

Er düngte zehn Stück eines großen Weizenfeldes mit Salmiak und schwefelsaurem Ammoniak; ein gleich großes Stück blieb ungedüngt; von den gedüngten Stücken empfingen das eine per Acre 162 Kilogramm (324 Pfund), die anderen die doppelte, drei= und vierfache Quantität von jedem dieser Salze.

Die Ammoniaksalze (sagt Schattenmann S. 1130) scheinen auf den Weizen einen auffallenden Einfluß auszuüben, denn schon acht Tage nach der Düngung nahm die Pflanze eine tief dunkelgrüne Farbe an, ein sicheres Zeichen einer großen Vegetationskraft.

Der durch die Ammoniakdüngung erzielte Ertrag war folgender:

Empfing Ammoniaksalz			Ertrag in Kilogr.			
			Korn	Stroh	Weniger Korn	Mehr Stroh
1)	1 Acre	— fein	1182	2867		
2)	1 „	162 Klgr. salzsaures	1138	3217	44	348
3)	4 „	324 Klgr., 324 Klgr., 486 Klgr., 486 Klgr. do., Mittel	878	3171	304	314
4)	1 „	162 Klgr. schwefels.	1174	3078	8	211
5)	4 „	324 Klgr., 324 Klgr., 486 Klgr., 648 Klgr., Mittel	903	3248	279	381

Man bemerkt leicht, daß die Erwartungen, die sich an die tief dunkelgrüne Farbe knüpften, nicht in Erfüllung gingen. Die Ammoniaksalze hatten nicht allein keinen Einfluß auf die Erhöhung des Kornertrages gehabt, sondern denselben in allen Versuchen vermindert; der Strohertrag hatte um ein Geringes zugenommen.

Die Ammoniaksalze hatten in diesen Fällen den Kornertrag nicht vermehrt, sondern die entgegengesetzte Wirkung des Guano gehabt, durch welchen in der Regel die Kornerträge vermehrt wurden.

Als bestimmte Beweise gegen die Ansicht über die Wirkung des Ammoniaks konnten aber diese Versuche nicht angesehen werden, da ein vergleichender Versuch mit Guano nicht gemacht worden war; unmöglich war es nicht, daß sich der Guano gerade auf diesem Felde vielleicht ebenso verhalten hätte. Einige Jahre darauf wurden von Lawes und Gilbert eine Reihe von Untersuchungen veröffentlicht, welche die Wirkung des Ammoniaks oder vielmehr der Ammoniaksalze zu bestätigen schienen; sie waren darauf berechnet, die Sätze zu beweisen, daß nicht die unverbrennlichen Nährstoffe des Weizens für sich die Fruchtbarkeit des Feldes zu steigern vermögen, sondern daß der Ertrag an Korn und Stroh eher im Verhältniß zu dem zugeführten Ammoniak stehe; daß man mit Ammoniaksalzen allein eine Steigerung der Erträge erzielen könne, sowie denn stickstoffhaltige Dünger ganz besonders geeignet für die Cultur des Weizens seien.

Die Versuche der Herren Lawes und Gilbert sind aber nichts weniger als beweisend für die Schlüsse, die sie damit begründen wollten, was sie darthun, ist eher die Thatsache, daß sie von dem Wesen der Beweisführung keine Vorstellung hatten.

Sie versuchten nicht zu ermitteln, ob man mit Ammoniaksalzen allein einem Stück Feld dauernd höhere Erträge abgewinnen könne, als ein gleiches Stück desselben Feldes ungedüngt liefert.

Sie versuchten auch nicht zu ermitteln, welche Erträge ein gleiches Stück Feld durch Düngung mit Superphosphat und Kalisalzen in einer Reihe von Jahren liefert, sondern sie bereicherten im ersten Jahre ein Stück Feld auf eine ganze Reihe von Jahren mit Korn- und Strohbestandtheilen, mit Phosphorsäure und kieselsaurem Kali (560 Pfund mit Schwefelsäure aufgeschlossenen Knochen und 220 Pfund kieselsaurem Kali) und düngten es in den folgenden Jahren mit Ammoniaksalzen allein, und wollen uns in dieser Weise glauben machen, daß die, unter diesen Umständen erhaltenen Mehrerträge bedingt gewesen seien durch die Wirkung der Ammoniaksalze allein!

Die Unzulänglichkeit dieser Versuche der Herren Lawes und Gilbert fällt vielleicht greller in die Augen, wenn man die Frage, die sie zu lösen vorgeben, in einer anderen Weise formulirt. Wir wollen annehmen, sie hätten beweisen wollen, daß die hohen Mehrerträge, welche ein mit Guano gedüngtes Weizenfeld liefere, auf der Wirkung der Ammoniaksalze im Guano beruhe, und daß dessen andere Bestandtheile keinen Antheil daran gehabt hätten. Wenn sie den Guano mit Wasser ausgelaugt und zwei Stücke Feld, das eine mit Guano, das andere mit den löslichen Bestandtheilen einer gleichen Menge Guano gedüngt hätten, so konnten nur zwei Fälle eintreten, der Ertrag beider war entweder gleich oder ungleich. Waren die Erträge gleich, so war es klar, daß die unlöslichen Bestandtheile des Guano keine Wirkung hatten, war der Ertrag des mit Guano gedüngten Stückes größer, so war es sicher, daß die unlöslichen Bestandtheile (Mineralbestandtheile, wie sie die Herren Lawes und Gilbert nennen würden) einen Antheil an dem Mehrertrage hatten. Die Größe dieses Antheils hätte sich vielleicht bestimmen lassen, wenn ein drittes Stück mit den unlöslichen Bestandtheilen, d. i. mit den ausgelaugten Rückständen einer gleichen Menge Guano gedüngt worden wäre.

Wenn die Experimentatoren hingegen zur Führung ihres Beweises, anstatt dieses Versuches, den Guano ausgelaugt und ein Stück Feld im ersten Jahre mit den unlöslichen Bestandtheilen des Guano, und in den darauf folgenden mit den löslichen gedüngt hätten und behaupten wollten, die letzteren, nämlich die Ammoniaksalze des Guano hätten allein die hohen Mehrerträge hervorgebracht, und daß diese eher im Verhältniß zu den Ammoniaksalzen als zu den unverbrennlichen Bestandtheilen des Guano gestanden hätten, so würden wir Grund haben zu glauben, daß dieselben eine Täuschung beabsichtigt hätten, denn in der Wirklichkeit hatten sie das Feld nicht mit den Ammoniaksalzen allein, sondern mit allen Bestandtheilen des Guano gedüngt.

Was hier in Beziehung auf den Guano gesagt ist, welcher, wie früher erwähnt, gleich einem Gemenge von Superphosphat, Kali und Ammoniaksalzen wirkt, läßt sich wörtlich auf die Versuche von Lawes und Gilbert anwenden.

Sie düngten ihr Feld im ersten Jahre mit einer Quantität von löslicher Phosphorsäure, Kalk und Kali, welche sehr nahe der Menge dieser Stoffe, in 1750 Pfd. Guano, entspricht, und in den darauf folgenden Jahren fügten sie die Ammoniaksalzen hinzu. Die Ackerkrume des Feldes selbst war durch vorhergegangene Culturen offenbar an Stickstoffnahrung erschöpft, und man hätte sich unter diesen Umständen nur darüber wundern können, wenn die Nährstoffe, die im Guano wirken, ohne Ammoniak einen ebenso hohen Ertrag geliefert hätten als mit Ammoniak.

Diese Versuche sind für die Geschichte der Landwirthschaft bemerkenswerth, denn sie zeigen, was man den Landwirthen zu einer Zeit bieten konnte, wo der Mangel am Verständniß richtiger Principien die wissenschaftliche Kritik noch nicht aufkommen ließ.

In Beziehung auf die Fragen über die Bedeutung des Ammoniaks und der Ammoniaksalze wurden in den Jahren 1857 und 1858, von Seiten des Generalcomité's des landwirthschaftlichen Vereins in Bayern, eine Reihe vergleichender Versuche in der Gemarkung Bogenhausen über die Wirkung

des Guanos und verschiedener Ammoniaksalze von gleichem
Stickstoffgehalte angestellt, deren Ergebnisse entscheidend sind.

In diesen Versuchen wurde von 18 Stücken, jedes von
1914 □Fuß Fläche, eines völlig ausgetragenen Feldes (Lehmboden), welches in gewöhnlicher Stallmistdüngung Roggen, dann
zweimal Hafer getragen hatte, vier Stücke mit Ammoniaksalzen
und ein Stück mit Guano gedüngt; ein Stück blieb ungedüngt.

Als Ausgangspunkt zur Ermittelung der Menge der anzu-
wendenden Düngmittel wurde angenommen, daß 336 Pfd. Guano
pr. bayer. Tagwerk (400 Pfd. pr. Acre engl.) einer vollen Stallmistdüngung entsprechen, wonach auf die erwähnte Fläche 20 Pfd.
Guano sich berechnen.

Die gewählte Sorte guten peruvianischen Guanos wurde
vorher analysirt und in 100 Theilen eine Menge Stickstoff darin
ermittelt, welche 15,39 Ammoniak entsprach; in der Regel ist
nur die Hälfte des Stickstoffes im Guano als Ammoniak und
die andere als Harnsäure, Guanin ꝛc. darin zugegen, von deren
Wirksamkeit auf den Pflanzenwuchs man, wie bereits erwähnt,
soviel wie Nichts weiß. Man nahm aber an, daß der Stickstoff
in diesen anderen Stoffen ebenso wirksam sei, als der im Ammoniak und berechnete darnach das Quantum der verschiedenen Ammoniaksalze, welche ebenfalls vorher analysirt waren, um über
ihren Ammoniakgehalt vollkommene Gewißheit zu erlangen. Für
die obigen 20 Pfd. Guano berechnen sich hiernach 1719 Gramm
Ammoniak, und ein jedes der anderen vier Stücke empfing in dem
zur Düngung angewendeten Ammoniaksalz genau dieselbe Menge
Ammoniak.

Es ist klar, daß wenn durch den Guano ein Mehrertrag
erhalten wurde und dieser bedingt oder abhängig war von seinem Stickstoffgehalte, so mußte nothwendig ein jedes der vier anderen Stücke, da sie dieselbe Stickstoffmenge empfangen

hatten, sich genau so verhalten, wie wenn sie ebenfalls mit 20 Pfd. desselben Guanos gedüngt worden wären. Die Resultate waren folgende:

Vergleichende Versuche in Bogenhausen mit Guano und Ammoniaksalze von gleichem Stickstoffgehalte:

Ernteertrag 1857

Gedüngt mit		Gerste	
		Korn	Stroh
5880 Gramm kohlensaurem Ammoniak . .		6335	16205 Gramm
4200 „ salpetersaurem „ . . .		8470	16730 „
6720 „ phosphorsaurem „ . . .		7280	17920 „
6720 „ schwefelsaurem „ . . .		6912	18287 „
Guano			
20 Pfd.		17200	33320 „
Ungedüngt		6825	18375 „

Obgleich jedes der vier Stücke die nämliche Menge Stickstoff empfangen hatte, so stimmte dennoch der Ertrag von keinem mit dem des anderen überein; im Ganzen war der Ertrag der mit Ammoniaksalzen gedüngten Stücke im Stroh und Korn zusammengenommen sehr wenig höher als der des ungedüngten Stückes; das mit Guano gedüngte Stück lieferte hingegen für die gleiche Stickstoffmenge $2\frac{1}{2}$mal mehr Korn und 80 Procent mehr Stroh als das Mittel der mit Ammoniaksalzen gedüngten Stücke.

Dieser Versuch wurde im darauf folgenden Jahre in derselben Gemarkung mit Winterweizen in gleicher Weise wiederholt. Das gewählte Feld war 6 Jahre vorher zuletzt mit Stallmist gedüngt worden, trug Winterroggen, dann Klee, und hierauf 3 Jahre Hafer. Die Haferstoppeln wurden umgebrochen, dann noch zweimal gepflügt, und am 12. September 1857 gesät und untergeeggt an einem Tage; sogleich nach der Saat fiel ein milder Gewitterregen.

Das Feld war in 17 gleiche Parzellen, jebe zu 1900 ☐ Fuß, eingetheilt, jebe Parzelle burch Furchen von ber anberen getrennt, jebe befonbers gefäet unb eingeeggt. Die Guanomenge betrug 18,8 Pfb., unb es wurde nach feinem Stickstoffgehalte bie Menge ber angewenbeten Ammoniaksalze berechnet, fo zwar, baß, wie im vorhergehenben Verfuch, ein jebes Stück eine ganz gleiche Menge empfing. Die Refultate waren folgenbe:

Verfuch in Bogenhaufen:

Ernteertrag 1858   Winterweizen

	Korn	Stroh
Gebüngt:		
mit Guano lieferte	32986	79160 Gr.
„ schwefelfaurem Ammoniak (11,8 Pfunb) . . .	19600	41440 „
„ phosphorfaurem Ammoniak (11,9 Pfunb) . .	21520	38940 „
„ kohlenfaurem Ammoniak (10,6 Pfunb) . . .	25040	57860 „
„ falpeterfaurem Ammoniak (7,1 Pfunb) . . .	27090	65100 „
Ungebüngt	18100	32986 „

Diefe Verfuche beweifen auf eine evibente Weife bie Irrigkeit ber Anficht, welche bie Wirkung eines höchft wirkfamen ftickftoffreichen Düngmittels bem barin vorhanbenen Stickftoff vorzugsweife zufchreibt. An ber Wirkung biefer Düngmittel hat ber Stickftoff Antheil, fie fteht aber nicht im Verhältniß zu feinem Stickftoffgehalt.

Wenn bas Ammoniak ober bie Ammoniaksalze bie Erträge eines Felbes erhöhen, fo hängt ihre Wirkung von ber Befchaffenheit bes Bobens ab.

Was hier unter ber Befchaffenheit bes Bobens gemeint ift, verfteht Jebermann; bas Ammoniak kann im Boben kein Kali, keine Phosphorfäure, keine Kiefelfäure, keinen Kalk erzeugen, unb wenn biefe Stoffe, welche zur Entwickelung einer Weizenpflanze unentbehrlich finb, im Boben fehlen, fo wirb bas Ammoniak fchlechterbings keine Wirkung hervorbringen können, unb wenn in Schattenmann's, fowie in ben er

wähnten Bogenhäuser Versuchen die Ammoniaksalze keine Wirkung hatten, so beruhte dies nicht darauf, daß sie an sich nicht
wirkungsfähig waren, sondern sie waren nicht wirksam, weil es
an den Bedingungen ihrer Wirksamkeit gefehlt hat. Lawes
und Gilbert setzten diese Bedingungen ihrem Felde zu und
machten sie in dieser Weise wirksam.

Die Resultate Kuhlmann's über die Wirkung der Ammoniaksalze auf Wiesen sind ganz ähnlich; er düngte ein Stück
Wiese mit schwefelsaurem Ammoniak, und erhielt einen Mehrertrag an Heu über das ungedüngte Stück, weil eine gewisse
Menge Phosphorsäure, Kali u. s. w. wirksam wurden, die es
ohne die Mitwirkung des Ammoniaksalzes nicht gewesen wären,
und als er dem Ammoniaksalz noch phosphorsauren Kalk zu-
setzte, so wurde dessen Wirksamkeit in außerordentlichem Grade
größer, er erhielt:

Ertrag pro Hectare an Heu 1841.

Durch Düngung mit		Ueber das ungedüngte
1) 250 Kilogr. schwefelsaurem Ammoniak . . 5564 Kilogr.		1744 Kilogr.
2) 333 „ Salmiak mit phosphorsaurem Kalk 9906	„	6086 „
3) Ungedüngtes Stück 3820	„	— „

Durch das schwefelsaure Ammoniak allein erhielt Kuhlmann hiernach etwas über die Hälfte mehr Heu, als das
ungedüngte Stück lieferte, durch die Beigabe von phosphorsaurem Kalk beinah dreimal so viel.

Die Anhänger der Ansicht über die vorzugsweise Wichtigkeit des Stickstoffs des Düngers für den Feldbau hatten sich
eine ähnliche Vorstellung über den Grund der Fruchtbarkeit der
Felder gebildet.

Wenn in der That die Wirkung eines Düngmittels auf
ein Feld bedingt war von einer Bereicherung des Feldes an

Stickstoff, so konnte der Grund der Erschöpfung nur auf einer Verarmung an Stickstoff beruhen, und das Düngmittel stelle die Ertragfähigkeit wieder her, wenn dem Felde der in der Ernte entzogene Stickstoff wieder ersetzt wurde. Die ungleiche Fruchtbarkeit der Felder mußte hiernach abhängig sein von einem ungleichen Gehalt an Stickstoff; das daran reichere müßte fruchtbarer sein als das daran arme.

Auch diese Ansicht kam zu einem kläglichen Ende, denn was für die Düngstoffe nicht wahr war, konnte unmöglich wahr für ein Feld sein.

Jeder, welcher mit der chemischen Analyse bekannt ist, weiß, daß unter den Bestandtheilen des Bodens keiner mit größerer Genauigkeit annähernd bestimmt werden kann, als der Stickstoff, und so wurde denn nach der gewöhnlichen Methode der Stickstoff in einem ausgetragenen Boden in Weihenstephan und Bogenhausen bestimmt und auf 10 Zoll Tiefe berechnet:

Das Feld enthielt pro Hectare:

Bogenhausen　　　Weihenstephan
Kilogr. 5145 — 5801 Stickstoff.

Auf den beiden Feldern wurde 1857 Sommergerste gebaut und folgende Erträge erhalten pro Hectare:

	Bogenhausen	Weihenstephan
Korn	413	1604
Stroh	1115	2580
	1528	4184

(Kilogr.)

Bei einem nahe gleichen Stickstoffgehalte lieferte demnach das Weihenstephaner Feld beinahe viermal soviel Korn und mehr wie doppelt soviel Stroh als das Bogenhäuser.

Diese Versuche wurden 1858 in Weihenstephan mit Winterweizen, in Schleißheim mit Winterroggen wiederholt und ergaben:

Stickstoffgehalt auf 10 Zoll Tiefe pro Hectare

	des Schleißheimer	Weihenstephaner Feldes
Kilogr.	2787	5801

	Schleißheim	Weihenstephan
	Korn 115	1699
Kilogr.	Stroh 282,6	3030
	397,6	4729

Der Stickstoffgehalt des Schleißheimer Feldes verhielt sich zu dem des Weihenstephaner wie 1 : 2, die Erträge hingegen wie 1 : 14.

Von einer Beziehung des Stickstoffgehaltes des Bodens zu seinem Ertragvermögen kann nach diesen Thatsachen keine Rede sein; in der Wirklichkeit hegt auch Niemand diese Meinung mehr, denn seit Kroker's Versuchen im Jahre 1846, welcher durch die Bestimmung des Stickstoffes in 22 Bodenarten aus verschiedenen Gegenden gefunden hatte, daß selbst ein unfruchtbarer Sand über hundertmal, andere Ackererden bis zu einer Tiefe von 10 Zoll fünfhundert bis tausendmal mehr Stickstoff enthalten, als eine volle Ernte nöthig hat, sind ähnliche Untersuchungen in allen Ländern gemacht worden, welche die Ergebnisse von Kroker bestätigen.

Es ist seitdem eine ganz allgemein anerkannte Thatsache, daß die große Mehrzahl der cultivirten Felder bei weitem reicher an Stickstoff als an Phosphorsäure sind, und daß der relative Stickstoffgehalt, den man als Maßstab zur Messung des Düngerwerthes gewählt hatte, völlig unanwendbar war für die Beurtheilung der Ertragfähigkeit der Felder.

Zwischen der chemischen Analyse der Düngersorten und des Bodens erhob sich damit ein unlösbarer Widerspruch; in dem chemischen Laboratorium konnte der Wirkungswerth des Düngmittels in Procenten des Stickstoffgehaltes genau bestimmt werden, hatte aber der Landwirth seinen Dünger dem Boden einverleibt, so verlor die Bestimmung des Procentgehaltes des Bodens an Stickstoff in Beziehung auf die Beurtheilung seines Ertragvermögens alle Gültigkeit.

Anstatt, daß dieses unverständliche Verhalten Zweifel gegen die Ansicht über die vorzugsweise Wirkung des Stickstoffs hätte erwecken sollen, für welche man, wie bereits bemerkt, nicht den allergeringsten thatsächlichen Beweis hatte, hielten die Vertheidiger dieser Ansicht daran fest und suchten das Verhalten des Bodens durch neue und noch seltsamere Erfindungen zu erklären. Man hatte wahrgenommen, daß ein sehr kleiner Bruchtheil von der im Boden vorhandenen Menge Stickstoff, in der Form von Guano, Stallmist oder Chilisalpeter, die Erträge der Felder wirklich steigerte, während die Wirkung anderer Düngmittel, welche den Stickstoff nicht in der Form von Ammoniak oder Salpetersäure enthielten, der Zeit nach sehr ungleich war, und wie Hornspäne, wollene Lumpen, sehr langsam wirkten; dies führte zu der Annahme, daß der Stickstoff auch in der Ackererde seiner Natur nach ebenso verschieden wie in den Düngmitteln sei; ein Theil sei in der Form von Ammoniak oder Salpetersäure darin enthalten, und dieser sei der eigentlich wirkungsfähige, ein anderer hingegen, in einer besonderen Form, über die man sich keine Rechenschaft gab, wirke gar nicht.

Die Ertragfähigkeit eines Feldes stehe also nicht im Verhältniß zu seinem ganzen Stickstoffgehalte, sondern er könne nur gemessen werden durch seinen Gehalt an Salpetersäure und Ammoniak. Da die Anhänger der Ansicht über die Wirksam-

keit des Stickstoffs sich daran gewöhnt hatten, von jedem Beweis für die Wahrheit desselben Umgang zu nehmen, so wurde
natürlich auch auf den thatsächlichen Beweis für diese Erweiterung derselben verzichtet. Man glaubte denselben auf folgende
Weise führen zu können:

Wenn der Ertrag eines Feldes an Stickstoff im Korn und
Stroh, sechs, vier, drei oder zwei Procent der ganzen Stickstoffmenge im Boden ausmachte, so war der Grund der, weil
das Feld sechs, vier, drei oder zwei Procent wirksamen Stickstoff enthalten habe, die übrigen 94, 96, 97 oder 98 Procent
Stickstoff waren unwirksamer Stickstoff.

Den Grund der Wirkung (den wirksamen Stickstoffgehalt)
erschloß man mithin aus der Wirkung (dem Stickstoffgehalt der
Erträge); wäre von der ganzen Menge Stickstoff mehr wirksam gewesen, so hätte man höhere Erträge erhalten, erhielt
man niedere Erträge, so war es, weil es an wirksamen Stickstoff gefehlt hatte. Führte man in dem Guano oder Stallmist mehr wirksamen Stickstoff zu, so wurden die Erträge gesteigert.

Mit dem neuen Maßstabe für die Beurtheilung der Ertragsfähigkeit des Bodens hatte man den früheren für den
Düngerwerth thatsächlich aufgegeben, denn wenn man nur der
Salpetersäure und dem Ammoniak im Boden eine Wirksamkeit zuerkannte, und allen anderen Stickstoffverbindungen nicht,
so war es offenbar nicht zulässig, die Stickstoffverbindungen
der Dünger, die kein Ammoniak und keine Salpetersäure
waren, mit diesen beiden Nährstoffen in eine Reihe zu stellen.

In der Werthreihe der Dünger nahmen aber getrocknetes
Blut, Hornspäne, Leim, die stickstoffhaltigen Bestandtheile des
Repskuchenmehles, lauter Materien, die weder Salpetersäure
noch Ammoniak enthalten, einen hohen Rang ein. Die gün-

stige Wirkung dieser Düngmittel war in der Mehrzahl der
Fälle unbezweifelbar, aber durch die Analyse bestimmbar war
sie nicht. Von zwei Feldern, wovon das eine mit Repskuchenmehl gedüngt worden ist, das andere nicht, liefert das erstere
einen höheren Korn- oder Rübenertrag als das andere, ohne
daß man im Stande ist, darin mehr Ammoniak als in dem
anderen nachzuweisen. Man hatte zwar angenommen, daß
die Stickstoffverbindungen in diesen Düngmitteln, das Albumin
des Blutes, des Repskuchenmehles, des Leims, nach und nach
in Ammoniak übergehen und darum wirken, aber man setzte
als selbstverständlich voraus, daß die im Boden vorhandenen
sogenannten unwirksamen Stickstoffverbindungen nicht die Fähigkeit besitzen, Ammoniak zu liefern, oder sich zu Salpetersäure zu
oxydiren.

Man wußte zwar, daß in zwei Feldern, von denen das
eine viel mehr Kalk als das andere enthält, das kalkreichere
darum häufig nicht fruchtbarer ist für Klee; Niemand dachte
daran, anzunehmen, daß der Kalk in dem kalkreichen in zweierlei Zuständen enthalten sei, in einem wirksamen und unwirksamen, und daß der wirksame Theil des Kalkes den Unterschied in den Kleeerträgen bedingt habe.

Man wußte, daß von zwei Feldern, die man beide mit
demselben Knochenmehl düngt, das eine einen höheren Ertrag
häufig giebt als das andere, und Niemand dachte daran, anzunehmen, daß die Nichtwirkung des Knochenmehls auf dem
anderen Felde darauf beruht habe, weil es in einen Zustand
der Unwirksamkeit übergegangen sei.

Man wußte also, daß auf die Erträge eines Feldes der
Ueberschuß von keinem einzigen Nährstoff einen Einfluß ausübt, aber für den Stickstoff nahm man an müsse es sich anders verhalten; ein Ueberschuß müßte wirken, und wenn er

nicht wirkte, so war der Grund nicht im Felde, sondern in der Beschaffenheit und in der Natur der Stickstoffverbindungen gelegen.

Man erkennt hieraus, daß die Ansicht, welche dem Stickstoff die Hauptwirkung in dem Feldbau zuschrieb, zu einer beispiellosen Begriffsverwirrung und zu den leichtfertigsten und abgeschmacktesten Voraussetzungen führte. Keiner von den Anhängern derselben hatte sich die mindeste Mühe gegeben, eine der als unwirksam angesehenen Stickstoffverbindungen aus dem Boden darzustellen und ihre Eigenschaften zu studiren; man schrieb ihnen ein Verhalten zu, von dem man schlechterdings nichts wissen konnte, da man sie selbst nicht kannte.

Da die Anhänger dieser Ansicht über die Natur der im Boden vorhandenen Stickstoffverbindungen nichts zu sagen wußten, so wollen sie uns glauben machen, daß man überhaupt davon nichts wisse, allein für Jeden, der einige Kenntniß der Chemie besitzt, besteht über den Ursprung des Stickstoffs in der Ackererde nicht die geringste Ungewißheit oder Unklarheit. Der Stickstoff in der Ackererde stammt entweder aus der Luft, welche denselben der Erde im Regen oder Thau zuführt, oder von organischen Stoffen, von Pflanzentheilen, die sich in Folge einer Reihe von absterbenden Pflanzengenerationen darin anhäufen, oder von Thierüberresten, welche die Erde enthält, oder welche der Mensch in der Form von Excrementen derselben einverleibt hat. Die Excremente der Thiere und Menschen, die Leichen der Thiere in der Erde, der Menschen in den Särgen verschwinden nach einer Reihe von Jahren bis auf ihre unverbrennlichen Bestandtheile; der Stickstoff dieser Bestandtheile wird zu gasförmigem Ammoniak, welches sich in der umgebenden Erde verbreitet. Unzählige Lager von Ueberresten untergegangener Thierorganismen von der größten Ausdehnung, von Thierüberresten, welche Gebirgslager bilden, oder in Gebirgsarten eingebettet sich vorfinden, beurkunden die außerordentliche Verbreitung des organischen Lebens in früheren Perioden der Erde, und es sind die in Ammoniak und Salpeterfäure übergegangenen stick= stoffhaltigen Bestandtheile dieser Thierleiber, welche heute noch in dem Haushalte der Pflanzen= und Thierwelt eine thätige Rolle spielen.

Wenn in dieser Beziehung der mindeste Zweifel bestände, so würde dieser durch die Untersuchungen von Schmid und Pierre als vollkommen beseitigt angesehen werden müssen (Compt. rend. T. XLIX p. 711—715).

Schmid untersuchte (f. Peters Akad. Bull. VIII. 161) mehrere Proben ruffischer Schwarzerde (Tscherno-sem) aus dem Gouvernement Orel, darunter drei von demselben Felde, dessen Boden er als „jungfräulichen" bezeichnet, von dem man also annehmen kann, daß er niemals landwirthschaftlich bebaut worden ist; der Stickstoffgehalt desselben betrug:

Stickstoffgehalt des Tscherno-sem

unter dem Rasen . . . . 0,99 Procent Stickstoff
4 Werschok tiefer . . . . 0,45 „ „
über dem Untergrunde . . 0,33 „ „

Nimmt man das Gewicht des Kubikdecimeters dieser Erde zu 1100 Gramm an, so enthielt der Boden, auf die Fläche eines Hectars berechnet,

auf 1 Decimeter Tiefe . . 10890 Kilogr. Stickstoff
1 „ tiefer . . 4950 „ „
1 „ tiefer . . 3630 „ „ .

30 Centimeter tief 19470 Kilogr. Stickstoff.

Pierre fand bei seiner Untersuchung eines Bodens in der Nähe von Caen einen Gehalt von 19620 Kilogramm Stick=

stoff in einer Hectare in folgender Weise auf einen Meter tief vertheilt:

In der ersten Schicht von 25 Cent. Tiefe enthielt der Boden 8360 Kilogr.

„	„	zweiten	„	„	25—50	„	„	„	„	„ 4959 „
„	„	dritten	„	„	50—75	„	„	„	„	„ 3479 „
„	„	vierten	„	„	75—100	„	„	„	„	„ 2816 „

19614 Kilogr.

Die obersten Schichten oder die eigentliche Ackerkrume (etwa 10 Zoll tief) waren also nach beiden Untersuchungen am reichsten an Stickstoff, in den tieferen Schichten nahm der Gehalt desselben ab.

Eine solche Beschaffenheit beweist auf die unzweideutigste Weise den Ursprung des Stickstoffs in der Ackererde.

Wenn die obersten Schichten des Bodens, denen durch die Cultur unaufhörlich Stickstoff entzogen worden ist, mehr Stickstoff als die tieferen enthalten, so folgt daraus von selbst, daß der Stickstoff von Außen her gekommen ist.

Die Analyse der verschiedensten Bodenarten in verschiedenen Ländern und Gegenden zeigen, daß es kaum einen fruchtbaren Weizenboden gibt, der nicht mindestens 5 bis 6000 Kilogramm Stickstoff pro Hectare Feld auf 25 Centimeter Tiefe enthielt und die einfachste Vergleichung der Stickstoffmenge im Boden mit der in den geernteten Früchten hinweggenommenen zeigte, daß diese nur einen sehr kleinen Bruchtheil davon ausmachte, und daß er eher an allen anderen Nährstoffen als an Stickstoff erschöpfbar ist.

Die Versuche von Mayer (Ergebniß landwirthschaftlicher und agriculturchemischer Versuche. München. 1. Heft, S. 129) zeigen, daß das Verhalten der Ackererde gegen Alkalien in wässeriger Lösung keinen Aufschluß giebt über die Natur der darin enthaltenen Stickstoffverbindungen; man hatte angenom-

21*

men, daß aller Stickstoff, der in der Erde in der Form von Ammoniak enthalten sei, durch Destillation mit ätzenden Alkalien abscheidbar sein müßte, und daß der nicht abgeschiedene Theil des Stickstoffs kein Ammoniak sein könne. Mayer bewies die Unrichtigkeit dieser Annahme; er fand zuerst, daß manche an humosen Bestandtheilen reiche Erden beim vierstündigen Sieben, was man einem vierstündigen Auslaugen mit siedendem Wasser gleich setzen kann, eine sehr beträchtliche Menge Ammoniak zurückhalten; die zu diesen Versuchen dienenden Erden waren 1. Baumerde aus einem hohlen Baumstamme, 2. an organischen Gemengtheilen reiche Gartenerde aus dem botanischen Garten, 3. strenger Thonboden aus Bogenhausen.

1 Million Milligramm (1 Kilogramm) hielten zurück:

In der Siedhitze . . . 1) Baumerde — 2) Gartenerde — 3) Thonboden

Milligramm Ammoniak . . 7308   4538   1576

Wenn man eine Ackererde mit einer schwachen Lösung von reinem Ammoniak, oder durch Stehenlassen in einem Raume mit Ammoniakgas oder über kohlensaurem Ammoniak mit diesem Körper sättigt, sodann trocknet und 14 Tage trocken in dünnen Schichten an der Luft liegen läßt, so entweicht alles in der Erde nicht festgebundene Ammoniak, was sich übrigens auch durch fortgesetztes Auswaschen mit kaltem Wasser entziehen läßt. Wenn man nun solche gesättigte Erden, deren Ammoniakgehalt man genau ermittelt hat und kennt, mit Natronlauge der Destillation bei Siedhitze aussetzt, so zeigt sich, daß ein sehr beträchtlicher Theil des absorbirten Ammoniaks auf diesem Wege nicht abscheidbar ist. In dem Folgenden drücken A die Ammoniakmengen aus, welche von verschiedenen Erden bei gewöhnlicher Temperatur absorbirt wurden, B die Ammoniakmengen, welche eben diese Erden nach 12= bis 15stündiger

Einwirkung von Natronlauge im Wasserbade zurückgehalten haben.

1 Million Milligramm Erde

	aus Havanna —	Schleißheim —	Bogenhausen —	Thonboden
A. Ammoniak . .	5520	3900	3240	2600
B. „ . .	920	970	990	470

Das Vermögen, von dem absorbirten Ammoniak un-
ter diesen Verhältnissen eine gewisse Menge zurückzuhalten, ist,
wie man sieht, sehr ungleich, die Havannaerde (ein magerer
Kalkboden) hielt den sechsten, der Schleißheimer Boden den
vierten, die Bogenhäuser Erde beinahe den dritten Theil des
absorbirten Ammoniaks zurück *).

Es erklärt sich hieraus, warum man aus einer mit Ammoniak gesättigten Ackererde nur einen Theil beim mehrstün-
digen Erhitzen mit Natronlauge wiederbekommt, und es ist
mehr vielleicht die lange Einwirkung des Wassers bei höherer
Temperatur, als die chemische Anziehung des Natrons, welche
das gebundene Ammoniak allmälig in Gasform abscheidet. Bei

---

*) Dieses besondere Verhalten kann nicht in Verwunderung setzen, denn
es beweist nur, daß das Ammoniak in der Erde zum Theil in einer
ganz anderen Form als in der eines Salzes enthalten sei. Die
Ammoniaksalze sind Ammoniumverbindungen, welche durch Alkalien,
alkalische Erden und Metalloxyde mit größter Leichtigkeit zersetzt
werden, indem das Alkali an die Stelle des Ammoniumoxydes tritt,
oder das Ammonium von einem andern Metalle vertreten wird; wir
haben aber keinen Grund zu glauben, daß das durch eine physikalische Anziehung in der porösen Ackerkrume gebundene Ammoniak seinen
Platz einem andern Körper überläßt und durch diesen abscheidbar ist,
der nicht eine stärkere Anziehung dazu hat.

Der kohlensaure Kalk übt auf schwefelsaures Ammoniak in der
Kälte kaum eine Wirkung aus, allein in einer Ackererde, welche
kohlensauren Kalk enthält, wird das Ammoniaksalz vollständig zersetzt, es tritt Kalk an die Stelle des Ammoniaks, aber dieses wird
nicht frei, sondern geht eine weitere Verbindung ein, auf welche der
Kalk keine Wirkung ausübt.

dieser Operation tritt in der That keine Grenze ein, wo die Ammoniakentwickelung aufhört, selbst nach 25 Stunden anhaltender Erhitzung im Wasserbade reagirt die übergehende Flüssigkeit noch alkalisch.

Die obigen Ackererden im natürlichen Zustande verhalten sich gegen siedende Natronlauge genau so, wie wenn sie theilweise mit Ammoniak gesättigt wären. In dem Folgenden drücken A die ganzen Stickstoffmengen in Ammoniak aus, welche durch Glühen mit Natronkalk aus verschiedenen Erden erhalten wurden, B die Ammoniakmengen, welche durch 12- bis 25-stündiges Erhitzen mit Natronlauge daraus abscheidbar waren.

1 Million Milligramm Erde

	Havanna	Schleißheim	Bogenhausen	Thenboden
A	2640	4880	4060	2850 Milligramm
B	510	1270	850	830 „

Diese Zahlen führen zu einigen interessanten Betrachtungen, sie zeigen unter anderen, daß der dritte, vierte oder fünfte Theil alles im Boden enthaltenen Stickstoffs in der Form von Ammoniak abscheidbar ist, auch bei dieser Behandlung reagirt nach 25stündigem Destilliren mit Natronlauge das übergehende immer noch alkalisch.

Da man nun aus einer mit Ammoniak gesättigten Erde ein Drittel, ein Viertel oder ein Sechstel von dem zugeführten absorbirten Ammoniak nach fünf- bis sechsstündigem Erhitzen mit Natronlauge zurückbehält und nicht behauptet werden kann, daß der zurückgebliebene Theil seine Natur verändert habe und kein Ammoniak mehr sei, so läßt sich offenbar aus dem Verhalten der Erde im natürlichen Zustande unter denselben Umständen nicht schließen, daß der Stickstoff, den man durch Destillation nicht als Ammoniak erhält, darum nicht als Ammoniak in der Erde enthalten sei.

Wenn auch die oben beſchriebenen Verſuche den Beweis nicht in ſich einſchließen, daß aller Stickſtoff im Boden die Form von Ammoniak beſitze (ein Theil iſt ohnedies meiſt als Salpeterſäure darin enthalten), ſo giebt es demungeachtet keinen Gegenbeweis, daß er nicht als Ammoniak darin zugegen ſei.

Für die Erörterung der Frage um die es ſich hier handelt, kommt es auf dieſen Beweis im ſtrengſten Sinne nicht an, ſondern es genügt hier darzuthun, daß das Verhalten des Bodens in Beziehung auf ſeinen Stickſtoffgehalt ganz daſſelbe iſt wie das des Stallbüngers. Nur ein kleiner Theil des Stickſtoffes im Stallbünger läßt ſich durch Deſtillation mit Alkalien abſcheiben, bei weitem der größte Theil kann nur durch zerſetzende Einflüſſe daraus abgeſchieden werden.

Nach Völker's Analyſe enthalten 800 Centner friſcher Stallbünger:

	1854, November.	1855, April.
Stickſtoff	514 Pfunde	712 Pfunde
Ammoniak {frei . . . . 27,2}{in Salzen 70,4}	97,6 ⸗	74,4 ⸗

Vergleichen wir damit den Gehalt der Schleißheimer und Bogenhäuſer Erde an abſcheibbarem Ammoniak und an Stickſtoff im Ganzen, ſo haben wir:

800 Centner Ackererde enthalten

	Schleißheim	Bogenhauſen
Stickſtoff	321,6 Pfunde	267,2 Pfunde
worin abſcheibbar Ammoniak	101,6 ⸗	68,0 ⸗

Man ſieht wohl ein, daß wenn zwei an Stickſtoff nicht beſonders reiche Erden eben ſo viel Ammoniak als das gleiche Gewicht Stallbünger enthalten, ſo iſt, wenn man die Wirkſamkeit des Stallmiſtes ſeinem Ammoniakgehalte allein zuſchreiben

will, die Unfruchtbarkeit des Schleißheimer Feldes völlig uner-
klärbar.

Wir nehmen an, daß die ganze Stickstoffmenge im Stalldünger einen bestimmten Antheil an seiner Wirkung hat, und
da die stickstoffhaltigen Bestandtheile in der Ackererde ihrem
Ursprunge nach identisch mit den Materien sind, welche Bestandtheile der Düngstoffe ausmachen, so ist es unmöglich, den
ersteren eine Wirkung zuzuschreiben, die den anderen nicht
ebenfalls zukommt.

Thatsache ist, daß die Stickstoffverbindungen im Boden
häufig auf die Erträge keine erhöhende Wirkung äußern, während die in den Düngstoffen unbezweifelbar günstig darauf einwirken; es müssen hiernach die Wirkungen der Stickstoffverbindungen im Dünger durch Ursachen bedingt gewesen sein, die
in der Erde fehlten, und es ist klar, daß den Stickstoffverbindungen im Boden die nämliche Wirksamkeit gegeben werden
kann, wenn der Landwirth dafür Sorge trägt, die Ursachen
einwirken zu lassen, welche die günstige Wirkung in den Düngstoffen bedingt haben.

Betrachten wir z. B. die Erträge, welche die beiden, Seite
153 und 156 erwähnten, Schleißheimer Felder im ungedüngten
Zustande geliefert haben, und vergleichen wir sie mit der darin
enthaltenen Stickstoffmenge, so ergibt sich:

Gehalt an Stickstoff pro Hectare
auf 10 Zoll Tiefe: Ertrag:

			Korn	Stroh
im Felde I (S. 156)	1858	2787 Kil.	115 Kil.	282 Kil.
im Felde II (S. 153)	1857	4752 „	644 „	1656 „

Der Anhänger der Ansicht, daß der Stickstoff im Felde die
Erträge bedinge, würde die Resultate dieser beiden Versuche etwa
in folgender Weise beurtheilen:

der Stickstoffgehalt beider Felder verhält sich wie 100 : 160,
die Erträge an Korn wie . . . . 100 : 560.

Wenn die Erträge im Verhältniß stehen zu der wirksamen
Stickstoffmenge im Boden, so ergibt sich, daß der Boden des
Feldes II nicht nur im Ganzen, sondern auch im Verhältniß
mehr wirksamen Stickstoff enthalten habe als das Feld I. Wenn
der Kornertrag im Felde I = 115 Kil. dem Bruchtheil an
wirksamen Stickstoff von der Stickstoffquantität = 2787 Kil.
entsprach, so würde das Feld II, wenn das relative Verhältniß
von wirksamen und unwirksamen Stickstoff darin dasselbe gewesen
wäre wie im Felde I, 257 Kil. Korn haben liefern müssen
(2787 Kil. Stickstoff : 115 Kil. Korn = 4752 Kil. Stickstoff : 257 Kil. Korn); das Feld II lieferte aber zwei und ein
halbmal mehr Korn und die Menge des wirksamen Stickstoffes
im Felde II war demnach in eben dem Verhältnisse größer.

Dieser an sich sehr einfachen Erklärung steht aber die Thatsache entgegen, daß diese beiden Felder in den nämlichen Jahren
mit Kalksuperphosphat (aus Phosphorit dargestellt) gedüngt
(s. Seite 156 und 153), folgende Erträge lieferten:

	Ertrag pro Hectare	
	Korn	Stroh
1858 das Feld I gedüngt mit Kalksuperphosphat	654 Kil.	1311 Kil.
1857 „ II „ „ „	1301 „	3513 „

Durch Zufuhr von drei Nährstoffen, Schwefelsäure, Phosphorsäure und Kalk, ohne irgend einer Vermehrung der Stickstoffmenge im Boden, wurde demnach auf dem Felde I mit einem Gehalte von 2787 Kil. Stickstoff eben so viel Korn geerntet als auf
dem Felde II mit 4752 Kil. Stickstoff. Es war demnach in dem
ersteren eben so viel wirksamer Stickstoff als in dem anderen,
allein es fehlte in diesem Felde an gewissen anderen Stoffen,
welche unumgänglich nothwendig waren, um eine Wirkung her-

vorzubringen; seine Wirkungsfähigkeit zeigte sich erst, als diese dem Felde gegeben wurden. In gleicher Weise zeigte der günstige Einfluß des Superphosphates auf das Feld II, daß der Ertrag dieses ungedüngten Stückes seinem Gehalte an wirksamen Stickstoff gleichfalls nicht entsprach, insofern dieser durch die Zufuhr dieses Düngmittels ebenfalls um mehr als das Doppelte stieg. Und als man dem Superphosphat auf dem Felde I noch 137 Kil. Kochsalz und 755 Kil. schwefelsaures Natron beigab, so zeigte sich eine neue Steigerung, d. h. es wurden jetzt 700 Kil. Korn und 1550 Kil. Stroh, eine noch größere Quantität von scheinbar wirkungslosem Stickstoff, wirkungsfähig gemacht.

Der verständige Landwirth, welcher über Fragen dieser Art nachdenkt, wird von selbst darauf geführt werden, daß zwischen den Erfahrungen der Praxis oder die er selbst gemacht hat und den Ansichten der Schule, die sie zu erklären sucht, ein wesentlicher Unterschied bestehen kann. Wenn die Praxis sagt, daß Stallbünger, Guano, Knochenmehl in diesen oder jenen Fällen die Erträge wiederhergestellt oder erhöht haben, so kann niemand behaupten, daß diese Thatsachen nicht wahr, unzuverlässig oder unsicher seien; die Wahrnehmungen des praktischen Mannes gehen aber über diese Thatsachen nicht hinaus, er hat nicht beobachtet, daß das Ammoniak im Stallbünger den hohen Ertrag hervorgebracht habe, oder das Ammoniak im Guano oder der Stickstoff in dem salpetersauren Natron, dies alles ist ihm glauben gemacht worden durch Personen, die es selbst nicht wußten.

Gewiß ist es eine der auffallendsten Erscheinungen, der man in keinem Gewerbe und in keiner Industrie begegnet, daß der Landwirth in der großen Mehrzahl der Fälle Vorstellungen oder Ansichten hegt, für deren Wahrheit er keine Beweise hat, ja

daß ihm der Sinn für die Prüfung ihrer Richtigkeit völlig ab=
zugehen scheint; es ist ganz unverständlich, daß er Thatsachen,
die nicht von ihm selbst auf seinem Grund und Boden, sondern
in ganz anderen Gegenden beobachtet worden sind, eine Beweis=
kraft beilegt, die für sein Feld zum Mindesten zweifelhaft ist.

Wenn sich nur einer von tausend Landwirthen entschlossen
hätte, in den letzten 10 Jahren Versuche auf seinem eigenen
Felde mit Ammoniak oder mit Ammoniaksalzen zur Prüfung der
Ansicht anzustellen, ob denn wirklich dieser Düngstoff vorzugs=
weise vor jedem anderen nützlich zur Steigerung seiner Korn=
erträge sei, wie schnell und leicht wären alle anderen jetzt zu
einer ganz sichern Würdigung von dessen wahren Werth ge=
kommen.

Die einfachste Ueberlegung, daß keiner der Pflanzen=Nähr=
stoffe für sich eine Wirkung auf das Wachsthum einer Pflanze
ausübt und daß eine Anzahl anderer dabei sein müssen, wenn
er ernähren soll, hätte ihm die Ueberzeugung beibringen müssen,
daß es sich mit dem Stickstoff nicht anders verhalten und daß
der Werth eines Düngmittels nicht gemessen werden könne durch
seinen Stickstoffgehalt, denn dieß setzt voraus, daß demselben eine
Wirkung zukomme, die sich unter allen Verhältnissen
äußern müsse, und daß das Geld, was der Landwirth für
diesen Zukauf ausgibt, ihm jederzeit eine entsprechende Einnahme
verbürgt.

Wenn ihm nun sein gesunder Menschenverstand sagt, daß
eine solche Voraussetzung unmöglich ist und er nur seine Augen
zu öffnen hat, nur an unzähligen Thatsachen wahrzunehmen,
daß das Ammoniak keine Ausnahme macht von anderen Nähr=
stoffen, so wird er von selbst darauf kommen, daß die große
Masse Stickstoff in seinem Felde nicht wirkungsunfähig wegen
eines ihm eigenen Zustandes, welcher wissenschaftlich unerforsch=

bar und unerklärlich ist, sondern daß er wirkungslos ist, wie Phosphorsäure, Kali, Kalk, Bittererde, Kieselsäure, Eisen wirkungslos sind, wenn es an einer der Bedingungen ihrer Aufnahmsfähigkeit im Boden mangelt.

Die Ansicht, daß die weitaus größte Masse Stickstoff im Boden unfähig zur Pflanzenernährung sei, ist durch die Thatsache nicht beweisbar, daß die Erträge der Felder nicht im Verhältniß stehen zu deren Stickstoffgehalte; wäre dieß der Fall, so müßten alle Felder an allen anderen Bedingungen des Pflanzenwuchses gleich reich sein und allerorts die nämliche geologische und mechanische Beschaffenheit besitzen; diese Annahme ist aber unmöglich, denn es gibt auf der ganzen Erdoberfläche nicht zwei Gegenden, deren Felder in dieser Beziehung identisch sind.

Diese Ansicht muß nicht nur deshalb mit aller Strenge zurückgewiesen werden, weil sie falsch im Allgemeinen und niemals, auch nicht für einen einzelnen Fall, bewiesen ist, sondern noch viel mehr ihres schädlichen Einflusses wegen, den sie auf die Handlungsweise des Landwirthes ausübt; denn da sie in seinem Geiste die Vorstellung erweckt, daß es unmöglich sei, dem Stickstoffvorrathe in seinem Boden die fehlende Wirksamkeit zu geben, so wird er gar nicht daran denken können, auch nur zu versuchen, denselben wirksam zu machen. Von der Erfolglosigkeit, den Schatz, der in seinem Felde liegt, zu heben, im Voraus überzeugt, hebt er ihn nicht.

Wenn die genaue Beobachtung der Cultur im Großen, ganzer Länder und Welttheile seit Jahrhunderten und noch überdieß ganz sicher festgestellte Thatsachen es wahrscheinlich machen, daß eine Quelle der Stickstoffnahrung besteht, welche macht, daß ein Culturfeld jedes Jahr ohne Zuthun des Landwirthes einen Theil und in einer Rotation die ganze Menge von dem Stickstoff wieder empfängt, den man ihm in den Ernten genommen hat, daß es also an jedem der anderen Nährstoffe, so groß auch ihr Vorrath im Boden sein mag, erschöpfbar ist, weil sie nicht von selbst dem Boden wieder zufließen, aber niemals an Stick= stoff, so ist es doch gegen alle Regeln der Logik, in irgend einem gegebenen nicht näher untersuchten Falle die Erschöpfung eines Feldes vor allem Anderen einem Verluste an Stickstoff zuzu= schreiben!

Der handgreifliche Vortheil des Landwirthes, wenn es sein Verstand nicht thut, verlangt von ihm gebieterisch, so sollte man glauben, daß er mit allen seinen Kräften und Mitteln sich be= mühe, die Ueberzeugung von der Richtigkeit dieser Thatsache zu gewinnen und zu erfahren suche, wie viel Stickstoffnahrung ihm die Atmosphäre jährlich ersetzt. Denn wenn er weiß, auf wie viel er im Ganzen von dieser Quelle aus rechnen kann, so wird es ihm leicht sein, seinen Betrieb in der für ihn lohnendsten Weise einzurichten; führt ihm diese Quelle die ganze Quantität Stickstoff wieder zu, die er in seiner Rotation seinem Felde nimmt, so wird ihn dieß zum Nachdenken über die Mittel führen, die er anzuwenden hat, um mit dem Vorrathe, den er jährlich in seinem Stallmiste sammelt, seine ganze Wirthschaft im gedeih= lichsten Gange zu erhalten, ohne irgend eine Ausgabe für den Ankauf von Stickstoffnahrung für seine Pflanzen zu machen; erfährt er, daß die Atmosphäre seinen Feldern nur einen Theil von dem ersetzt, was er ihnen genommen hat, und weiß er mit Bestimmtheit, wieviel dieser Theil beträgt, so wird er, wenn er es vortheilhaft findet, das Fehlende mit bewußter Sparsamkeit zu ergänzen wissen, oder er wird seinen Betrieb so einrichten, daß seine Ausfuhr stets gedeckt durch die Zufuhr aus natür= lichen Quellen ist.

Alle Fortschritte in der Industrie haben einen bestimmten Werthmesser in dem Preis der Produkte, und kein verständiger

Mann wird die Aenderung eines Betriebsverfahrens eine Ver=
besserung nennen, wenn der Preis der Produkte die Kosten ihrer
Erzeugung nicht deckt. Wenn der Preis des Guanos eine gewisse
Grenze übersteigt, wenn der damit erzielte Ertrag nicht im rich=
tigen Verhältniß steht zur Ausgabe an Kapital und Arbeit, so
schließt dieß ganz von selbst dessen Anwendung aus.

Von diesem Gesichtspunkte aus hätte man in der Land=
wirthschaft längst zur Einsicht kommen können, daß die Frage
über die Nothwendigkeit der Zufuhr von Ammoniak zur Steige=
rung unserer Kornerträge zugleich die in sich einschließt, ob über=
haupt ein Fortschritt in dieser Beziehung im landwirthschaftlichen
Betriebe möglich ist oder nicht.

Es werden nur wenige Betrachtungen nöthig sein, um dem
denkenden Landwirth die Ueberzeugung beizubringen, die ich selbst
hege, daß nämlich, wenn die Vermehrung der Produktion abhängig
sein sollte von der Vermehrung der Stickstoffnahrung im Boden,
man von vornherein auf eine jede Verbesserung verzichten muß;
ich für meinen Theil glaube vielmehr, daß der Fortschritt nur
möglich und erzielbar ist durch die Beschränkung auf das Stick=
stoffkapital, welches der Landwirth auf seinem Grund und Boden
zu sammeln vermag, durch den möglichsten Ausschluß, mithin
von aller Stickstoffnahrung durch Zukauf.

Alle Versuche von Lawes in England haben durchschnitt=
lich ergeben, daß für ein Pfund Ammoniaksalz im
Dünger zwei Pfund Weizenkorn geerntet werden
können.

Dieses Resultat wurde, wie man wohl beachten muß, auf
einem Felde erhalten, von welchem ein Acre ohne alle Dün=
gung sieben Jahre nach einander 1125 Pfd. Korn und 1756 Pfd.
Stroh zu liefern vermochte, sodann daß alle mit Ammoniak=

salzen gedüngten Stücke Phosphate und kieselsaures Kali gleichfalls empfangen hatten *).

Durchschnittlich düngte Lawes seine Felder mit 3 Ctrn. Ammoniaksalzen, und er erntete damit die Hälfte mehr Korn, als das ungedüngte Stück geliefert hatte.

Wir wollen nun annehmen, daß der gewonnene Mehrertrag ausschließlich bedingt gewesen sei durch die Ammoniaksalze, wir wollen ferner voraussetzen, daß alle Felder unerschöpflich seien an Phosphorsäure, Kali, Kalk ꝛc., daß also die fortdauernde Anwendung der Ammoniaksalze keine Erschöpfung des Bodens nach sich ziehe, und berechnen, wie viel dem Gewicht nach das Königreich Sachsen etwa an Ammoniaksalzen nöthig hätte, um die Hälfte mehr Korn zu ernten, als die ungedüngten Felder liefern, so ergibt sich Folgendes: Das Königreich Sachsen umfaßte 1843 1,344,474 Acker (1 Acker = 1,368 engl. Acre) Ackerland (Weinberge, Gärten und Wiesen ausgeschlossen); nimmt man an, daß jeder Acker in zwei Jahren eine Kornernte liefern soll und zu dessen Düngung vier Centner Ammoniaksalz verwendet werden müssen, so würde das Königreich Sachsen jährlich 2,688,958 Centner Ammoniaksalze = 134,447 Tons bedürfen.

Ein Jeder, welcher nur einige Kenntniß der chemischen Fabrikation besitzt und weiß, aus welchen Rohmaterialien (thierische Abfälle und Gaswasser) die Ammoniaksalze fabricirt werden, wird sogleich erkennen, daß alle Fabriken in England, Frankreich und Deutschland zusammen noch nicht den vierten Theil

---

*) Lawes sagt hierüber (J. of the r. agr. tri. of E. T. V, 14, p. 282), daß zur Erzeugung von einem jeden Büschel Weizenkorn (= 64 bis 65 Pfd., worin 1 Pfd. Stickstoff), welches der Boden über sein natürliches Ertragsvermögen liefern soll, 5 Pfd. Ammoniak erforderlich seien (= 16 Pfd. Salmiak oder 20 Pfd. schwefelsaures Ammoniak); er fügt hinzu, daß übrigens in keinem einzigen Versuch der erzielte Mehrertrag dieser Schätzung entsprochen habe.

der Ammoniakſalze zu erzeugen vermögen, welches ein verhält=
nißmäßig ſehr kleines Land nöthig haben würde, um ſeine Pro=
duktion in der angegebenen Weiſe zu ſteigern.

Wieviel Ammoniakſalze bei gleichmäßiger Vertheilung, auf
die deutſchen Bundesſtaaten Oeſtreichs mit 11 Millionen Jochen
(1 Joch = 1,422 Acre engl.) Ackerland, auf Preußen mit
33 Millionen Morgen (1 Morgen = 0,631 Acre engl.), auf
Bayern mit 9 Millionen Tagwerke (1 Tagwerk = 0,842 Acre
engl.) Ackerland kommen würde, iſt leicht zu berechnen, auch
wenn es möglich wäre, die Ammoniakſalzproduktion zu vervier=
fachen, ſo würde dieß keinen irgend erheblichen Einfluß auf die
Erträge haben.

Das wohlfeilſte Ammoniak wird nach Europa in dem peru=
vianiſchen Guano eingeführt, welcher, ſehr hoch angeſchlagen,
durchſchnittlich 6 Proc. enthält.

Wenn wir uns denken, daß auf Jahrhunderte hinaus den
europäiſchen Culturländern, welche vorzugsweiſe Guano verbrau=
chen (ich nehme dazu England, Frankreich, die ſkandinaviſchen
Länder, Belgien, Niederlande, Preußen und die deutſchen Staaten,
ohne Oeſtreich, mit 120 Millionen Bewohner), jedes Jahr
6 Millionen Ctr. (= 300,000 tons à 20 Ctr.) Peruguano
und darin 360,000 Ctr. Ammoniak zugeführt werden könnten,
und daß es möglich wäre, mit fünf Pfunden Ammoniak 65 Pfd.
Weizenkorn oder Kornwerth mehr mit den vorhandenen Mitteln
zu erzeugen, ſo würde das mehrerzeugte Korn gerade ausreichen,
um jedem Kopf der Bevölkerung für zwei Tage im Jahre
jeden Tag 2 Pfd. Korn zuzulegen.

Nehmen wir zur Ernährung eines Menſchen durchſchnitt=
lich 2 Pfd. Korn oder Kornwerth an, ſo macht dieß im Jahre
730 Pfd.; nach der eben gemachten Annahme würden 36 Millio=
nen Pfunde Ammoniak dreizehnmal ſoviel, = 468 Millionen

Pfunde Korn oder Kornwerthe, hervorbringen, womit 641,000 Menschen ein Jahr lang ernährt werden könnten.

Wenn die Bevölkerung Englands und Wales jährlich nur um 1 Proc. zunimmt, so macht dies jährlich 200,000 Menschen, in drei Jahren 600,000 Menschen aus, und die mit Hülfe des in 6 Millionen Centnern Guano von Außen zugeführten Ammoniaks hypothetisch erzeugbaren Kornwerthe würden nur wenige Jahre ausreichen zur Ernährung des Zuwachses der Population in England und Wales!

Und wie würde es sechs, neun Jahre nachher in England oder Europa aussehen, wenn wir zur Ernährung der steigenden Bevölkerung wirklich auf die Zufuhr von Ammoniak von Außen angewiesen wären? Würden wir in 6 Jahren 12 Millionen und in 9 Jahren 18 Millionen Centner Guano zuführen können?

Wir wissen mit größter Bestimmtheit, daß die Quelle von Ammoniak im Guano in wenigen Jahren versiegt sein wird, daß wir keine Aussicht haben, eine neue und reichere zu entdecken, daß die Bevölkerung nicht nur in England, sondern in allen europäischen Ländern um mehr als 1 Procent jährlich zunimmt, und daß zuletzt in eben dem Verhältnisse, als die Population in den Vereinigten Staaten, in Ungarn 2c. sich vermehrt, eine entsprechende Verminderung der Kornausfuhr aus diesen Ländern die Folge sein muß; man wird wohl nach diesen Betrachtungen die Hoffnung völlig eitel finden, die Erträge eines Landes durch Ammoniakzufuhr steigern zu können.

In Deutschland kostet das Pfund Weizenkorn gegenwärtig 4 Kr., das Pfund schwefelsaures Ammoniak 9 Kr., und wenn es möglich wäre, mit einem Pfunde dieses Salzes, unseren gewöhnlichen Düngmitteln zugesetzt, 2 Pfd. Weizenkorn mehr zu erzeugen, so würde demnach der deutsche Landwirth für eine Ausgabe von einem Gulden in Silber, 53 Kr. in Korn zurückempfangen.

Dieses Verhältniß der Ausgabe zur Einnahme ist offenbar in der Praxis wohl bekannt, denn bis zu diesem Augenblick sind die Ammoniaksalze in keinem Lande und an keinem Orte in Anwendung gekommen, und wenn auch jetzt noch manche Düngerfabrikanten ihren Produkten eine gewisse Menge von Ammoniaksalzen zusetzen, so geschieht dies hauptsächlich der Vorliebe wegen, welche die Landwirthe dafür hegen, aber keiner ist im Stande anzugeben, welchen Nutzen dieser Zusatz ihnen gebracht hat. Dieses Vorurtheil wird allmälig von selbst schwinden, wenn sie gelernt haben werden, die Stickstoffnahrung, welche ihren Feldern ohne ihr Zuthun zufließt, in der rechten Weise zu verwenden.

Der große Reichthum des Bodens an Stickstoffnahrung, die Vermehrung derselben in einem gutcultivirten Boden, die Untersuchungen des Regenwassers und der Luft, alle Thatsachen in der Cultur im Großen weisen darauf hin, daß auch bei dem intensivesten Betriebe der Boden an Stickstoffnahrung nicht verarmt und daß mithin ein Kreislauf des Stickstoffes ähnlich wie der des Kohlenstoffes besteht, welcher dem Landwirthe die Möglichkeit darbietet, sein wirksames Stickstoffkapital im Boden zu vermehren.

Die außerordentliche Wirkung des Kalksuperphosphates auf die Erhöhung der Korn-, Rüben- und Kleererträge beinahe ausnahmslos auf allen deutschen Feldern, auf denen diese stickstofflosen Düngmittel angewendet wurden, ebenso die des neuerdings eingeführten Baker- und Jarvis-Guanos*) (Guanosorten, die eben-

---

*) Nach einer Mittheilung in dem Amtsblatt Nr. 3 vom 1. März 1862 für die landwirthschaftlichen Vereine in Sachsen wurden 1861 die folgenden Erträge pro Acker erhalten:

	Weizen	
	Korn	Stroh
3 Ctr. Jarvis-Guano lieferten	2244 Pfd.	4273 Pfd.
3 „ Baker- „ „	2929 „	5022 „
6 „ gedämpftes Knochenmehl . . .	3015 „	4755 „
ungedüngt	1955 „	3702 „

falls kein Ammoniak enthalten), die des Kalks, der Kalisalze, des Gypses ꝛc. zeigen unzweifelhaft, daß eine Anhäufung von Stickstoffnahrung stattgefunden hat, deren Ursprung bis vor Kurzem völlig dunkel geblieben war.

Für einen theilweisen Ersatz an Stickstoffnahrung durch Luft und Regen hatten wir Gründe genug, eine Vermehrung war aber unerklärt, weil diese eine Erzeugung von Ammoniak und Salpetersäure aus dem Stickstoff der Luft voraussetzte, für die wir durchaus keine Thatsachen besaßen. In der jüngsten Zeit ist diese Quelle der Zunahme der Stickstoffnahrung der Pflanzen von Schönbein entdeckt und das Räthsel in der unerwartetsten Weise gelöst worden.

In seinen Untersuchungen über den Sauerstoff fand Schönbein, daß der weiße Rauch, den ein Stück feuchter Phosphor in der Luft verbreitet, nicht, wie man bisher glaubte, phosphorige Säure, sondern salpetrigsaures Ammoniak ist; ich selbst hatte Gelegenheit, mich von dieser Thatsache durch einen mit Versuchen begleiteten Vortrag von Schönbein in München im Sommer 1860 zu überzeugen; Schönbein hat es wahrscheinlich gemacht, daß hierbei der Stickstoff der Luft durch eine Art von Induction sich mit drei Aeq. Wasser verbindet, wodurch auf der einen Seite salpetrige Säure und auf der anderen Ammoniak entsteht, sowie man denn weiß, daß durch den Einfluß einer höheren Temperatur das salpetrigsaure Ammoniak in Wasser und Stickgas zerfällt; das Auffallende hierbei ist, daß dieses Salz unter Umständen gebildet wird, von denen man glauben sollte, daß sie seine Entstehung geradezu verhindern müßten, allein die Bildung von Wasserstoffhyperoxyd, welches so leicht durch die Wärme zersetzt wird, bei der langsamen Oxydation des Aethers, die von einer merklichen Wärmeentwicklung be-

22*

gleitet ist, ist eine nicht minder sichere und bis jetzt ebenso un=
erklärte Thatsache.

Die Bildung von salpetrigsaurem Ammoniak bei diesem
langsamen Oxydationsprocesse machte es wahrscheinlich, daß sie
überall auf der Erdoberfläche, wo der Sauerstoff eine Ver=
bindung eingeht, statthaben müsse, und daß also derselbe Pro=
ceß, in welchem der Kohlenstoff in Kohlensäure verwandelt wird,
eine stets sich erneuernde Quelle von Stickstoffnahrung für die
Pflanzen ist.

Bald darnach zeigte Kolbe (Annal. d. Chem. u. Pharm.
Bd. 119, S. 176), daß wenn man eine Wasserstoffgas=
flamme in dem offenen Halse eines mit Sauerstoff gefüllten
Kolbens brennen läßt, sich der innere Raum desselben mit den
rothen Dämpfen der salpetrigen Säure anfüllt *).

Ferner beobachtete Boussingault, daß das beim Ver=
brennen von Leuchtgas in der Gasmaschine von Lenoir erhal=
tene Wasser Ammoniak und Salpetersäure enthielt, und kürz=
lich erwähnt Böttger in dem Jahresberichte des physikalischen
Vereins in Frankfurt a. M. (Sitzung vom 2. November 1861),
daß nach seinen Versuchen nicht nur bei der Verbrennung des
Wasserstoffes in der Luft, sondern überhaupt beim Verbrennen
kohlenwasserstoffhaltiger Stoffe neben Wasser und Kohlensäure
immer eine gewisse Quantität salpetrigsaures Ammoniak gebil=
det werde. Beinahe gleichzeitig mit dieser Note erhielt ich von
Schönbein die briefliche Nachricht von ganz identischen Re=
sultaten, die er auf dem gleichen Wege erhalten hat, so daß
also über die Richtigkeit dieser Thatsache kein Zweifel obwal=
ten kann.

Der praktische Landwirth, welcher die Verbesserung seines

---

*) Die Bildung von salpetriger Säure bei eudiometrischen Versuchen ist
früher schon bekannt gewesen.

Betriebes ernstlich will und anstrebt, muß durch diese unbe=
zweifelbaren Thatsachen zu dem Entschlusse veranlaßt werden,
über die Wirkung des Stickstoffes in seinen Düngmitteln zur
vollständigsten Klarheit zu kommen; ehe er die Ueberzeugung
gewonnen hat, daß die Atmosphäre und der Regen seinem Felde
wirklich soviel Stickstoffnahrung zuführen als wie die Pflanzen,
die er baut, bedürfen, wird ihm Niemand zumuthen wollen,
auf die Zufuhr von Ammoniak von Außen zu verzichten. Die
Meinung, daß der Landwirth seinen Feldern ein Maximum
von Fruchtbarkeit geben könne, ohne allen Zuschuß von Stick=
stoffnahrung von Außen, sagt nicht, daß er auf die Stallmist=
wirthschaft verzichten dürfe, sondern sie schließt das Bestehen
derselben in sich ein und beruht darauf.

Für die Wiederherstellung oder Erhöhung des Ertragver=
mögens seiner erschöpften Getreidefelder ist es unbedingt noth=
wendig, daß die Ackerkrume einen Ueberschuß an allen Nähr=
stoffen der Halmpflanzen enthalte, also auch von Stickstoffnah=
rung, aber von keinem einzeln im Verhältnisse mehr als von
den anderen; sie nimmt an, daß der Landwirth durch die rich=
tige Wahl seiner Fruchtfolge, das ist durch das richtige Ver=
hältniß der Korn= und Futteräcker, stets in der Lage sei, beim
sorgfältigen Zusammenhalten des Ammoniaks in seinem Stall=
mist und Vermeidung alles unnöthigen Verlustes die Ackerkrume
mit einem solchen Ueberschuß an Stickstoffnahrung zu versehen,
als wie dem Verhältnisse der anderen darin vorräthigen Nähr=
stoffe entspricht, und daß die Atmosphäre ihm jährlich ersetzt,
was er in seinen Feldfrüchten ausführt.

Was die Atmosphäre und der Regen an Stickstoffnahrung
zuführen, ist im Ganzen entsprechend für seine Culturpflanzen,
aber der Zeit nach für Viele nicht genug. Manche Gewächse be=
dürfen, um ein Maximum an Ertrag zu geben, während ihrer

Vegetationszeit weit mehr, als was ihnen in dieſer Zeit durch
Luft und Regen dargeboten wird, und der Landwirth benutzt
darum die Futtergewächſe als Mittel zur Erhöhung der Erträge
ſeiner Kornfelder. Die Futtergewächſe, welche ohne ſtickſtoffreichen Dünger gedeihen, ſammeln aus dem Boden und ver-
dichten aus der Atmoſphäre in der Form von Blut- und Fleiſch-
beſtandtheilen das durch dieſe Quellen zugeführte Ammoniak,
indem er mit den Rüben, dem Kleeheu ꝛc. ſeine Pferde, Schaafe
und ſein Rindvieh ernährt, empfängt er in ihren feſten und
flüſſigen Excrementen den Stickſtoff des Futters in der Form
von Ammoniak und ſtickſtoffreichen Produkten und damit einen
Zuſchuß von ſtickſtoffreichem Dünger, oder von Stickſtoff, den er
ſeinen Kornfeldern gibt.

Die Regel iſt, daß der Landwirth gewiſſen Pflanzen von
ſchwacher Blatt- und Wurzelentwickelung und kurzer Vegetationszeit in Quantität im Dünger zuführen muß, was ihnen an
Zeit zur Aufnahme aus natürlichen Quellen mangelt.

Was die Anhäufung von Stickſtoffnahrung durch Stallmiſtdüngung in der oberſten Bodenſchicht betrifft, welche für das
volle Gedeihen der Halmgewächſe beſonders wichtig iſt, ſo erkennt
man leicht, daß dieſe weſentlich abhängt von dem Gedeihen
der Futtergewächſe.

Die ungedüngten Felder in den ſächſiſchen Verſuchen

	lieferten im Ganzen: Stickſtoff	verloren durch Ausfuhr: Stickſtoff	empfingen im Stallmiſte: Stickſtoff	Erträge an Kleeheu
1851 bis 1854	Pfd.	Pfd.	Pfd.	Pfd.
Gunnersdorf . .	342,4	78,4	263,6	9144
Mäuſegaſt . . .	279,5	84,1	175	5538
Kötitz	160,9	54,8	106,1	1095
Oberbobritzſch .	127,7	57,2	70,5	911

Man bemerkt leicht, daß die Stickstoffmengen, welche dem Felde abgewonnen und in der Form von Stallmist wieder zugeführt werden konnten, sich nicht genau, aber doch bemerkbar genug wie die Kleeheuerträge verhielten, welche das Feld geliefert hatte, und es kann wohl kein Zweifel darüber bestehen, daß der Landwirth, der für das Gedeihen seiner Futtergewächse die richtigen Wege einschlägt, damit auch die Mittel erhält, die Ackerkrume seiner Felder mit einem Ueberfluß an Stickstoffnahrung für seine Kornpflanzen zu bereichern.

Es ist damit nicht gesagt, daß ein jeder Landwirth immer und allezeit auf die Zufuhr von Ammoniak von Außen verzichten solle, denn die Felder sind ihrer Natur nach so außerordentlich verschieden, daß wenn man auch behaupten kann, daß die weitaus größte Zahl derselben keines Ersatzes an Stickstoffnahrung bedarf, so gilt dies nicht für alle ohne Unterschied. In einem Boden, welcher reich an Kalk und humosen Materien ist, wird in Folge des Verwesungsprocesses in der Ackerkrume eine gewisse Menge des in der Erde gebundenen Ammoniaks in Salpetersäure verwandelt, welche die Erde nicht zurückhält, sondern in der Form eines Kalk- oder Bittererdesalzes in die tieferen Schichten geführt wird. Dieser Verlust kann unter Umständen sehr viel mehr betragen, als die Atmosphäre ersetzt, und für solche Felder wird eine Zufuhr von Ammoniak stets von Nutzen sein; auch gilt dies für gewisse Felder, welche lange Jahre nicht bebaut worden waren und in denen, durch die Wirkung der eben angedeuteten Ursachen, der einst vorhandene nothwendige Ueberschuß von Stickstoffnahrung allmälig verzehrt worden ist, auf diese bringt, beim Beginn der Cultur derselben, eine Düngung mit stickstoffreichen Düngmitteln einen ganz besonders günstigen Erfolg hervor; später ist auch für diese die Zufuhr nicht mehr nöthig.

Was in dem Geiste des Landwirthes in der Regel ein günstiges Vorurtheil für die stickstoffreichen Düngmittel erweckt, dies ist bei solchen vergleichenden Versuchen, bei Anwendung derselben, die große Ungleichheit in dem Aussehen der jungen Saaten; die Halmpflanzen auf den mit Guano oder mit Chilisalpeter gedüngten Feldern zeichnen sich vor anderen durch ein tiefes Grün, durch breitere und zahlreichere Blätter aus, aber die Ernte entspricht in der Regel bei weitem nicht den Erwartungen, welche das gute Aussehen versprach. Auf einem an Stickstoffnahrung überreichen Felde tritt eine Art von Vergeilung bei ihrem ersten Wachsthum wie in einem Mistbeete ein; die Blätter und Halme sind wasserreich und weich, sie hatten in ihrem übereilten Wachsthum nicht Zeit genug, um gleichzeitig die gehörige Menge derjenigen Stoffe aus dem Boden aufzunehmen, welche, wie Kieselsäure und Kalk, ihren Organen eine gewisse Festigkeit und Widerstandsfähigkeit gegen äußere fremde Ursachen geben, die ihren Lebensproceß gefährden; die Halme gewinnen nicht die gehörige Steifheit und Stärke und legen sich, namentlich auf Kalkboden, leicht um.

Besonders auffallend ist dieser schädliche Einfluß wahrnehmbar bei der Kartoffelpflanze, die, auf einem an Stickstoffnahrung überreichen Boden wachsend, beim plötzlichen Sinken der Temperatur und eintretender Nässe häufig der sogenannten Kartoffelkrankheit verfällt, während ein daneben liegender Kartoffelacker, der einfach mit Asche gedüngt worden ist, keine Spur davon erkennen läßt.

Unter allen den zahllosen Versuchen, welche in der verflossenen Zeit von den Landwirthen angestellt wurden, um ihre Felder zu verbessern, wird man keinen einzigen finden, welcher dahin gerichtet gewesen wäre, die Beschaffenheit ihrer Felder kennen zu lernen oder Beweise für die Richtigkeit ihrer einmal

angenommenen Vorstellungen oder Ideen zu suchen; der Grund
der Gleichgültigkeit gegen Beweise für ihre Ansichten liegt wesentlich darin, daß der praktische Mann in seinem Betriebe geleitet
wird, nicht durch Ideen, sondern durch Thatsachen, wie dies bei
den Handwerkern geschieht, und es sonach völlig gleichgültig
für ihn ist, ob die Theorie, oder was er so nennt, richtig ist oder
nicht, denn er richtet seine Handlungen darnach nicht ein.

Viele Tausende von Landwirthen, welche nicht die geringste
Vorstellung von der Ernährung der Pflanzen oder der Zusammensetzung der Dünger haben, wenden Guano, Knochenmehl und
andere Düngmittel auf ihren Feldern ganz mit demselben Erfolg
und mit eben dem Geschick als andere an, welche diese Kenntnisse
besitzen, ohne daß diese Letzteren durch ihr Wissen, weil es nicht
das rechte Wissen ist, einen erheblichen Vortheil voraus haben;
die chemischen Analysen der Dünger z. B. dienen weit mehr als
Maßstab für ihre Reinheit und zur Beurtheilung ihres Preises,
als wie als Mittel zur Beurtheilung ihrer Wirkung auf das Feld.

In England ist das Knochenmehl ein halbes Jahrhundert
im Gebrauche gewesen und als Düngmittel geschätzt worden,
ohne daß man nur eine Vorstellung davon hatte, auf was seine
Wirkung beruhte, und als man später die falsche Ansicht an-
nahm, daß diese auf dem stickstoffhaltigen Leim desselben beruhe,
so hat auch diese Ansicht nicht den allergeringsten Einfluß auf
dessen Anwendung geäußert.

Der Landwirth düngte sein Feld mit Knochenmehl nicht
des Stickstoffes wegen, sondern weil er höhere Erträge an Korn
und Futter haben wollte und weil er erfahren hatte, daß er
diese nicht erwarten könne ohne Knochenmehl.

Zum Betriebe des Feldbaues, der auf der einfachen Bekanntschaft von Thatsachen ohne ihr Verständniß oder auf der
Ausraubung des Feldes beruht, gehört eine sehr beschränkte In-

telligenz, ja die einfache Ueberlieferung der Thatsachen befähigt
den unwissendsten Menschen dazu, aber zum rationellen Betriebe,
durch welchen dem Felde unausgesetzt und ohne Erschöpfung die
höchsten Erträge, die es zu liefern fähig ist, mit der größten
Oekonomie an Kapital und Arbeit abgewonnen werden sollen,
gehört ein großer Umfang von Kenntnissen, Beobachtungen und
Erfahrungen, mehr als wie zu irgend einem anderen Geschäfte;
denn der rationelle Landwirth soll nicht blos alle Thatsachen
kennen, welche der gewöhnliche Bauer kennt, der nicht lesen und
schreiben kann, sondern er soll sie auch richtig zu beurtheilen
wissen, er soll den Grund aller seiner Handlungen kennen und
ihren Einfluß auf sein Feld; er soll verstehen lernen, was ihm
sein Feld in den Erscheinungen sagt, die er in seinem Betriebe
wahrnimmt, er soll zuletzt ein ganzer Mensch und nicht ein halber
sein, der sich seines Thuns nicht mehr bewußt ist als ein Kater,
der mit Kunst und Geschick aus einem Wasserbecken Goldfische
zu fangen versteht *).

---

*) Vergleicht man in den Schriften von anerkannt guten praktischen
Landwirthen ihre theoretischen Ansichten mit dem Betriebe, den sie als den
besten aus ihrer eignen Erfahrung gelernt haben, so nimmt man
zwischen beiden stets die allerunvereinbarsten Widersprüche wahr.

Walz (Mittheilungen aus Hohenheim, 3. Heft, 1857) bestreitet die
beiden Grundsätze:

„Die Hinwegnahme der Bodenbestandtheile in den Ernten,
ohne Ersatz derselben, habe in kürzerer oder längerer Zeit eine
dauernde Unfruchtbarkeit zur Folge."

„Wenn ein Boden seine Fruchtbarkeit dauernd bewahren
soll, so müssen ihm nach kürzerer oder längerer Zeit die entzogenen
Bodenbestandtheile wieder ersetzt, d. h. die Zusammensetzung des
Bodens muß wiederhergestellt werden."

und meint, daß diese beiden Sätze in der Jetztzeit nur auf die schlechtesten
Bodenarten, die ab ovo der Zufuhr bedürftig waren, Anwendung haben.

Wendet man sich nun zu der „Anwendung seiner Theorie auf die
Praxis" (Seite 117), so sollte man glauben, daß er sich nie um einen
Ersatz bekümmern werde, aber es zeigt sich, daß er nicht entfernt an die

Wahrheit seiner Meinung glaubt; er legt auf den Ersatz des Kali, des Kalkes, der Bittererde, der Phosphorsäure, auf Gyps, Guano, Knochen= mehl, Mergel und Stallmist den richtigen Werth und spricht (S. 141) den folgenden Grundsatz aus: „Daß der Landwirth, um den Boden in gleich gesteigerter Fruchtbarkeit zu erhalten, nicht mehr in seinen Feldfrüchten veräußern dürfe, als die Produkte der Atmosphäre und was durch jähr= liche Verwitterung dem Boden an aufnahmsfähigen mineralischen Nähr= stoffen zuwachse;" er sagt ferner: „Wenn der Landwirth seinen ganzen Betrieb, z. B. auf Bier, Branntwein, Zucker, Stärkmehl, Dex= trin, Essig ꝛc., den Verkauf thierischer Produkte blos auf Butter beschränke und die abgerahmte Milch wieder verfüttere, wenn er zu seiner Molkerei nur ausgewachsene Kühe kaufe und sie nicht selbst nachziehe, und so die phosphorsauren Salze in seiner Wirthschaft zu erhalten suche — so würde er fortwährend die Mineralstoffe in seinem Düngercapital nicht nur er= halten, sondern er würde sie noch durch die alljährliche Verwitterung vermehren, wenn er nicht vorzieht, letztere in seinen Produkten zu veräußern (S. 142).

Die Spitze seiner praktischen Lehren im Gegensatze zu seiner theore= tischen ist demnach, daß man zur Erzielung gleichförmiger Ernten sorgfältig darauf bedacht sein müsse, die Zusammensetzung des Bodens zu erhalten und wiederherzustellen.

Der praktische Mann beweist, daß die Vorstellungen, die er sich ge= macht, vollkommen unanwendbar sind in seiner Praxis, und daß die wissen= schaftlichen Grundsätze, die er bestritt, gerade die sind, die unbewußt ihn leiten. Die wahre Praxis und die ächte Wissenschaft sind immer einig und ein Streit in diesen Dingen ist nur zwischen zwei Personen möglich, von denen der Eine den Andern nicht versteht; der Mangel an Schärfe in den Begriffsbestimmungen und das Unbestimmte und Schwankende in dem Ausdrucke tragen meistens die Hauptschuld daran.

Die Meinung von Rosenberg=Lipinsky (s. d. Werk „der praktische Ackerbau, II. Band, Breslau, S. Trewendt, 1862), daß keine Pflan= zenart das Erdmagazin wirklich erschöpfe (S. 738) und ferner, daß die Pflanze dem Boden direkt und indirekt mehr an Kraft zurückgewähre, als sie ihm entzogen hatte (S. 740), findet S. 742 ihre Berichtigung. „Wenn daher der Landwirth seinen Pflanzen gegen= über nicht dafür sorgt, daß ihr wesentlicheres Nährmagazin, der Bo= den, den nöthigen Ersatz für das unvermeidlich Verbrauchte rechtzeitig und auskömmlich erhält, so kann das Bild der Erschöpfung, welches dann die Kulturpflanzen zur Schau tragen, unmöglich diesen Verzehrern zum Vorwurfe gereichen, sondern hier trifft die Schuld einzig und allein den Landwirth." Ferner (S. 740): „Nur auf solchen Flächen, wo durch den Raub der Elemente oder des Menschen die Naturgesetze bei der Pflanzen= ernährung eine wesentliche Störung erfuhren, prägt sich in dem dürftigen Gedeihen der wilden Flora eine Erschöpfung ihres Ackerbaues aus."

Kochsalz, salpetersaures Natron, Ammoniakſalze, Gyps.

Dieſe Salze werden in der Landwirthſchaft in vielen Fällen mit ausgezeichnetem Erfolge als Düngmittel angewendet, und inſoweit hierbei die Salpeterſäure, das Natron, Ammoniak, Schwefelſäure und Kalk als Nährſtoffe in Betracht kommen, hat die Erklärung ihrer Wirkung keine Schwierigkeit; ſie beſitzen aber noch andere Eigenthümlichkeiten, durch welche ſie die Wirkung des Pfluges und der mechaniſchen Bearbeitung, ſowie den Einfluß der Atmoſphäre auf die Beſchaffenheit des Feldes verſtärken. Nicht immer iſt uns dieſer Einfluß klar, er iſt aber nicht minder gewiß.

Wir haben allen Grund zu glauben, daß in denjenigen Feldern, in welchen durch Düngung mit Kochſalz allein die Ernten erhöht werden, oder wenn der günſtige Einfluß der Ammoniakſalze oder des ſalpeterſauren Natrons auf das Feld durch Beigabe von Kochſalz noch verſtärkt wird, daß die Wirkung der drei Salze im Weſentlichen auf ihrem Vermögen beruht, die in dem Boden vorhandenen Nährſtoffe zu verbreiten oder aufnahmsfähig zu machen; in welcher Weiſe dies bei allen geſchieht, iſt nicht erklärt. Die erſten Verſuche in dieſer Richtung, welche Vertrauen verdienen, ſind von F. Kuhlmann (Annal. de chim. 3. Sér.

T. 20, p. 279) beschrieben worden; er düngte im Jahre 1845 und 1846 eine natürliche Wiese mit Salmiak, schwefelsaurem Ammoniak und Kochsalz und erntete folgende Quantitäten Heu:

1845 und 1846	Ertrag an Heu pro Hectare:	
Ungedüngt	11269 Kilogr.	Mehrertrag
Salmiak jährlich 200 Kilogr. . . .	14964 „	3700 Kilogr.
„ „ 200 „ ⎫ ⎰Kochsalz . . . 200 „ ⎭ . . .	16950 „	5687 „

Eine andere Wiese lieferte:

1846	Ertrag an Heu pro Hectare:	
Ungedüngt	3923 Kilogr.	Mehrertrag
Schwefelsaures Ammoniak 200 Kilogr.	5856 „	2533 Kilogr.
„ „ 200 „ ⎫ ⎰Kochsalz . . . . . . 133 „ ⎭	6496 „	3173 „

Was die Wirkung des Kochsalzes auf Getreidepflanzen betrifft, so wurden von dem General-Comité des landwirthschaftlichen Vereins in Bayern in den Jahren 1857 und 1858 in Bogenhausen und Weihenstephan eine Reihe von Versuchen angestellt in der Weise, daß von je zwei Stücken Feld das eine mit Ammoniaksalz, das andere mit derselben Menge Ammoniaksalz und einer Beigabe von 3080 Gramm Kochsalz gedüngt wurde. Diese Versuche sind Seite 313 bereits beschrieben, und es dürfte hier genügen, die Ernteerträge anzuführen, welche mit Ammoniaksalzen allein und mit Ammoniaksalz und Kochsalz gewonnen wurden.

Bogenhausen 1857:

Gerste		Gedüngt mit Ammoniaksalz		mit Kochsalz u. Ammoniaksalz	
		Korn	Stroh	Korn	Stroh
Stück	Nr. I	6355 Grm.	16205 Grm.	14550 Grm.	27020 Grm.
„	„ II	8470 „	16730 „	16510 „	36645 „
„	„ III	7250 „	17920 „	9887 „	24832 „
„	„ IV	6912 „	18287 „	11130 „	27969 „

Bogenhausen 1858 (Seite 314):

	Gedüngt mit Ammoniaksalz		mit Kochsalz u. Ammoniaksalz	
Winterweizen	Korn	Stroh	Korn	Stroh
Stück Nr. I	19600 Grm.	41440 Grm.	29904 Grm.	61040 Grm.
„ „ II	21520 „	38940 „	31696 „	71960 „
„ „ III	25040 „	57860 „	31416 „	74984 „
„ „ IV	27090 „	65100 „	34832 „	74684 „

In diesen beiden Versuchsreihen wurden die Erträge an Korn sowohl wie an Stroh durch die Beigabe von Kochsalz sehr merklich erhöht, und es ist wohl kaum nöthig, immer wieder die Aufmerksamkeit darauf zu lenken, daß eine solche Steigerung unmöglich hätte statthaben können, wenn in dem Boden nicht eine gewisse Menge von wirkungsfähiger Phosphorsäure, Kieselsäure, Kali rc. vorhanden gewesen wäre, welche ohne das Kochsalz nicht aufnahmsfähig war und durch die Beigabe desselben wirksam wurde.

Eine ähnliche Reihe von Versuchen wurden von demselben Vereine in Weihenstephan mit salpetersauren Salzen unternommen und die Ernteerträge ermittelt, welche durch diese Salze für sich und mit Beigabe von Kochsalz per Hectar erhalten wurden.

Weihenstephan 1857 Sommergerste

	I Ungedüngt	II Chilisalpeter	III Chilisalpeter mit Kochsalz	IV Kalisalpeter	V Kalisalpeter mit Kochsalz	VI Guano
	Kil.	Kil.	Kil.	Kil.	Kil.	Kil.
Düngermenge	—	402	402 + 1379	473	473 + 1379	473
A Korn ..	1604	2576	2366	2064	2913	1922
Stroh..	2580	4378	4352	4219	4766	3300

1858 Winterweizen

Dieselben Düngermengen	Kil.	Kil.	Kil.	Kil.	Kil.	Kil.
B Korn ..	1699	1804	2211	2248	2323	2366
Stroh..	3030	3954	4151	4404	4454	5091

Die Versuche sind dadurch bemerkenswerth, insofern sie die Fälle anzudeuten scheinen, in welchen die salpetersauren Salze für sich oder in Verbindung mit Kochsalz eine günstige Wirkung auf die Erhöhung der Erträge äußern.

Die Felder in Weihenstephan sind ganz besonders für die Cultur der Gerste geeignet. Das Feld A hatte nach einer ge- wöhnlichen Mistdüngung von etwa 600 Ctrn. per Hectare im Jahre 1854 Rüben, im Jahre 1855 Erbsen und 1856 Weizen getragen und sollte gebracht werden, um nach dem Brachjahre eine neue Bestellung zu erhalten. Das Feld B hatte hingegen vier Früchte bereits getragen, ehe der Versuch darauf angestellt wurde, und zwar Reps, Weizen, Kleegras und Hafer, und war also verhältnißmäßig mehr erschöpft und durch den Hafer und Klee viel ärmer an Nährstoffen für die nachfolgende Halmfrucht (Weizen) geworden als das erstere Feld.

Hieraus scheint sich die auffallende Thatsache zu erklären, daß die salpetersauren Salze im Jahre 1857 eine weit günstigere Wirkung auf das Feld äußerten als der Guano, obwohl in dem Guano das Feld ebensoviel Stickstoff als in den salpetersauren Salzen und überdies noch Phosphorsäure und Kali empfangen hatte. Das Feld war noch reich genug an Nährstoffen für eine gute Gerstenernte, und es bedurfte nur einer gleichmäßigeren Vertheilung derselben, welche durch die salpetersauren Salze und das Kochsalz bewirkt wurde, um eben so viel davon und mehr noch ernährungs- und übergangsfähig in die Gerstenpflanzen zu machen, als wie dies statt hatte auf dem mit Guano gedüngten Stücke, auf welchem die Summe der Nährstoffe größer war.

Was auf die Ergebnisse dieser Versuche einen Einfluß hatte, welcher in Rechnung gezogen werden muß, ist die Thatsache, welche durch Dr. Zöller festgestellt wurde, daß das Natron an der Erzeugung des Gerstensamens einen bestimmten Antheil zu

nehmen scheint. Die angewandten salpeterfauren Salze wirkten
offenbar nicht blos als Verbreitungsmittel anderer Nährstoffe,
sondern das Natron sowohl wie die Salpeterfäure hatten ihren
Antheil an dem Ernteertrag. In dem vierten Versuche empfing
das Feld eben so viel Salpeterfäure wie im zweiten, aber die
damit verbundene Basis war Kali und nicht Natron, und der
Zusatz von Kochsalz im fünften bewirkte eine bemerkliche Steigerung in der Kornernte. In dem fünften und sechsten Versuche
war aber offenbar die angewandte Salzmenge zu hoch und das
Uebermaß erniedrigte den Ertrag unter den mit Chilisalpeter
allein erhaltenen.

Auf dem mehr erschöpften Felde im Jahre 1858 überstieg
der mit Guano erzielte Ertrag an Korn und namentlich an
Stroh alle übrigen. Der Gehalt an Nährstoffen war in der
Ackerkrume dieses Feldes im Ganzen geringer und der Einfluß
ihrer Vermehrung machte sich in einem viel höheren Grade als
die Vertheilung oder Verbreitung der im Boden vorhandenen
geltend. Durch die Beigabe von Kochsalz wurde übrigens auch
beim Weizen der Ertrag erhöht.

Die Wirkung des Kalis auf den Weizen im Gegensatz zu
der des Natrons auf die Gerste ist augenfällig.

Was den Einfluß des Kochsalzes und der Natronsalze im
Allgemeinen betrifft, so ergaben die Untersuchungen der Rüben
und Kartoffeln, der Küchen- und Wiesenpflanzen, daß die Asche
der ersteren in der Regel eine beträchtliche Menge Natron enthält und die der anderen verhältnißmäßig reich an Chlormetallen
ist. Das Gras von einer Wiese, welche als Düngmittel Kochsalz empfangen hat, wird von dem Vieh lieber gefressen und
jedem anderen vorgezogen, so daß das Kochsalz auch von diesem
Gesichtspunkte aus als Düngmittel Beachtung verdient.

Da sich ein Theil der Wirkungen des salpeterfauren Na-

trons, des Kochsalzes und der Ammoniaksalze, insofern sich diese
auf die Verbreitung anderer Nährstoffe im Boden beschränkt,
durch eine sorgfältige mechanische Bearbeitung und Bebauung
des Feldes ebenfalls erzielen läßt, so ist der Einfluß, den diese
Salze auf die Erträge einer Feldfrucht äußern, ein nicht zu ver-
werfendes Merkzeichen des Zustandes eines Feldes. Auf einem
gut behandelten Felde werden sie immer eine weit minder günstige Wirkung haben als auf einem schlecht gebauten, natürlich
bei sonst gleichen oder ähnlichen Bodenverhältnissen.

Gyps. Unter den neueren Untersuchungen über den Einfluß des Gypses auf den Klee*) sind die von Dr. Pincus in
Insterburg sowohl ihrer sorgfältigen Durchführung als der

---

*) In der trefflich redigirten Zeitschrift des landwirthschaftlichen
Vereins für Rheinpreußen findet sich in Nr. 9 und 10, September und Oktober 1861, Seite 357, folgende Notiz über die bemerkenswerthe Fruchtbarkeit eines Bodens für Klee.

„In Rohn, Bürgermeisterei Antweiler, Kreis Adenau (vulkanische
Eifel), besäete der Kleinackerer Kirfeld eine Parzelle, auf welcher
viele Bruchstücke von Muscheln sich befinden sollen, vor 23 Jahren mit
Esparsette. Diese Kleesorte brachte 10 Jahre lang gute Heuschnitte
und ergiebige Grummeternten. Von da an stellte sich viel Gras unter dem Klee ein. Um dieses zu vertilgen, ließ Kirfeld sein Feld im
Frühjahre mit eisernen Eggen übers Kreuz stark aufeggen und 8 Pfd.
rothen Kleesamen übersäen. Der rothe Klee wuchs mit der Esparsette
prächtig heran, gab zwei volle Schnitte in jedem Jahre, drei Jahre
hindurch; bei Ablauf des dritten Jahres wurde das Feld abermals
stark aufgeeggt und von neuem mit 8 Pfd. rothem Kleesamen besäet.
Es erfolgten abermals zwei Schnitte drei Jahre hindurch an einem
vortrefflichen Gemisch von Esparsette mit rothem Klee. Dieselbe
Operation wurde noch zweimal wiederholt mit gleich gutem Erfolge,
so daß gegenwärtig das Feld 22 Jahre hindurch hintereinander Klee
trägt und zwar die ersten 10 Jahre reine Esparsette, die folgenden
12 Jahre rothen Klee mit Esparsette."

Es wäre von Interesse, eine gut durchgeführte Analyse dieses Bodens zu haben, mit Berücksichtigung seines Absorptionsvermögens für
Kali und phosphorsauren Kalk.

Schlüsse wegen, die sich daran knüpfen, von größter Bedeutung. Auf dessen Anregung wurden von Herrn Rosenfeld auf einem in der Nähe von Lenkeningten belegenen, eine gute Ernte versprechenden Kleefelde Anfangs Mai, als die Pflanzen ungefähr einen Zoll hoch waren, drei dem Augenschein nach gleich bestokte Stücke von etwa einem Morgen nebeneinander von einem sehr großen Kleefelde ausgewählt, das mittlere ungedüngt gelassen, die beiden anderen, das eine mit Gyps, das andere mit Bittersalz, beide mit einem Centner per Morgen bestreut.

Das Kleefeld war eines der in bester Cultur stehenden und fruchtbarsten in dieser Gegend und hatte im Sommer vorher eine reiche Roggenernte geliefert.

Zwischen dem ungegypsten und den beiden anderen Stücken, welche Gyps und Bittersalz erhalten hatten, machte sich sehr bald ein Unterschied in der Farbe und dem Stande des Klees bemerkbar, die Pflanzen auf dem gegypsten waren dunkler grün und höher. Auffallend war der Unterschied zur Zeit der Blüthe, welche bei dem ungegypsten 4 bis 5 Tage früher eintrat, so daß auf dem gegypsten kaum hier und da eine Blüthe zu sehen war, als schon rings umher das ganze Feld in voller Blüthe stand, als endlich auch die gegypsten Stücke blühten, wurde der Klee (24. Mai) geheuen.

Von jedem der drei Versuchsstücke wurde eine □ Ruthe abgemessen und der darauf stehende Klee besonders gehauen und das Gewicht des Kleeheus bestimmt.

Auf den preuß. Morgen berechnet wurde geerntet:

	Ctr. Kleeheu per Morgen
ohne Dünger	21,6 Ctr.
mit Gyps	30,6 „
mit Bittersalz	32,4 „

Die genauere Untersuchung des Kleeheus ergab, daß der

Mehrertrag, der auf den mit den Sulfaten gedüngten Stücken geerntet worden war, sich nicht gleichmäßig auf alle Theile der Kleepflanze erstreckte, sondern vorzugsweise auf die Stengel, so zwar, daß in 100 Theilen des gedüngten Klees mehr Stengel, weniger Blätter und noch weniger Blüthen enthalten waren wie in 100 Theilen des ungedüngten.

		ungedüngt	gedüngt	
			mit Gyps	mit Bittersalz
	Blüthen	17,15	11,72	12,16
100 Theile Kleeheu	Blätter	27,45	26,22	25,28
	Stengel	55,40	61,62	63,00

oder:

		Blüthen	Blätter	Stengel
	ungedüngt	17,15	27,45	55,40
Kleeheu	mit Gyps gedüngt	11,72	25,28	63,00
	„ Bittersalz „	12,16	26,22	61,62

Aus diesen Verhältnissen der verschiedenen Organe der Kleepflanze ergibt sich, daß durch den Einfluß der schwefelsauren Salze eine sehr beträchtliche Vermehrung der Holzzellen oder wenn man will, eine Streckung der Stengel auf Kosten der Blüthen und Blätter stattgefunden hat. Das relative Verhältniß der Blüthen, Blätter und Stengel war:

		Verhältniß der Blüthen:		Blätter:		Stengel:
	ungedüngt	100	:	160	:	323
Kleeheu	mit Gyps gedüngt	100	:	216	:	507
	„ Bittersalz „	100	:	216	:	538

Nach dem Gesetze der symmetrischen Entwickelung der Pflanzen kann man, ohne einen Fehler zu begehen, schließen, daß die Wurzelentwickelung abwärts in eben dem Verhältniß als die Stengelbildung zunahm, und da die Zunahme einer Pflanze an Masse im Verhältniß zu der Nahrung aufnehmenden Oberfläche steht, so erklärt sich hieraus, daß die gedüngten Stücke

nicht nur eine größere Masse Stengel, sondern auch, wie beim
Bittersalz, mehr Blüthen und Blätter geliefert haben als das
ungedüngte Stück. Auf den Morgen berechnet, waren geerntet
worden:

	ohne Düngung	mit Gyps	mit Bittersalz gedüngt
Blüthen . . .	370,5 Pfd.	358,5 Pfd.	394,0 Pfd.
Blätter . . .	592,9 „	773,7 „	849,5 „
Stengel . .	1196,6 „	1927,8 „	1996,5 „
	2160 Pfd.	3060 Pfd.	3240 Pfd.

Die Quantität der Aschenbestandtheile nahm bei den meisten
nahe in dem Verhältnisse wie die Mehrerträge zu, nur bei der
Phosphorsäure und Schwefelsäure zeigt sich eine sehr bemerkliche Abweichung, insofern die Menge in dem mit Sulfaten
gedüngten Klee relativ und absolut größer war.

Die Asche des lufttrocknen Kleeheus betrug:

	ungedüngt	mit Gyps	mit Bittersalz gedüngt
Procente	6,95	7,96	7,94
in der ganzen Ernte	150 Pfd.	243 Pfd.	257 Pfd.
worin Schwefelsäure	2 „	8 „	6 „
„ Phosphorsäure	11,95 „	21,55 „	21,82 „

Durch die Düngung mit Sulfaten ist die Entwickelung
der Blüthen und damit auch die der Frucht gehemmt worden
und es ist ersichtlich, daß wenn auch an Stengeln und Blättern
durch diese Mittel ein höherer Ertrag von einer bestimmten
Fläche zu erzielen wäre, dies von der Samenerzeugung nicht
gilt; denn es hätten auf einem Morgen des mit Gyps und
Bittersalz gedüngten Stückes über 600 Pfund Blüthen geerntet werden müssen, wenn Blüthen, Blätter und Stengel in
demselben Verhältnisse hätten stehen sollen, wie bei ungedüngtem Klee. Wir sehen aber trotz einer enormen Vermehrung im
Gewichte der Stengel und einer nicht unbedeutenden in dem
der Blätter keinen Gewinn an Blüthen und damit auch vor-

ausſichtlich nicht an Samen (Pincus), dieſe in ihrer Art
muſterhaft durchgeführten Verſuche beſtätigen die allgemeine
Regel, daß wenn äußere Urſachen, der Entwickelung einzelner vor
anderen Organen, günſtig ſind und ſie befördern, daß dies, wenn
die Bodenbeſchaffenheit ſonſt gleich bleibt, nur auf Koſten der
Entwickelung dieſer anderen geſchehen kann, und daß beim
Klee wie bei dem Getreide mit der Zunahme des Strohertrags
die des Samens abnimmt (ſiehe übrigens das Ausführlichere
dieſer Unterſuchung im Anhang J).

Da die Vertretung des Kalks durch Bittererde in den eben
beſchriebenen Verſuchen eine Vermehrung des Kleeertrags zur
Folge hätte, ſo kann man wohl mit einiger Sicherheit den
Schluß daran knüpfen, daß in den Fällen, in welchen der
Gyps eine günſtige Wirkung auf den Klee äußert, der Grund
derſelben nicht in dem Kalk des Gypſes geſucht werden darf,
obwohl ſehr häufig auf manchen Feldern die Kleecultur erſt
dann gelingt, wenn dieſelben reichlich mit Kalkhydrat gedüngt
worden ſind; man weiß zudem, daß das Gypſen auch auf
manchen Kalkfeldern günſtig auf den Kleeertrag wirkt, und da
man jetzt weiß, daß die Ackererde das Vermögen beſitzt, Ammoniak aus der Luft und dem Regenwaſſer aufzunehmen und zu
binden, und zwar in eben ſo hohem oder noch höherem Grade
als ein Kalkſalz, ſo bleibt als Anhaltspunkt zur Erklärung der
Wirkung des Gypſes nur die Schwefelſäure übrig.

Die Verſuche von Pincus beweiſen aber, daß die Erträge, welche durch Düngung mit den Sulfaten erhalten wurden, in keiner Beziehung ſtehen zu der dem Felde zugeführten
Schwefelſäure.

Die Schwefelſäure-Mengen in den zur Düngung angewendeten Sulfaten betrugen der Analyſe nach 30,12 Pfund
beim Bitterſalz und 44,18 Pfund beim Gyps, oder ſie ver-

hielten sich wie 6 : 8,8; die Schwefelsäure-Mengen in den beiden mit Gyps und Bittersalz erhaltenen Kleeernten verhielten sich wie 6 : 8; die Asche des gegypsten Klees enthielt etwas über 8 Pfund, die des mit Bittersalz erhaltenen 6 Pfund. Auf dem mit Gyps gedüngten Stücke fand die Kleepflanze mehr Schwefelsäure im Ganzen vor als auf dem anderen und nahm in eben dem Verhältniß auch mehr auf; aber diese Mehraufnahme erhöhte nicht den Ernteertrag; auf dem mit Bittersalz gedüngten Stücke, welches weniger Schwefelsäure empfangen hatte, war der Ertrag an Pflanzenmasse um 8 Procent höher.

Diese Betrachtungen dürften zeigen, daß wir über die Wirkung des Gypses noch nichts Bestimmtes wissen und es werden noch sehr viele und genaue Beobachtungen nöthig sein, ehe man eine vollständige Erklärung wird geben können.

So lange man die Ansicht hegte, daß die Pflanzen ihre Nahrung aus einer Lösung schöpfen, konnten bei der Aufsuchung des Grundes der Wirkung eines löslichen Salzes auf den Pflanzenwuchs natürlich nur die Bestandtheile des Salzes in Betracht gezogen werden, allein wir wissen jetzt, daß die Erde bei allen Vorgängen der Ernährung eine ihr eigene thätige Rolle übernimmt, und es ließ sich somit denken, daß in dem Verhalten des Gypses zur Ackererde oder der letzteren zum Gyps, zum Theil wenigstens, ein Schlüssel zur Erklärung seiner Wirkung gefunden werden könne. Eine Reihe von Versuchen, die ich über die Veränderungen, welche Gypswasser (eine gesättigte Lösung von Gyps im Wasser) in Berührung mit verschiedenen Ackererden erleidet, anstellte, haben in der That sehr auffallende Resultate geliefert, die ich hier mittheile, ohne daß ich es wage, bestimmte Folgerungen daran zu knüpfen.

Das Gypswasser erleidet nämlich bei Berührung mit allen (von mir angewendeten) Erden eine solche Zersetzung, daß, ganz ben gewöhnlichen Affinitäten entgegen, ein Theil des Kalks von der Schwefelsäure getrennt wird und an die Stelle desselben Bittererde und Kali tritt.

Die Versuche waren in folgender Weise angestellt: es wurden jedesmal 300 Gramme einer jeden Erde mit einem Liter reinem Wasser, sodann andere 300 Grm. derselben Erde mit einem Liter Gypswasser gemischt und nach 24 Stunden die abfiltrirte Flüssigkeit auf ihren Gehalt an Bittererde untersucht. Reines destillirtes Wasser nahm aus allen Erden Schwefelsäure und Chlor, Spuren von Phosphorsäure, sowie Kalk, Bittererde und Natron, zuweilen auch von Kali auf, meistens in unbestimmbar kleinen Mengen; die Alkalien sowohl wie der Kalk und die Bittererde scheinen durch Vermittelung von organischen Stoffen gelöst zu werden, da die trocknen Rückstände beim Erhitzen sich schwärzten und der Glührückstand mit Säuren brauste.

Aus 300 Grammen Erde löste ein Liter

| | destillirtes Wasser | Gypswasser |
	Milligramme Bittererde	Milligramme Bittererde
Erde von Bogenhausen	30,2	70,6
Schleißheimer Erde	31,6	87,8
Untergrund Bogenhausen . . .	12,2	84,2
Erde aus dem botanischen Garten	45,4	168,6
Erde von Bogenhausen Nr. I*)	26,6	101,6
„ „ „ „ II	38,2	98
Erde vom Schornhof	8,6	63,4
Erde von einem Baumwollen-Feld (Alabama)	1,9	3,8

---

*) Auf der durch Gypsdüngung erfahrungsgemäß ein höherer Ertrag an Klee erzielt wird, Nr. I noch nicht mit Gyps gedüngt, Nr. II bereits mit Gyps gedüngt.

Diese Zahlen geben zu erkennen, daß durch Gypsen eines
Feldes die im Boden vorhandene Bittererde löslich und verbreitbar gemacht wird, und wenn der Einfluß des Gypses auf
die Vegetation der Kleepflanze in der That auf einer vermehrten Zufuhr von Bittererde beruht, so ist dies von dem Gesichtspunkte aus, daß diese Vermehrung durch ein Kalksalz geschieht, sicherlich eine der sonderbarsten Thatsachen, die wir
kennen; durch einen besonders zu diesem Zwecke angestellten
Versuch wurde ermittelt, daß bei Berührung der Ackererde mit
der Lösung des schwefelsauren Kalks eine wirkliche Vertretung
des Kalks durch Bittererde statt hat, d. h. es tritt eine gewisse
Menge Kalk aus der Lösung an die Erde, während die mit
diesem Kalk verbundene Schwefelsäure eine äquivalente Menge
Bittererde daraus aufnimmt. In einem Liter Gypswasser,
welches mit 300 Grammen Erde von einem Weizenacker in
Berührung war, fanden sich folgende Mengen Schwefelsäure,
Bittererde und Kalk:

Das reine Gypswasser enthielt in 1 Liter	—	mit Erde in Berührung
Schwefelsäure . . . 1,170 Gramme		1,180 Gramme
Kalk . . . . 0,820 „		0,736 „
Bittererde	—	0,074 „

Durch den Einfluß des Gypses scheint übrigens neben
der Bittererde noch eine gewisse Menge Kali in Lösung übergeführt zu werden.

Aus 1000 Grammen Erde von einem Weizenacker nahmen auf		
3 Liter reines Wasser	—	3 Liter Gypswasser
Kali . . . 24,3 Milligr.		43,6 Grm.

Man sieht, daß die Wirkung des Gypses sehr zusammengesetzt ist und daß dadurch sowohl Bittererde als Kali verbreitbar in der Erde gemacht wird. Sicher ist und dies man vor-
läufig festgehalten, daß der Gyps eine chemische Action auf

die Erde selbst ausübt, die sich in jede Tiefe erstreckt, und daß
in Folge der chemischen und mechanischen Veränderung der
Erdtheile gewisse Nährstoffe aufnahmsfähig für die Kleepflanze
oder zugänglich werden, die es vorher nicht waren.

In der Regel sucht man, um die Wirkung eines Düng-
stoffes zu erklären, den Grund in der Zusammensetzung der
Pflanze aufzufinden, allein ich glaube nicht, daß dies immer
ein richtiger Anhaltspunkt ist. Die Zusammensetzung der Samen
der Gewächse, des Weizensamens z. B., ist so constant oder so
wenig veränderlich, daß es ganz unmöglich ist, aus der Analyse
desselben rückwärts einen Schluß zu machen auf den Reichthum
oder den Mangel an Phosphorsäure, Stickstoff, Kali 2c. in dem
Boden, auf welchem der Same gewachsen ist. Der Reichthum
oder der Mangel an Nährstoffen in einem Felde übt einen
Einfluß auf die Anzahl und Schwere der Samen, die sich bilden, aber nicht auf das relative Verhältniß seiner Elemente
aus. So fand Pincus z. B. den procentischen Gehalt an
Bittererde in dem ungedüngten Klee um etwas höher als in
dem mit Sulfaten gedüngten, aber in der ganzen Ernte betrug
die Bittererdemenge verhältnißmäßig viel mehr.

Bittererdegehalt in

	ungedüngt	mit Gyps	mit Bittersalz gedüngt
100 Kleeheu-Asche . .	5,87	5,47	5,27
in der ganzen Ernte .	8,8 Pfd.	13,29 Pfd.	13,54 Pfd.

Abweichungen in dem Procentgehalte an Kali, Kalk, Bittererde wird man bei allen Pflanzen häufig wahrnehmen können,
in welchen, wie beim Tabak, der Weinrebe und dem Klee, der
Kalk durch Kali oder umgekehrt vertretbar ist, aber in diesem
Falle entspricht der Zunahme an dem einen Körper von Kalk
z. B. stets eine Abnahme, an dem anderen z. B. von Kali und
umgekehrt.

Wenn der Gyps die Eigenschaft besitzt, eine Verbreitung des Kalks im Boden zu bewirken, und diese dem Bittersalz abgeht, so sollte man denken, daß der mit Gyps gedüngte Klee mehr Kali als der mit Bittersalz gedüngte enthalten müsse. Nach den Analysen von Pincus enthielt die

Kleeheu-Asche

		mit Gyps	mit Bittersalz gedüngt
in Procenten	Kali	35,37 Pfd.	32,91 Pfd.
	Kalk	19,17 „	20,66 „
in der ganzen Asche	Kali .	85,9 „	84,6 „
	Kalk .	46,6 „	53,2 „

Diese Zahlen zeigen, daß in der That die Kalimenge in dem mit Kalksulfat gedüngten Klee größer und die Kalkmenge kleiner war als in der mit Bittersalz erzielten höheren Ernte.

In dem Kleeheu von dem letzteren Stück war offenbar das fehlende Kali durch Kalk und in dem mit dem Kalksalz gedüngten eine gewisse Menge Kalk durch Kali vertreten worden.

Eine Untersuchung so sorgfältig und unbefangen wie die von Pincus erscheint unter den leichtfertigen und liederlichen Untersuchungen, an denen die Landwirthschaft so überaus reich ist, wie eine grüne Oase in einer unfruchtbaren Wüste, und sie ist wohl geeignet zu zeigen, wie viel an wahrer Erkenntniß der Vorgänge im Boden, in Beziehung auf die Pflanzenernährung noch zu entdecken ist. (Siehe agricultur-chemische und chemische Untersuchungen und Versuche, ausgeführt bei der landwirth- schaftlich-chemisch-physikalischen Versuchstation zu Insterburg von Dr. Pincus. Gumbinnen 1861.)

Kalk. Ich habe leider niemals Gelegenheit, einen Boden zu untersuchen, auf welchen die Kalkdüngung eine günstige Wirkung ausübt, da diese weder in der Umgegend von Gießen,

noch von München im Gebrauche ist. Die Versuche, welche
Kuhlmann im Jahre 1845 und 1846 auf Wiesen anstellte,
scheinen zu zeigen, daß die Nützlichkeit des Kalks wesentlich in
einer Veränderung der Bodenbeschaffenheit beruht, die ich in
den anzuführenden Fällen aus Mangel an allen genauen An-
gaben über den Boden nicht näher zu erläutern weiß.

Ernte an Heu pro Hectare
1845 und 1846:

durch Düngung einer Wiese
mit jährlich 300 Kil. gelöschtem Kalk . . 14263 Kil. mehr 3000 Kil.

„ „ 500 „ Kreide . . . . . . 10706 „ weniger 556 „

ungedüngt . . . . 11263 „

Man kann hier wohl annehmen, daß, wenn der Kalk als
Nährstoff eine Wirkung auf die Entwicklung der Wiesenpflanzen
gehabt hätte, der kohlensaure Kalk in keinem Fall einen niedrigeren, sondern eher einen höheren Ertrag hätte liefern müssen
als die ungedüngte Wiese; es zeigt sich aber das umgekehrte
Verhältniß; der kohlensaure Kalk, der nur in Kohlensäure
gelöst sich im Boden verbreiten konnte, wirkte schädlich, der
ätzende Kalk hingegen günstig ein.

Unter den häufig erwähnten sächsischen Versuchen befinden
sich zwei, welche bedeutungsvoll genug sind, um hier erwähnt
zu werden. Der eine wurde von Herrn Traeger in Oberbobritzsch, der andere von Herrn Träger in Friedersdorf angestellt; von letzterem fehlt ein vergleichender Versuch, durch den
sich der Unterschied zwischen den Erträgen des mit Kalk gedüngten und eines gleichen ungedüngten Stückes erkennen ließe;
ich stelle darum anstatt des letzteren einen anderen Versuch zur
Seite, in welchem ein gleiches Stück Feld mit Knochenmehl
gedüngt wurde.

Versuch zu Oberbrobitzsch:

Kalkdüngung (60 Scheffel c. 110 Ctr. gebrannten Kalk)

Ertrag pr. Acker	ungedüngt		mit Kalk gedüngt	
	Korn —	Stroh	Korn —	Stroh
1851 Roggen . . .	1453 Pfd.	3015 Pfd.	1812 Pfd.	3773 Pfd.
1853 Hafer	1526 „	1812 „	1748 „	2320 „
1852 Kartoffeln . .	9751 „		11021 „	
1854 Kleeheu . . .	911 „		2942 „	

Versuch zu Friebersborf:

Kalkdüngung (dieselbe Menge wie oben)

Ertrag pr. Acker	mit 1644 Pfd. Knochenmehl		mit Kalk gedüngt	
	Korn —	Stroh	Korn —	Stroh
1851 Roggen	990 Pfd.	3273 Pfd.	1012 Pfd.	3188 Pfd.
1853 Hafer	1250 „	2226 „	1352 „	2280 „
1852 Kartoffeln . . .	8994 „		12357 „	
1854 Kleeheu	4614 „		4188 „	

Guano brachte in dem Jahre 1854 auf dem Felde zu Oberbobritzsch einen höheren Ertrag an Klee wie Kalk (siehe Seite 277), hingegen auf dem Felde zu Friebersborf einen niedrigeren hervor. 616 Pfund Guano in Friebersborf 2737 Pfund, in Oberbobritzsch 5044 Pfund Kleeheu.

Versuche, in denen ich Kalkwasser mit verschiedenen Erden in Berührung brachte, haben ergeben, daß die Ackererde ein ähnliches Absorptionsvermögen für Kalk, wie für Kali und Ammoniak besitzt. Die Erde wurde mit Kalkwasser gemischt und stehen gelassen bis alle Reaction völlig verschwunden war, sodann eine neue Quantität Kalkwasser der Mischung zugegeben, bis eine schwache aber deutliche alkalische Reaction bleibend wurde.

Versuche über die Menge von Kalk, welche von verschiedenen Ackererden aus Kalkwasser aufgenommen wurden.

		Grm. Kalk	aus	Grm. Kalkwasser
1 Liter = 1 Kubikdecimeter Bogenhauser Erde nahm auf		2,824	„	2259
1 Liter Schleißheimer Erde nahm auf . .		2,397	„	1917
1 „ botanischer Garten-Erde nahm auf		3,000	„	2400
1 „ Untergrund Bogenhausen „ „ .		3,288	„	2630
1 „ Bogenhausen Weizenacker „ „ .		2,471	„	1976
1 „ von demselben Felde nach Klee nahm auf		2,471	„	1976
1 „ Torfpulver		6,301	„	5040

Die nähere Untersuchung der Veränderungen, welche die Erde durch die Aufnahme von Kalk erlitten hat, namentlich in Beziehung auf löslich gewordene Kieselsäure und Kali, ist noch nicht beendigt.

———————

Anhang A.

(Zu Seite 19.)

Untersuchung von Buchenblättern in verschiedenen Wachsthumszeiten. (Dr. Zöller.)

Die Buche (fagus sylvatica), von welcher die untersuchten Blätter gesammelt wurden, steht im Münchener botanischen Garten. Die Blätter, bezeichnet I. Periode, nahm man am 16. Mai 1861 in vier verschiedenen Größen vom Baume ab. Die kleinsten Blättchen a hatten eben die Knospen verlassen, während die Blätter d in ihrer Größe völlig ausgewachsenen Buchenblättern entsprachen; bezüglich ihrer Wachsthumszeit unterschieden sich a und d um vier Tage. Die beiden andern Blattsorten b und c standen hinsichtlich ihrer Größe und Wachsthumszeit zwischen a und d. Die Blätter der I. Periode waren sehr zart; ihre Farbe gelblich grün.

Die folgenden Blattabnahmen geschahen am 18. Juli (II. Periode) und am 15. October 1861 (III. Periode). Die Blätter der einzelnen Perioden waren unter sich von gleicher Größe und derbem Gefüge, die Farbe der Juliblätter war dunkelgrün, die der Octoberblätter etwas heller.

Die Blätter der IV. Periode stammten von demselben Baume, wurden aber im Jahre 1860 Ende November abgenommen; sie waren an dem Baume vertrocknet und vollkommen dürr.

100 Gewichtstheile frischer Buchenblätter enthielten:

	I. Periode.				II. Periode.	III. Periode.
	a.	b.	c.	d.		
Trockensubstanz . . .	30,29	22,04	21,53	21,52	44,13	43,23
Wasser	69,71	77,96	78,47	78,46	55,87	56,77

1000 Stück frische Blätter bestanden aus Grammen:

Trockensubstanz . . .	10,01	15,90	32,63	60,00	116,16	117,53
Wasser	22,61	57,26	118,91	218,31	147,04	154,33
Gesammtgewicht der 1000 Blätter	32,62	73,16	151,54	278,31	263,20	271,86
Aschen-Procente der trockenen Blätter	4,65	5,40	5,82	5,76	7,57	10,15

Der Wassergehalt der lufttrockenen Blätter der IV. Periode betrug 11,89 Proc.; der Aschengehalt der getrockneten Blätter 8,70 Proc.

Zur Aschen-Analyse der Blätter von Periode I. wurde die Asche durch Einäscherung der gleichen Anzahl Blätter b, c und d hergestellt.

100 Theile Blätterasche enthielten:

	I. Periode. 16. Mai 1861.	II. Periode. 18. Juli 1861.	III. Periode. 14. Oct. 1861.	IV. Periode. Ende Nov. 1861.
Natron	2,30	2,34	1,01	—*)
Kali	29,95	10,72	4,85	0,99
Magnesia	3,10	3,52	2,79	7,13
Kalk	9,83	26,46	34,05	34,13
Eisenoxyd	0,59	0,91	0,94	1,10
Phosphorsäure	24,21	5,18	3,48	1,95
Schwefelsäure	—*)	—*)	—*)	4,98
Kieselsäure	1,19	13,37	20,68	24,37
Kohlensäure und unbest. Bestandtheile . . .	28,83	37,50	32,20	25,85
Summe	100,00	100,00	100,00	100,00

*) Nicht bestimmt.

Aschen-Analysen der Blätter der Roßkastanie und
des Nußbaumes von E. Staffel.

(Annalen der Chemie und Pharmacie, Bd. LXXVI, S. 379)

	Roßkastanie		Nußbaum	
	Frühjahr	Herbst	Frühjahr	Herbst
Feuchtigkeit in 100 Thln. frischer Substanz, bei 100° C. getrocknet . .	82,09	56,27	82,15	63,81
Aschenprocente der frischen Substanz .	1,376	3,288	1,092	2,570
» » getrockneten » .	7,69	7,52	7,719	7,005
100 Theile Asche enthielten:				
Kali	46,38	14,17	42,04	25,48
Kalk	13,17	40,48	26,86	53,65
Magnesia	5,15	7,78	4,55	9,83
Thonerde	0,41	0,51	0,18	0,06
Eisenoxyd	1,63	4,69	0,42	0,52
Schwefelsäure	2,45	1,69	2,58	2,65
Kieselsäure	1,76	13,91	1,21	2,02
Phosphorsäure	24,40	8,22	21,12	4,04
Chlorkalium	4,65	8,55	1,04	1,73
Summe	100,00	100,00	100,00	99,98

Aschen-Analysen von blühenden und abgewelkten, mit Früchten besetzten Spargelstengeln.
(Dr. Zöller).

	I. Blühende Spargel= kegel.	II. Herbststengel mit reifen Früchten.
Feuchtigkeit in 100 Theilen der frischen Substanz bei 100° C. getrocknet	84,34	59,23
Aschenprocente der frischen Substanz . .	0,946	4,13
Aschenprocente der getrockneten Substanz	6,050	10,13
100 Theile Asche enthalten:		
Natron	5,11	5,26
Kali	34,40	11,77
Magnesia	4,69	3,61
Kalk	9,07	24,05
Eisenoxyd	0,52	0,94
Phosphorsäure	12,54	7,33
Kieselsäure	1,85	9,68
Unbestimmte Bestandtheile rc. . . .	31,82	37,37
Summa:	100,00	100,00

Das Untersuchungsmaterial stammte aus dem botanischen Garten in München. Die blühenden Spargelstengel wurden am 20. Juni 1861 dicht über der Erde abgeschnitten, in gleicher Weise die Herbststengel am 28. October 1861 von derselben Pflanze.

Anhang B.
(Zu Seite 28.)

Ueber das Amylon in den Palmenstämmen.

Die Quantität des Stärkemehls ist in einem und demselben Stamme je nach seinem Alter und der Blüthe- oder Fruchtzeit außerordentlich verschieden.

Die Erzeugung desselben nimmt bisweilen nicht bloß innerhalb der Zellen rasch zu, sondern bisweilen sogar auf Unkosten des Zellgewebes. So sieht man manchmal im Frühlinge den Wurzelstock von Sabal mexicana nicht bloß im Inneren der Zellen, sondern auch außer denselben voll von weißem Mehle.

Am allerauffälligsten aber erscheint dieses Phänomen bei den ostindischen Sago-Palmen (Metroxylon). Hier zeigt sich ganz deutlich, daß die Entwickelung des Stärkemehls periodenweise vor sich geht und organisch zusammenhängt mit der Entwickelung der Blüthen und Früchte. Man kann daher bei diesen Bäumen gleich den Malayen sagen, daß sie in einer gewissen Zeit trächtig seien; und zwar ist dies eben die Periode, in welcher der Baum in seinem Inneren eine große Menge von Stärkemehl hervorbringt, und gleichsam als den organischen Vorrath aufspeichert, aus welchem nach Verflüssigung neue Holztheile, Blüthen und Früchte producirt werden sollen.

Ganz beſonders gilt das hier Geſagte von Metroxylou Rumphii Mart. (Sagus genuina Rumph.) Dieſer Baum, ein wahres chemiſches Laboratorium für die Bereitung von Stärkemehl iſt monokarpiſch, d. h. er blüht und fructiſicirt nur einmal und ſtirbt dann. Er hat dann eine Höhe von 25 bis 30′ erreicht. Der Stamm, cylindriſch und mehr als ein Fuß dick, beſteht von der Peripherie auf anderthalb Zoll einwärts aus einem weißlichen nicht ſehr hartem Holze, weiter nach Innen aber aus einem ſchwammigen, von Faſern durchzogenem Gewebe, deſſen Zellen mit Stärkemehlkörnern angefüllt ſind. In der Jugend, wenn der Stamm noch gleichſam unreif iſt, enthält er nur eine geringe Menge Stärke. Solche nimmt zu, wenn der Stamm in ſeinem oberen Theile und im unterſten Theile der Blattſcheiden lange Stacheln hervortreibt. Wenn dieſe Waffen abgeworfen ſind und die Blätter faſt ganz mit einem weißen Reiſe beſchlagen ſind, gleichſam als hätte man ſie mit Kalkſtaub eingepudert, beginnt die größte Menge von Stärke. Die Malayen nennen dieſe Periode Maaputih, d. h. der Baum wird weiß. Nun beginnt an der Spitze des Stammes der Blüthenſchaft, welcher ſich ſpäter wie ein ungeheures Hirſchgeweih mit tauſenden von Blüthen und endlich mit kugelrunden, von einer Panzerſchale bekleideten Früchten bedeckt, hervorzutreiben, und wenn er eines Fußes Länge erreicht hat, iſt jene Periode vorhanden, welche der Malaye Saga bonting nennt, d. h. der Baum iſt trächtig. Ein geringerer Theil des Amylons wird nun bereits umgeſetzt, um der Bildung in Holzfaſern der Blüthenſchaften zu dienen. Endlich tritt das Stadium ein, welches der Malaye Majang bara nennt, d. h. das Junge tritt hervor. Der Blüthenſchaft hat dann auf dem Gipfel des Stammes 4′ erreicht; aber die Scheiden, aus welchen die Blüthenzweige hervortreten ſollen, ſind noch nicht geöffnet. Der

24*

Baum kann diese drei Perioden bereits durchlaufen haben, ohne eine sehr beträchtliche Einbuße an Stärke zu erleiden. Wenn aber die letzte Periode, **Batsja Bang, b. i.** der Trieb verzweigt sich, eingetreten ist, wo dann der ganze Schaft 6 bis 10′ hoch geworden ist und 10′ im Umkreis mißt, dann ist die größte Menge des Amplons bereits zu dicken Holzfasern ver= wendet, und noch mehr ist dies in den beiden letzten Perioden der Blüthe (Siriboa) und der Frucht (Bahoa) der Fall. Dann ist gar kein Stärkemehl mehr vorhanden. Ein gesunder Baum bringt 400 bis 800 Pfunde Stärkemehl hervor (der daraus berei= tete Sago kommt übrigens nicht in den europäischen Handel, sondern wird im Lande verbraucht). Diejenige Palmenart, welche den in Europa verwendeten Sago vorzugsweise liefert, ist **Metroxylon laeve Mart.** von Malakka, dessen wilde Stämme 4 bis 5½ Picols Sago liefern, während die in Gärten cultivir= ten nur 2 bis 3.

Anhang C.
(Zu Seite 57.)

(Vegetable Statics, London 1827).

Die Versuche von Hales über die Mechanik der Saftbewegung können für alle Zeiten als Muster einer vortrefflichen
Methode gelten; daß sie in diesem Augenblicke in dem Gebiete
der Pflanzenphysiologie unübertroffen dastehen, mag vielleicht
dadurch erklärlich gefunden werden, daß sie aus dem Zeitalter
Newton's stammen; sie verdienen einer jeden Pflanzenphysiologie einverleibt zu werden.

In dem Anfange seines Werkes beschreibt Hales die
Versuche, welche er über die Saftbewegung in den Gewächsen
in Folge ihrer Ausdünstung an belaubten Zweigen, an abgeschnittenen Pflanzen und an solchen, die mit Wurzeln noch versehen waren, angestellt hat.

Den Einfluß des mechanischen Druckes einer Wassersäule
unter und ohne Mitwirkung der Verdunstung zeigt er durch
folgenden Versuch.

An einen mit seinen Blättern und kleinen Zweigen versehenen Ast von einem Apfelbaume befestigte Hales luftdicht
eine sieben Fuß lange Röhre; er hielt den Ast mit seinen Zweigen und Blättern in ein großes Gefäß mit Wasser eingetaucht,
und füllte die Röhre mit Wasser. Durch den Druck der
Wassersäule wurde Wasser in den Ast eingetrieben und es sank
das Wasser in der Röhre in zwei Tagen um 14¼ Zoll.

Den dritten Tag zog er den Ast aus dem Wasser und

überließ ihn der freien Luftverdunstung; das Wasser in der Röhre fiel jetzt in zwölf Stunden um 27 Zoll.

Zur Vergleichung der Kraft, mit welcher das Wasser durch Druck allein und durch Druck und Ausdünstung zusammen durch die Gefäße des Holzkörpers getrieben wird, verband Hales einen 6 Fuß langen belaubten, der Luft ausgesetzten Ast von einem Apfelbaume mit einer 9 Fuß langen Röhre, die mit Wasser gefüllt wurde.

In Folge des Druckes der Wassersäule und der an der Oberfläche der Blätter und Zweige vor sich gehenden Verdunstung sank das Wasser in der Röhre (XI. Versuch) in einer Stunde um 36 Zoll. Er schnitt jetzt den Ast 13 Zoll unterhalb der Röhre ab, und stellte den abgeschnittenen Theil (mit Blättern und Zweigen) aufrecht in ein Gefäß mit Wasser: dieser letztere saugte in 30 Stunden 18 Unzen Wasser auf, während durch das mit der Röhre verbundene 13 Zoll lange Holzstück nur 6 Unzen Wasser, und zwar unter dem Drucke einer Wassersäule von 7 Fuß, durchgegangen waren.

In drei anderen Versuchen zeigt Hales, daß die capillaren Gefäße einer Pflanze für sich und in Verbindung mit den unverletzten Wurzeln durch Capillaranziehung sich mit Leichtigkeit mit Wasser füllen, ohne aber die Kraft zu besitzen, den Saft ausfließen und in einem aufgesetzten Rohr steigen zu machen. Die Bewegung des Saftes gehört, so schließt er, der verdunstenden Oberfläche allein an, er beweist, daß sie von dem Stamme, den Zweigen, Blättern, Blüthen und Früchten in gleichem Grade ausgeht, und daß die Wirkung der Verdunstung in einem bestimmten Verhältniß zur Temperatur und dem Wassergehalte der Luft steht; wenn die Luft feucht war, wurde nur wenig aufgesaugt, an Regentagen war die Aufsaugung kaum bemerklich.

Das zweite Kapitel seiner Statik eröffnet er mit folgender Einleitung:

»In dem ersten Kapitel hat man gesehen, welche große Menge Flüssigkeit die Pflanzen auffaugen und ausdünsten, in diesem beabsichtige ich die Kraft zu zeigen, mit welcher dies geschieht.

»Da in den Pflanzen das mächtige Werkzeug fehlt, welches in den Thieren durch seine abwechselnde Ausdehnung und Zusammenziehung das Blut zwingt, durch die Arterien und Venen zu fließen, so hat die Natur sie entschädigt mit anderen wirksamen und kräftigen Hülfsmitteln, um den Saft, der sie belebt, an sich zu ziehen, zu heben und in Bewegung zu erhalten.«

In seinem XXI. Versuch entblößte er eine der Hauptwurzeln eines in voller Vegetation begriffenen Birnbaumes in einer Tiefe von 2½ Fuß, schnitt die Spitze derselben ab und verband den mit dem Stamme in Verbindung stehenden Theil der Wurzel mit einer Röhre, die er mit Wasser füllte und mit Quecksilber sperrte. Diese Glasröhre stellte die verlängerte Wurzel dar.

In Folge der Ausdünstung der Oberfläche des Baumes saugte die Wurzel das Wasser in der Röhre mit einer solchen Kraft auf, daß in sechs Minuten das Quecksilber bis auf 8 Zoll in der Röhre sich erhob (entsprechend einer Wassersäule von 9 Fuß Höhe).

· Diese Kraft ist nahe gleich derjenigen, mit welcher das Blut in der großen Schenkelpulsader eines Pferdes sich bewegt. »Ich bestimmte«, sagt Hales in seinem Vers. XXXVI, »den Druck des Blutes verschiedener Thiere, indem ich sie lebend mit dem Rücken auf einen Tisch befestigte und die große Schenkelpulsader, wo sie in den Schenkel eingeht, mit Hülfe zweier kleinen Röhren von Kupfer, mit einer Röhre von 10 Fuß Länge und ¼ Zoll innerem Durchmesser verband; das Blut eines Pferdes erhob sich in dieser Röhre auf 8 Fuß 3 Zoll, das eines anderen auf 8 Fuß 9 Zoll, eines Hundes auf 6½ Fuß ꝛc.

Hales zeigte durch besondere Versuche, daß die Auffau= gungskraft, welche er an der Wurzel nachwies, auch der Stamm, daß sie jeder einzelne Zweig, jedes Blatt und die Frucht, daß sie jeder Theil der Oberfläche besitzt, daß die Be= wegung des Saftes von der Wurzel nach den Zweigen und Blättern fortdauert, selbst wenn der Stamm von Rinde und Bast an irgend einem Theile völlig entblößt wird, daß diese Kraft nicht bloß von der Wurzel nach dem Gipfel, sondern auch von dem Gipfel nach der Wurzel hin wirkt.

Aus seinen Versuchen erschließt er das Vorhandensein einer mächtigen Anziehungskraft, die ihren Sitz in jedem Theile der Pflanze hat.

Wir wissen jetzt, daß diese anziehende Kraft als solche das Quecksilber oder Wasser in seinen Röhren nicht zum Steigen brachte, und aus seinen Versuchen ergiebt sich auf das Klarste, daß das Auffaugungsvermögen der Pflanzen, jedes Blattes, jeder Wurzelfaser in Folge der Ausdünstung durch eine mächtige Kraft von außen unterstützt wird, die nichts anderes ist, als der Druck der Atmosphäre.

Durch die Verdunstung des Wassers an der Oberfläche der Gewächse entsteht im Inneren derselben ein leerer Raum, in dessen Folge Wasser und im Wasser lösliche Gase mit Leich= tigkeit von Außen eingetrieben und gehoben werden, und es ist dieser äußere Druck neben der Capillarität die Hauptursache der Verbreitung und Bewegung der Säfte.

Was das Auffaugungsvermögen der Pflanzenoberfläche bei einem gewissen Drucke von Außen für Gase betrifft, so bieten seine Versuche die sprechendsten Belege dar. In seinem

Versuche XXII. sagt Hales: „Die Höhe, bis zu welcher das Quecksilber in der Röhre stieg, zeigt nicht die ganze Kraft, mit welcher das Wasser aufgesaugt wird, denn während dies geschieht, sieht man die ganze Schnittfläche der Wurzel (des Stammes oder der Zweige) sich mit Luftblasen bedecken, welche aus derselben austretend einen Theil des Raumes, den das Wasser einnahm, erfüllen. Die Höhe des Quecksilbers stand deshalb nur im Verhältniß zu dem Ueberschuß des Wassers, den die Pflanze mehr einsaugte, als Luft austrat. Wäre die Menge der ausgetretenen Luft gleich gewesen der Menge des aufgesaugten Wassers, so wäre das Quecksilber gar nicht gestiegen; es ist demnach klar, daß, wenn von 12 Volum Wasser 9 Vol. eingesaugt werden, während 3 Vol. Luft in die Röhre treten, daß das Quecksilber nur um 6 Volum steigen kann.“

Wenn in seinen Versuchen die Wurzel, der Stamm oder ein Zweig an irgend einer Stelle verletzt worden war durch das Abschneiden von Knospen, Wurzelfasern oder kleinerer Zweige, so verminderte sich das Auffangungsvermögen des übrigen Theils auf eine in die Augen fallende Weise (weil von diesen Stellen aus durch Eindringen von Luft der Unterschied im Druck leichter ausgeglichen wurde); das Auffangungsvermögen war von ganz frischen Schnittflächen aus am größten, an denen es sich aber allmälig verminderte, bis es nach Verlauf von mehreren Tagen an diesen Stellen nicht größer war, als an der unverletzten Pflanzenoberfläche.

Die Ausdünstung ist, so schließt Hales weiter, die mächtige Ursache, welche der Pflanze aus der Umgebung, worin sie lebt, Nahrung zuführt; es erfolgt Krankheit und Absterben der Pflanzen, wenn das Verhältniß der Ausdünstung und der Zufuhr in irgend einer Weise gestört und unterbrochen wird.

Wenn in heißen Sommern der Boden durch die Wurzel die Feuchtigkeit nicht ersetzen kann, welche den Tag über durch die Blätter und Oberfläche des Baumes verdunstet ist, wenn der Baum oder ein Zweig desselben austrocknet, so hört die Bewegung des Saftes an diesen Stellen auf, einmal ausgetrocknet kann durch die Capillarität allein die ursprüngliche Thätigkeit nicht wieder hergestellt werden; die Ausdünstung ist die Hauptbedingung ihres Lebens, durch sie wird eine dauernde Bewegung, ein sich stets wiederholender Wechsel in der Beschaffenheit des Saftes zu Wege gebracht.

„Vergleicht man," sagt Hales, „die Oberfläche der Wurzeln einer Pflanze mit der Oberfläche, die sich außerhalb des Bodens befindet, so sieht man sogleich, warum die Anzahl der Zweige an einem Baume, den man versetzen will, vermindert werden muß. Nehmen wir an, daß beim Umsetzen die Hälfte der Wurzeln abgeschnitten werden muß, wie dies gewöhnlich geschieht, so kann der Baum aus der Erde nur halb soviel Nahrung als vorher einsaugen; es muß die verdunstende Oberfläche außerhalb mit der einsaugenden innerhalb der Erde in Verhältniß gebracht, d. h. verkleinert werden."

Den Einfluß der unterdrückten Ausdünstung weist Hales durch die folgenden Beobachtungen an Hopfenpflanzen nach.

„Der Boden eines Morgen Landes, auf welchem 9000 Hopfenpflanzen wachsen, muß diesen Pflanzen durch die Wurzeln im Juli in 12 Tagesstunden 36,000 Unzen Wasser zuzuführen vermögen. Es ist dies die Wassermenge, die sie in dieser Zeit durch Ausdünstung verlieren und die sie nöthig haben, um sich wohl zu befinden.

„So lange die Luft günstig ist, vermindert sich die Menge Wasser, welche ausdünstet, nicht; aber in feuchtem, regnerischem Wetter, wenn es lange anhält, ohne daß trockene sonnige Tage dazwischen liegen, wird die zu ihrem Gedeihen und zu ihrer Erhaltung nöthige Transspiration unterdrückt. Der nicht in Bewegung gesetzte Saft stockt und verdirbt, und es erzeugt sich Schimmel.

„Dieser Fall ereignete sich im Jahre 1723, während beständiger Regen fiel, welcher 10 bis 12 Tage anhielt. Dieser Regen begann nach einer viermonatlichen Dürre den 15. Juli. Die schönsten und kräftigsten Hopfenpflanzen, Blätter und Früchte waren alle vom Schimmel befallen; minder kräftige entgingen dem Uebel, weil sie kleiner waren, während die ausgedunstete Feuchtigkeit von den kräftigsten Pflanzen in ihrem dichten Blätterwerk zurückgehalten wurde.

„Dieser Regen, nach einer so langen Dürre, fand die Erde so erhitzt, daß die Kräuter ebenso schnell wie in einem Mistbeete wuchsen, und die Aepfel wuchsen so schnell, daß ihr Fleisch außerordentlich weich blieb und daß sie in größerer Quantität faulten, als seit Menschengedenken nicht geschehen war.

„Die Hopfenpflanzer wissen, daß, wenn der Schimmel sich eines Theils des Feldes einmal bemächtigt hat, derselbe sich vermehrt und nach allen Seiten hin verbreitet, selbst das Gras, sowie alles unter dem Hopfen wachsende Unkraut wird davon ergriffen, wahrscheinlich weil die kleinen Körner dieser Schimmelpflanzen, welche schnell wachsen und bald zur Reife gelangen, durch die Luft auf der ganzen Oberfläche des Feldes verbreitet werden, wo sie sich vervielfältigen und manchmal das Feld mehrere Jahre hintereinander anstecken."

„Ich sah," so berichtet Hales, „im Monat Juli die Ranken in der Mitte der Hopfenfelder von einem Ende zum andern durch einen glühend heißen Sonnenstrahl ganz verbrannt, und zwar nach einem heftigen Regenguß; in solchen Augenblicken sieht man oft mit bloßen Augen und besser noch mit

Reflexionsteleskopen die Dämpfe in so großer Masse sich erheben, daß die Gegenstände dunkel und zitternd erscheinen. Auf
dem ganzen Felde war keine Aber des Bodens trocken oder
kiesig; man muß deßhalb dieses Uebel einer Menge heißen
Dampfes zuschreiben, die in der Mitte größer war als nach den
Seiten hin; sie bildeten dort, wo sie häufiger waren, ein dich-
teres und demzufolge ein heißeres Medium, als nach den Seiten hin.

„Die Gärtner in London machen häufig ähnliche Erfahrungen, wenn sie nach kalten Nächten die Glasglocken, womit sie
Blumenkohlpflanzen bedecken, am Tage nicht lüften und die
Feuchtigkeit verdunsten lassen; denn wenn diese Feuchtigkeit sich
durch die Sonnenhitze erheben will und durch die Glocke zurückgehalten wird, so bildet sie einen dichten, durchsichtigen Dampf,
der die Pflanze verbrüht und tödtet.“

Wenn diese Beobachtungen in unsere gegenwärtige Sprache
übersetzt werden, so sieht man, mit welcher Schärfe und Genauigkeit Hales den Einfluß der Verdunstung auf das Leben
der Gewächse erkannt hat.

Nach ihm ist die Entwickelung und das Gedeihen der Pflanzen
abhängig von der Zufuhr von Nahrung und Feuchtigkeit aus
dem Boden, welche bedingt wird durch eine gewisse Temperatur
und Trockenheit der Atmosphäre. Das Aufsaugungsvermögen
der Pflanzen, die Bewegung ihres Saftes ist abhängig von der
Ausdünstung, die Menge der aufgesaugten und zu ihrer Thätigkeit nöthigen Nahrung steht im Verhältniß zu der Menge der
in einer gegebenen Zeit ausgetretenen (verdunsteten) Feuchtigkeit. Wenn die Pflanze ein Maximum von Flüssigkeit in sich
aufgenommen hat und durch eine niedrige Temperatur oder
durch anhaltend feuchtes Wetter die Ausdünstung unterdrückt
ist, so hört die Zufuhr von Nahrung, die Ernährung, auf, die

Säfte stocken und verändern sich, sie gehen jetzt in einen Zustand über, in welchem ihre Theile und Bestandtheile zu einem
fruchtbaren Boden für mikroskopische Gewächse werden.   Wenn
nach heißen Tagen Regen fällt, und starke Hitze ohne Wind
darauf folgt, und jeder Theil der Pflanze mit einer mit Feuchtigkeit gesättigten Luft umgeben ist, so hört die Abkühlung durch
weitere Verdunstung auf, die Pflanzen unterliegen dem Son-
nenbrande.

Anhang D.
(Zu Seite 95.)

Untersuchung von Drain=, Lysimeter=, Fluß= und Moorwasser.

1. Drainwasser.

Thomas Way fand im Drainwasser an sieben verschiedenen Feldern folgende Bestandtheile (Journ. of the royal agric. Soc. Vol. XVII, 133):

	Grains in 1 Gallon = 70000 Grains Wasser.						
	1.	2.	3.	4.	5.	6.	7.
Kali	Spur	Spur	0,02	0,05	Spur	0,22	Spur
Natron . . .	1,00	2,17	2,26	0,87	1,42	1,40	3,20
Kalk	4,85	7,19	6,05	2,26	2,52	5,82	13,00
Magnesia . .	0,68	2,32	2,48	0,41	0,21	0,93	2,50
Eisenoxyd und Thonerde . .	0,40	0,05	0,10	—	1,30	0,35	0,50
Kieselsäure .	0,95	0,45	0,55	1,20	1,80	0,65	0,85
Chlor	0,70	1,10	1,27	0,81	1,26	1,21	2,02
Schwefelsäure	1,65	5,15	4,40	1,71	1,29	3,12	9,51
Phosphorsäure	Spur	0,12	Spur	Spur	0,08	0,06	0,12
Ammoniak . .	0,018	0,018	0,018	0,012	0,018	0,018	0,006

Ganz ähnliche Resultate erhielt Dr. Krocker in seinen Analysen von Drainwasser von Proskau (s. Liebig und Kopp's Jahresber. f. 1853, 742):

	Drainwasser (in 10000 Theilen):					
	a.	b.	c.	d.	e.	f.[*]
Organische Substanz	0.25	0,24	0,16	0,06	0,63	0,56
Kohlensaurer Kalk	0,84	0,84	1,27	0,79	0,71	0,84
Schwefelsaurer Kalk	2,08	2,10	1,14	0,17	0,77	0,72
Salpetersaurer Kalk	0,02	0,02	0,01	0,02	0,02	0,02
Kohlensaure Magnesia . . .	0,70	0,69	0,47	0,27	0,27	0,16
Kohlensaures Eisenoxydul .	0,04	0,04	0,04	0,02	0,02	0,01
Kali	0,02	0,02	0,02	0,02	0,04	0,06
Natron	0,11	0,15	0,13	0,10	0,05	0,04
Chlornatrium	0,08	0,08	0,07	0,03	0,01	0,01
Kieselerde	0,07	0,07	0,06	0,05	0,06	0,05
Summe d. festen Bestandtheile	4,21	4,25	3,37	1,53	2,58	2,47

2. Lysimeter-Wasser.

Das Lysimeter-Wasser ist atmosphärisches Wasser, welches in geeigneten Vorrichtungen (Lysimeter) durch verschiedene Bodenarten geht und nach seinem Durchgange aufgefangen wird. (Vergl. S. 96.)

Die chemische Untersuchung erstreckte sich auf die Wasser von vier Versuchsreihen und wurde von Dr. Zöller ausgeführt.

---

[*] a. Drainwasser von dem Boden mit dem Untergrund A. gesammelt 1. April 1853. — b. Desgleichen, gesammelt 1. Mai 1853, nach einem Regen von 218 Cubikzoll auf den Quadratfuß. — c. Drainwasser des vorhergehenden Bodens, gemischt mit dem von einem humosen Thonboden, mit kalkreichem Letten als Untergrund, im October 1853 untersucht. — d. Drainwasser von dem Boden B, im October 1853 gesammelt. — Durch die Wasserfurchen von einem schweren Thonboden e. Anfangs Juni, f. Mitte August nach starken Regengüssen abgelaufenes Wasser.

I. Versuchsreihe von 1857.

Die analysirten Wasser stammen von fünf Böden; es sind die Mengen atmosphärisches Wasser, welche vom 7. April bis 7. October 1857 durch je 1 Quadratfuß Erde von 6 Zoll Tiefe gingen. I. Von gedüngtem Kalkboden mit Vegetation (Gerste); II. von rohem Thonboden mit Vegetation; III. von rohem Thonboden ohne Vegetation; IV. von gedüngtem Thonboden ohne Vegetation; V. von gedüngtem Thonboden mit Vegetation. — Die Düngung von je I., IV. und V. geschah mit 2 Pfund Rindermist ohne Stroh.

	I.	II.	III.	IV.	V.
Durch den Boden gegangene Wassermenge	9845	18575	18148	19790	12302 C.C.
Fester Rückstand derselben bei 100° C.	4,651	4,73	5,291	6,04	3,686 Grm.
Asche des festen Rückstandes	3,127	3,283	3,545	4,245	2,610 „
Kali	0,064	0,044	0,037	0,108	0,047 Grm.
Natron	0,070	0,104	0,135	0,470	0,074 „
Kalk	1,436	1,070	1,285	1,354	1,186 „
Magnesia	0,203	0,165	0,024	0,058	0,063 „
Eisenoxyd	0,013	0,119	0,150	0,114	0,053 „
Chlor	0,566	0,177	0,379	0,781	0,434 „
Phosphorsäure	0,022	Spur	Spur	Spur	Spur
Schwefelsäure	0,172	0,504	0,515	0,580	0,412 „
Kieselsäure	0,103	0,210	0,317	0,188	0,115 „
Thon und Sand	0,089	0,074	0,112	0,045	0,047 „
Summe . . .	2,738	2,467	2,964	3,698	2,381 Grm.
Ab das dem Chlor entsprechende Aeq. Sauerstoff .	0,127	0,040	0,085	0,176	0,095 „
Summe . . .	2,611	2,427	2,869	3,522	2,286 Grm.
Glühverlust u. Kohlensäure	2,040	2,303	2,422	2,518	1,400 „
Summe . . .	4,651	4,730	5,291	6,040	3,686 Grm.

1 Million Liter Wasser, durch Böden von 6 Zoll Tiefe und der beschriebenen Beschaffenheit gegangen, enthalten:

	I.	II.	III.	IV.	V.
Fester Rückstand bei					Grm.
100° C. getrocknet	472,32	254,64	292,64	305,20	291,50
Darin Asche	317,62	176,74	194,78	214,50	212,16
					Grm.
Kali	6,50	2,37	2,03	5,46	3,82
Natron	7,11	5,60	7,43	23,74	6,02
Kalk	145,86	57,60	70,80	68,41	92,34
Magnesia	20,52	8,88	1,32	2,93	5,12
Eisenoxyd	1,32	6,35	8,26	5,76	4,30
Chlor	57,49	9,52	20,87	39,46	35,27
Phosphorsäure . . .	2,23	--	—	—	—
Schwefelsäure . . .	17,47	27,13	27,82	29,30	33,49
Kieselsäure (lösliche) .	10,46	11,35	17,46	9,50	9,34

II. Versuchsreihe von 1858.

Die analysirten Wasser rühren von sechs Böden her; es sind die Mengen atmosphärisches Wasser, welche vom 10. Mai bis 1. November 1858 durch je 1 Quadratfuß Erde von 12 Zoll Tiefe gingen. Der Boden war gewöhnlicher ungedüngter Alluvialkalkboden der Isarauen. Als Anbaupflanze war die Kartoffel gewählt. I. Ungedüngt und ohne Vegetation; II. ungedüngt mit Vegetation; III. Düngung: 10 Grm. Kochsalz, mit Vegetation; IV. Düngung: 10 Grm. Chilisalpeter, mit Vegetation; V. 10 Grm. Guano, mit Vegetation; VI. Düngung: 20 Grm. mit Salzsäure (?) aufgeschlossener und pulverförmig erhaltener Phosphorit, mit Vegetation.

	I.	II.	III.	IV.	V.	VI.
Durch den Boden gegangene Wassermenge . .	29185	25007	28138	17466	16520	80850 C.C.
Fester Rückstand derselben bei 100° C. . .	8,985	8,214	14,198	7,681	4,864	8,001 Grm.
Asche des festen Rückstandes	6,591	6,094	12,292	5,533	3,704	6,192 „
Natron	0,250	0,245	3,290	1,255	0,301	0,233 Grm.
Kali	0,075	0,066	0,094	0,035	0,032	0,029 „
Magnesia	0,432	0,443	0,454	0,264	0,382	0,374 „
Kalk	2,416	2,467	2,356	1,792	1,378	2,645 „
Eisenoxyd	0,115	0,083	0,104	0,083	0,096	0,117 „
Chlor	0,227	0,237	3,925	0,177	0,317	0,238 „
Phosphorsäure	React.	React.	0,009	React.	0,007	0,015 „
Salpetersäure	—	—	—	3,267	—	—
Schwefelsäure	0,132	0,147	0,118	0,182	0,197	0,666 „
Kieselsäure	0,266	0,301	0,384	0,303	0,226	0,224 „
Sand	0,155	0,237	0,155	0,105	0,062	0,083 „
Summe . . .	4,068	4,226	10,829	7,463	2,998	4,644 Grm.
Ab das dem Chlor entsprechende Aeq. Sauerst.	0,051	0,053	0,884	0,039	0,071	0,053 „
Summe . . .	4,017	4,163	9,945	7,424	2,927	4,591 Grm.
Glühverlust u. Kohlensäure	4,968	4,051	4,253	0,257	1,937	3,410 „
Summe . . .	8,985	8,214	14,198	7,671	4,864	8,001 Grm.

1 Million Liter Waſſer, durch Böden von 10 Zoll Tiefe und der beſchriebenen Beſchaffenheit gegangen, enthalten:

	I.	II.	III.	IV.	V.	VI.
Feſter bei 100° C. ge- trockneter Rückſtand	307,86	328,46	504,58	439,76	294,42	259,35 Grm.
Darin Aſche . . .	225,83	243,69	436,84	374,04	224,21	200,71 „
Natron	8,56	9,79	116,92	71,85	18,22	7,55 Grm.
Kali	2,56	2,63	1,20	2,00	1,93	0,94 „
Magneſia . . .	14,80	17,71	16,13	15,11	23,18	12,12 „
Kalk	82,78	98,65	83,73	102,59	83,41	85,73 „
Eiſenoxyd	3,94	3,31	3,69	4,75	5,81	3,79 „
Chlor	7,77	9,47	139,49	10,13	19,18	7,71 „
Phosphorſäure . .	—	—	0,31	—	0,42	0,48 „
Salpeterſäure . . .	—	—	—	187,04	—	—
Schwefelſäure . . .	4,52	5,87	4,19	10,42	11,09	21,59 „
Kieſelſäure	9,11	12,03	13,64	17,34	13,68	7,26 „

III. Verſuchsreihe von 1859.

Die analyſirten Waſſer ſtammen von ſechs Böden; es ſind die Mengen atmoſphäriſches Waſſer, welche vom 20. März bis 16. November 1859 durch je 1 Quadratfuß Erde von 12 Zoll Tiefe gingen. Der Boden war gewöhnlicher ungedüngter Alluvialkalkboden der Iſarauen (Gartenboden). Alle Böden waren angepflanzt mit Gras. I. Ungedüngt; II. Düngung: 17,8 Grm. ſalpeterſaures Kali; III. Düngung: 15,4 Grm. ſchwefelſaures Kali; IV. Düngung: 17,8 Grm. ſalpeterſaures Kali und 3,66 Grm. Phosphorit aufgeſchloſſen mit 2 Grm. Schwefelſäure: V. Düngung: 15,4 Grm. ſchwefelſaures Kali und 3,66 Grm. wie oben aufgeſchloſſener Phosphorit; VI. Düngung: 12,3 Grm. kohlenſaures Kali.

	I.	II.	III.	IV.	V.	VI.
Durch den Boden gegangene Wasser= menge	20201	14487	20348	17491	23205	22488 C.C.
Fester Rückstand der= selben bei 100° C.	4,5631	11,4272	15,1967	13,6805	20,784	5,5878 Grm.
Asche des festen Rück= standes	3,192	8,861	13,644	10,681	17,668	4,614 „
Natron	0,044	0,069	0,083	0,030	0,085	0,038 Grm.
Kali	0,024	0,166	0,205	0,231	0,244	0,112 „
Magnesia	0,253	0,302	0,296	0,285	0,320	0,117 „
Kalk	1,530	3,483	5,360	4,838	7,112	1,963 „
Eisenoxyd	0,072	0,057	0,072	0,084	0,088	0,053 „
Chlor	0,035	0,080	0,202	0,132	0,283	0,127 „
Phosphorsäure . . .	React.	React.	React.	React.	React.	React.
Schwefelsäure . . .	0,289	0,205	6,527	2,104	9,124	1,524 „
Salpetersäure . . .	1,125	5,913	1,301	5,248	1,401	1,390 „
Kieselsäure	0,178	0,271	0,208	0,230	0,280	0,269 „
Sand	0,044	0,021	0,036	0,025	0,056	0,097 „
Summe . . .	3,594	10,567	14,290	13,207	18,993	4,690 Grm.
Ab das dem Chlor entsprechende Aequi= valent Sauerstoff .	0,007	0,018	0,045	0,029	0,063	0,028 „
Summe . . .	3,587	10,549	14,245	13,178	18,930	4,662 Grm.
Glühverlust und Koh= lensäure	0,9761	0,8782	0,9517	0,5025	1,854	0,9258 „
Summe . . .	4,5631	11,4372	15,1967	13,6805	20,784	5,5878 Grm.

1 Million Liter Waffer, durch Böden von 1 Fuß Tiefe und der beschriebenen Beschaffenheit gegangen, enthalten:

	I.	II.	III.	IV.	V.	VI.
Fester bei 100° C. getrockneter Rückstand	225,38	788,78	746,84	782,14	895,66	248,48 Grm.
Darin Asche	158,00	611,64	670,52	610,65	761,36	205,17 „
Natron	2,17	4,76	4,07	1,71	3,66	1,68 Grm.
Kali	1,18	11,45	10,07	13,20	10,51	4,98 „
Magnesia	12,52	20,84	14,54	16,29	13,79	5,20 „
Kalf	75,73	240,42	263,41	276,59	306,48	87,29 „
Eisenoryd	9,56	3,93	3,53	4,80	3,79	2,35 „
Chlor	1,73	5,52	9,92	7,54	12,19	5,64 „
Schwefelsäure	14,30	14,15	320,76	120,29	393,19	23,30 „
Salpetersäure	55,69	408,15	63,93	300,04	·60,37	61,76 „
Kieselsäure	8,81	18,70	10,32	13,14	12,06	11,96 „

IV. Versuchsreihe von 1859/1860.

Diese Versuchsreihe ist eine directe Fortsetzung der dritten. Die den Analysen dienenden Waffer gingen durch dieselben Bodenarten, durch welche schon die in der dritten Versuchsreihe erhaltenen Waffer gegangen waren. — Die IV. Versuchsreihe dauerte vom 16. November 1859 bis zum 12. April 1860.

	I.	II.	III.	IV.	V.	VI.
Durch den Boden gegangene Wasser= menge	13500	12332	13760	13150	15232	14850 C. C.
Fester Rückstand der= selben bei 100° C.	2,424	2,205	2,860	2,640	3,172	2,691 Grm.
Asche des festen Rück= standes	2,071	1,682	2,395	2,086	2,599	2,220 „
Natron	0,021	0,024	0,028	0,022	0,028	0,019 Grm.
Kali	Spur	0,008	0,012	0,009	0,015	0,015 „
Magnesia	0,065	0,058	0,069	0,074	0,070	0,063 „
Kalk	0,770	0,859	1,016	0,938	0,952	1,057 „
Eisenoryd	0,061	0,066	0,097	0,075	0,135	0,049 „
Chlor	0,140	0,042	0,093	0,068	0,091	0,084 „
Phosphorsäure	React.	React.	React.	React.	React.	React.
Salpetersäure	0,025	0,101	0,043	0,077	0,029	0,046 „
Schwefelsäure	0,119	0,099	0,487	0,474	0,527	0,185 „
Kieselsäure u. Sand*)	0,170	0,144	0,118	0,153	0,123	0,136 „
Summe	1,371	1,401	1,963	1,890	1,970	1,654 Grm.
Ab das dem Chlor entsprechende Ae= quiv. Sauerstoff	0,024	0,009	0,020	0,015	0,020	0,018 „
Summe	1,347	1,392	1,943	1,875	1,950	1,636 Grm.
Glühverlust u. Koh= lensäure	1,077	0,813	0,917	0,765	1,222	0,955 „
Summe	2,424	2,205	2,860	2,640	3,172	2,691 Grm.

*) Sandmenge sehr unbedeutend.

1 Million Liter Wasser, durch Böden von 10 Zoll Tiefe und der beschriebenen Beschaffenheit gegangen, enthalten:

	I.	II.	III.	IV.	V.	VI.
Fester bei 100° C. getrockneter Rückstand	179,56	178,80	207,71	200,81	208,21	181,21 Grm.
Asche desselben . .	153,47	136,39	174,07	156,69	170,62	149,49 „
Natron	1,56	1,94	2,04	1,73	1,83	1,27 Grm.
Kali	—	0,64	0,92	0,69	0,98	1,01 „
Magnesia	4,86	4,70	5,02	5,56	4,59	4,24 „
Kalk	57,01	69,49	73,87	71,39	62,50	71,17 „
Eisenoxyd	4,52	5,35	7,06	5,73	8,86	3,29 „
Chlor	10,43	3,40	6,76	5,21	5,97	5,65 „
Salpetersäure . . .	1,91	8,19	3,17	5,91	1,90	3,09 „
Schwefelsäure . . .	8,86	8,02	35,45	36,08	34,59	12,45 „
Kieselsäure (mit etwas Sand) . .	12,60	11,67	8,60	11,65	8,01	9,15 „

Vergl. Annal. der Chem. u. Pharm. Bd. 107, S. 27; Ergebnisse landwirthsch. ꝛc. Versuche der Versuchsstation München II. Heft, S. 65 u. III. Heft S. 82.

3. Analysen von Flußwasser.

	Mittstein				H. E. Johnson					
	Wasser				Wasser					
	der Ohe		der Isar		des Regen		der Ilz		des Bachses	
	In 1000 Gramm	Proc. der festen Stoffe	In 1000 Gramm	Proc. der festen Stoffe	In 1000 Gramm	Proc. der festen Stoffe	In 1000 Gramm	Proc. der festen Stoffe	In 1000 Gramm	Proc. der festen Stoffe
Chlornatrium	0,00125	0,800	0,00163	0,723	0,0025	9,07	0,0059	6,52	0,0015	2,14
Chlorkalium	0,00198	1,267	0,00413	1,892	0,0058[1]	7,13[1]	0,0043[1]	7,75[1]	0,0061[1]	8,73[1]
Kali	0,01282	8,205	0,00569	2,524	0,0096	11,80	0,0058	6,41	0,0123	17,50
Kalk	0,00463	2,963	0,07830	34,737	0,0154	18,94	0,0092	10,17	0,0010	1,43
Magnesia	0,00165	1,056	0,01574	6,982	0,0026	3,19	0,0029	3,21	—	—
Thonerde	0,00017	0,108	0,00030	0,133	0,0018[2]	2,21[2]	0,0052[2]	3,75[2]	0,0012[2]	1,72[2]
Eisenoxyd	0,00037	0,237	0,02788	12,368	0,0009	1,10	0,0027	2,07	0,0012	1,72
Schwefelsäure . . .	0,00182	1,165	0,00026	0,115	0,0020	2,46	—	—	—	—
Phosphorsäure . . .	0,00525	3,360	0,00232	1,029	Spur	Spur	Spur	Spur	Spur	Spur
Kieselsäure	0,01131	7,238	0,04655	21,981	0,0072	8,90	0,0095	10,50	0,0025	8,58
Organische Substanz	0,11500	73,601	0,03962	17,676	0,0335[3]	41,20[3]	0,0450[3]	49,72[3]	0,0441[3]	63,09[3]
Gesammtmenge des festen Rückstandes .	0,15625	100,000	0,22542	100,00	0,0813	100,00	0,0905	100,00	0,0699	100,00
Gesammtmenge der unorganischen Bestandtheile . .	0,04125	—	0,18580	—	0,0478	—	0,0455	—	0,0258	—

[1] Natron. — [2] Unlösliche Substanz, Sand. — [3] Organ. Materie, Kohlensäure (Johnson, Annal. b. Chem. u. Pharm. Bd. XCV, S. 226).

Aschen-Analysen von Pflanzen aus der Ohe und Isar.
(Dr. Wittstein.)

	Fontinalis antipyretica *)	
	aus der Ohe	aus der Isar
Chlornatrium	0,346	0,834
Kali	0,460	2,325
Natron	1,745	
Kalt	2,755	18,150
Magnesia	1,133	5,498
Alaunerde	9,272	1,616
Eisenoxyd	17,039	9,910
Manganoxyduloxyd	4,555	0,850
Schwefelsäure	1,648	2,827
Phosphorsäure	Spur	5,862
Kieselsäure	61,000	51,494
Kohlensäure	—	—
Summe . . .	99,953	99,466

*) Die große Verschiedenheit in der Zusammensetzung der Asche einer und derselben Pflanze rührt nach Herrn Prof. Dr. Nägeli weniger vielleicht von einer Verschiedenheit in dem Gehalte des Wassers, als von dem verschiedenen Alter und mehr vielleicht noch von fremden in das Moos eingenisteten Pflanzen her.

4. Moorwasser aus der Umgegend von Schleißheim.
(Dr. Wittstein.)

Die quantitative Zusammensetzung des Wassers ergab sich
wie folgt:

	In 1000 Gramm	Proc. der festen Stoffe
Chlornatrium	0,00280	1,101
Kali	0,00022	0,086
Natron	0,00551	2,167
Kalk	0,05266	20,723
Magnesia	0,00921	3,627
Alaunerde	0,00029	0,114
Eisenoxyd	0,00197	0,775
Schwefelsäure	0,00372	1,466
Phosphorsäure	0,00002	0,008
Kieselsäure	0,00069	0,271
Kohlensäure	0,03948	15,595
Organische Substanz	0,13771	54,067
Gesammtmenge des festen Rückstandes . .	0,25423	100,000
Gesammtmenge der unorganischen Bestandtheile	0,11652	

Anhang E.

(Zu Seite 107.)

Vegetation der Landpflanzen in den wässerigen Lösungen ihrer Nährstoffe.

Bei Vegetations-Versuchen mit Landpflanzen in den wässerigen Lösungen ihrer Nährstoffe verdient das Alkalischwerden der Lösungen durch die Vegetation eine Hauptberücksichtigung, indem die Landpflanzen unfehlbar in einer alkalischen Lösung zu Grunde gehen. Es ist bei solchen Versuchen daher stets Sorge zu tragen, die Lösungen neutral (äußerst schwach alkalisch) oder schwach sauer zu erhalten. Knop erfüllte diese Bedingung, indem er seine Pflanzen öfters in frische Lösungen umsetzte, Stohmann, indem er von Anfang an die Pflanzen in schwach saure Lösungen brachte, sie später theils in frische Lösungen umsetzte, theils die alkalische Reaction durch etwas freie Säure immer wieder hinwegnahm.

Das Alkalischwerden der Lösungen durch die darin vegetirenden Pflanzen und die schädliche Wirkung einer alkalischen Lösung auf das Pflanzenwachsthum wurden von Knop und Stohmann beobachtet.

Im Nachfolgenden sind die Versuche von Knop und Stohmann: über die Vegetation der Maispflanze in wässerigen Lösungen mitgetheilt.

I. Die Versuche von Knop.

Knop legte bei den Versuchen mit Mais seine früheren Beobachtungen, welche er bei der Vegetation von Gerste und Kresse gemacht hatte, zu Grunde (siehe Chem. Centralblatt

1861. S. 564). Nach biesen bebürfen bie Gramineen um zu wachsen weiter nichts, als eine Normallösung A, welche Bitter-salz, Kalksalpeter und Kalisalpeter nach der Proportion

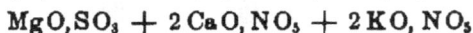

$$MgO, SO_3 + 2 CaO, NO_5 + 2 KO, NO_5$$

enthält, in welcher phosphorsaures Eisen aufgeschlämmt und phosphorsaures Kali nach Bebürfniß gelöst wirb. Den ange-gebenen Mengen gemäß enthielten von der Normallösung A in Grammen:

	100 C.-C.	500 C.-C.	600 C.-C.
Salpetersäure	0,2160	1,0800	1,2960
Schwefelsäure	0,0495	0,2475	0,2970
Kalk	0,0684	0,3420	0,4104
Talkerbe	0,0233	0,1165	0,1398
Kali	0,0940	0,4700	0,5640
	0,4512	2,2560	2,7072

Der Umstand, daß in der ersten Periode, um eine bessere Bewurzelung zu bebingen, mit verdünnterer Lösung gearbeitet wurde, brachte es mit sich, daß von der obengenannten Lösung in dieser Periode 600 C.-C. verbraucht wurden, in allen übri-gen Perioden wurden 500 berselben abgemessen, und auf bieses letztere Quantum ist bann die Lösung von phosphorsaurem Kali noch in den angegebenen Rationen hinzugesetzt. Hierburch er-hielten die Mischungen in den fünf Perioden folgenbe Gesammt-zusammensetzung. Das Kali, welches als KO, PO_5, und bas-jenige, welches als KO, NO_5 zugesetzt wurde, sind getrennt aufgeführt und burch eine Klammer verbunden.

Periode I. 12 C.-C. Lösung von KO, PO_5[*), 600 C.-C. Normallösung A.
Periode II. 10 „ Lösung von KO, PO_5, 500 „ Normallösung A.
P. III. u. IV. 20 „ Lösung von KO, PO_5, 500 „ Normallösung A.
Periode V. 30 „ Lösung von KO, PO_5, 500 „ Normallösung A.

*) 10 C.-C. Lösung enthielten genau 1 Decigramm KO, PO_5.

In diesen Lösungen sind enthalten (in Grammen):

	Per. I.	Per. II.	Per. III. u. IV.	Per. V.
Salpetersäure	1,2960	1,0800	1,0800	1,0800
Schwefelsäure	0,2970	0,2475	0,2475	0,2475
Phosphorsäure	0,0750	0,0625	0,1250	0,1875
Kalkerde	0,4104	0,3420	0,3420	0,3420
Talkerde	0,1398	0,1165	0.1165	0,1165
Kali	0,5640	0,4700	0,4700	0,4700
	0,0490	0,0408	0,0816	0,1224
	2,8312	2,3593	2,4626	2,5659

In jeder Mischung mit Ausschluß der von Periode V. wurde dann noch 0,1 Gramm phosphorsaures Eisen aufgeschlämmt.

Was die Zeitdauer dieser Perioden anbetrifft, so sind sie zufällige, d. h. sie sind durch die schwankenden meteorologischen Zustände der Atmosphäre bedingt, aber dadurch normirt, daß jedes Mal, wenn die Pflanze ein bestimmtes Quantum, meist gerade 1 Liter, Wasser durch die Blätter verdunstet hatte, eine Periode begrenzt wurde. Zu dieser Zeit wurde der Rest der Lösungen, in welchen die Wurzeln sich befanden, behufs der Analyse abgezapft und das Gefäß mit neuer Lösung gefüllt.

Im Nachstehenden sind die Ergebnisse der Analysen mit den Hauptmomenten der ganzen Anlage des Versuchs übersichtlich zusammengestellt. Behufs der dabei aufgeführten analytischen Resultate unter A, B, C ist noch zu bemerken, daß in der ersten mit A bezeichneten Spalte jedesmal die ganzen Mengen der einzelnen Säuren und Salze aufgeführt sind, welche die Pflanze in der betreffenden Periode erhielt, die zweite Spalte B die durch Analyse der zurückgelassenen Reste der Lösung noch vorgefundenen Mengen Basen und Säuren angiebt, und die dritte Spalte C die Differenzen A bis B enthält, d. h. die von der Pflanze aufgesogenen Quantitäten Basen und Säuren. Außerdem sind endlich die Verhältnisse der Basen zu einander und das der Talkerde zur Schwefelsäure (berechnet aus Spalte A) angegeben, die Quotienten drücken also die Verhältnisse aus, in welchen diese Stoffe den Pflanzen zu Anfang der Periode gegeben wurden. Zugleich sind darunter mit der Bezeichnung „Aufgesogen" dieselben Verhältnisse, aus Spalte C berechnet, aufgeführt, um überblicken zu lassen, in welchen Verhältnissen die Pflanze (falls sie ein quantitatives Auswählungsvermögen hatte) jene Stoffe ausgewählt hat.

Ueberficht über die der Maispflanze gegebenen und von ihr verbrauchten Nährstoffe.

I. Periode. Anfang den 12. Mai, Ende den 12. Juni. Die Pflanze hat zu Anfang 8 Grm. Lebendgewicht [*]); — sechs Blätter, von 264 Quadratcentimeter Flächeninhalt; — verdunstetes Wasser in der Periode = 1 Liter. — Diese Periode zerfiel in drei Abschnitte, in welchen zuerst verdünnte Lösungen der Pflanze gegeben wurden, es waren nämlich die Mischungen in

	Abschnitt I.	Abschnitt II.	Abschnitt III.
Lösung von KO, PO₅	2 C.-C.	4 C.-C.	6 C.-C.
Normallösung A	100 „	200 „	300 „
Destillirtes Wasser	198 „	96 „	— „
Summa der Flüssigkeit	300 C.-C.	300 C.-C.	306 C.-C.
Phosphorsaures Eisen	0,1 Grm.	0,1 Grm.	0,1 Grm.

Nachgegossen wurden, in dem Maße, wie die Lösungen von der Pflanze aufgesogen wurden, im

---

[*] Die Maissamen brachte man im Monate April in ausgewaschenem Sand zum Keimen; die jungen Pflanzen hatten am 12. Mai das oben angeführte Lebendgewicht (8 Grm.); beim Trocknen gaben sie kaum mehr Trockensubstanz als der Samen hatte.

I. Abschnitte =   80 C.-C. bestillirtes Wasser,
II.   „   = 350   „   bestillirtes Wasser,
III.   „   = 570   „   bestillirtes Wasser,

1000 C.-C. = 1 Liter.

Die Rückstände von jedem Abschnitte = 300 C.-C. wurden vereinigt analysirt:

	A.	B.	C.
Salpetersäure	1,2960	?	?
Schwefelsäure	0,2970	0,1240	0,1730
Phosphorsäure	0,0750	0,0000	0,0750
Kalkerde	0,4104	0,1480	0,2624
Talkerde	0,1398	0,0640	0,0758
Kali	0,6131	0,2280	0,3851
	2,8313	0,5640	0,9713

Aus der Spalte A berechnen sich die der Pflanze gegebenen Verhältnisse, so wie sie in der ersten Zeile aufgeführt sind; die in der zweiten Zeile aufgeführten sind aus Spalte C berechnet:

gegeben: $\dfrac{CaO}{MgO} = 2,9$; $\dfrac{KO}{CaO} = 1,5$; $\dfrac{SO_3}{MgO} = 2,1$,

aufgesogen: $\dfrac{CaO}{MgO} = 3,4$; $\dfrac{KO}{CaO} = 1,5$; $\dfrac{SO_3}{MgO} = 2,2$.

II. Periode. Anfang den 12. Juli, Ende den 20. Juli Lebendgewicht der Pflanze zu Anfang = 65 Grm.; — neun Blätter von 648 Quadratcentimeter Fläche; — 1 Liter Wasser verdunstet; — die Pflanze erhält 0,1 Grm. phosphorsaures Eisen, das auf die Wurzeln aufgeschlämmt wird, die Wurzeln färben sich rostgelb.

	A.	B.	C.
Salpetersäure	1,0800	?	?
Schwefelsäure	0,2475	0,1704	0,0771
Phosphorsäure	0,0625	0,0000	0,0625
Kalkerde	0,3420	0,1912	0,1508
Talkerde	0,1165	0,0860	0,0305
Kali	0,5110	0,3120	0,1990
	2,3595	0,7596	0,5199

Verhältnisse von Basen und Säuren zu einander:

gegeben: $\dfrac{CaO}{MgO} = 2,9;$ $\dfrac{KO}{CaO} = 1,5;$ $\dfrac{SO_3}{MgO} = 2,1.$

aufgesogen: $\dfrac{CaO}{MgO} = 5,0;$ $\dfrac{KO}{CaO} = 1,3;$ $\dfrac{SO_3}{MgO} = 2,5.$

III. Periode. Anfang den 20. Juli, Ende den 27. Juli. Die Pflanze hat zu Anfang der Periode 73 Grammen Lebend‑gewicht; — elf Blätter von 720 Quadratcentimeter Flächen‑inhalt; — 1 Liter Wasser verdunstet; — zur Lösung hat sie 0,1 Grm. phosphorsaures Eisen erhalten; sie ist stark bewurzelt. Diese Periode ist dadurch von der vorigen verschieden, daß die doppelte Menge KO, PO₅ gegeben wurde.

	A.	B.	C.
Salpetersäure	1,0800	?	?
Schwefelsäure	0,2475	0,1716	0,0759
Phosphorsäure	0,1250	0,0000	0,1250
Kalkerde	0,3420	0,1440	0,1980
Talkerde	0,1165	0,0860	0,0305
Kali	0,5518	0,2160	0,3358
	2,4628	0,6176	0,7652

Verhältniß zwischen Basen und Säuren unter einander:

gegeben: $\dfrac{CaO}{MgO} = 2{,}9$; $\dfrac{KO}{CaO} = 1{,}5$; $\dfrac{SO_3}{MgO} = 2{,}1$;

aufgeſogen: $\dfrac{CaO}{MgO} = 6{,}1$; $\dfrac{KO}{CaO} = 1{,}7$; $\dfrac{SO_3}{MgO} = 2{,}4$.

IV. Periode. Anfang den 27. Juli, Ende den 1. Auguſt.

Die Pflanze hat zu Anfang 147 Grm. Lebendgewicht; — elf Blätter von 1160 Quadratcentimeter Fläche; — 1 Liter Waſſer verdunſtet; zur Löſung noch 0,1 Grm. phosphorſaures Eiſen erhalten; — die Wurzeln färben ſich deutlicher roſtgelb. Die Pflanze erhält nochmals doppelt ſo viel phosphorſaures Kali, als in der zweiten Periode.

	A.	B.	C.
Salpeterſäure	1,0800	?	?
Schwefelſäure	0,2475	0,1374	0,1101
Phosphorſäure	0,1250	0,0000	0,1250
Kalkerde	0,3420	0,1188	0,2232
Talkerde	0,1165	0,0719	0,0446
Kali	0,5518	0,1296	0,4222
	2,4628	0,4617	0,9211

Verhältniſſe zwiſchen Baſen und Säuren unter einander:

gegeben: $\dfrac{CaO}{MgO} = 2{,}9$; $\dfrac{KO}{CaO} = 1{,}6$; $\dfrac{SO_3}{MgO} = 2{,}1$;

aufgeſogen: $\dfrac{CaO}{MgO} = 5{,}0$; $\dfrac{KO}{CaO} = 1{,}8$; $\dfrac{SO_3}{MgO} = 2{,}3$.

Um beſtimmen zu können wie weit die Natur bei dieſen künſtlichen Culturen zu erreichen ſei, wurde Mitte Mai derſelbe Mais auch im Garten angepflanzt. Die Gartenpflanzen waren ſo ziemlich gleichen atmofphäriſchen Verhältniſſen ausgeſetzt wie die Verſuchspflanze. Am 1. Auguſt wog eine Gartenpflanze von genau derſelben Entwickelungsperiode wie die Ver-

fuchspflanze, mit ebenfalls funfzehn Blättern und eben sichtbarer
männlicher Blüthe 1260 Grm., also das siebenfache der künst=
lich ernährten Maispflanze. Der Stamm der Gartenpflanze
hatte vom untersten Knoten bis zu der aus der Scheide treten=
den Blüthenspitze eine Höhe von 150 Centimeter, war also drei=
mal so hoch als die Versuchspflanze.

V. Periode. Anfang am 1. August, Ende am 10. Au=
gust. Lebendgewicht zu Anfang = 173 Grm.; — der Stamm
ist 52 Centimeter hoch; — in der Mitte der Periode hat die
Pflanze funfzehn große und schön grüne Blätter von 1420
Quadratcentimeter Flächeninhalt. — In dieser Periode ver=
dunstete die doppelte Menge Wasser (2 Liter) und da die
älteren Wurzeln deutlich rostgelb waren, erhielt die Pflanze
kein phosphorsaures Eisen mehr, aber die dreifache Menge
phosphorsaures Kali von der in der zweiten Periode.

Am 6. und 7. August ragt die männliche Blüthe, aus
sieben einzelnen Aehren bestehend, aus den Blattscheiden ganz
hervor, bei 70 Centimeter Höhe des starken Stammes. Am
7. August erscheint eine vollkommene weibliche Blüthe. Am 9.
beginnen die Antheren zu stäuben.

	A.	B.	C.
Salpetersäure	1,0800	?	?
Schwefelsäure	0,2475	0,1640	0,0835
Phosphorsäure	0,1875	0,0020	0,1855
Kalkerde	0,3420	0,1236	0,2184
Talkerde	0,1165	0,0790	0,0370
Kali	0,5927	0,1894	0,4033
	2,5662	0,5580	0,9277

Verhältnisse zwischen Basen und Säuren unter einander:

gegeben: $\dfrac{\mathrm{CaO}}{\mathrm{MgO}} = 2{,}9$; $\dfrac{\mathrm{KO}}{\mathrm{CaO}} = 1{,}7$; $\dfrac{\mathrm{SO_3}}{\mathrm{MgO}} = 2{,}1$;

aufgesogen: $\dfrac{\mathrm{CaO}}{\mathrm{MgO}} = 5{,}9$; $\dfrac{\mathrm{KO}}{\mathrm{CaO}} = 1{,}8$; $\dfrac{\mathrm{SO_3}}{\mathrm{MgO}} = 2{,}3$.

Da die Pflanze in dieser Periode blühte und frühere Versuche gezeigt hatten, daß zur Blüthezeit ausgegrabene Maispflanzen in bloßem Brunnenwasser noch reife Samen brachten; desgleichen durch Zusammenabbiren der Salzmengen, welche die Pflanze in den einzelnen Perioden im Verhältniß zu ihrer Zunahme an Lebendgewicht in den ersten vier Perioden aufgenommen hatte, sich zeigte, daß sie reichlich so viel Salze enthalten mußte, wie die normale Pflanze im Felde aufnimmt, — setzte man sie von nun an nur mehr in destillirtes Wasser.

VI. Periode. Anfang den 10. August, Ende den 16. August. Lebendgewicht zu Anfang 255 Grm.; — funfzehn nun vollkommen entwickelte Blätter von 2640 Quadratcentimeter Flächeninhalt; — 2 Liter Wasser verdunstet.

Am 10. August stäuben die Antheren fast vollkommen aus. Der Stamm streckt sich schnell und ist am 12., vom Kork an bis zur Blüthenspitze gemessen, 1 Meter hoch. Am 13. erscheint eine zweite weibliche Blüthe, die in Papier eingewickelt wurde, damit sie nicht bestäubt werden konnte. Am 16. August ist die Pflanze 1,1 Meter hoch und später wuchs sie nicht mehr. Der befruchtete Kolben ist am 16. August bereits 2 Decimeter lang und hat unten 4 Centimeter Durchmesser.

Am 16. August zog man das Wasser ab, darin fanden sich

wieder:

0,016 Grm. Kali,
0,008 „ Kalk,
0,001 „ Phosphorsäure.

nicht wieder:

Schwefelsäure (zweifelhafte Trübung mit Chlorbarium),
Talkerde,
Eisen und Kieselsäure.

26*

Aus dem Umstande, daß in dieser Lösung keine Kieselsäure enthalten war, ergiebt sich, daß das Glasgefäß im Laufe von einer bis zwei Wochen so gut wie Nichts durch Verwittern an die Lösungen abgiebt.

VII. Periode. Anfang den 16. August, Ende den 4. September.

Die Pflanze hat am 16. August 280 Grm. Lebendgewicht,

Morgens 9 Uhr am 22. „ 316 „ „

Abends 9 Uhr am 22. „ 320 „ „

„ „ am 28. „ 330 „ „

„ „ am 1. Septbr. 327 „ „

„ „ am 4. „ 317 „ „

vom 1. September an ging das Gewicht zurück, indem die Blätter trockneten, und es wurde fernerhin, da diese Abnahmen zufällige sind, nicht weiter gewogen.

Die Blätter schrumpfen ein. Die Pflanze hat in der Periode 3½ Liter Wasser verdunstet. Sie ist in dieser Periode, um sicherer zu ermitteln, was für Salze durch Endosmose in das Wasser zurückgingen, in ein Gefäß von 1,5 Liter Inhalt gestellt, man hat das Wasser durch tägliches Nachgießen auf demselben Niveau erhalten und zum Schlusse nur so weit aufsaugen lassen, daß 1 Liter Rückstand blieb. In diesem Liter Wasser wurde wiedergefunden:

0,031 als kohlensaurer Kalk in der Lösung vorhanden gewesener Kalk,

0,007 als kohlensaure Talkerde in der Lösung vorhanden gewesene Talkerde,

welche Mengen beider Salze mit einander in der Schale, nach dem Abdunsten des Wassers, ungelöst zurückbleiben, wenn der eingetrocknete Rückstand mit Wasser ausgezogen wird.

In dem Wasser, womit der Rückstand in der Schale ausgezogen wurde, fanden sich gelöst folgende Stoffe:

0,020 Kalkerde, ⎫ nebst einer organischen Materie,
0,0006 Phosphorsäure, ⎬ welche die Kupferoxydkalilösung
0,0034 Kali, ⎭ reducirte *).

In dieser letzten Lösung fand sich keine Spur Eisen, Schwefelsäure und Talkerde.

Wie die vorstehenden Analysen erweisen, muß die ernährende Lösung für die Gramineen nach der Proportion:

$$MgO, SO_3 + 4 CaO, NO_5 + 4 KO, NO_5 + x KO, PO_5$$

zusammengesetzt sein.

(Man vergleiche: Chemisches Centralblatt 1861. S. 465,
564 u. 945.)

--- --- ---

II. Die Versuche von Stohmann.

Die unabhängig angestellten Versuche Stohmann's stimmen in ihren Hauptresultaten mit denjenigen von Knop überein. Nach diesen Versuchen wächst die Maispflanze und erreicht ihre Ausbildung, wenn Anfangs Mai der in Wasser ge-
keimte Maissamen, nachdem er Wurzeln getrieben, in eine Lösung
gesetzt wird, welche die Nährstoffe der Maispflanze im Verhältnisse enthält, wie sie die Aschenanalyse nachweist, welcher ferner
noch so viel salpetersaures Ammoniak zugefügt ist, daß auf je
1 Theil Phosphorsäure der Lösung 2 Theile Stickstoff kommen
und die endlich mit destillirtem Wasser bis zu einer Concentration von 3 pro Mille verdünnt ist. Hierbei müssen die Pflan-

--- --- ---

*) In allen Perioden schieden die Pflanzen organische Substanzen aus;
in den letzten Perioden jedoch am meisten.

zen an einem sonnigen Orte wachsen, das durch die Blätter
verdunstete Wasser täglich durch destillirtes Wasser ersetzt und
die Lösung auf ihre Reaction geprüft werden. Die Lösung muß
nämlich immer schwach sauer reagiren und diese Reaction durch
zeitweiligen Zusatz einiger Tropfen Phosphorsäure erhalten
bleiben. Werden diese Bedingungen erfüllt, so bekömmt man,
ohne daß es nothwendig wäre eine künstliche Kohlensäurequelle
zu eröffnen, bloß unter Mitwirkung der atmosphärischen Kohlensäure völlig ausgebildete Pflanzen, unter günstigen Umständen
von 7 Fuß Höhe *).

Die Stohmann'schen Versuche erstreckten sich weiter auf
den Einfluß, welchen die Entziehung eines Nährstoffes auf die
Entwickelung der Maispflanzen übte, und hier differiren seine
Resultate mit denen von Knop. Während in den Versuchen
Knop's die Maispflanze sich vollständig entwickelte ohne Kieselsäure, Natron und Ammoniak, gab Stohmann in allen seinen
Versuchen Kieselsäure und fand außerdem, daß die Pflanzen
bei völliger Entziehung von Ammoniak und selbst Natron sich
nicht gehörig entwickelten.

Entzog Stohmann den Pflanzen das Ammoniak vollständig und gab statt dessen Salpetersäure, so entwickelten
sich die Pflanzen in den ersten 10 bis 12 Tagen ganz gut,
dann aber wurden die Pflanzen hellgelblich grün und die Vegetation war eine äußerst langsame.

Wurde den Pflanzen nach einmonatlicher Vegetation etwas
Ammoniak zugefügt (salpetersaures oder auch essigsaures), so starben sie sehr rasch. Ohne solchen Zusatz dauerte die bleichsüch-

---

*) Nach Knop scheiden die in wässeriger Lösung vegetirenden Mais-
pflanzen noch fortwährend Kohlensäure durch ihre Wurzeln aus.

tige Vegetation fort, sie starb nicht, und doch kann man auch nicht sagen, daß sie lebte*).

Bei dem Vegetationsversuche, wobei das Natron fehlte, ergab sich, daß die Maispflanze dasselbe im Anfange entbehren kann, aber bei seinem völligen Ausschlusse sehr bald zurückbleibt.

Der salpetersaure Kalk der Normallösung wurde in einem anderen Versuche durch das gleiche Aequivalent salpetersaurer Magnesia ersetzt. Das Wachsthum der Maispflanze blieb nach kurzer Zeit sehr zurück, nur wenige kleine, magere Blättchen entwickelten sich. Durch Zusatz von etwas salpetersaurem Kalk zur vegetirenden Pflanze wurde jedoch die merkwürdigste Veränderung hervorgerufen. Schon nach fünf Stunden erwachte die fast vier Wochen stationär gebliebene Vegetation und ihre weitere Fortentwickelung geschah auf das Beste. — Eine Pflanze ohne den nachherigen Zusatz von salpetersaurem Kalk blieb stationär; von einem Wachsthume war keine Rede. Die Maispflanze bedarf also bei Beginn ihres Wachsthumes sogleich des Kalkes.

In bem Versuche, wobei die Magnesia durch salpetersauren Kalk ersetzt war, gestaltete sich der Versuch wie bei dem Fehlen des Kalkes. Hier war die Vegetation gleichfalls eine äußerst dürftige; der Einfluß zugesetzter Magnesia, in Form des salpetersauren Salzes, übte auch hier die günstigsten Wirkungen, nur traten sie nicht so rasch ein wie beim Kalk.

Auch bei vollkommen entzogener Salpetersäure entwickelte sich die Maispflanze nicht. Freilich waren bei diesem Versuche theilweise die Alkalien sowie die alkalischen Erden als schwefelsaure Salze und Chlorverbindungen gegeben: Chlor und Schwefelsäure finden aber nur bis zu einem gewissen Grade

---

*) Man vergl. Knop: Chem. Centralbl. 1862, S. 257.

Verwendung im pflanzlichen Organismus. Daſſelbe gilt vom Verſuche: ohne Stickſtoff.

Beim Fehlen eines Nährſtoffes gelangen alſo nach dieſen Verſuchen die Pflanzen nicht zur Entwickelung, und von einer vollſtändigen Vertretung eines Nährſtoffes durch einen andern ähnlichen kann daher nicht die Rede ſein. Ein anderes dürfte es jedoch mit der gegenſeitigen theilweiſen Vertretung ähnlicher Nährſtoffe ſein und Stohmann wird auch dieſe Frage in Angriff nehmen.

Die Form, in welcher die Nährſtoffe gegeben wurden, war die folgende *):

Die Kieſelſäure wurde immer als kieſelſaures Kali gege= ben. Das noch fehlende Kali als Salpeter. Bei der Ver= ſuchsreihe (3.), welche ohne Salpeterſäure ausgeführt werden ſollte, wurde ſtatt deſſen ſchwefelſaures Kali angewandt.

Die **Phosphorſäure** als phosphorſaures Natron $2\,\mathrm{NaO}$. $\mathrm{HO.PO_5} + 24\,\mathrm{HO}$; in der 5. Verſuchsreihe, bei der das Na= tron ausgeſchloſſen wurde, als Kaliſalz $2\,\mathrm{KO.HO.PO_5}$, von dem eine concentrirte Löſung von beſtimmtem Gehalt an Kali und Phosphorſäure dargeſtellt wurde. Da das phosphorſaure Natron mehr Natron enthält, als für die Zuſammenſetzung der Aſche erforderlich iſt, ſo war in den Flüſſigkeiten für die Ver= ſuchsreihen 1 bis 7 ein Ueberſchuß dieſer Baſe, ſpäter wurde entſprechend weniger phosphorſaures Natron, dafür mehr Kali= ſalz angewandt.

Die **Schwefelſäure** als ſchwefelſaure **Magneſia**, mit Aus=

---

*) Um alle Stoffe in Löſung zu bringen und die alkaliſche Reaction aufzuheben, wurde nach der gehörigen Verdünnung mit Waſſer tropfen= weiſe ſoviel verdünnte Salzſäure, ſpäter Phosphorſäure zugeſetzt, bis ein gutes Lackmuspapier gerade ſchwach geröthet wurde.

nahme von 7., wo schwefelsaures Ammoniak gegeben wurde. Die fehlende Magnesia wurde in Form von salpetersaurer Magnesia hinzugefügt.

Das Eisenoxyd in Form von reinem, sublimirtem Chlorid.

Der Kalk als salpetersaures Salz, bei 3. als Chlorcalcium.

Das Ammoniak als salpetersaures, schwefelsaures Salz oder als Salmiak.

Es war nun nicht zu vermeiden, daß von dem einen oder dem anderen Stoffe nicht ein größerer oder geringerer Ueberschuß angewandt wurde. Namentlich gilt dieses vom Natron und vom Chlor. Wie weit diese Abweichungen gingen zeigt folgende Tabelle:

Verſuchsreihen.

	Beabſichtigte Zuſammenſetzung	1. Normal	2. Ohne Ammoniak	3. Ohne Salpeterſäure	4. Ohne Stickſtoff	5. Ohne Natron	6. Ohne Kalk	7. Ohne Magneſia
Kali · · · · · ·	35,9	35,9	52,0	35,9	35,9	35,9	35,9	35,9
Natron · · · · ·	1,0	8,0	8,0	8,0	8,0	—	1,0	1,0
Kalk · · · · ·	10,8	10,8	10,8	10,8	10,8	10,8	—	19,2
Magneſia · · · ·	6,0	6,0	6,0	6,0	6,0	6,0	13,7	—
Eiſenoxyd · · ·	2,3	2,3	2,3	2,3	2,3	2,3	2,3	2,3
Schwefelſäure · ·	5,2	5,2	5,2	26,9	26,9	5,2	5,2	5,2
Chlor · · · ·	1,3	19,7	3,1	66,6	16,8	3,1	3,1	3,1
Phosphorſäure · ·	9,1	9,1	9,1	9,1	9,1	9,1	9,1	9,1
Kieſelſäure · · ·	28,5	28,5	28,5	28,5	28,5	28,5	28,5	28,5
Stickſtoff · · ·	18,2	18,2	18,2	18,2	—	18,2	18,2	18,2

Uebersicht der Erntegewichte.

Versuchsreihe	Pflanze	Pflanzentheil	Trockensubstanz Grm.	Aschengehalt Grm.	Aschengehalt Proc.	Organische Substanz Grm.	Verhältniß des Samengewichts zum Erntegewicht nach Abzug der Asche
Pflanze aus dem Garten		Wurzeln	10,36	15,24	11,4	—	—
		Stamm	52,39				
		Blätter	42,99				
		Kolbenblätter	28,51				
		Körner	190,14	9,42	1,8		
		3 Kolben	22,66	0,54	2,4		
		Ganze Pflanze	346,45	19,20	5,5	327,25	1:9147
I.	A	Wurzeln	3,92				—
		Stamm	9,67		13,1		
		Blätter	11,79	3,97			
		Kolbenblätter	4,91				
		Kolben u. Körner	34,09	0,82	2,4		
		Ganze Pflanze	64,38	4,79	7,5	59,59	1:573
	B	Stroh	27,96	4,35	15,9		
		Kolben	4,24	0,14	3,4		
		Körner	24,57	0,56	2,3		
		Ganze Pflanze	56,17	5,05	8,9	51,12	1:401
	C	Ganze Pflanze	55,52	5,94	10,7	49,58	1:477
	D	Ganze Pflanze	62,44	6,49	10,4	55,95	1:538
II.	A—C	Ganze Pflanze	1,19	—		—	1:18
III.	D	Ganze Pflanze	2,39	0,54	22,8	1,85	—
IV.	A.B	Ganze Pflanze	0,204				—
	A	Wurzeln	0,45	0,10	22,6		
		Stamm u. Blätter	1,03	0,17	16,7		
		Ganze Pflanze	1,48	0,27	18,2	1,21	1:12
	C	Ganze Pflanze	10,90	0,92	8,5	9,98	1:96
	D	Ganze Pflanze	39,48	5,57	14,1	33,91	1:926
V.	A	Ganze Pflanze	49,63	5,21	10,5	44,42	1:427
	B	Ganze Pflanze	32,31	3,36	10,4	28,95	1:278
VI.	A	Ganze Pflanze	0,30				
	B	Ganze Pflanze	84,30	8,22	9,75	76,08	1:731
VII.	A	Ganze Pflanze	0,82	0,18	21,4	0,64	1:6
	B.C	Ganze Pflanze	6,01	0,82	13,7	5,19	1:50

Bemerkungen zur Uebersicht der Erntegewichte.

I. Pflanzen A, B, C und D vegetirten in Normallösungen. Die Pflanzen A und B wurden am 1. Juli in die Lösung eingesetzt, und die Pflanze A am 10. September völlig ausgereift geerntet. Ihre Höhe betrug vom Wurzelansatz bis zur Spitze 202 Centimeter. Die Pflanze aus dem Gartenboden, mit welcher sie verglichen wurde, war von mittlerer Größe. — Die Pflanze B, am 27. September geerntet, war völlig ausgebildet und hatte eine Höhe von 127 Centimeter. — Die Pflanzen C und D wurden am 10. Juni in Normallösung eingesetzt; sie erreichten ihre völlige Ausbildung nicht mehr; beide wurden am 28. October geerntet.

II. Beginn des Versuches in Lösungen ohne Ammoniak am 10. Juni. A und B erhielten am 12. Juli einen Zusatz von 0,2 Grm. salpetersaurem Ammoniak; am 23. Juli wurden sie in eine frische Lösung unter Zusatz von 0,2 Grm. essigsaurem Ammoniak gesetzt; beide Pflanzen starben am 31. Juli ab. — Die Pflanzen C und D bekamen am 4. August Normallösung, die mit Phosphorsäure neutralisirt war. — C starb am 9. August; D erholte sich etwas, blieb aber bis zur Ernte am 27. September kümmerlich.

III. Versuchsreihe ohne Salpetersäure. Beginn am 10. Juni. Rasches Ende der Pflanzen; am 1. Juli waren A und B schon zu Grunde gegangen.

IV. Versuchsreihe ohne Stickstoff. Beginn am 10. Juni. In der ersten Woche prächtiges Wachsthum, aber schon in der zweiten Stillstand. A lebte bis zur Ernte am 27. September; Höhe 15 Centimeter, Länge der Wurzeln 82 Centimeter. — Die Pflanzen C und D bekamen am 11. Juli jede 0,2 Grm. salpetersaures Ammoniak, am 17. Juli nochmals dieselbe Menge.

Der Einfluß dieser Salze war rasch bemerkbar. Am 4. August bekamen C und D Normallösung. Ernte der Pflanze D am 27. September, Höhe 75 Centimeter. Die Pflanze D war am 15. November (Ernte) noch völlig gesund, ihre Höhe betrug 120 Centimeter.

V. Versuchsreihe ohne Natron. Beginn den 10. Juni. Die anfängliche Vegetation sehr üppig, Ende Juli blieben jedoch die Pflanzen zurück. Am 4. August erhielten die Pflanzen Normallösung; zwei starben, hingegen entwickelten sich A und B weiter. Ernte der Pflanze A am 30. October, von B an demselben Tag. Höhe von A 205 Centimeter; B verkrüppelt.

VI. Versuchsreihe ohne Kalk. Beginn den 10. Juni. Pflanze A hatte den 17. Juli eine Höhe von 2 Centimeter erreicht; ihr Wachsthum machte keine Fortschritte. B erhielt am 1. Juli 0,1 Grm. Kalk als salpetersaures Salz und am 4. August Normallösung. Kräftiges Wachsthum; sie hatte am 15. November vier Stämme von resp. 107, 95, 75, 70 Centimeter Höhe, diese mit Blättern besetzt und mit acht stark entwickelten Kolben.

VII. Versuchsreihe ohne Magnesia. Beginn den 10. Juni. — Verhielten sich wie in der VI. Versuchsreihe. A geerntet als kein Fortschritt in der Vegetation sich bemerkbar machte. B und C erhielten am 17. Juli 0,1 Grm. Magnesia und am 4. August Normallösung. Ernte am 27. September. Höhe von B = 23 Centimeter; von C = 42 Centimeter. Beide hatten männliche Blüthen, die aber keinen Samenstaub bildeten, während weibliche Blüthen nicht vorhanden waren.

Stohmann schließt aus seinen Versuchen — gestützt auf den Vergleich seiner Versuchspflanzen mit solchen, die im Boden gewachsen waren, und zwar sowohl bezüglich des Erntegewichtes als auch des Aschengehaltes aus der Aschenzusammensetzung —, daß man zwar im Stande sei, eine Maispflanze in eine Wasserpflanze zu verwandeln, daß aber die Maispflanze nicht normal in wässerigen Lösungen ihrer Nährstoffe zu wachsen vermöge. Außerdem ergebe sich auch mit Bestimmtheit aus den Versuchen, daß der Boden eine bestimmte Rolle bei der Pflanzenernährung spiele — Absorption der Alkalien — und daß die Pflanzen bei der Aufnahme der Nährstoffe selbstthätig mitwirken müßten.

(Man vergleiche: Henneberg's Journal für Landwirthschaft 1862, S. 1, und Annal. der Chemie und Pharmacie Bd. CXXI, S. 285.)

Anhang F.

(Zu Seite 111.)

———

Vegetationsversuche mit Bohnen in gepulvertem Torf.

Zur Vervollständigung der Seite 111 beschriebenen Vegetationsversuche sind im Nachstehenden die Resultate der Gesammternte noch gegeben.

Trockensubstanz der Bohnenpflanzen in Grammen.

	1. Topf $\frac{1}{1}$ gesättigt	2. Topf $\frac{1}{2}$ gesättigt	3. Topf $\frac{1}{4}$ gesättigt	4. Topf roher Torf
Samen	93,240	66,127	50,463	7,069
Schoten	25,948	18,393	13,658	2,631
Blätter	19,420	15,797	12,477	1,979
Stengel	26,007	20,107	15,710	5,076
Wurzel	58,399	36,368	25,411	3,063
Gesammtgewicht	223,014	156,792	117,719	20,418

Diese Zahlen bestätigen vollkommen die allein aus den Samengewichten gezogenen Schlußfolgerungen. Die Gewichte der Gesammternte verhalten sich, das des rohen Torfes als Einheit gesetzt, zu diesem wie:

$$1 : 5,7 : 7,7 : 10,9;$$

ober fetzt man das Erntegewicht im $^1/_4$ gefättigten Torf zu 2 und vergleicht damit das im $^1/_2$ und $^1/_1$ gefättigten Torfe erhaltene, so ergeben sich die Verhältnisse:

2 : 2,7 : 3,8.

Wird das Erntegewicht, welches der eine Torf für sich lieferte, von den anderen Erträgen abgezogen und das Gewicht der Ernte im $^1/_4$ gefättigten Torfe zu 2 gesetzt, so verhalten sich dazu die Erträge im $^1/_2$ und $^1/_1$ gefättigten Torfe, wie

2 : 2,8 : 4,2.

Anhang G.

(Zu Seite 249.)

Aus dem Bericht an den Minister für die landwirthschaftlichen Angelegenheiten in Berlin über die japanische Landwirthschaft.

Von Dr. H. Maron,

(Mitglied der preußischen ost-asiatischen Expedition).

---

1. Abschnitt.

Boden und Düngung.

Das japanische Inselreich erstreckt sich zwischen dem 30. und 45. Grade nördlicher Breite und hat seinem Wärmedurchschnitte und seiner Wärmevertheilung nach ein Klima, welches alle Abstufungen zwischen dem des mittleren Deutschlands und Oberitaliens in sich schließt. Eine vereinsamte, nicht recht zur Entwickelung gekommene tropische Palme steht friedlich neben der nordischen Kiefer, der Reis und die Baumwollenstaude neben dem Buchweizen und der Gerste. Ueberall auf den Hügelketten, welche wie ein unregelmäßiges feinmaschiges Netz das ganze Land überziehen, dominirt die Kiefer und drückt der Landschaft jenen heimathlich nordischen Charakter auf, der dem reisenden Nordländer, wenn er aus der Gluth und Ueberfülle der Tropenwelt an diese Gestade kommt, so wohlthuend ins Auge fällt. Im Thale dagegen dominirt der tiefe Süden durch Reis, Baumwolle, Yams und Bataten. Die

Uebergänge von der Kiefer zur Baumwolle, von der Höhe zum Thal werden durch Hunderte von Fußpfaden und schmalen Hohlwegen reizvoll vermittelt; in buntem Gemisch umgeben uns Lorbeern, Myrten, Cypressen, Thuyen und vor Allem die fettglänzende Camelie.

Das Land ist vulkanischen Ursprunges und seine ganze Oberfläche gehört dem Tuff und dem Diluvium an; alle Höhen-züge bestehen aus einem braunen, ungemein feinen, doch nicht allzufetten Thon; die Erde der Thäler dagegen ist mit gerin-gen Modificationen durchgängig eine schwarze, lockere und tiefe Gartenerde, die ich gelegentlich bei Abgrabungen auf 12 bis 15 Fuß Tiefe in gleicher, wenn auch etwas festerer Qualität verfolgen konnte. Darunter liegt wahrscheinlich eine undurch-lassende Thonschicht; und wie die Thonschichten der Berge bei dem starken und häufigen Regenfall zahlreiche Quellen erzeu-gen, die überall zur Hand sind und ohne große Kunst und Mühe zur Bewässerung verwendet werden können, so gestattet die Undurchlässigkeit des Thalbodens ihn beliebig in einen Sumpf zu verwandeln, den z. B. der Reis verlangt.

Wie man nun auch geneigt sein mag, die Frage bei sich zu entscheiden, ob der gegenwärtige Reichthum des Bodens lediglich ein künstliches Product einer mehrtausendjährigen Cul-tur sei, oder ob dieser Reichthum ursprünglich da war und dem Volk: die Arbeit im Boden lieb und werth gemacht hat, so muß doch so viel zugestanden werden, daß in dem Thon-gehalt der Abschwemmungen, in einem milden Klima und in einem Reichthum von Wasser alle Bedingungen und die be-quemsten Mittel zu einer hohen Cultur gegeben waren.

Ein arbeitsames, geschicktes und nüchternes Volk hat alle diese Mittel sorgsam und verständig benutzt und den Betrieb der Landwirthschaft zu einer wahrhaft nationalen Arbeit ge-

macht. Dies Volk hat es verstanden, die Landwirthschaft auf
der höchsten Stufe ihrer Vollkommenheit zu erhalten, obgleich
der Betrieb derselben nur in der Hand von Bauern und kleinen Leuten liegt, der Ackerbauer persönlich erst in der 6. und
zwar vorletzten Classe der gesellschaftlichen Rangordnung steht,
und kein japanischer Gentleman Landwirth ist. Anstalten zu
seiner Ausbildung sind nicht vorhanden; keine landwirthschaftlichen Vereine, keine Akademien, keine periodische Presse vermitteln irgend einen Luxus des Wissens. Der Sohn lernt
einfach vom Vater, und da der Vater genau eben so viel weiß,
als Großvater und Urgroßvater wußten, und da er es genau
eben so macht wie irgend ein Landwirth auf der anderen Seite
des Reiches, so ist es gleichgültig, bei wem und wo er seine
Studien macht. Eine gewisse kleine Summe von Wissen, die
sich seit Urzeiten so bewährt hat, daß sie als positives Wissen
betrachtet werden muß, kann dem Schüler in keinem Falle
entgehen und bildet gleichsam ein unveräußerliches Erb-Wissen.

Ich muß bekennen, daß mich in manchen Augenblicken ein
Gefühl tiefer Beschämung ergriff, wenn ich gegenüber diesem
einfachen Wissen und der sicheren und streitlosen Anwendung desselben auf die Praxis heimwärts gedachte.
Wir nennen uns ein Culturvolk, ein gebildetes Volk; höchste
Intelligenzen sind dem Ackerbau zugewendet; überall erstreben
Vereine, Akademien, chemische Laboratorien und Versuchswirth-
schaften eine Erweiterung und Verbreitung des Wissens. Und
doch, wie wunderbar, daß wir daheim trotz alledem noch über
die ersten und einfachsten wissenschaftlichen Grundlagen des
Ackerbaues in heftiger, oft erbitterter Fehde liegen und daß
aufrichtige Forscher bekennen müssen, die Summe ihres positi-
ven, unantastbaren Wissens sei noch unendlich klein; wie selt-

fam ferner, daß dieſe geringe Summe poſitiven Wiſſens noch
ſo unvermittelt mit der großen Praxis ſteht.

Unter den großen Fragen, welche bei uns noch brennende,
hier aber im Laboratorium einer tauſendjährigen Erfahrung
längſt entſchieden ſind, muß ich zuerſt als der wichtigſten der
Düngungsfrage gedenken. Nichts kann vor allen Dingen
für den rationell gebildeten Landwirth der alten Welt, der ſich
unwillkürlich gewöhnt hat, England mit ſeinen Wieſen, ſeinem enormen Futterbau und ſeinen Maſtviehheerden und troß
alledem mit ſeinem ſtarken Verbrauch von Guano, Knochenmehl und Rapskuchen als das Ideal und den einzig möglichen
Typus wirklich rationeller Wirthſchaft zu betrachten, — nichts
kann ihm überraſchender ſein, als ein Land in noch weit höherer Cultur zu ſehen, — ohne Wieſen, ohne Futterbau, ohne
ein einziges Stück Vieh (weder Nuß- noch Zugthier) und
ohne die geringſte Zufuhr von Guano, Knochenmehl, Salpeter
oder Rapskuchen. Das iſt Japan.

Ich kann mich eines Lächelns nicht erwehren, wenn ich
mich erinnere, wie auf meiner Durchreiſe durch England einer
der Koryphäen der dortigen Landwirthſchaft in Hinweis auf
ſeinen reichen Viehſtapel mit kathedermäßiger Haltung die folgenden Sätze ſo ernſt und ſtrict als möglich meinem Gedächt-
niſſe als das geheimnißvolle non plus ultra der Weisheit zu
imprägniren ſuchte: Je mehr Futter, deſto mehr Fleiſch; je
mehr Fleiſch, deſto mehr Dünger; je mehr Dünger, deſto mehr
Körner. Der Japaner kennt dieſe Schlußfolgerung gar nicht;
er hält ſich einfach an das eine Unbeſtreitbare: Ohne fortlau-
fenden Dünger keine fortlaufende Production. Von dem, was
ich dem Boden entnehme, erſetzt ihm einen kleinen Theil die
Natur (worunter er Luft und Regen verſteht); den anderen
Theil muß ich ihm erſetzen; wodurch, iſt vor der Hand gleich-

gültig. Daß die Producte des Landes erst durch den menschlichen Körper gehen müssen, ehe sie zu ihrer Heimath zurückkehren, ist für die Düngung selbst nur ein nothwendiges Uebel,
das immer mit Verlusten verknüpft ist. Die Nothwendigkeit
des Mittelgliedes der Viehhaltung begreift er vollends nicht.
Wie viel unnütze und kostspielige Arbeit müsse es verursachen,
das Product des Bodens erst durch Vieh auffressen zu lassen,
das so mühsam und kostspielig aufzuziehen sei, und mit viel
größeren Verlusten das verknüpft sein müsse! Wie viel einfacher es doch sei, das Korn selbst zu verzehren und den Dünger selbst zu machen.

Es sei jedoch fern von mir, die so differirenden Endpunkte,
zu denen die Entwickelung der landwirthschaftlichen Cultur-
geschichte beider Völker geführt hat, dazu benutzen zu wollen,
die Gestaltung unserer Landwirthschaft zu verdammen und die
der japanischen à conto einer tieferen Einsicht ungebührlich zu
erheben. Die Verhältnisse haben es eben so mit sich gebracht,
und zwar ist Folgendes hauptsächlich dafür maßgebend gewesen.
Die Religion verbietet den Japanern Fleisch zu essen, und
zwar den Anhängern beider Hauptsekten, den Sintoisten sowohl als den Buddhaisten. Da sie ihnen aber nicht nur den
Genuß des Fleisches, sondern überhaupt alles dessen verbietet,
was vom Thiere kommt (Milch, Butter, Käse), so fällt damit
der eine große Zweck unserer Viehhaltung fort. Auch das
Schaf, nur seiner Wolle wegen gehalten, würde sich ohne Verwerthung des Fleischkörpers nicht rentiren können; eine Einsicht, zu der man ja selbst in Deutschland nach und nach zu
gelangen scheint.

Ein zweiter Grund, der die Viehhaltung überflüssig macht,
ist die Kleinheit aller Wirthschafts-Einheiten, die jedoch nicht
zu verwechseln ist mit Zerstückelung des Grundeigenthums.

Aller Grund und Boden gehört dem Fürsten, den Großen des
Landes, die es in Lehne und Afterlehne an den niederen Adel
vergeben haben; da aber die Abligen den Ackerbau nicht selbst
betreiben können, haben sie ihre Lehnsgüter parcellenweise ver-
pachtet oder vererbpachtet; die gegenwärtige Vertheilung und
Gliederung des Bodens scheint seit undenklichen Zeiten zu bestehen, und für die anfängliche Begrenzung der Parcellen ist
wohl die natürliche Lage oder der Wasserlauf eines Baches
maßgebend gewesen; die Größe dieser Parcellen, die unter einer
Bewirthschaftung sich befinden, varirt von etwa 2 bis 5 Morgen. Da nun dieses kleine Terrain noch oft von Zu- und Ab-
leitungsgräben durchschnitten wird, so findet man selten ein so
großes Stück Feld, daß ein Zugthier mit Vortheil darauf verwendet werden könnte.

Diese Verhältnisse sind bei uns wesentlich anders. Wir
glauben ohne eine Fülle von Fleisch nicht in Kraft existiren zu
können, obgleich wir täglich das Beispiel vor Augen haben,
daß unsere Arbeiter, welche die Kraft doch mindestens eben so
bedürfen, wie wir, größtentheils unfreiwillige Buddhaisten sind.
Die Wirthschafts-Einheiten sind noch immer so groß, daß an
eine durchgängige Bearbeitung mit der Hand nicht gedacht werden kann, abgesehen davon, daß die Preisverhältnisse zwischen
Arbeitslohn und Product eine so intensive Behandlung nur in
den seltensten Fällen gestatten. Daß aber die Cultur des Bodens in der ganzen Welt genau in geradem Verhältnisse steht
zu der Parcellirung des Bodens, ist eine Thatsache, deren Rea-
lität und Bedeutung erst recht in die Augen springt, wenn man
von Norddeutschland über England nach Japan reist.

Der einzige Düngererzeuger in Japan ist also der Mensch,
und es liegt auf der Hand, daß der Aufbewahrung, Zubereitung und Verwendung seiner Excremente die größte Sorgfalt

gewidmet ist. Da dieses ganze Verfahren, wie ich glaube, viel Lehrreiches für uns enthält, so halte ich jetzt, auf die Gefahr hin, ästhetisches Gefühl zu verletzen, für meine Pflicht, dasselbe so detaillirt als möglich mitzutheilen.

Der Japaner baut seinen Abtritt nicht wie wir in einen möglichst entfernten Winkel des Hofes mit halb offener Hinterfront, welche dem Regen und Wind freien Zugang gestattet, sondern er macht ihn zu einem wesentlichen und geschlossenen Theile seines Hauses. Da er den Begriff „Stuhl" überhaupt nicht hat, so entbehrt auch das gewöhnlich sehr sauber gear- beitete, oft tapezirte oder lackirte Kabinet der bei uns üblichen Sitzbank, und ein einfaches, länglich viereckiges Loch, welches der Quere nach der Eintrittsthür gegenüber läuft, ist bestimmt, die Excremente in den unteren Raum zu führen. Indem er die Oeffnung der Breite nach zwischen seine Beine nimmt, ver- richtet er in hockender Stellung sein Geschäft mit der größten Reinlichkeit. So oft ich auch in den Wohnungen selbst der kleinsten und ärmsten Landbebauer dieses Cabinet untersuchte, stets fand ich eine vollkommene Sauberkeit darin vor. Ich finde, daß in dieser Construction etwas Praktisches liegt. Wir bauen bei uns über den Miststätten und hinter den Scheunen Abtritte für die Hofleute und Tagearbeiter, und versehen die- selben mit Bänken und runden Löchern darin; aber selbst, wenn wir nur eine einzelne Sitzplatte darin anbringen, so habe ich doch allzu oft gesehen, daß der ganze Abtritt nach wenigen Tagen einem schlechten Schweinestall viel ähnlicher geworden war, als einem menschlichen Abtritte, und zwar ein- fach deshalb, weil auch unsere Arbeiter eine entschiedene, viel- leicht natürliche Vorliebe für die hockende Stellung haben. Die Construction des japanischen Abtritts zeigt, daß diesen Leuten geholfen werden kann.

Unter jener viereckigen Oeffnung steht ein Gefäß, um die Excremente aufzunehmen; gewöhnlich ein der Oeffnung entsprechend wannenförmig construirter Eimer mit überstehenden Ohren, durch welche eine Tragestange geschoben werden kann; öfter auch ein großer irdener Henkeltopf, wozu der hiesige Thon ein ausgezeichnetes Material liefert. In einigen seltenen Fällen, und auch das nur in Städten, fand ich auf dem Boden dieses Gefäßes und auch wohl zwischen geschichtet eine Lage Spreu oder grobes Häcksel, ein Verfahren, welches, wenn ich nicht irre, auch bei uns seit einiger Zeit empfohlen ist. Sobald nun dieses Hausgefäß voll ist, wird es herausgenommen und in einen der größeren Düngerbehälter entleert. Diese Düngerbehälter sind entweder im Felde selbst oder im Hofe angelegt und bestehen in großen, fast bis zum Rande in die Erde eingelassenen Fässern oder enormen Steintöpfen von 8 bis 12 Cubikfuß Inhalt. Dies sind die eigentlichen Düngerbereiter. Die Behandlung in diesen Behältern ist folgende: Die Excremente werden o h n e i r g e n d e i n e n Z u s a t z mit Wasser verdünnt, und zwar so lange, bis unter tüchtigem Umrühren die ganze Masse sich zu einem vollständig fein vertheilten und innig verbundenen Brei verwandelt hat; bei Regenwetter wird die Grube dann durch ein daneben stehendes verschiebbares Dach zugedeckt, bei klarem Wetter aber dem Winde und der Sonne ausgesetzt. Die festen Bestandtheile des Breies senken sich allmälig und gehen in Gährung über, das Wasser verdunstet. In dieser Zeit hat der Hausabtritt eine neue Auffüllung geliefert; es wird wieder Wasser zugesetzt, das Ganze gut durcheinander gerührt und gerade so behandelt, wie die erste Auffüllung. In dieser Weise wird fortgefahren, bis die Grube voll ist; dann läßt man sie nach der letzten Auffüllung und nochmaliger vollständiger Durchrührung je nach der Witterung 2 bis 3 Wochen oder bis zum Gebrauche stehen; niemals aber wird der Dünger frisch verwendet.

Dieses ganze Verfahren zeigt, daß die Japaner durchaus keine Anhänger der Stickstofftheorie sind und daß es ihnen lediglich um die festen Bestandtheile des Düngers zu thun ist. Sie geben das Ammoniak sorglos der Zerlegung durch die Sonne und der Verflüchtigung durch den Wind preis, schützen aber die festen Bestandtheile desto sorgfältiger vor Auswaschung und Wegschwemmung.

Da aber der Ackerbauer die Rente seines Grundstückes nicht in Geld, sondern in einem Procentsatz seines Naturalertrages an seinen Verpächter oder Lehnsherrn abtragen muß, so ist er in einem vollständigen logischen Gedankengange der Meinung, daß die Lieferung seines Hausabtritts nicht hinreichen würde, eine allmälige Erschöpfung seines Bodens zu verhindern, trotz des tiefen Reichthums desselben und trotzdem, daß der nächste Bach oder Canal, dem er sein Bewässerungsmaterial entnimmt, ihm mit seinem Wasser unzweifelhaft düngende Bestandtheile zuführt. Er hat deshalb auch überall, wo sein kleines Feld an öffentliche Straßen, Fußwege und Steine stößt, an den Grenzen desselben Tonnen oder Töpfe eingegraben, deren Benutzung dem reisenden Publicum dringend ans Herz gelegt ist, und wie tief das Verständniß von dem ökonomischen Werthe des Düngers von den höchsten bis in die niedrigsten Schichten der Gesellschaft hinabgedrungen ist, dafür mag als Beweis die Angabe dienen, daß ich auf den vielen Wanderungen, die ich in die entlegensten Thäler und in die Höfe und Hütten der ärmsten Leute gemacht habe, niemals und in keinem noch so verborgenen Winkel eine Spur von menschlichen Excrementen auf der freien Erde gesehen habe. Bei uns auf dem Lande liegen sie zu Hunderten neben dem Abtritt und in allen Winkeln des Hofes. — Daß dieser von wohlwollenden Reisenden hinterlassene Dünger dieselbe Behandlung erfährt, als der Familiendünger, bedarf wohl keiner Ausführung.

Den Excrementen des Ackerbaues gesellen sich aber noch andere Stoffe zu, die seinem Boden nicht entnommen waren, und die daher einen ferneren Import von Düngstoffen repräsentiren. In allen Flüssen, Bächen und Canälen und namentlich in den vielen kleinen Meeresbuchten wimmelt es von einer Unzahl eßbarer Fische, deren Genuß dem Japaner erlaubt ist; eine Erlaubniß, von der er denn auch einen sehr ausgedehnten Gebrauch macht. Fische, Krebse und Schnecken werden in Masse verzehrt und kommen schließlich als ein sehr schätzbarer Beitrag von außen dem Abtritt und damit dem Felde zu Gute.

Der japanische Landwirth bereitet auch Compost. Da er kein Vieh besitzt, also die Verwerthung seines Strohes und aller Wirthschaftsabgänge durch den thierischen Körper entbehrt, muß er diesen ganzen Theil der Production seines Bodens demselben ohne „Animalisation" einverleiben. Die Quintessenz der dabei angewendeten Methoden ist einfach eine Concentration der Stoffe. Gehacktes Stroh, überflüssige Spreu, die auf der Straße aufgelesenen Excremente der Lastpferde, Köpfe und Kraut der Rüben, Schalen der Yams und Bataten und alle etwaigen Wirthschaftsabgänge werden sorgfältig mit etwas Rasenerde gemischt, in Form kleiner Kartoffelmieten gebracht, angefeuchtet und mit einem Strohdache versehen. Nicht selten habe ich in diesen Composthaufen auch Schalen von Muscheln und Schnecken gefunden, welche die meisten Bäche im Ueberflusse mit sich führen, und, wo irgend das Meeresufer nahe ist, in jeder beliebigen Quantität zu haben sind. Ab und zu wird der Haufen befeuchtet und umgestochen

und so geht der ganze Proceß der Abfaulung unter der kräf=
tigen Einwirkung der Sonne rasch vor sich. Sehr oft habe ich
auch, wenn reichlich Stroh vorhanden war, oder der Dünger
verwendet werden sollte, ehe er reif war, das ungemein abkür=
zende Verfahren gesehen, ihn statt durch Gährung durch Feuer
zu reduciren.

Die auf diese Weise halb verkohlte und verasche Masse
konnte dann sofort gebraucht werden und wurde, soweit meine
Beobachtungen reichten, stets als Samendünger unmittelbar
auf den Samen geschüttet.

Ich glaube, daß auch die Behandlung dieses Compost=
düngers einen Beleg für die Behauptung liefert, daß dem
japanischen Landwirth die Stickstoffverbindungen gleichgültig
sind, und daß er alle organischen Substanzen vor der Anwen=
dung zur Düngung sorgfältig zu zerstören bestrebt ist. Es
steht dies im genauesten Zusammenhange damit, daß es dem
Japaner um eine möglichst rasche Verwerthung sei=
nes Düngers zu thun ist.

Um diesen Zweck zu erreichen, bedient er sich außer der be=
schriebenen Zubereitung seines Düngers noch zweier Hülfsmittel:

1. er verwendet soweit als möglich und namentlich stets
   seinen Hauptdünger, den Dünger der Abtritte, in flüssi=
   ger Form;

2. er kennt keine andere als Kopfdüngung.

Sobald er zu einer Saat schreiten will, wird das Feld,
wie später genauer beschrieben werden soll, in Furchen gelegt
und der Same mit der Hand hineingestreut; darüber kommt
eine dünne Lage gut vertheilten Compostes und über diese
schließlich Abtrittsdünger in flüssiger und sehr verdünnter Form.
Die Verdünnung geschieht in den Trageeimern, in denen der
Dünger aus den Hauptdüngerbehältern zur Saatfurche ge=

tragen wird, weil nur auf diese Weise eine gleichmäßig starke Mischung und gute Durcharbeitung möglich ist. Die vollendete Gährung (Reife) des Düngers gestattete es, ihn gefahrlos mit dem Samenkorn in unmittelbare Berührung zu bringen, und sogleich den ersten seinen Wurzeltrieb kräftig zu unterstützen.

Vielleicht ist dieses Düngungsverfahren der Japaner in seiner Totalität bei uns noch nicht anwendbar; gewiß aber können wir von diesen alten Praktikern einige Lehren vertrauensvoll acceptiren, und sollten, da der gute Erfolg ihnen so auffallend zur Seite steht, dahin streben, sie unseren Verhältnissen angemessen zu modificiren und wenigstens als Princip überall zur Geltung zu bringen:

1. Möglichste Concentration des Düngers, die mit einer wesentlichen Kostenersparniß verbunden sein muß. (Wenn ich anführte, daß der Japaner unbekümmert um Stickstoffverbindungen ist, und daß sich sein Feld dennoch in hoher Cultur befindet, so ist damit natürlich keinesweges der Beweis geliefert, daß es nicht noch besser sein würde, wenn er gleichzeitig den Stickstoff firiren könnte. Kann man, was ich bezweifle, ein praktischeres Verfahren auffinden, ein Verfahren, welches beide Vortheile mit einander verbindet, — desto besser! Ehe wir aber das bessere haben, sollten wir das Gute nehmen.)

2. Kopfdüngung, die freilich an die Reihencultur gefesselt ist.

3. Flüssige Düngung; nicht in der extravaganten Gestalt, in welcher sie sich in England Bahn zu brechen suchte, sondern in einer unseren Verhältnissen angepaßten Ausdehnung. *)

----

*) In einer Anmerkung verweist hier der Herr Verf. auf seinen aus England eingesendeten Bericht, welchen wir im XXXVIII. Bande S. 417 u. flgd. abgedruckt haben.　　　　　　D. Red.

Als Schlußsatz will ich die Nachricht benutzen, daß

4. der Japaner keine Frucht ohne Dünger baut.

Er giebt zu jeder Aussaat oder zu jeder Pflanze nur so viel Dünger, als dieselbe zu einer vollständigen Entwickelung bedarf. Um Bereicherung des Bodens für die Zukunft ist es ihm durchaus nicht zu thun; er will nichts, als eine reichliche Ernte von seiner jedesmaligen Aussaat. Wie oft hört man bei uns noch diesen Dünger jenem vorziehen, weil er „nachhaltiger" sei; und wie sind wir mit all' unserer weisen Vorsicht für die Zukunft hinter den Japanern zurückgeblieben, die nur für die nächste Ernte zu sorgen scheinen. Da sie zu jeder Frucht düngen und der Begriff „Brache" in unserer Form ihnen ganz unbekannt ist, müssen sie ihre jährliche Düngerproduction auf die ganze Fläche ihres Ackers vertheilen; dies ist ihnen allein durch Reihensaat und Kopfdüngung möglich.

Unser langer strohiger Mist und die Verschwendung desselben über die ganze Fläche des zu düngenden Feldes stehen diesem rationellen Verfahren schreiend gegenüber.

Der Dünger in den Städten unterliegt, wie ich hier noch beifügen will, keinerlei Behandlung, keinerlei künstlichen Umarbeitung in Guano und Poudrette; wie er da ist, geht er alle Abende und alle Morgen hinaus in alles Land, um nach kurzer Zeit als Bohne oder Rübe wieder zurückzukehren; Tausende von Kähnen gehen am frühen Morgen hoch aufgestapelt mit Eimern voll des werthvollen Stoffes durch die Wasserstraßen der Städte und vertheilen den Segen bis tief ins Land hinein. Es sind förmliche Düngerposten, die mit Regelmäßigkeit kommen und gehen, und man wird zugestehen, daß ein gewisses Märtyrerthum dazu gehört, Conducteur einer solchen Post zu sein. Abends begegnet man langen Reihen von ländlichen Kulies, welche die Producte des Landes am Morgen zur Stadt gebracht haben, nun beladen mit 2 Eimern Dünger, nicht etwa in fester, consistenter Form, sondern genau in jener frischen Mischung, in der er sich naturgemäß in einem guten Abtritte vorfindet. Karawanen von Saumpferden, welche oft 50 bis 60 Meilen weit Fabrikate aus dem Innern (Seide, Oel, Lackwaaren ꝛc.) nach der Hauptstadt gebracht haben, sind nun heimwärts befrachtet mit Körben oder Eimern, nur daß man hier Sorge getragen hat, feste Excremente auszuwählen.

So entsteht vor uns das großartige Bild einer vollendeten Circulation von Naturkräften; kein Glied in der Kette geht verloren; eins reicht dem andern die Hand.

Ich kann mir einen Rückblick auf uns selbst und eine Parallele nicht versagen. Wir verkaufen in unseren großen Wirthschaften einen Theil unserer Bodenkraft in Form von Korn, Rüben oder Kartoffeln, aber unsere Wagen, welche diese Producte zur Stadt oder zur Fabrik gefahren haben, bringen keinen Ersatz zurück — ein Glied in der Kette fällt aus. Einen andern Theil verfüttern wir mit großen Viehheerden; auch von diesem geht wieder ein beträchtlicher Theil in der Form von Mastvieh, Milch, Butter oder Wolle in die Welt hinaus und kehrt nicht mehr zurück — ein zweites Glied fällt aus. Einen dritten kleinen Theil verzehren wir selbst mit unseren Arbeitern; dieser Theil wenigstens könnte uns ganz zu Gute kommen, wenn wir ihn sorgfältiger, verständiger, japanischer zu verwenden wüßten; oder will Jemand ernstlich behaupten, daß in unseren Wirthschaften der Abtrittsdünger von irgend welcher nennenswerthen Bedeutung ist? Ich glaube, daß auf einem Gute von 1000 Morgen der Abtrittsdünger noch nicht hinreichen würde, einen halben Morgen zu bedüngen. So bleibt uns denn bei der gegenwärtigen Organisation unserer Wirthschaften aus der Summe der Bodenkraft, die wir in den

Ernten dem Boden entnehmen, nichts als der Theil übrig, den unser Vieh uns als Mist zurückläßt, — ein kleiner Theil, wenn wir erwägen, wie voluminös er ist und wie concentrirt dagegen die Bodenkraft war, die wir als Körner, Milch oder Wolle verkauften.

Man wird mir einwenden, daß es doch wunderbar sei, wie wir gerade bei unserem System der großen Viehhaltungen Güter sichtlich in Cultur und zu hohen Erträgnissen bringen. Die Thatsache gestehe ich zu; es fragt sich nur, was sie bedeutet. Man muß sich vor allen Dingen über den Begriff „Cultur" klar werden. Wenn unter „Cultur" die Fähigkeit des Bodens verstanden wird, hohe Erträgnisse nachhaltig, d. h. als einen wirklichen Zins des Bodencapitals zu erzeugen, so leugne ich, daß unsere Güter (vielleicht mit wenigen Ausnahmen) in Cultur sind. Wir haben sie aber durch gute Bearbeitung und durch eine besondere Methode der Düngung in einen Zustand versetzt, der die ganze Bodenkraft disponibel gemacht hat, und der uns deßhalb augenblicklich hohe Erträge giebt; aber es sind nicht die Zinsen, die wir von unserer Bodenkraft einsammeln, es ist das Capital selbst. Je flüssiger wir dasselbe machen, je schneller werden wir es bei unserem Wirthschaftssysteme erschöpft sehen. Wir nennen das nur fälschlich Cultur. Die besondere Methode der Düngung aber, deren ich vorhin erwähnte, besteht darin, daß wir so viel als möglich Stickstoffverbindungen dem Boden einpfropfen. Nun ist das Ammoniak und Genossen unzweifelhaft ein ausgezeichneter Cultivateur; er versteht es, schlummernde Bodenkräfte zu wecken; aber er ist doch schließlich nichts weiter, als ein Banquier, der uns gefällig den Thaler, den wir verausgaben können, in etwa zwanzig Silbergroschen wechselt; nun geben wir die Thaler schnell genug aus, und

darum giebt es bei uns eine so große Partei, welche den ge-
fälligen Banquier liebt und vertheidigt.

Das ist der große Unterschied zwischen der europäischen
und japanischen Cultur. Die europäische ist Scheincultur, und
der Betrug wird über kurz oder lang zu Tage kommen; die
japanische ist wirkliche, wahre Cultur: die Erträgnisse des Bodens sind Zinsen der Bodenkraft. Da der Japaner weiß, daß
er von den Zinsen zu leben hat, ist seine erste Sorge darauf
gerichtet, daß das Capital nicht verringert wird; er giebt nur
dann mit der einen Hand nach außen, wenn er mit der anderen nehmen kann, und er nimmt aus seinem Boden niemals
mehr, als er ihm giebt; er forcirt nichts durch große Zufuh-
ren von Stickstoffverbindungen.

Darum gewähren die Felder in Japan durchaus nicht
durchgängig jenen blendenden üppigen Anblick, den wir bisweilen bei uns genießen; auf seinen Aeckern stehen keine un-
durchdringlichen sechs bis acht Fuß hohe Strohwälder, keine
100pfündigen Rüben mit 99 Pfund Wasser, es ist nichts
Extravagantes in dem Anblick der japanischen Ernten; was
sie aber werthvoll vor den unsrigen auszeichnet, ist
ihre Sicherheit und ihre Gleichmäßigkeit seit Jahrtausenden. Erst Durchschnitt ist Rente.

Verlangt man aber noch nach einem Beweise dafür, daß
die Cultur in Japan eine wirklich hohe und die Production
eine große ist, so möge die Notiz dazu dienen, daß ein Land
von der Größe Großbritanniens, ein Land, von dem man annehmen kann, daß es seiner bergigen und oft gebirgigen Beschaffenheit wegen höchstens zur Hälfte culturbaren Acker besitzt,
nicht nur mehr Einwohner enthält als Großbritannien, sondern dieselben auch erhält. Während dieses bekanntlich alljähr-
lich für viele Millionen dem Auslande tributpflichtig wird,

führt Japan, seitdem seine Häfen geöffnet sind, jährlich nicht unbedeutende Quantitäten von Lebensmitteln aus.

---

2. Abschnitt.
Bearbeitung des Bodens.

„Tiefcultur ist ein Stichwort unserer modernen Tages-literatur, und man darf wohl sagen, daß sich wenigstens das Princip allgemein zur Anerkennung gebracht hat. Der einzige bedingungsweise Einwurf, den man dagegen erhebt, ist die Be-hauptung, daß die Einführung desselben ein großes Dünger-capital erfordere. Aber auch die begeistertsten Anhänger dieser Theorie daheim können sich schwerlich ein Bild von einer so allgemein und in so hohem Grade durchgeführten Tiefcultur entwerfen, als sie in Japan wirklich vorhanden ist.

Dem Japaner ist sein Stück Feld ein Material geworden, das er beliebig formt und verwendet; etwa wie ein Schneider aus einem Stücke Zeug nach Begehr Mäntel, Röcke, Hosen oder Westen schneidet und beliebig eins in das andere umformt. Heute steht Weizen auf einem Feldstück; in acht Tagen ist der-selbe geerntet, die Hälfte des Feldes ist ein von Wasser tief getränkter Sumpf geworden, in den der Pächter bis in die Knie einsinkend Reis pflanzt; die andere Hälfte aber steht daneben als ein um 2 bis $2\frac{1}{2}$ Fuß über das Reisfeld sich erhebendes breites und trockenes Beet, auf welches Baumwolle, Bataten oder Buchweizen gesäet wird; oder es ist auch wohl ein Viereck mitten im Felde zum Beet und ein breiter Rand rund herum zum Reisfelde gemacht, und da das Wasser die Oberfläche des letztern immer flach bedecken muß, so läßt sich schließen, daß die Plantrung sorgfältig und immer nach der Wasserwage geschehen sein muß.

Diese ganze Arbeit ist während der kurzen Zeit von dem Wirth und seiner kleinen Familie ausgeführt. Daß sie mechanisch so schnell ausführbar war, ist ein Beweis für die tiefe Lockerheit des Bodens, selbst nach einer Ernte; und daß der Mann das thun durfte, unbekümmert um die Resultate der nächsten Ernte, ist ein Beweis von dem tiefen Reichthum des Bodens. Erst wenn sich Lockerheit mit Reichthum so verbinden, kann von einer wahren Tiefcultur die Rede sein.

Das gegebene Bild ist kein fingirtes Beispiel, kein Phantasiegemälde, sondern der getreue Abdruck von Thatsachen, die ich zu Hunderten gesehen habe. Nimmt man an, daß der Reis doch mindestens 1 bis 1½ Fuß cultivirten Bodens verlangt, und abbirt man dazu die halbe Höhe des aufgeworfenen Beetes mit 1 bis 1¼ Fuß, so erhält man eine Culturtiefe von 2 bis 3 Fuß.

Dieses Verfahren, das Feld beliebig in Sumpf- und Hochbeet umzuarbeiten, ist gegenwärtig allerdings in Japan nur noch der Beweis von dem Vorhandensein der Tiefcultur, aber es ist eben so klar, daß es dereinst auch das Mittel dazu gewesen sein muß. Wenn man mit der Vertiefung der Ackerkrume immer so lange warten will, bis man einen Ueberschuß an Dünger hat (ein überhaupt relativer Begriff), so ist vorauszusagen, daß sie in den seltensten Fällen Fortschritte bei uns machen wird. Man kann bekanntlich nicht Schwimmen lernen, ohne ins Wasser zu gehen.

Die Einführung und das beständige Fortschreiten der Tiefcultur ist in Japan unterstützt worden durch das seit undenklichen Zeiten angewendete Verfahren, alle Früchte in Reihen zu bauen. Auch über die Vorzüge dieses Verfahrens sind wir längst unterrichtet; unter den Vortheilen des Hackfruchtbaues wird in den Lehrbüchern stets die dadurch gelegentlich ermög-

lichte Vertiefung der Ackerkrume angeführt, und wenigstens
unsere Gärtner haben es längst durchgängig adoptirt.

Das volle Verständniß von dem Werthe und der Bedeutung dieses Verfahrens habe ich erst erlangt, nachdem ich seine
vollständige und vielgestaltige Durchführung in Japan gesehen
habe. Bei uns ist die Reihensaat noch kein in das ganze
System unserer Wirthschaftsführung eingreifendes Moment geworden; wir betrachten die Frage nur immer einseitig im
Interesse der einzelnen Frucht, welche wir bauen
wollen. Der Japaner aber hat sie zu einem Wirthschaftssysteme erhoben und hat sich mittelst desselben von der bei
uns erforderlichen Rücksichtnahme auf Fruchtfolge und von der
„Zwangsjacke der Schlagwirthschaft" vollständig emancipirt;
er ist dadurch in Wahrheit freier Herr über sein Feld geworden. Er hat nicht nur das Hintereinander in ein Nebeneinander verwandelt, sondern auch das bei uns sich theilweise
bahnbrechende Princip des Gemengebaues zu seiner höchsten
Entfaltung gebracht, indem er das wilde und unwillkürliche
Durcheinander aufgehoben und den Gemengebau durch die
Reihencultur in eine geregelte und gesetzmäßige Ordnung gebracht hat. Ein Feld wird also folgendermaßen bestellt:

Es ist Mitte October, und augenblicklich Buchweizen die
einzige Frucht auf diesem Ackerstück; er steht in Reihen von
24 bis 26 Zoll Entfernung; in den dazwischen liegenden, jetzt
leeren Reihen waren im Frühjahre, nachdem der Weizen geerntet war, kleine Wasserrüben gesäet; auch diese sind bereits
geerntet und der ganze Zwischenraum zwischen dem Buchweizen
wird nun mit der Hacke so tief bearbeitet, als die Instrumente
irgend reichen. Ein Theil der frischen Erde aus der Mitte
wird an den in voller Blüthe stehenden Buchweizen herangezogen; in der Mitte entsteht dadurch eine Furche; da hinein

wird Raps oder die graue Wintererbse gesäet, auf die bereits beschriebene Weise gedüngt und Samen und Dünger flach mit Erde bedeckt. Wenn nun Raps oder Erbsen aufgegangen und 1 bis 2 Zoll hoch sind, wird der Buchweizen reif und geerntet; einige Tage darauf sind die Reihen, in denen er stand, gelockert; gereinigt und mit Weizen oder Winterrüben besäet. So folgt Reihe auf Reihe, das ganze Jahr hindurch Ernte auf Ernte. Vorfrucht ist gleichgültig; nur der vorhandene Dünger, die Jahreszeit und die Bedürfnisse der Wirthschaft sind maßgebend für die Wahl der nachfolgenden Frucht. Fehlt Dünger, so bleiben die Zwischenräume so lange brach liegen, bis sich das erforderliche Quantum angesammelt hat.

Das System als Ganzes hat den großen Vorzug, daß es allen Dünger zu jeder Zeit verwendbar macht, daß also das darin ruhende Capital nicht zinslos liegt; dann aber, und das möchte das Wichtigste sein, setzt es die Ernte, also die Boden= kraft, in ein gerades und durch kein „maneuvre de force" getrübtes Verhältniß zu dem vorhandenen Düngercapitale, mit anderen Worten: Einnahme und Ausgabe des Bodens stehen in einer stetigen Balance.

Ich habe dies System in der Nähe großer Städte, wie Yeddo, in besonders fruchtbaren Thälern und in Feldern an den großen Landstraßen in seiner intensivsten Anwendung gesehen; Frucht folgte auf Frucht, Dünger auf Dünger. Hier produ= cirte die Scholle viel mehr, als auf ihr verzehrt werden konnte; aber die große Stadt und die Straßenabtritte lieferten einen neuen Düngerimport, der mit dem Fruchterport jedenfalls ba= lanciren mußte. Ich habe aber auch Wirthschaften gesehen, ab= gelegen von der großen Straße, kleinen Hochebenen abgerungen, und offenbar von jüngerem Culturdatum.

Da der Japaner sich nicht gern auf den Höhen anbaut,

sondern mit seinem Hause stets das Thal vorzieht, so ist die
Zuführung des Düngers hier beschwerlicher und der Zuschuß
von Reisenden oder aus den Städten fast außer Frage; hier
habe ich bisweilen nur eine Frucht auf jedem Feldstücke gefunden, und die Reihen dennoch so weit auseinander, daß noch
eine andere Frucht vollständigen Raum dazwischen gehabt hätte.
So wird wenigstens für die Zwischenräume, welche für die
Aufnahme der nächsten Saat bestimmt sind, eine gehörige und
wiederholte Bearbeitung ermöglicht, und zugleich durch das beständige Heranziehen von frischer Erde an die gegenwärtige
Frucht derselben ein weit größeres Bodencapital zur Disposition
gestellt, als dies bei irgend einem andern Verfahren möglich
wäre. So wird ursprünglich nur die Hälfte des urbar gemachten Feldes (d. h. genau so weit als vorhandener Dünger reicht)
zur Production herangezogen, aber sie ist immer bei dieser weit-
läufigen Reihencultur viel reichlicher, als sie ausfallen würde,
wenn man eine zusammenhängende Hälfte anbauen und die
andere Hälfte ebenfalls zusammenhängend brachen wollte. Jede
gesteigerte Düngerproduction oder Einfuhr von außen befähigt,
nach und nach die Zwischenräume ebenfalls zu besäen; es liegt
dann nur noch der dritte oder vierte Theil des Feldes in Brache,
und zuletzt ist die Cultur vollendet, wenn das ganze Feld das
ganze Jahr hindurch in allen seinen möglichen Reihen Früchte
trägt.

Wie unähnlich ist doch dieses Verfahren dem unsrigen.
Wenn wir ein Stück Erde urbar machen und neu cultiviren,
so beginnen wir damit, daß wir 3 bis 4 Ernten von ihm nehmen, ohne ihm irgend welchen Dünger zu geben; erst wenn
der Boden ganz erschöpft ist, düngen wir. Der Japaner
cultivirt überhaupt nicht, wenn er nicht ein kleines
Düngerbetriebskapital besitzt, das er in diesem Boden

anlegen kann, und dann bestellt er selbst in diesem Neulande
nur genau so viel, als er Dünger hat. Welch tiefes Verständniß von dem Wesen einer nachhaltig rentirenden Landwirthschaft tritt uns in diesem rationellen Verfahren entgegen! An
keinem andern Beispiele kann der Unterschied zwischen der europäischen und der japanischen Anschauungsweise so deutlich und
so glänzend erkannt werden, als an diesem. Wir schlagen ein
Stück Wald ein, roben es, verkaufen das Holz und verkaufen
dann die Bodenkraft in drei Halmernten, die wir ohne Dünger genommen haben; vielleicht haben wir die Erschöpfung des
Bodens noch durch ein wenig Guano unterstützt; das ganze
wirthschaftliche Resultat, das wir dadurch erreicht haben, ist
dann kein anderes, als daß wir das bisher erzielte Dünger-
quantum unseres Gutes auf eine nunmehr vergrößerte Fläche
vertheilen müssen. Wenn der Japaner ein Stück Land urbar
macht, so findet er einen Boden mit frischer jungfräulicher Kraft
vor; nichts kann ihm ferner liegen, als die Idee, diesen Boden
zu berauben; indem er von vornherein Ernte und Dünger,
Ausgabe und Einnahme, in Gleichgewicht setzt, behält er den
Boden in seiner Kraft, und das ist Alles, was er oder irgend
ein anderer verständiger Landwirth verlangen kann. (Annal.
der preuß. Landwirthschaft, Januarheft 1862.)

Anhang H.
(Zu Seite 257.)

Allen Ethnographen und Reiseforschern würden wir vor allen anderen Erkundigungen in fremden Welttheilen die genaueste Berücksichtigung der Frage empfehlen: Wie verhält sich der alljährliche Ertrag all' der verschiedenen Cerealien und Culturpflanzen auf ungedüngtem Boden derselben Stelle bei einer fortgesetzten Reihe von Ernten auf verschiedenen Bodenarten und unter den klimatischen Einflüssen sehr verschiedener Breitegrade? So weit es dem Einsender seit Jahren möglich war hierüber zuverlässige Mittheilungen aus verschiedenen Ländern, besonders der heißen Zone, zu sammeln, scheint eine genaue Prüfung überall den alten, vielverbreiteten Irrthum zu widerlegen: daß unter günstigen klimatischen Verhältnissen ein sehr fruchtbarer Boden, z. B. in der tropischen Zone, auch ohne Rückgabe der mineralischen Bestandtheile durch die Hand des Menschen für die Cultur unerschöpflich sei. Selbst in den gesegnetsten Ländern der Aequatorialzone, auf der fruchtbarsten vulcanischen Erde, wie sie das alte Land der Incas in den Hochebenen von Quito, Imbabura, Riobamba, Cuenca u. s. w. darbietet, wurde durch eine lange fortgesetzte Reihenfolge von Culturen der Boden überall erschöpft, wo man nicht im Stande war, ihm mit Ueberrieselung durch künstliche Canäle den von

den Wildbächen der Anden herabgeströmten Schlamm zuzuführen. Das Werk des Wassers, dem die dort weitausgedehn-
ten alten vulcanischen Schlammströme (Lodozales) die Arbeit
erleichtern, dient dort dazu, dem Boden die durch viele Ernten
entzogenen mineralischen Nahrungsstoffe wieder zu geben, wie
anderwärts der Guano und der Stalldünger. Auch in den
meisten Provinzen Persiens, besonders in Aserbeidschan und in
einem großen Theile von Armenien und Kleinasien, erfüllen die
überall angelegten Bewässerungscanäle mehr den Zweck, den
Feldern des Thales die zur Zeit der Schneeschmelze abge-
schwemmten Mineraltheile der Berge zuzuführen, als sie zu befeuchten. Diese Art von künstlicher Düngung durch Bewässerung ist dort auch in Gegenden gebräuchlich, wo es sonst an
atmosphärischen Niederschlägen nicht fehlt. Sie ersetzt ähnlich
wie der Nilschlamm in Aegypten die Wirkung des Stalldün-
gers. Da wo weder durch thierische Excremente noch durch den
mineralischen Dünger einer künstlichen Ueberschwemmung dem
Boden die durch fortgesetzte Ernten geraubten Bestandtheile
zurückgegeben werden, wie z. B. an gewissen Stellen der großen
Hochebenen von Tacunga und Ambato (im südamerikanischen
Staat Ecuador), ist der Boden einer völligen Erschöpfung
nahe. Trotz dem häufigen Wechsel von Regen und Sonnen-
schein giebt dort z. B. die Gerste oft kaum das zweite oder
dritte Korn wieder. Nach meiner sorgfältigen Erkundigung
haben selbst die fruchtbarsten Haciendan von San Salvador
und Chiriqui in Mittelamerika mit ihrem überaus fruchtbaren,
lockern, kali- und kieselerdereichen trachytischen Boden kein
Maisfeld aufzuweisen, auf welchem diese Getreideart dreißig
Jahre hindurch ohne bedeutend abnehmende Ernten fortgebaut
worden wäre — eine Thatsache, welche frühere irrige Behaup-

tungen der Unerschöpflichkeit des Bodens tropischer Länder genügend widerlegt.

An der peruanischen Westküste sind nur jene Gegenden äußerst steril, wo nicht durch kleine künstliche Canäle dem trockenen Boden das von den Andesbächen abgezapfte Wasser mit den durch dessen mechanische Kraft gleichzeitig abgespülten und fortgeschwemmten Mineralbestandtheilen der Gebirgsgehänge zugeführt wird. In allen Gegenden, wo dies bei günstigen Terrainverhältnissen geschieht, ist auch der Boden, sowohl an der Küste als im Binnenlande von Peru und Bolivia, fast eben so ergiebig wie im Innern der Hochländer von Ecuador, Neu=Granada und Guatemala. Aber nicht das Wasser selbst ist die allein wirkende, jene vieljährige Fruchtbarkeit erhaltende Macht, sondern, ähnlich wie im ägyptischen Nildelta, der Schlamm, den das Wasser enthält, und der dort von den verwitterten Gebirgsarten der Anden herstammt, deren Bestandtheile in den Bächen, theils fein zermalmt, theils chemisch aufgelöst, durch kleine Gräben den Feldern zugeführt werden. Das in zahllosen Furchen dem Gebirge abgezapfte Wasser sickert schnell in den Boden oder verdunstet und hinterläßt einen reichhaltigen Niederschlag. Mit reinem Regenwasser wäre z. B. der großen Hochebene von Tacunga mit ihren sterilen Bimssteinfeldern, wo ganz nahe dem Aequator während neun Monaten im Jahre fast täglich Regengüsse fallen, gar nicht geholfen. Nur die schlammigen Andesbäche, nicht die atmosphärischen Niederschläge, wirken dort befruchtend. In Peru hat auch der Guano besonders dadurch eine nachhaltigere Wirkung als in England, weil gerade der durch ihn allein dem Boden nicht wiedererstattete nothwendige Kaligehalt mit dem zugeschwemmten Niederschlag aus den feldspathreichen, trachytischen Bestandtheilen des Andesrückens den Feldern reichlich ersetzt wird. Aehnlich wie der

von den großen Fluthen der Vorzeit stammende fruchtbare Löß
am Fuße der Bayerischen und der Schweizer Alpen, ist dieser
natürliche Mineraldünger in den südamerikanischen Andesländern
vom größten Werth. Es ist eine bedeutsame Thatsache, daß
die alten Culturvölker Amerikas zu denselben einfachen Mitteln
des Wiederersatzes für ihren Boden gekommen sind, welche bei
ähnlichen günstigen Terrainverhältnissen auch in den Gebirgsländern von Kleinasien, Armenien, Grusien, Westpersien, sowie
im nördlichen Mesopotamien (Mossul) und, wenn ich nicht irre,
auch in Tibet noch heute gebräuchlich sind. Kur, Araxes, Euphrat
und Tigris haben im Frühling ein eben so trübes, mit Schlamm,
d. h. Erdtheilchen, geschwängertes Wasser wie der Nil und wie
der ostpersische Fluß Herirud, der bekanntlich ganz und gar für
Felder und Gärten aufgesaugt wird. Alte Erfahrungen haben
ohne Zweifel die Bewohner jener alten Culturländer beider
Hemisphären belehrt, ihren Feldern in dieser Form die unverbrennlichen Bestandtheile zurückzugeben, die ihnen die den großen
Städten zugeführten Ernten entzogen. (Professor Dr. Moritz
Wagner siehe Beilage zur Augsb. Allgem. Zeitung Nro. 36
vom 5. Febr. und Nro. 173 vom 22. Juni 1862.)

Anhang I.
(Zu Seite 353.)
Kleeanalysen von Dr. Pincus.

100 Theile lufttrockener Klee enthielten bei den verschiedenen Düngungen:

	Ungedüngt				Mit Bittersalz gedüngt				Mit Gyps gedüngt			
	Stengel.	Blätter.	Blüthen.	Ganze Pflanze.	Stengel.	Blätter.	Blüthen.	Ganze Pflanze.	Stengel.	Blätter.	Blüthen.	Ganze Pflanze.
Wasser · · · · ·	12,25	19,04	15,05	12,95	13,00	14,45	12,12	13,27	11,85	10,70	12,24	11,60
Pflanzenfaser · ·	39,55	15,07	16,36	28,85	39,47	12,58	17,08	29,70	38,75	13,73	16,96	29,87
Mineralische Bestand= theile · · · · ·	5,05	11,16	6,92	6,95	6,75	10,97	7,47	7,94	6,65	11,45	7,45	7,96
Proteinsubstanz · ·	10,15	22,08	17,59	14,70	11,42	24,37	19,59	13,81	12,34	28,74	20,57	17,45
Kohlenhydrate · ·	33,00	38,65	44,68	36,55	29,36	37,63	43,74	35,28	30,41	35,38	42,78	33,12
	100,00	100,00	100,00	100,00	100,00	100,00	100,00	100,00	100,00	100,00	100,00	100,00
Gesammtmenge der Nährsubstanz · ·	43,15	60,73	62,27	51,25	40,78	62,00	63,33	49,09	42,75	64,12	63,35	50,57
Verhältniß Prt.:Kh. .	1:3,25	1:1,75	1:2,54	1:2,46	1:2,57	1:1,54	1:2,23	1:2,10	1:2,46	1:1,23	1:2,06	1:1,90

Aschenbestandtheile.

100 Theile Asche enthalten:

	Ungedüngter Klee.	Mit Bittersalz gedüngter Klee.	Mit Gyps gedüngter Klee.
Chlor	1,93	1,22	1,73
Kohlensäure	21,43	21,75	19,17
Schwefelsäure	1,33	2,36	3,29
Phosphorsäure . . .	7,97	8,49	8,87
Kieselsäure	2,67	2,55	3,08
Kali	33,58	32,91	35,37
Natron	2,12	3,03	2,73
Kalkerde	21,71	20,66	19,17
Magnesia	5,87	5,27	5,47
Eisenoxyd	0,94	1,22	0,94
	99,55	99,46	99,82

Auf kohlensäurefreie Asche berechnet:

	Ungedüngter Klee.	Mit Bittersalz gedüngter Klee.	Mit Gyps gedüngter Klee.
Chlor	2,46	1,56	2,14
Schwefelsäure	1,69	3,02	4,07
Phosphorsäure . . .	10,14	10,85	10,97
Kieselsäure	3,40	3,26	3,81
Kali	42,73	42,05	43,77
Natron	2,70	3,87	3,37
Kalkerde	27,62	26,40	23,72
Magnesia	7,47	6,74	6,77
Eisenoxyd	1,20	1,56	1,16
	99,41	99,31	99,78

Die beachtenswerthe Untersuchung von Dr. Grouven über die Kleekrankheit möge hier noch ihre Stelle finden.

Das sogenannte „Befallenwerden des Klees" äußert sich an dem Kleewuchse zur Zeit der Blüthe dieser Pflanze durch eine Menge von braunen, mehrere Linien großer Flecken kryptogamischer Gewächse, womit Stengel und Blätter übersäet sind und die nicht bloß eine entschiedene Mißernte des Klees zur Folge haben, sondern ihn auch zu einem unnahrhaften und ungesunden Futter machen.

Bei der Untersuchung des befallenen Klees wurden seine organischen und Aschenbestandtheile mit denen von gesund vegetirenden verglichen. Der befallene sowohl als auch der gesunde Klee bestanden aus der in Salzmünde üblichen Gemengsaat von Rothklee, Luzerne und Esparsette; die Proben zur Untersuchung wurden am 12. August den Feldern entnommen. Die Analyse des gesunden Klees erstreckte sich nur auf die Bestimmung der organischen Substanzen und des Aschengehalts.

100 Theile lufttrockenes Kleeheu enthielten:

	Befallener Klee.	Gesunder Klee.
Waffer	16,2	16,2
Proteinstoffe	16,7	11,7
Fett	3,6	2,8
Zuckerartige Stoffe auf Stärke berechnet *)	7,0	18,5
Unbekannte stickstofffreie Verbindungen . .	17,9	11,3
Holzfaser	31,7	31,4 **)
Asche	6,9	8,1
	100,0	100,0

*) Durch Schwefelsäure in Zucker überführbare Substanzen.
**) Mit 0,1 Asche und 0,184 Proteinsubstanzen.

Die Aschenzusammensetzung des befallenen Klees wurde mit den Aschenanalysen von Rothklee (Wolff) und Esparsette (Way) verglichen*). Die Aschen nach Abzug von Kohlensäure, Sand, Thon und Eisenoxyd berechnet.

	Befallener Klee. (Grouven.)	Rothklee. (Wolff.)	Esparsette. (Way.)
Kali	3,32	35,5	35,8
Natron	0,87	0,7	3,5
Kalk	55,71	32,8	35,9
Magnesia	13,08	8,4	5,5
Chlor	2,76	3,5	2,0
Schwefelsäure	13,46	3,3	2,8
Phosphorsäure	5,99	8,4	9,6
Kieselsäure	4,88	7,0	4,3
	99,07	99,6	99,4

Grouven schließt aus seiner Untersuchung, daß die erste Ursache der Kleekrankheit die abweichende chemische Zusammensetzung der Pflanzen sei, und daß diese hinwiederum abhänge von der Beschaffenheit des Bodens. — Der sehr viel kleinere Gehalt an Phosphorsäure und Kali in der Asche des befallenen Klees ist jedenfalls bemerkenswerth. (Zeitschrift des landwirthschaftlichen Centralvereins der Provinz Sachsen. 1861. S. 73.)

---

*) Man vergleiche auch die vorhergehenden Analysen von Dr. Pincus.

Register des zweiten Bandes.

Q.

R.

S.

T.

U.

V.

W.

aus den sie umgebenden Medien auszuschließen, ist nicht absolut 58; ihre
verschiedene Anziehung für die pflanzlichen Nährstoffe 63; sie nimmt mit
ihrer Spitze die Nahrung im Boden auf, der ältere Theil ist mit Korksubstanz überzogen (bei den Landpflanzen) 89; der Saft derselben reagirt sauer
90, Bedeutung dieser Reaction für die Aufnahme der Bodennahrung 91;
ihre Oberfläche, in welchem Verhältnisse die Nahrungsaufnahme aus dem
Boden zu ihr steht 123; Weg, um ihre Oberfläche festzustellen 127.

Berichtigung.

Seite 113, Zeile 12 von unten lies: Anhang F, statt Anhang E.

www.ingramcontent.com/pod-product-compliance
Lightning Source LLC
Chambersburg PA
CBHW020901210326
41598CB00018B/1745